KB044533

사피엔스의
깊은 역사

The Deep History of Sapiens

일러두기

① 본서는 국립국어원 한국어 어문 규범을 따랐고, 외래어의 경우 외래어 표기법(문화체육관광부 고시 제2017-14호)을 따랐다. 단, 외래어의 경우 이미 익숙한 이름 및 명칭은 관례에 따랐다.

② 연대를 비롯한 각종 수치는 최근에 가장 많이 인용되는 값을 따랐다.

③ 본문의 도판은 저작권자의 허가를 받아 게재하였으며, 저작권자가 분명하지 않아 확인이 되지 않은 경우 지속적으로 합리적이고 성실한 검색을 통해 허가 절차를 밟을 예정이다.

사피엔스의 깊은 역사

과학이 들려주는 138억 년 이야기

The Deep History of Sapiens

송만호 · 안중호 지음

바다출판사

CONTENTS

4장 생명의 탄생

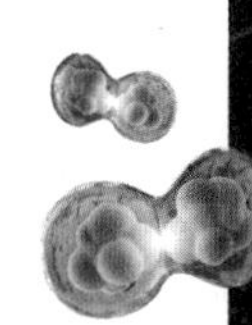

5장 지구 환경과 생태계의 리모델링

6장 생물의 모양 갖추기 고생대

7장 단련되는 동물들 중생대

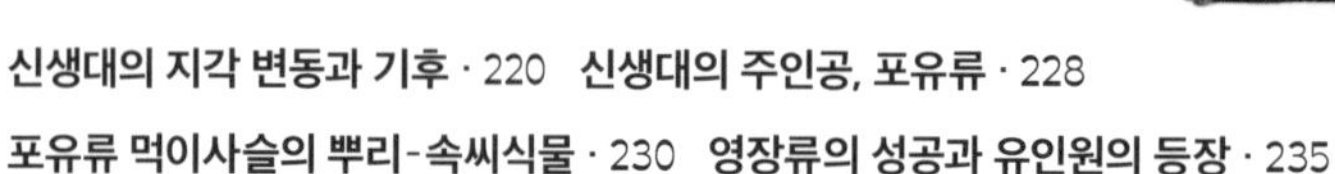

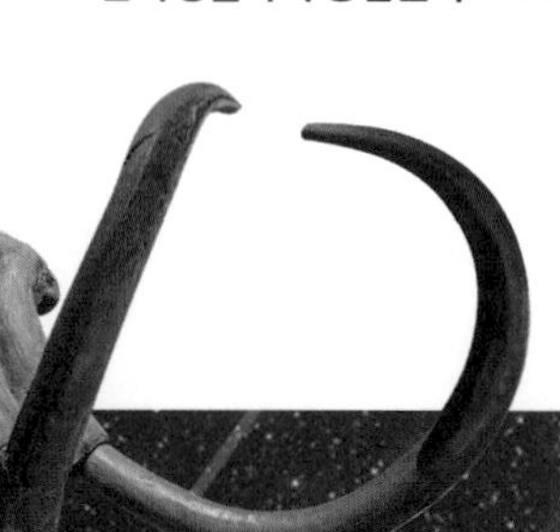

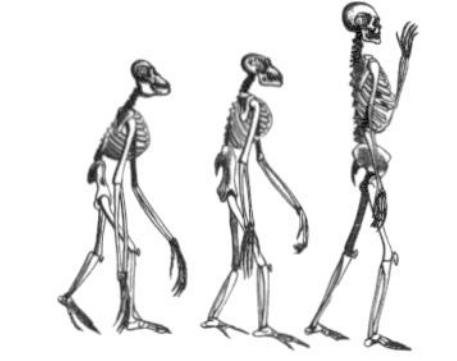

들어가며

우리가 아는 한 인간은 자신의 과거와 뿌리에 대해 생각하는 유일한 동물입니다. 그래서인지 대부분의 사람은 국사나 세계사 등의 역사 이야기에 큰 흥미를 느낍니다. 이를 통해 우리는 국가나 공동체의 정치, 사회, 문화에 대한 넓은 안목을 가지게 됩니다. 그런데 그보다 근원적인 역사 이야기도 있습니다.

'우리는 누구이며, 어디서, 어떻게 왔는가?' 다름 아닌 인간이 존재하고 있는 연유에 관한 이야기입니다. 인류는 이에 대한 답을 전통적으로 종교나 철학 또는 인문학에서 찾아왔습니다. 하지만 시대와 문화, 개인의 신념에 따라 인간의 기원에 대해서 주장하는 바가 달랐습니다. 인문학적 사고思考는 사람의 직관과 느낌, 감정을 중시하므로 우리의 정신 활동을 풍요롭게 해주지만 주관적인 측면이 있기 때문입니다. 이런 면에서 객관적 사실을 중시하는 과학이 더 도움이 될 수 있습니다.

그러나 과학도 그동안 이야기할 수 있는 내용이 별로 없었습니다. 인류는 수백만 년의 역사 중에서 불과 수백 년 전인 16세기에 이르러서야 세상, 즉 우주에 대한 초보적 지식을 얻었습니다. 태양이 아니라 지구가 공전한다는 사실이나 천체의 운동 법칙 등이 그런 지식이었습니다. 하지만 이는 현재의 현상에 대한 이해를 위한 것이지 과거 사실에 대한 설명이 아니었습니다. 삼라만상이 어떻게 시작되었는지에 대해 과학이 처음 설명을 내놓은 때는 우주가 팽창한다는 사실을 발견한 20세기 초였습니다. 불과 한 세기 전만 해도 인류가 우주의 과거에 대해 알아낸 지식은 거의 제로였습니다. 그 후 100여 년이 흘러 21세기가 되었고 지난 20여 년 사이 우주에 대한 인간의 지식은 완전히 다른 수준으로 발전했습니다.

마음에 대한 지식은 또 어떠했을까요? 우리와 생물학적으로 가장 가까운 유인원과 확연히 다른 인간의 독특한 정신 활동이 어디서 비롯되었는지는 오랫동안 수수께끼였습니다. 감정이나 생각, 의식意識 등은 신비의 영역으로 이런 문제를 과학이 다룬다는 것은 오만이라고 여겨왔습니다. 그런데 20세기 말 '뇌 연구의 10년'이라는 표현이 등장했습니다. 수천 년 동안 종교와 철학, 인문학이 다루어 온 문제들을 지난 몇십 년 사이 급속도로 발전한 뇌과학이 다시 쓰고 있다는 의미입니다.

이제 우리는 인문학적 해석들이 과학으로 걸러지지 않는다면 모래 위에 성을 쌓는 격이 될 수 있는 시대를 살고 있습니다. 이 말은 과학이 만능이며 인문학이 덜 중요하다는 의미가 결코 아닙니다. 지구상에 살았던 생명체 중 인간을 생태학적으로 가장 성공한 존재로 만든 것은 인문학적인 상상력과 직관 그리고 사회적 협력과 같은 정신 활동이었음이 밝혀지고 있습니다. 이 같은 정신 활동 덕분에 우리는 인간이 되었습니다. 과학에 인문학적 따뜻함을 불어넣어야 할 이유가 거기에 있습니다. 인문학과 과학이 서로 보완적으로 융합할 때 우리의 사고는 더욱 빛을 발할 것입니다.

그런데 인류가 왜 지금 지구라는 행성 위에 존재하게 되었는지를 알려면 기존의 정치, 사회, 문화적 사건 위주의 역사를 뛰어넘어 우주의 첫 순간으로 거슬러 올라가야 합니다. 현생 인류, 즉 호모 사피엔스가 존재하기까지의 과정을 빅뱅 후 지난 138억 년의 역사를 살펴보면서 과학으로 읽을 필요가 있습니다. 이를 이해하려면 우주와 물질(물리), 물질들이 결합하는 원리(화학), 생명이 탄생하고 작동해온 방식(생물학) 그리고 그들과 상호작용하며 보금자리를 제공해준 지구 환경(지구과학)을 통합적으로 바라볼 필요가 있습니다. 여러분들은 아마도 이런 지식의 많은 부분을 과학 교과목에서 배웠을 것입니다. 하지만 내용이 여기저기 분산되고 단편적이어서 건너뛰고 넘어간 부분도 있을 것입니다.

하지만 이 책에서 살펴볼 내용은 분산된 이야기가 아닙니다. 태초의 우주에서 현재의 '나'로 이어지는 한줄기의 이야기입니다. 높은 지능을 가진 인간이 지구라는 조그만 행성 위에 출현하게 된 과정을 하나의 흐름으로 추적한 매우 장구하고 깊이 있는 스토리입니다. 추적을 위해 여러분은 타임머신을 타고 138억 년 전으로 돌아간 다음 현재를 향해 단계별로 내려오는 시간 여행을 떠날 것입니다. 책의 앞부분과 각 장의 서두에는 우주의 역사를 1년으로 가정한 '우주 달력'이 소개되어 있습니다. 이를 통해 여러분은 과거의 어느 시점을 여행하고 있는지 점검해볼 수 있습니다.

우리가 살펴볼 과거 이야기는 기존의 통상적 역사와 크게 다른 특징이 있습니다. 객관적 사실에 바탕을 두고 있다는 점입니다. 정치, 문화, 사회적 현상에 바탕을 둔 기존의 역사학에서는 동일한 사건이라도 개인이나 국가에 따라 각기 다른 주관적 해석이 얼마든지 가능합니다. 하지만 이 책에서 다룰 역사 이야기는 아직 명확히 밝혀지지 않아 불가피하게 추정한 내용도 있지만 이를 제외하고는 수많은 과학자들이 검증을 통해 쌓아올린 객관적 사실을 토대로 합니다.

혹시 '과학'이라는 용어에 멈칫하여 책을 덮으려는 독자가 있다면 걱정하지 않아도 됩니다. 이 책에서는 어려운 수식이나 난해한 설명은 다루지 않을 것입니다. 특별히 외워야 할 용어나 숫자도 없습니다. 중요한 것은 내용의 전체적인 맥락과 연결성입니다.

과학은 어려운 이야기가 아닙니다. 설명하기 어려운 현상을 쉽고 명쾌하게 설명하는 것이 과학의 목적입니다. 호기심을 가지고 자연 현상을 바라보고, 거기서 단순한 원리를 찾으려는 정신 활동이 과학입니다. 그런데도 적지 않은 사람들이 과학은 어렵다고 말하며, 피하다 못해 겁을 먹기도 합니다. 과학이라는 단어를 들으면 흔히 인공위성이나 인공지능, 수학 방정식, 난해한 도표, 실험실의 각종 기기, 첨단 산업의 기술을 떠올립니다. 이는 과학의 결과이거나 부산물이지 핵심이 아닙니다. 수식은 과학을 설명하는 여러 수단 중의 하나일 뿐입니다.

아인슈타인은 머릿속에서 상상하는 '생각(사고) 실험'을 통해 물리학의 여러 혁명적인 발상을 한 것으로 유명합니다. 몇 년 전 타계한 케임브리지 대학교의 저명한 물리학자 스티븐 호킹도 그랬습니다. 그는 과학에서 가장 재미없는 부분은 방정식이며 자신은 쉽게 표현한 도형이나 도표, 기하학을 더 선호한다고 했습니다. 과학이 딱딱한 수학이나 지식의 모음이라는 생각은 잘못된 선입견입니다. 과학의 핵심은 인간과 자연이 무엇이며 왜 그렇게 돌아가는지에 대한 짧고 명료한 설명입니다.

학문을 목적으로 하는 것이 아니더라도 호모 사피엔스가 존재하는 연유에 대한 이야기는 세상 현상의 근본 이치를 알게 해줌으로써 윤리적 딜레마나 가치관의 혼동에 빠지지 않도록 도움을 줄 것입니다. 이치야말로 과학의 본성이기 때문입니다. 과학은 평범한 사람들에게 무엇을 경계하고 무엇을 의심하며 어떻게 사고해야 하는지를 이성적으로 제시할 수 있습니다. 이 책은 자연에 대한 우리의 인식을 넓고 깊게 하려는 사람뿐만 아니라 과학 이해하기를 이제 막 시작하려는 초심자도 쉽게 접근할 수 있도록 안내할 것입니다.

이 책을 통해 자연과학의 여러 분야를 균형감 있게 이해하여 시야를 넓히고 아울러 인문학적 소양도 살찌우기를 바랍니다. 무엇보다도 이 책이 과학과 인문학 두 분야가 서로 머리를 맞대고 토론할 수 있는 플랫폼으로서 기여할 수 있기를 희망해봅니다.

The Deep History of Sapiens

우주달력

138억 년 우주 역사를 1년으로 환산한 달력

1월	2월	3월	4월	5월	6월

우주 관측 장치 및 물리 이론으로 파악

빅뱅

첫 별 형성

12월 (마지막 1달)

1(초하루)	2	3	4	5	6	7
15 생물 화석의 흔적		16		17 뼈, 조개 껍질		18 척추어류 출현
22 양서류 출현		23 파충류 출현		24 판게아 초대륙		25 공룡 출현
29 티라노사우루스		30		31일 그믐날		

새벽
원숭이와 유인원 분기

밤 8시
침팬지와 인간 분기

12월 31일 (마지막 1분)

유물, 동위원소 연대 분석, 뼈 DNA 등으로 파악

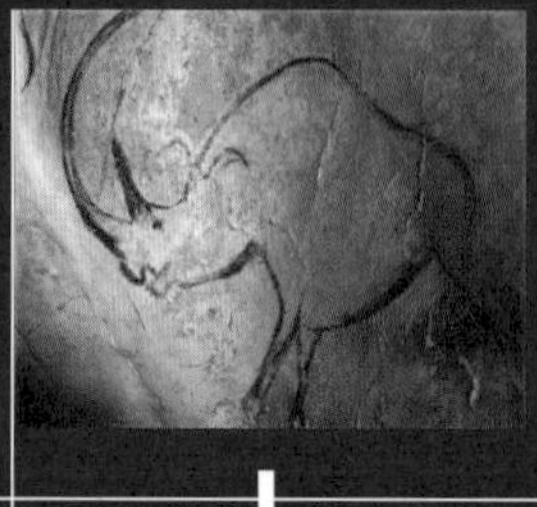

빙하기 끝남
해수면 현재보다
150m 상승

60초 55초 50초 45초 40초 35초 30초

빅뱅은 1월 1일 자정 직후, 현재는 12월 31일 자정 무렵

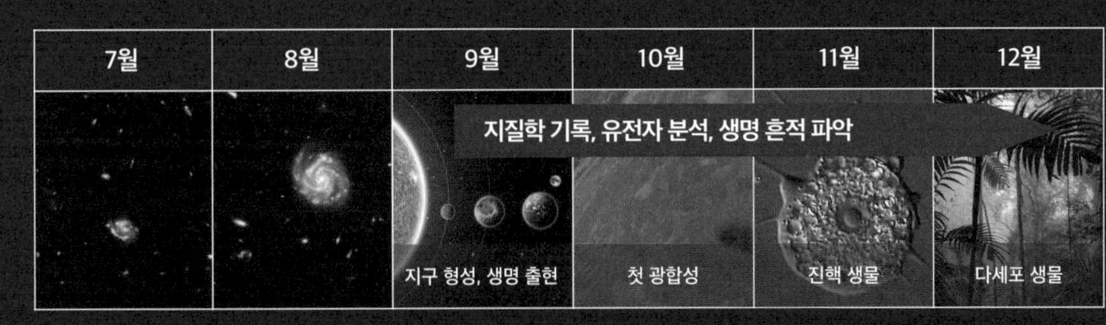

밤 10시 30분

밤 11시 52분

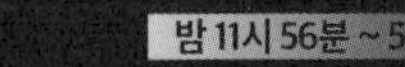

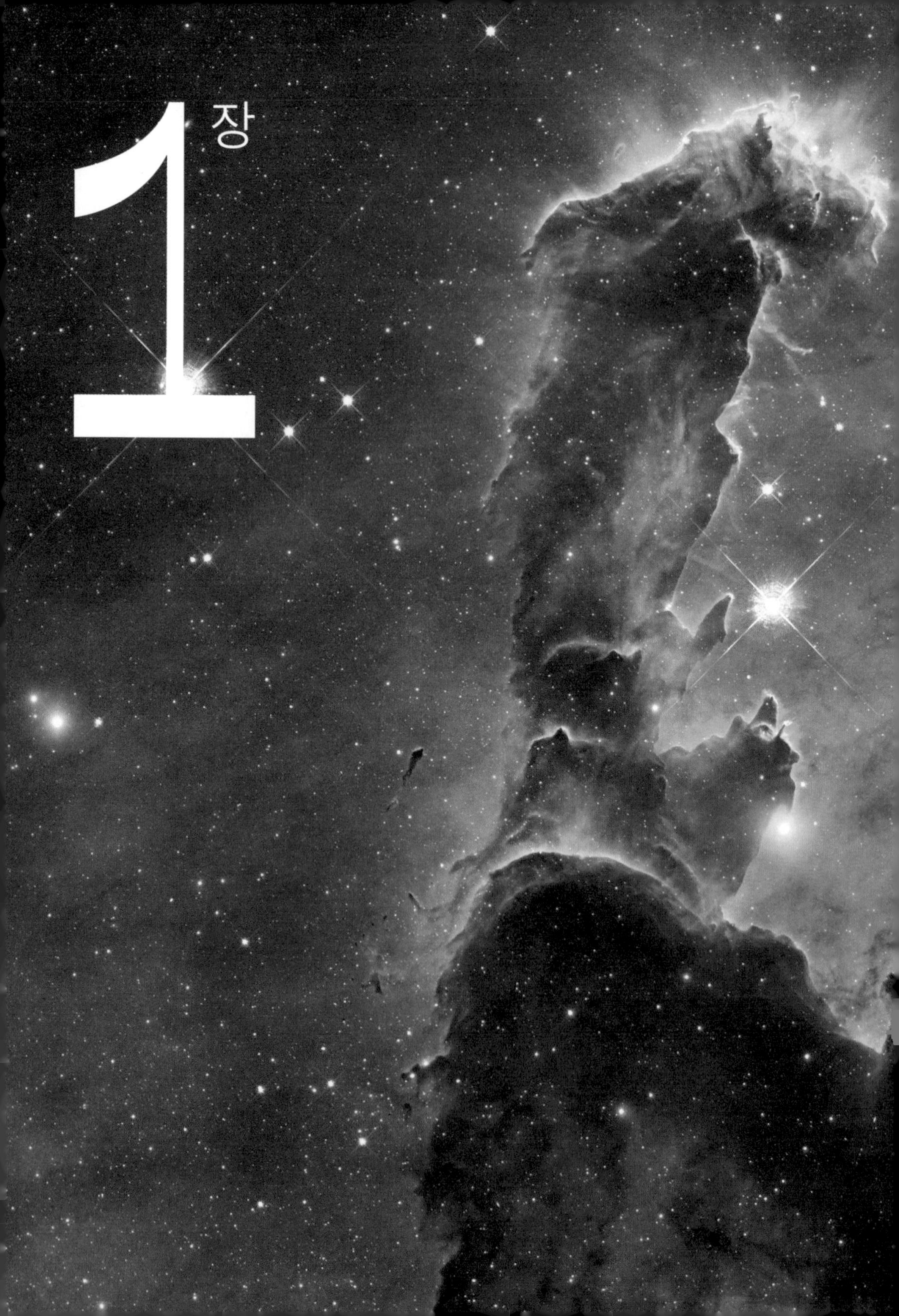

1장

빅뱅의 수소와 생명의 원료들

- 빅뱅과 우주의 시작
- 모든 원소의 어머니, 수소
- 무거운 원소의 생성 과정
- 화학의 탄생: 원자들의 이합집산

1월 1일

0초

››› 빅뱅(138억 년 전)

1000만 분의 2초 (빅뱅 후 3분)

››› 가벼운 원소(거의 대부분 수소와 헬륨)의 원자핵 생성

00:15분

››› 우주배경복사 시작(빅뱅 후 38만 년)

››› 수소, 헬륨(원자) 생성

1월 3일

››› 첫 별들의 생성

››› 무거운 원소들의 생성 시작

1월 5일

››› 초기 은하들의 활발한 생성 활동

이제 우리는 생명과 인간이 어디서 왔는지를 알아보기 위해 138억 년 전으로 거슬러 올라가 시간 여행을 시작합니다. 138억 년 전에는 지구가 없었습니다. 따라서 이 여행은 지구가 아닌 우주가 탄생한 첫 순간에서 출발합니다. 밤하늘의 수많은 별, 태양과 지구, 그리고 인간을 비롯한 모든 생명체는 원자라는 원료로 이루어져 있습니다. 이 원자들은 초기 우주에서 만들어졌습니다. 우주라는 원료 공장이 없었다면 우리는 존재할 수 없었을 것입니다.

이번 첫 장에서는 태곳적의 초기 우주와 그 속에서 원자라는 물질의 원료들이 만들어진 과정들을 살펴볼 것입니다. 우주의 역사를 1년으로 환산한 '우주 달력'으로 본다면 1월 1일에서 첫 며칠 사이에 벌어진 사건들입니다.

1. 푸른 구슬

1972년 12월 7일, 탐사선 아폴로 17호를 타고 달로 향하던 승무원들은 우주에서 지구를 바라보고 경탄했습니다. 지구에서 4만

5000킬로미터 올라간 우주에서 바라본 지구는 흰 구름, 푸른 바다, 남극의 눈, 사하라의 붉은 사막과 아프리카의 녹색 숲이 드러난 경이로운 모습이었습니다. 그들은 이를 '푸른 구슬'이라 부르고 그 아름다운 모습을 사진에 담았습니다. 푸른 구슬은 인류 역사상 가장 널리 퍼진 사진의 하나가 되었습니다.

지구가 이처럼 아름다운 총천연색의 모습을 띤 것은 생명과 물이 있기 때문입니다. 생명은 지구가 생성되고 얼마 후에 출현해 수십억 년 동안 진화했습니다. 그리고 지질학적으로 눈 깜짝할 사이인 얼마 전에 호모 사피엔스라는 똑똑한 유인원이 등장했습니다. 이 유인원들은 지구의 생태계를 짧은 시간 동안 크게 바꿔놓았습니다. 그런 모습을 푸른 구슬의 뒷면, 즉 지구가 밤인 쪽의 인공위성 사진에서 볼 수 있습니다. 인류가 만든 불빛이 지구라는 행성의 겉모습을 바꿔놓고 있는 것입니다.

우리가 아는 한, 이 유인원들은 자기들이 왜 이 지구 위에 있는지 스스로 생각하는 유일한 동물입니다. 지금 왜 그들이 지구라는 태양계의 행성 위에 있으며 또 그들이 어떻게 천체의 모습을 바꿔놓을 수 있었는지 알아보기 위해 이제 본격적으로 과거로 시간 여행을 떠나겠습니다.

2. 빅뱅 – 우리가 보는 우주의 시작

그림1-1
아폴로 17호에서 촬영한
'푸른 구슬' 지구

우리가 밤하늘에서 보는 우주는 138억 년 전에 일어난 빅뱅Big Bang에서 시작되었다는 사실이 여러 증거로 밝혀졌습니다. 하지만 그 이

전에 무엇이 있었는지는 아무도 모릅니다. 세계적인 물리학자들이 이 문제와 씨름하고 있지만 아직 정확한 답을 모릅니다. 우리의 여행을 함께하는 학생 중에서 장차 이 문제에 도전하는 과학자들이 많이 나오기를 기대해봅니다.

과연 '빅뱅'이란 무엇일까요? 미국에서 인기리에 방영된 〈빅뱅 이론〉이라는 제목의 시트콤이 있었습니다. 캘리포니아 공대(칼텍 CALTECH) 출신의 물리학자들이 주인공으로 나온 드라마였는데 12년 동안 방송될 정도로 인기를 끌었습니다. 빅뱅은 그 시트콤에 나오는 주인공처럼 쟁쟁한 석학들도 수수께끼를 아직 완전히 풀지 못한 이론이기는 합니다. 하지만 그런 사건이 있었다는 사실은 의심할 여지가 없습니다. 빅뱅은 '큰 폭발'이라는 뜻입니다. 원래 이 명칭은 빅뱅 이론을 반대했던 과학자 프레드 호일Fred Hoyle이 비꼬면서 붙인 이름인데, 현재는 공식 명칭으로 통용되고 있습니다.

빅뱅은 통상적인 폭발과 다르다는 사실이 21세기 이후 밝혀졌습니다. 한마디로 빅뱅은 우주 공간 자체가 급속하게 '팽창'한 사건입니다. 고무줄을 갑자기 크게 당기면 늘어납니다. 고무줄은 1차원의 선이지만 빅뱅은 3차원의 공간이 팽창한 사건입니다. 더 정확히 말하면 공간뿐 아니라 시간도 합쳐진 시공간이 급속히 팽창한 사건입니다. 이는 우리 머릿속에 그리기 어려운 개념이라 부풀어 오르는 풍선에 비유하기도 하지만 정확한 묘사는 아닙니다.

빅뱅의 팽창 속도나 규모는 엄청났습니다. 물리학자들의 계산에 따르면 원자보다 훨씬 작았던 우주가 1초 만에 빛의 속도로 10년을 가는 거리(10광년)만큼 커졌습니다. 지구에서 달까지 빛의 속도로 1.3초가 걸리니 빅뱅의 팽창이 얼마나 엄청났을지 상상을 초월합니다. 점점 커지고 있는 우주의 현재 지름은 920억 광년입니다. 하지만 이는 분명히 존재한다고 추정되는 우주(관측 가능한 우주)의 크기이며 아마도 우리가 모르는 전체 우주는 이보다 훨씬 클 것입니다.

현대의 첨단 과학 기술 덕분에 과학자들은 빅뱅 직후 1초도 안 되는 순간부터 오늘에 이르기까지 138억 년 동안 우주적 규모에서 벌어진 주요 사건들을 비교적 상세히 파악하고 있습니다. 이는 결코 추측이 아닙니다. 빅뱅 이론은 20세기 중반에 처음 제안된 이후로 갑론을박이 많았습니다. 하지만 1960년대에 결정적인 첫 증거가 나왔고 이제는 증거가 넘쳐나 이를 의심하는 과학자가 거의 없습니다. 그렇다면 138억 년 전 우주에 빅뱅이 일어났다는 사실은 어떻게 알 수 있을까요? 빅뱅의 증거로 여러 가지를 들 수 있지만 여기에서는 두 가지만 소개하겠습니다.

그림1-2
빅뱅과 우주의 시작
우리가 알고 있는 우주는 '빅뱅'이라는 최초의 사건에서 시작되었다.

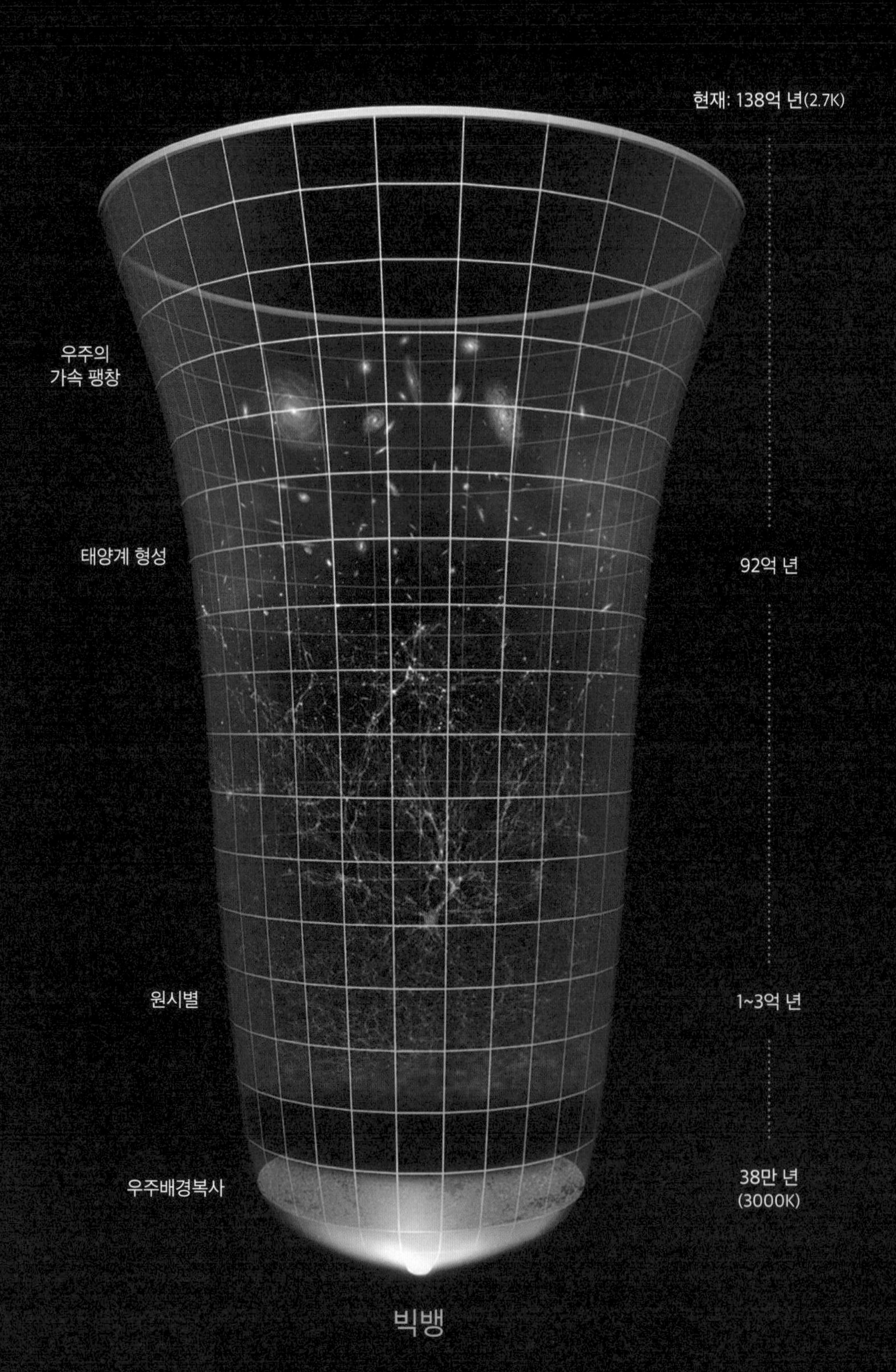
현재: 138억 년(2.7K)
우주의
가속 팽창
태양계 형성
92억 년
원시별
1~3억 년
우주배경복사
38만 년
(3000K)
빅뱅

3. 차갑게 식어가는 우주

먼저 살펴볼 증거는 우주 공간의 온도입니다. 온도가 있는 이 세상의 모든 물질은 에너지를 낮추기 위해 스스로 파장을 뿜어내는데, 그 결과 온도가 낮아집니다. 가령 달구어진 석탄 덩어리는 처음에는 빨간색이지만 점차 어두운 빛을 띠며 서서히 식습니다. 물리학자들은 석탄의 색깔(빛의 파장)을 조사해 식어가는 온도를 쉽게 알아낼 수 있었습니다. 석탄이 미지근해져서 색이 까맣게 되돌아가도 온도를 정확히 알 수 있습니다. 석탄에서 적외선과 같이 눈에 보이지 않는 빛의 파장이 나오기 때문입니다. 삼겹살을 굽는 돌판이나 찜질을 하는 황토에서 나오는 원적외선도 그런 빛의 일부입니다. 우주 공간도 마찬가지입니다. 빅뱅이 정말 있었다면 당시의 우주는 원자보다 훨씬 작고 엄청나게 뜨거웠을 테지만 우주가 크게 팽창하면서 우주 공간의 온도는 점차 낮아졌을 것입니다. 이런 원리를 들어 빅뱅 이론의 전도사였던 과학자 조지 가모프George Gamow는 유명한 말을 남겼습니다. "빅뱅 때 뜨거웠던 열은 다 어디로 갔을까?"

만일 빅뱅이 있었다면 우주 공간에 그때의 잔열이 남아 있을 것입니다. 물론 별처럼 뜨거운 천체에서 나온 열도 우주 공간에 있을 것입니다. 과학자들은 그런 열과 우주 공간이 식어서 생긴 잔열을 정확히 구분할 수 있습니다. 빅뱅 이후에 우주로 퍼지면서 점점 식어가는 빛을 직접 관찰한 과학자는 '벨 연구소'의 공학자 아노 앨런 펜지어스Arno Allan Penzias와 로버트 우드로 윌슨Robert Woodrow Wilson이었습니다. 1965년 전파 망원경을 통해 우주에서 지구로 오는 낮은 에너지의 빛(마이크로파)을 관측했습니다. 이를 '우주배경복사cosmic microwave

그림1-3
빅뱅과 우주의 팽창
빅뱅 당시 우주의 크기는 원자보다 훨씬 작았다. 그 후 팽창은 지금도 계속되고 있으며 관측 가능한 우주의 현재 지름은 약 920억 광년이다. 팽창하는 우주에서는 모든 공간이 중심이 될 수 있다.

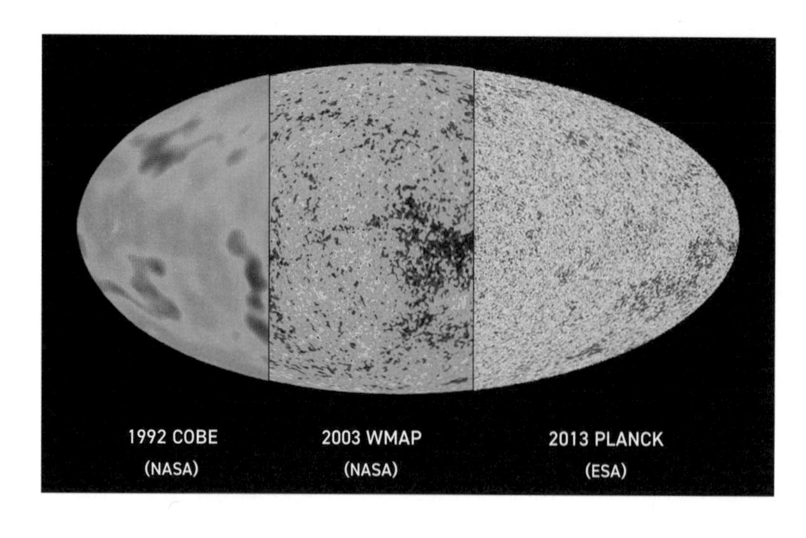

그림1-4
탐사 위성을 통해 본 우주배경복사
코비, 더블유맵, 플랑크 위성 순으로 기술이 발전함에 따라 우주배경복사의 해상도가 크게 개선됨을 볼 수 있다. 파란색과 붉은색의 온도 차는 수십만 분의 1℃에 불과할 정도로 빅뱅 38만 년 후 우주 공간의 온도는 균일했다.

background, CMB'라고 부릅니다. 탐사 위성들에서 찍은 위의 사진에서 보듯이 빅뱅 초기에 뜨거웠던 빛은 현재는 많이 식어 파장이 길게 축 늘어진 채 우주 공간 전체에서 관측되고 있습니다. 오늘날 그 잔열은 빅뱅 이론이 예측한 대로 정확히 섭씨 영하 270.4도입니다.

4. 수소 - 모든 원자의 어머니

빅뱅의 또 다른 확실한 증거는 우주에서 가장 많으면서 가벼운 물질인 수소(H)와 헬륨(He)에서 찾을 수 있습니다. 여러분도 잘 알고 있듯이 우리가 아는 우주의 물질(정확히는 보통 물질)은 원자로 이루어져 있습니다. 원자의 중심부에는 원자핵이 있고 그 주위에 전자들이 있습니다. 원자핵은 다시 양성자와 중성자로 이루어져 있고 이들은 각기 종류가 다른 3개의 쿼크들로 이루어져 있습니다. 원자를 구성하는 입자 중 전자는 음(-)의 전하, 양성자는 양(+)의 전하를 띠며 중성자는 말 그대로 전기적으로 중성입니다.

예를 들어 가장 간단하고 가벼운 원소인 수소 원자는 양성자 1개로 이루어진 원자핵 주변에 전자 1개를 가지고 있습니다. 그다음 헬륨 원자는 양성자 2개와 중성자 2개로 구성된 원자핵에 2개의 전자를 갖고 있습니다.

빅뱅 후 약 10초가 됐을 무렵만 해도 세상에는 아직 물질을 구성하는 원자가 없었습니다. 우주 공간의 온도가 너무 높아서 원자를 구성하는 전자, 양성자, 중성자가 초고속으로 날아다녔기 때문입니다. 이들 입자 중에서 양성자는 통상적인 수소 원자에서 전자가 벗겨진 상태인 수소의 원자핵입니다. 바꾸어 말하면 빅뱅 후 10초 무렵의 우주에서는 수소 원자핵이 유일한 원소였습니다.

빅뱅 후 10초가 지나 우주의 온도가 충분히 식자 날뛰던 양성자와 중성자의 속도가 줄어들었습니다. 적당히 줄어든 속도 덕분에 이들 입자들은 서로 충돌하며 결합할 수 있었습니다. 그 결과 양성자(수소 원자핵) 2개와 중성자 2개로 총 4개의 입자가 뭉쳐진 헬륨 원자핵이 형성되기 시작했습니다. 물론 중간 과정에서 2개나 3개로 이루어진 입자도 형성되었지만 불안정해서 곧 사라지고 헬륨의 원자핵이 된 것입니다. 이처럼 양성자와 중성자가 합쳐져 큰 원소의 원자핵을 이루는 반응을 '핵융합'이라고 부릅니다.

수소 다음으로 가벼운 원소인 헬륨의 핵융합 반응은 빅뱅 후 17분까지만 일어났습니다. 우주가 팽창을 계속해 온도가 더 내려가자 핵융합이 불가능해진 것입니다. 핵융합은 양성자와 중성자의 속도(온도)가 너무 높아도 안 되지만 낮아도 일어나지 않습니다. 충돌하

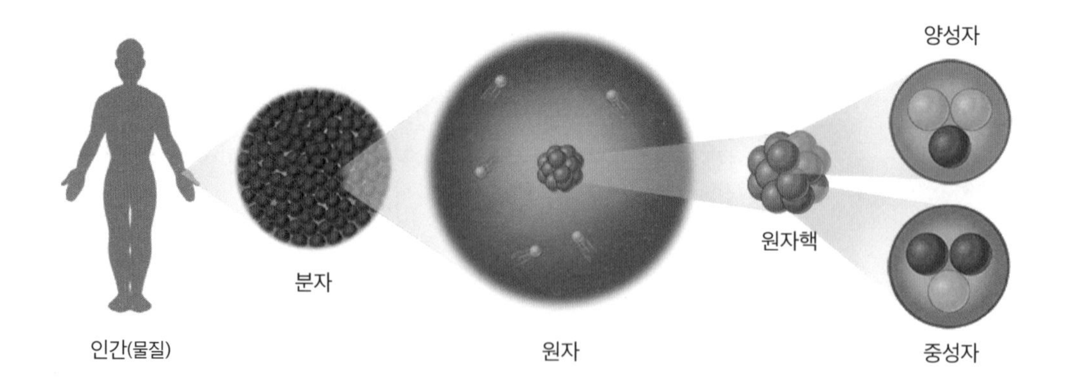

그림1-5
물질의 구조
인체를 구성하는 분자를 비롯해 우주의 모든 물질은 원자로 이뤄져 있다. 원자는 다시 더 작은 입자들로 구성되어 있다. 그림에서 양성자와 중성자를 구성하는 쿼크는 녹색과 갈색 구로 표현하였다.

는 힘이 약하면 결합하지 못하기 때문입니다.

여기에서도 빅뱅의 확실한 증거를 찾을 수 있습니다. 수소 원자핵이 중성자와 충돌해 헬륨 원자핵을 만드는 데 걸린 시간이 불과 17분밖에 되지 않았습니다. 그마저도 첫 3분에 대부분 일어났습니다. 따라서 상당량의 수소 원자핵이 반응하지 못하고 그대로 남게 되었습니다. 빅뱅 이론에 의하면 반응하지 못하고 남은 수소와 생성된 헬륨의 비율은 3 대 1입니다. 이것은 질량을 기준으로 했을 때 비율입니다. 수소는 헬륨보다 4배나 가볍기 때문에 개수로 보면 12 대 1이 됩니다. 물리학자들은 수소와 헬륨의 이 비율을 간단한 계산으로 구할 수 있습니다. 더구나 당시 우주의 상태를 나타내는 온도 등의 조건을 어림잡아 계산해도 정확히 같은 비율의 값이 나옵니다. 빅뱅을 제외하고 어떤 이론도 두 원소의 비율을 설명하지 못합니다.

덧붙이자면 빅뱅이 일어난 후 17분부터 오늘날에 이르기까지 우주에 존재하는 수소와 헬륨의 비율, 3 대 1은 크게 변하지 않았습니다. 그 이유는 두 원소가 워낙 많기 때문입니다. 오늘날 수소와 헬륨 이외의 나머지 원소를 모두 합쳐도 우주 전체에서 차지하는 비율은 약 1퍼센트에 불과합니다.

우주에서 가장 풍부한 원소는 단연 수소입니다. 특히 원자의 개수로 보면 더욱 압도적입니다. 밤하늘에 있는 수많은 별들도 주성분은 당연히 수소입니다. 빅뱅 후 약 90억 년쯤에 생성된 태양도 수소를 연료 삼아 빛나고 있습니다. 138억 년의 우주 역사를 통해 수많은 별들이 수소를 이용해 헬륨 원자핵을 만들어왔습니다. 별의 빛에너지와 열은 그 과정 중에 생깁니다. 하지만 수소의 양은 워낙 많아서 아무리 소모돼도 별로 티가 나지 않습니다. 만약 수소가 풍부하지 않았다면 우리가 살고 있는 따뜻한 지구도 없었을 것입니다. 그뿐만 아니라 수소는 생명체에 필수적인 물(H_2O) 분자와 각종 생화학 분자의 주요 성분이기도 합니다.

무엇보다도 중요한 점은 우주의 모든 원자가 가장 가볍고 단순한 수소의 원자핵(양성자)을 바탕으로 만들어졌다는 사실입니다. 기본적으로 세상의 다양한 원소들은 수소의 원자핵에 양성자가 하나씩 덧붙여지면서 만들어졌습니다. 마치 레고 블록처럼 말입니다. 물론 중성자도 덩달아 덧붙여졌지만 원자의 무게만 달라질 뿐 원소의 종류가 달라지지는 않습니다. 예를 들어 두 번째로 가벼운 헬륨 원자는 양성자를 2개, 리튬(Li)은 3개, 탄소(C)는 6개, 철(Fe)은 26개, 우

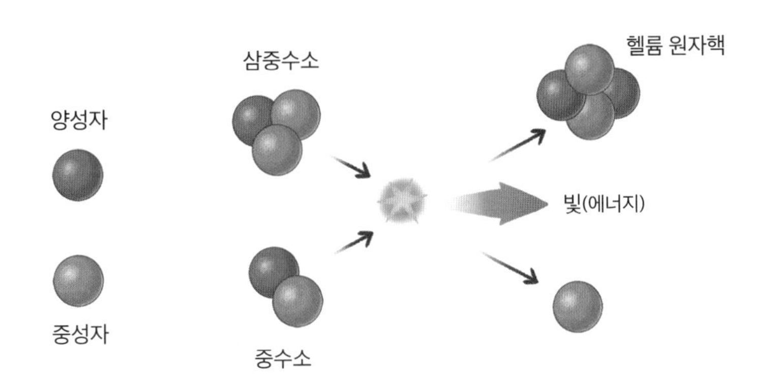

그림1-6
헬륨 원자핵의 생성 과정
먼저 양성자(수소 원자핵)와 중성자의 융합으로 중수소와 삼중수소가 만들어진다. 이들은 다시 핵융합 반응으로 헬륨 원자핵을 만든다. 빅뱅의 초기 우주에서 일어났던 반응으로, 오늘날 별 내부에서도 비슷한 방식으로 헬륨이 생성되고 있다. 다만 별에서는 약간 다른 세부 과정을 거쳐 헬륨이 만들어지며, 그 양도 빅뱅 때에 비해 미미하다.

불투명한 우주가 38만 년 만에 투명해지다

지금까지 빅뱅 초기의 수소나 헬륨에 대해 설명했는데, 엄밀히 말하면 이들은 완전한 형태의 원자가 아니었습니다. 전자가 벗겨진 상태, 즉 원자핵이었습니다.

수소와 빅뱅 후 10초~17분 사이에 핵융합으로 생성된 헬륨은 이후 약 38만 년 동안 전자와 결합하지 못하고 원자핵 상태로 우주 공간을 날아다녔습니다. 우주의 온도가 여전히 너무 높아서 원자핵이 전자를 붙잡아 전기적으로 중성인 원자를 형성할 수 없었던 것입니다. 이처럼 천방지축으로 날뛰는 전자들 때문에 당시의 우주는 빛이 산란되어 아무것도 볼 수 없는 불투명한 세상이었습니다.

짙은 안개 속에 있으면 밝은 낮에도 앞이 잘 보이지 않습니다. 우리는 구름 속을 볼 수도 없습니다. 빛이 짧은 거리를 직진 후 수증기 분자와 충돌해 산란되기 때문입니다. 태양에서도 비슷한 일이 벌어집니다. 우리가 태양의 내부를 볼 수 없는 이유는 빛이 산란되어 불투명하기 때문입니다. 그 안은 너무 뜨거워서 수소나 헬륨 원자핵이 전자와 결합하지 못하고 각기 날뛰고 있습니다. 비슷한 현상이 빅뱅 직후의 우주에도 일어났던 것입니다.

빅뱅 후 38만 년이 지나서야 상황이 정리되었습니다. 우주가 계속 팽창해 온도가 약 3000켈빈(K)으로 떨어지자 원자핵과 전자가 결합해 전기적으로 중성인 원자가 처음으로 형성된 것입니다. 그렇게 되자 빛도 더 이상 날뛰는 입자들과 충돌하는 산란을 일으키지 않았습니다. 빛은 그때부터 비로소 우주의 모든 방향으로 직진하기 시작했습니다. 앞서 설명한 우주배경복사는 당시 퍼져나간 빛이었습니다. 1965년 펜지어스와 윌슨이 전파 안테나로 처음 관측한 낮은 에너지의 빛(마이크로파)도 우주배경복사입니다. 빅뱅 후 38만 년에 이르러서야 우주는 비로소 투명해졌으며 비밀이 없는 세상이 되었습니다.

라늄(U)은 92개를 가지고 있습니다. 이처럼 원소의 종류는 양성자의 개수가 결정짓습니다. 이 숫자가 다름 아닌 원자 번호입니다. 수소는 1번, 그다음 2번은 헬륨, 천연 상태에서 발견되는 가장 무거운 원소인 우라늄은 92번입니다. 빅뱅 직후 수소가 만들어지지 않았다면 은하, 태양, 지구, 생명체와 인간, 그 어떤 것도 존재하지 못했을 것입니다. 수소는 원자로 이루어진 우주 만물의 어머니인 셈입니다.

5. 우리는 모두 별의 자손이다

전기적으로 중성인 원자들은 빅뱅 후 38만 년이 지난 다음 형성되기 시작했지만 그들 대부분은 수소와 헬륨이었습니다. 푸른 바다와 우리 몸을 이루고 있는 물 분자의 수소도 모두 그때 생성된 것입니다. 그런데 물을 구성하는 원자는 수소뿐 아니라 산소(O)도 있습니다. 또한 우리 몸에는 뼈나 근육을 이루는 탄소, 질소(N), 칼슘(Ca)과 같은 다양한 원소도 존재합니다. 이 원자들 역시 옛 우주에서 만들어졌습니다. 우주 전체로는 수소와 헬륨이 압도적으로 많지만 우리 몸이나 지구를 이루는 원소는 다양합니다. 수소와 헬륨 이외의 나머지 무거운 원소들은 별에서 만들어졌습니다. 별들이 생성되기 전의 초기 우주에는 수소와 헬륨이 거의 전부였습니다. 이들 이외에 원자 번호 3번과 4번인 리튬과 베릴륨(Be)도 빅뱅 핵융합 때 생성되었지만 극미량에 불과했습니다.

최초의 별들은 빅뱅 38만 년 이후 우주 공간에 퍼져 있던 수소와 헬륨 원자들이 서서히 중력의 영향을 받아 군데군데 모이면서 생성되기 시작했습니다. 그 결과 빅뱅 후 1억 5000만~10억 년 사이에는 수소와 헬륨을 주성분으로 하는 많은 수의 원시별들이 생성되었습니다. 원시별들은 현재의 별들보다 훨씬 컸습니다. 당시에는 가벼운 수소와 헬륨만 있었으므로 이들이 중력으로 뭉쳐 별을 이루려면 크기가 충분히 커야 했기 때문입니다.

일반적으로 별들이 커지면 중력으로 압축되기 때문에 별 내부의 온도와 압력은 매우 높아집니다. 별의 주성분인 수소 원자핵이 서로 뭉치는 핵융합 반응은 이런 고온·고압의 조건이 일정 수준 이상에 도달해야 일어납니다. 왜냐하면 수소 원자핵은 전기적으로 양성이므로 서로 간에 매우 강한 척력斥力이 작용하기 때문입니다. 이 같은 엄청난 척력을 극복하고 양성자를 중성자와 묶어 극미한 크기의 원자핵에 밀어 넣기란 쉬운 일이 아닙니다. 양성자와 중성자를 융합시키기 위해서는 어마어마한 에너지로 서로 충돌시키거나 별 내부와 같은 고온·고압이 필요합니다.

빅뱅 후 10초~17분 사이에는 우주의 온도가 높아 이것이 가능했

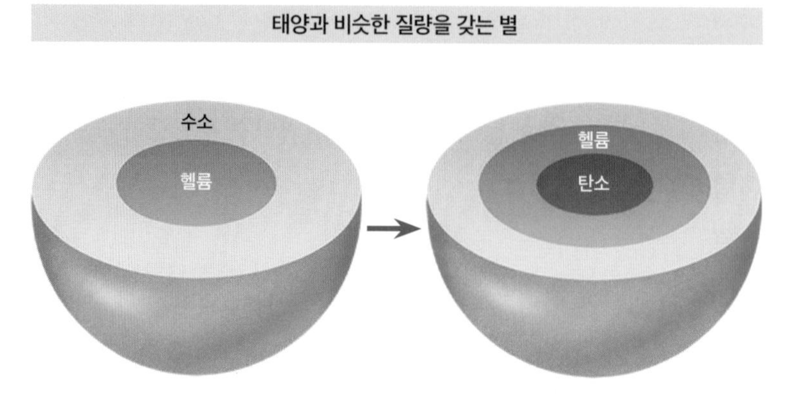

그림1-7
별에서 만들어지는 무거운 원소들
별들은 빅뱅 때 만들어진 수소를 원료로 무거운 원소들을 핵융합으로 합성한다. 태양의 경우, 수소 연료가 고갈되면 적색거성이 되면서 탄소까지 합성할 수 있다. 보다 큰 별들은 철까지 합성한다.

습니다. 그 결과 수소로부터 헬륨이 융합되었습니다. 그러나 우주가 팽창을 계속해 온도가 낮아지자 다른 방법이 필요했습니다. 빅뱅 수억 년 후에 생성된 거대한 원시별에서 이런 핵융합 반응이 일어난 것입니다. 이때는 수소의 원자핵뿐만 아니라 이들이 또다시 뭉쳐지며 더욱 무거운 원소의 원자핵이 만들어졌습니다. 탄소, 산소, 규소(Si), 황(S), 철 등은 이러한 과정을 통해 생성되었습니다. 물론 이런 반응은 오늘날 우리가 보는 별의 내부에서도 일어납니다. 참고로 별들이 금방 타지 않고 오랫동안 빛을 낼 수 있는 것은 핵융합 과정에서 부수적으로 발생하는 높은 에너지 덕분입니다.

별에서 만들어진 원소 중 우리가 가장 눈여겨보아야 할 것은 탄소입니다. 잠시 후 알아보겠지만 생명의 관점에서 볼 때 탄소는 매우 중요한 원소입니다. 수소에서 헬륨으로 그리고 헬륨에서 탄소로 점차 이어진 별 내부의 반응이 없었다면 오늘날 지구의 생명도 없었을 것입니다. 탄소가 별에서 합성되는 과정을 밝힌 인물은 역설적이게도 빅뱅 우주론을 반대했던 영국의 물리학자 프레드 호일이었

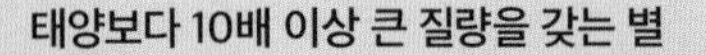

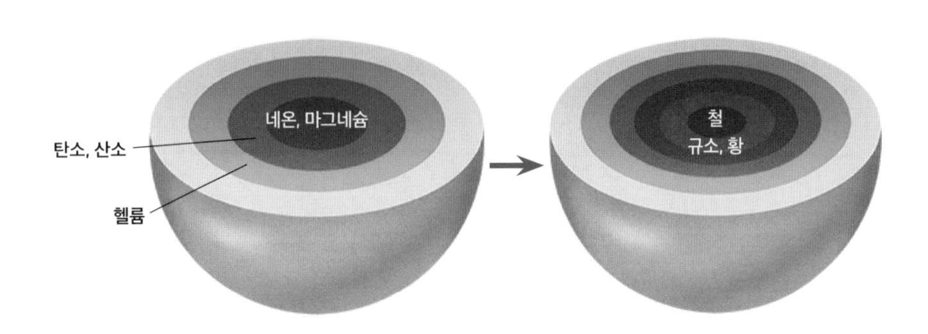

습니다. 그는 이 세상의 모든 원소가 빅뱅이 아니라 별의 내부에서 생성된다고 주장했습니다. 반면 빅뱅 이론을 주장한 조지 가모프는 모든 원자가 빅뱅 때 생겼다고 했습니다. 결론적으로 양쪽 모두 절반만 맞췄습니다. 수소와 헬륨처럼 가벼운 원소는 빅뱅 직후에 합성되었지만 탄소에서 철에 이르는 무거운 원소들은 별의 내부에서 생성되었다는 사실이 밝혀졌기 때문입니다.

6. 폭발하는 별과 무거운 원소들

별 내부에서 일어나는 핵융합은 양성자의 개수가 26개인 철보다 많아지면 일어날 확률이 매우 낮아집니다. 철보다 무거운 원소들이 생성되기 위해서는 보다 극적인 사건이 필요합니다.

일반적으로 별의 수명은 크기에 따라 달라집니다. 즉 질량이 클수록 중력이 강해 별 내부의 온도가 높아지고 이에 따라 원자핵들도 빠르게 융합되며 소모됩니다. 예를 들어 태양은 상대적으로 크기가 작아 다른 별보다 수명이 긴 편입니다. 태양의 수명은 약 100억 년으로 지금의 나이가 46억 살이니 사람으로 치면 중년쯤 됩니다. 태양은 앞으로 약 50억 년을 더 스스로 빛을 내며 버티다가 연료가 모두 소진되면 크게 부풀다가 생을 마감하게 될 것입니다.

앞서 언급했듯이 초기 우주의 원시별들은 거대해서 겨우 수백만 년만 살다가 폭발했습니다. 폭발은 엄청나서 순식간에 엄청난 빛과 에너지를 발산하는데, 이러한 별들을 초신성이라고 부릅니다. 철보다 무거운 원소들의 대부분은 다름 아닌 초신성 혹은 조금 작은 신

그림1-8
초신성 폭발의 잔해
우리 은하에 있는 '카시오페이아 A' 초신성의 잔해. 300년 전에 폭발한 어린 초신성으로 파란색은 티타늄 원소에서 나온 빛이다. 태양보다 질량이 10배 이상 큰 별들은 초신성으로 폭발하며, 이때 철보다 무거운 원소들이 순간적으로 만들어져 우주 공간에 흩어진다.

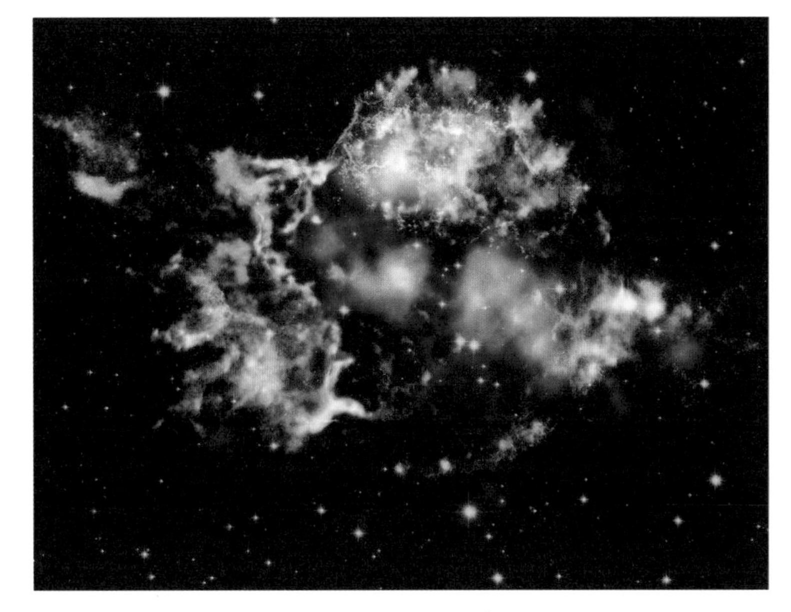

성들의 폭발 때 생성되었습니다. 폭발 때 발생하는 엄청난 열과 압력이 더 많은 원자핵을 뭉칠 수 있도록 해주기 때문입니다. 더구나 폭발 시에는 원자들이 우주 공간의 사방으로 뿌려지는데, 그중에서 무거운 원소들은 지구와 같은 행성을 만드는 원료가 되었습니다. 만약 거대한 원시별들의 생성과 폭발이 없었다면 오늘날 우주와 지구에서 볼 수 있는 이 원소들은 존재하지 못했을 것입니다. 원시별뿐만 아니라 오늘날에도 큰 별들은 초신성으로 생을 마감하며 무거운 원소들을 우주에 선사합니다.

지금까지 이야기를 정리해보면 우주의 무거운 원소들은 별 내부의 활동 혹은 큰 별들이 초신성 등이 되어 폭발할 때 생성되었습니다. 《코스모스》의 저자이자 천문학자인 칼 세이건Carl Sagan은 이런 이유에서 지구, 생명체 그리고 인간은 모두 별의 자손이라고 했습니다.

7. 화학의 탄생

지금까지 우리는 우주에 존재하는 다양한 원자들이 어떻게 형성되었는지 알아보았습니다. 원자의 종류, 즉 원소는 양성자의 수에 의해 결정되므로 우리의 이야기는 그들이 속해 있는 원자핵, 즉 핵융합에 맞추어져 있었습니다. 그런데 원자를 구성하는 물질은 원자핵뿐만 아니라 전자도 있습니다. 전자는 물질의 성질에서 어떤 역할을 해왔을까요?

원자가 만들어졌다고 해서 지구나 생명체와 같은 물체들이 만들어지는 것은 아닙니다. 원자들이 서로 결합해야 비로소 물질이 모습을 갖추게 됩니다. 원자들이 결합하는 방식을 설명하는 분야가 화학입니다. 만약 화학이 없었다면 우주에는 우리 눈에 보이지 않는 원자들만이 뿔뿔이 흩어져 있었을 것입니다. 고체, 액체, 기체처럼 다양한 물질의 상태를 가능하게 만드는 화학 반응이 없었다면 생명은 존재하지 못했을 것입니다.

이러한 화학 반응을 일으키는 근원이 전자입니다. 다만 원자를 구성하는 모든 전자가 아니라 원자핵을 중심으로 맨 바깥쪽 궤도를 도는 녀석들이 그 주인공입니다. 그들이 상호작용하는 방식에 따라 원자들은 서로 결합하고 흩어집니다. 그 방식은 화학 시간에 배웠던 원소 주기율표에 드러나 있습니다. 주기율표는 양성자의 수에 따라(즉 무거운 순서에 따라) 원소들을 차례대로 왼쪽에서 오른쪽으로 배치한 표입니다. 그런데 이렇게 배치하다 보면 결합하는 성질이 '주기적'으로 반복됩니다. 주기율표는 이처럼 반복적으로 나타나는 비슷한 화학적 성질을 가진 원소들을 세로줄에 배치합니다.

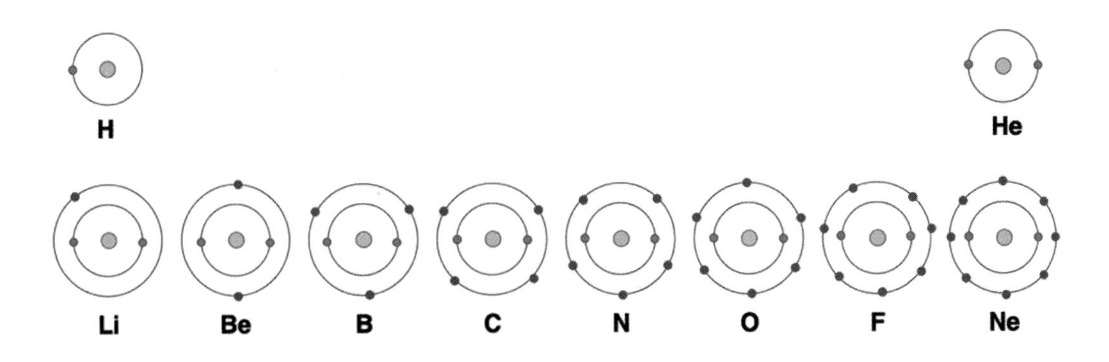

그림1-9
원소들의 원자가전자
가장 바깥 궤도를 도는 전자의 수를 뜻하는 '원자가전자'는 수소의 경우 1개, 탄소는 4개, 산소는 6개이다. 화학 결합(반응)의 성질을 결정짓는다.

주기율표에서 세로줄에 있는 원소들은 원자의 '가장 바깥 궤도에 있는 전자의 수'에 공통점이 있습니다. 이를 '원자가전자(최외각전자)'라고 부릅니다. 원자가전자의 수는 화학 반응에서 다른 원자와 손잡는(결합하는) '팔'의 개수와 같습니다. 가령 수소 원자는 전자 껍질에 1개의 전자가 돌고 있으므로 원자가전자의 수는 1입니다. 이는 다른 원자와 결합할 때 붙잡는 팔이 1개라는 뜻입니다.

주기율표에서 가로줄 맨 오른쪽에 있는 원소들은 화학적으로 매우 안정합니다. 따라서 다른 원소와 결합하지 않습니다. 화학 반응을 하지 않는다는 뜻입니다. 그래서 이들을 불활성 기체라고 부릅니다. 이 세상의 모든 현상이 그렇듯이 만물은 안정해지려고 합니다. 이는 원소들도 마찬가지입니다. 모든 원소들은 가로줄의 불활성 기체처럼 마지막 껍질에 전자를 모두 채우려고 합니다. 그 과정이 바로 화학 반응입니다.

예를 들어보겠습니다. 가령 리튬은 원자가전자가 1개이므로 이를 떨구어버리고 헬륨처럼 되려고 합니다. 물론 네온(Ne)처럼 되려고 전자 7개를 받을 수도 있지만 이는 1개를 버리는 것보다 훨씬 에

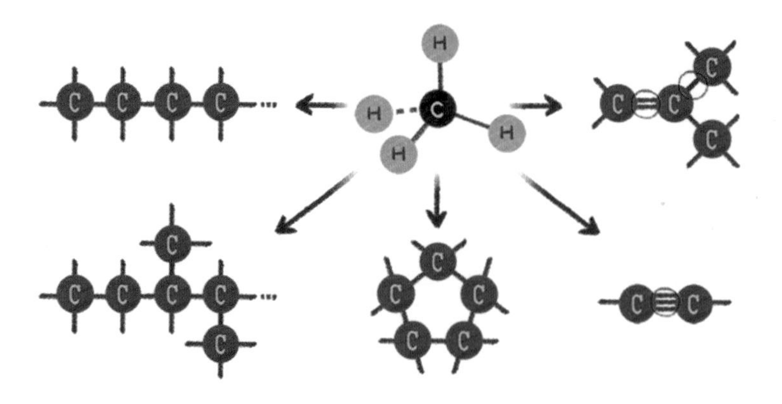

그림1-10
탄소 원자의 결합 방식
결합팔이 4개인 탄소는 다양한 방식으로 다른 원소와 결합할 수 있다.

너지가 많이 들기 때문에 이런 반응은 일어나지 않습니다. 수소도 1개뿐인 원자가전자를 다른 원자에 주면 홀가분한 자유의 몸이 됩니다. 반면 원자가전자가 6개인 산소는 그 세로줄의 끝에 있는 네온처럼 8개가 되려고 합니다. 즉 6개의 전자를 버리는 것보다 2개를 다른 원자와 결합해 얻어오는 편이 훨씬 유리합니다.

이 중 흥미로운 원소는 생명 현상에 매우 중요한 탄소입니다. 탄소는 원자가전자, 즉 다른 원자와 결합할 수 있는 팔이 4개나 됩니다. 다른 원자에게 전자 4개를 주고 헬륨처럼 되거나, 반대로 4개를 받아 네온과 같은 전자 상태가 되거나 마찬가지입니다. 그래서 그냥 4개의 결합팔(원자가전자)을 그대로 사용합니다. 이처럼 팔이 4개나 있으므로 탄소는 여러 원자들과 다양한 방식으로 결합할 수 있습니다. 예를 들어 일대일 결합, 사슬 결합, 가지 달린 사슬 결합, 고리 모양 결합, 삼중 결합 등 다양한 형태로 결합이 가능합니다. 한마디로 탄소는 원자들을 묶는 탁월한 연결 장치라고 할 수 있습니다. 생명이 탄생할 수 있었던 이유는 이처럼 다재다능하게 원자들을 묶어주는 탄소가 있었기 때문입니다.

그림1-11
생명의 원소 탄소
지구의 생명을 만드는 데 중요한 역할을 하는 탄소 화합물의 예로 이산화탄소(이중결합), 메테인(사슬 모양의 결합), 포도당(고리 모양의 결합)을 들 수 있다.

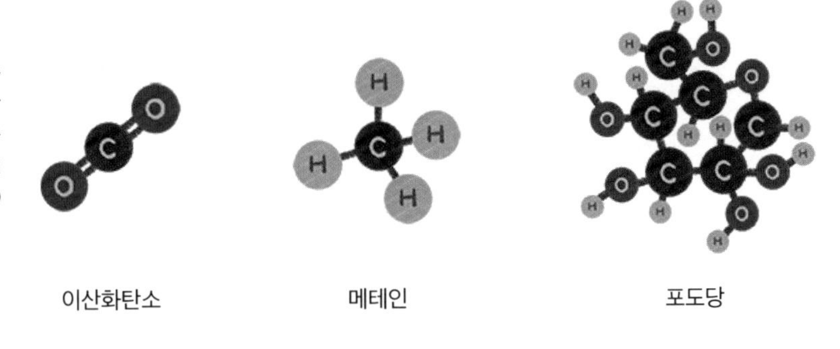

주기율표를 보면 탄소와 동일한 세로줄에 있는 규소도 팔이 4개입니다. 그래서 지구를 구성하는 암석은 온통 규소 화합물입니다. 어떤 과학자들은 규소 화합물에 바탕을 두는 외계 생명이 있을지도 모른다고 추측하기도 합니다. 하지만 규소는 원자 구조가 보다 복잡해서 탄소만큼 활약하기는 어려울 것으로 보입니다.

첫 번째 여행을 마치며

이 세상의 모든 원자는 빅뱅 때 만들어진 수소를 기본으로 만들어졌습니다. 이 수소를 바탕으로 빅뱅 직후, 그리고 별 내부의 핵융합과 초신성의 폭발 과정에서 다양한 원자들이 만들어졌습니다. 그리고 그 원자들이 모여 오늘날 은하, 별, 지구, 생명체 그리고 인간을 이루고 있습니다. 모든 것은 빅뱅 때 생성된 수소 덕분이라고 할 수 있습니다.

2장

지구
생명의 요람

- 생명의 요람, 태양계 생성
- 골디락스 지구의 탄생
- 달의 생성
- 바다와 대기의 생성

1월 5일

››› 우리 은하계 형성 시작(136억 년 전)

6월

››› 별들의 생성 최전성기

9월 7일

››› 태양계 생성(46억 년 전)

››› 지구 생성(46억 년 전)

››› 달 생성(44억 6000만 년 전)

1장에서 여러분은 빅뱅 때 탄생한 수소 원자를 기본 단위로 삼아 마치 레고 블록처럼 다양한 원자들이 형성된 과정을 살펴보았습니다. 빅뱅 직후 20분도 안 되는 짧은 시간에 가벼운 원소들이 수소 원자핵으로부터 만들어졌습니다. 생성된 원자핵은 대부분이 헬륨이었는데, 합성 시간이 너무 짧아 그보다 세 배나 많은 수소 원자핵이 그대로 남아 오늘에 이르고 있습니다. 빅뱅 직후 우주 공간에 퍼져 있던 수소와 헬륨 원자는 시간이 지나자 중력 작용으로 서서히 뭉쳤습니다.

그 결과 빅뱅 후 1억~3억 년 무렵 거대한 원시별이 형성되었습니다. 별의 내부는 매우 고온, 고압 상태이므로 수소와 헬륨 원자핵이 융합하여 조금 더 무거운 원소들을 만들 수 있었습니다. 원시별들은 거대했기 때문에 불안정해서 생성되었다가 폭발하기를 거듭했습니다. 이때 발생한 높은 에너지가 원자핵들을 더 크게 융합시켰습니다. 오늘날 지구의 산과 바다, 동식물과 인간의 몸을 이루는 다양한 원소가 이때부터 만들어지기 시작한 것입니다. 무거운 원자들이 만들어지자 중력은 더욱 효과적으로 이들을 뭉치게 해서 새로운 형태의 다음 세대 별들이 탄생했습니다. 별들이 탄생한 곳은 은하 공간 중에서도 원자들이 많이 몰려 있는 곳이었습니다. 지구가 속한 태양계도 당시 형성된 여러 은하 중 하나에서 태어났습니다.

2장의 시간 여행에서는 태양계와 지구의 탄생 과정을 살펴볼 것입니다. 우주 달력으로는 대략 1월 5일부터 9월 초까지의 긴 기간입니다.

1. 스타의 탄생

세상의 모든 원자들은 수소를 기본 레고 블록으로 삼아 별의 내부나 별이 폭발할 때 발생하는 높은 온도와 압력에 의해 만들어졌습니다. 지구는 새로운 원자를 만들지 못합니다. 이미 만들어진 원자들을 결합하고 떼어놓는 교환을 할 뿐입니다. 다름 아닌 화학 반응이지요. 그런데 이런 과정에서 놀라운 사건이 발생했습니다. 바로 생명이 탄생하는 경이로운 사건이 일어난 것입니다.

지구는 우주를 놓고 보면 그렇게 대단한 천체가 아닙니다. 크기도 크지 않고 스스로 빛을 내지도 못합니다. 진짜 주인공들은 태양처럼 스스로 빛을 발하는 항성, 즉 별입니다. 지구나 화성, 수성, 금성, 목성 등의 행성들에도 '별'을 의미하는 '성星'이라는 글자를 뒤에 붙이긴 하지만 '빛을 발하는' 진짜 별을 의미하지는 않습니다. 행성은 태양과 같은 항성의 빛을 반사하면서 모습을 드러내는 부속 천체입니다. 태양계에 속한 행성의 질량을 모두 합쳐도 태양의 0.1퍼센트에 불과합니다.

우주에서 별들이 가장 활발하게 생성된 시기는 빅뱅 후 40억~50

그림2-1
남쪽 하늘의 용골자리 성운
지구에서 8500광년 떨어진 성운으로 우리 은하에서 별이 가장 왕성하게 만들어지는 곳 중 하나이다. 미국 항공 우주국(National Aeronautics and Space Administration)의 제임스 웹 우주 망원경(James Webb Space Telescope)으로 관측한 가시광선과 적외선 데이터로부터 합성한 이미지이다.

억 년 사이였습니다. 당시에는 많아진 별들이 중력 작용으로 활발하게 움직였습니다. 이에 따라 별들이 새로운 은하를 생성하거나 서로 충돌하고 무리지어 더 큰 은하단들을 이루기도 했습니다. 우리 은하계는 빅뱅 후 2억 년, 그러니까 약 136억 년 전에 형성되었다고 추정합니다. 처음에는 크기가 매우 작았지만 여러 차례 다른 은하와 충돌해 합쳐지면서 점차 커졌습니다. 태양계와 지구는 우주 달력으로 치면 초가을로 접어들, 비교적 늦은 빅뱅 후 약 92억 년쯤 태어났습니다.

따라서 태양계가 만들어질 무렵의 우주 공간에는 초기 우주에 없었거나 드물었던 무거운 원자들이 많이 있었습니다. 원시별의 잔해물과 후속 세대 별이 폭발해 만들어진 이 원자들은 별들 사이, 즉 성간에 흩어져 있었습니다.

성간 물질은 통상적으로 가스와 먼지의 형태로 은하 공간에 흩어져 있습니다. 가스는 주로 가벼운 원소인 수소와 헬륨인데, 빅뱅 때 생산되었으나 아직 별의 원료로 사용되지 않은 재고품이라고 할 수 있습니다. 반면 우주 먼지는 탄소, 산소, 규소 같은 무거운 원소가 주성분인 작은 입자들입니다. 별의 핵융합이나 초신성 폭발 때 만들어진 것들이므로 별이 만든 부산물인 셈입니다.

태양도 이런 가스와 먼지로 만들어졌는데, 그 과정을 잠시 살펴보겠습니다. 은하 공간에는 가스와 먼지가 다른 곳보다 더 많이 몰려 있는 성간 구름이 군데군데 있습니다. 46억 년 전의 우리 은하에도 중심에서 반쯤 벗어난 곳에 그런 구역이 있었습니다. 그런데 어

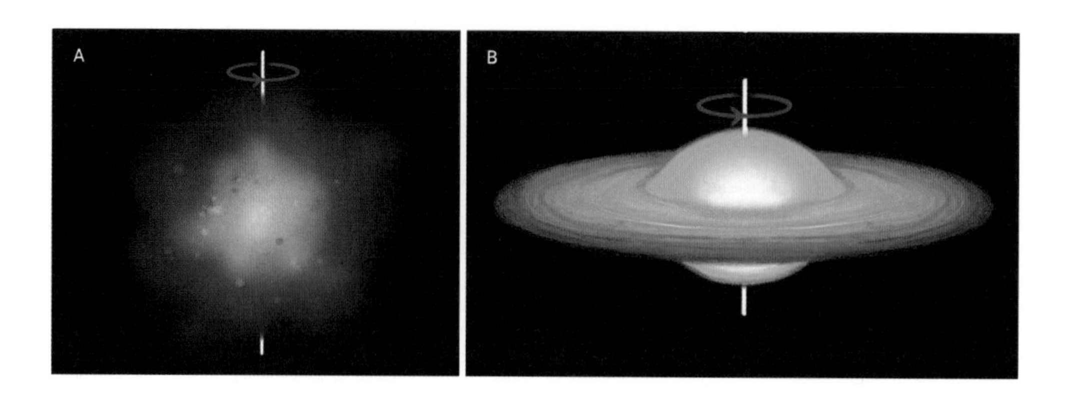

떤 이유로 가스와 먼지의 양이 증가하자 중력이 작용해 성간 구름이 회전하기 시작했습니다. 여름철 열대 바다에 수증기가 많아져 발생하는 태풍의 위성 사진 모습과 비슷했지요. 회전이 가속됨에 따라 성간 구름은 눌러놓은 바람개비 모양이 되었지만, 중심부에는 물질들이 응축해 별의 씨앗을 형성했습니다.

과학자들의 계산에 의하면 '원시 태양'이라고도 부르는 이 씨앗 부분은 불과 수백만 년 사이에 형성될 수 있다고 합니다. 씨앗은 일단 형성되면 중력 작용으로 주변의 물질을 점점 더 끌어모으며 커지게 됩니다. 어느 시점에 이르자 원시 태양의 내부는 무게에 짓눌려 압력이 높아지고 온도도 치솟았습니다. 이러한 초고압·초고온 상태에서는 원자핵들이 뭉치는 핵융합 반응이 일어납니다. 수소를 원료로 삼아 작동하는 발전소가 만들어진 셈입니다. 뜨거운 빛과 열을 내뿜는 태양은 이렇게 탄생했습니다.

태양계가 형성된 시기는 빅뱅 후 92억 년이 지난 때였으므로 당시 우주에는 무거운 원소들이 많이 생성되어 있었습니다. 그렇다고 해도 당시 성간 구름의 성분은 수소와 헬륨이 대부분을 차지했습니

그림2-2
태양계의 형성 과정

(A) 물질이 많아진 성운은 중력으로 수축하면서 회전한다.
(B) 성운은 원반 모양으로 납작해지고 중심부에 별의 씨앗이 생긴다.
(C) 물질 대부분이 중심부에 집중되면서 핵융합이 일어나 별이 탄생한다.
(D) 중심에서 먼 부분은 냉각된 물질들이 충돌과 결합을 반복해 행성과 위성들을 형성하며, 이들은 자체 회전력으로 궤도를 그리며 공전한다.

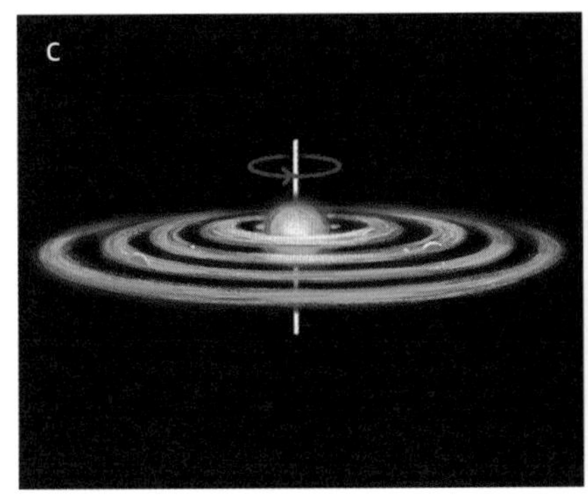

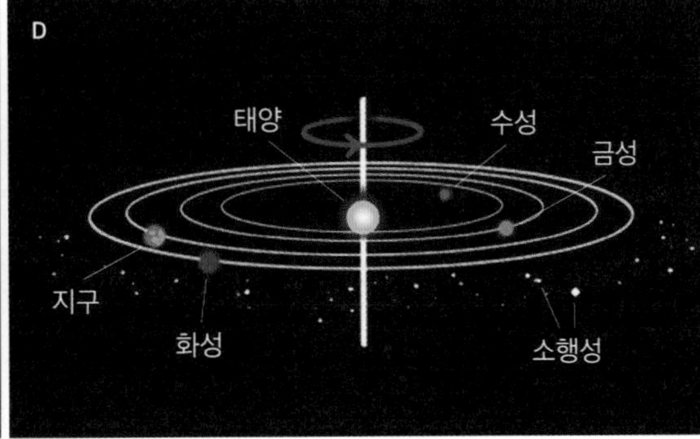

다. 무거운 원소들은 우주 전체에서 차지하는 비율이 미미했지만 지구와 같은 암석형 행성을 만들기에는 충분한 양이었습니다.

태양과 별의 생성을 몇 문장으로 간단히 설명했지만 그 과정은 참으로 경이롭습니다. 왜냐하면 우주 공간은 거의 텅 비어 있는 것과 마찬가지이기 때문입니다. 현재 우주는 1세제곱미터의 공간에 평균적으로 겨우 몇 개의 원자가 있을 만큼 물질이 희박합니다. 태양이 형성될 무렵인 46억 년 전에는 우주의 크기가 지금보다 작아서 정도는 덜했지만 물질이 희박했던 것은 마찬가지였습니다. 별의 원료가 이토록 희박하게 은하 공간에 퍼져 있으면 물질을 끌어당기는 중력 작용이 맥을 못 씁니다.

그렇다면 무엇이 희박하게 퍼진 성간 물질들을 끌어모아 태양의 씨앗을 만들었을까요? 바로 초신성이었습니다. 초신성이 폭발하면 강력한 '폭발 바람'이 생겨 물질들을 성간으로 날려 보냅니다. 이때 물질들이 한곳으로 쏠리며 성간 구름 안에서 별의 씨앗이 될 부분이 준비되는 것입니다. 오늘날 태양과 지구, 인간이 존재할 수 있었던 것은 그 옛날 폭발한 어떤 초신성 덕분이라는 사실이 근래의 여러 연구로 밝혀졌습니다.

덧붙이자면, 초신성이 폭발할 때는 무거운 원소들이 생성되므로 중력이 더욱 효과적으로 작용해 물질을 잘 끌어모을 수 있습니다. 앞서 언급했듯이 지구와 같은 암석형 행성의 주성분은 무거운 원소들입니다. 지구를 이루는 산소, 탄소, 질소, 규소, 철, 니켈(Ni), 구리(Cu), 금(Au), 은(Ag), 우라늄 등의 원소들은 모두 옛 별의 내부 활동과 초신성 폭발로 생긴 것들입니다. 한때 찬란하게 빛났던 별과 초신성의 장엄한 폭발이 뿌려놓은 가스와 먼지가 지구와 우리 몸의 원료를 이루고 있는 것입니다. 그렇게 본다면 지구 생명의 모태는 태양이 아니라 먼 옛날에 폭발한 별들입니다.

2. 골디락스와 여덟 마리 곰

약 46억 년 전 태양이 생성되자 곧이어 지구를 비롯한 8개의 행성과 위성 등 부속 천체들도 만들어졌습니다. 태양에 가장 가까운 공전 궤도를 도는 행성은 수성이며, 그 바깥에 금성과 지구, 화성이 차례대로 있습니다. 이들의 구성 성분은 주로 암석 재질이어서 '암석형 행성'이라고 부릅니다. 이들 행성의 주원료는 앞서 살펴본 대로 초신성이 만들고 뿌린 성간 먼지들입니다.

한편 보다 바깥 궤도에 있는 목성, 토성, 천왕성, 해왕성은 가벼운 기체로 이루어져 있습니다. 대개는 그 기체들이 액체나 언 상태로 이루어져 있어 '기체형 행성'이라고 부릅니다. 이들은 가벼운 대신 매우 큽니다.

태양계에서 가장 바깥 궤도를 도는 행성이 해왕성입니다. 해왕성 너머에는 지구와 태양 사이 거리의 약 1만 배나 되는 광대한 공간에 얼음 덩어리 등으로 이루어진 크고 작은 천체가 무수히 있습니다. 그들도 태양계의 일부이지만 여기서는 다루지 않겠습니다.

그런데 이렇게 많은 천체가 있는 태양계에서 생명이 살 수 있는 곳은 극히 제한되어 있습니다. 당연히 태양 근처는 너무 뜨거워 생명이 살 수 없습니다. 행성들 중에서도 지구 궤도 안쪽에 있는 수성이나 금성은 매우 뜨겁습니다. 금성의 경우 표면 평균 온도가 무려

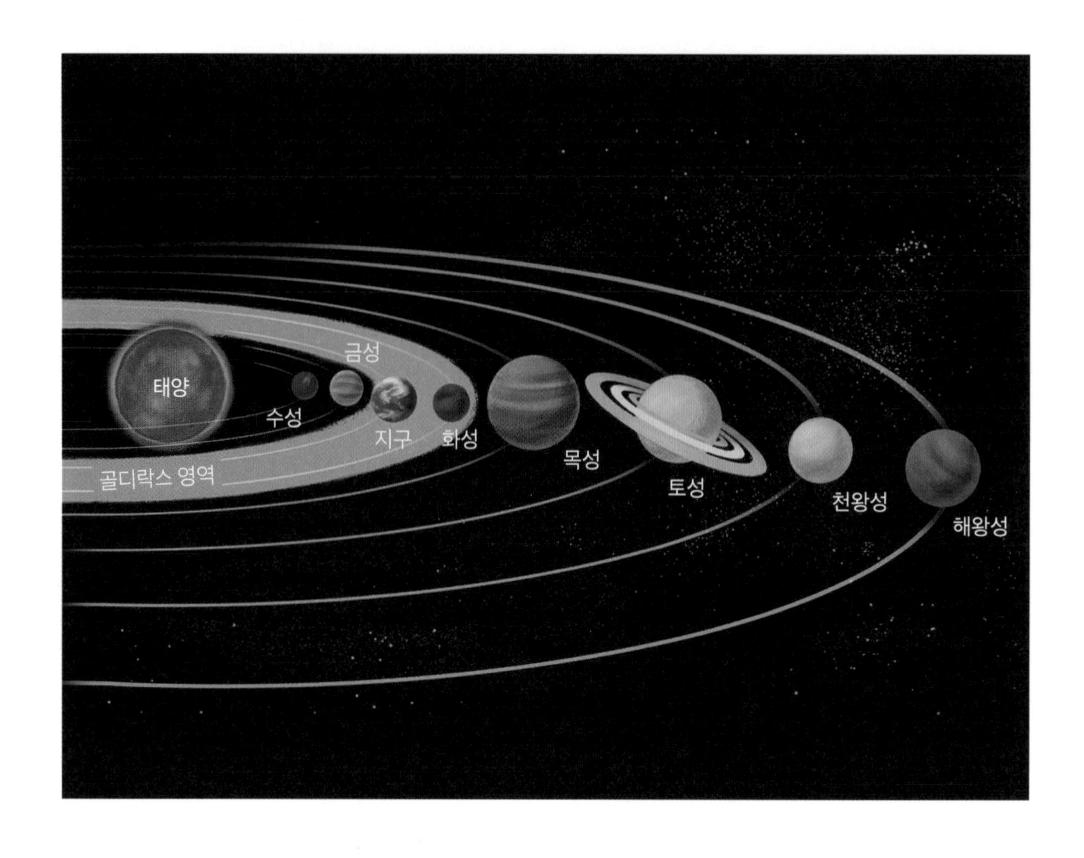

464℃나 됩니다. 반면 지구 바로 바깥쪽 궤도의 화성은 -63℃로 매우 낮습니다. 지구 표면의 평균 온도는 15℃ 정도입니다. 천문학자들은 태양계 천체들의 거리를 나타낼 때 태양과 지구 사이 거리인 1AU(1억 5000만 킬로미터)를 기본 단위로 정하여 사용합니다. 여러 연구에 의하면 태양계에서 생명이 진화하기에 알맞은 표면 온도를 가지려면 행성의 위치가 0.85~1.2AU 사이의 매우 좁은 구간에 있어야 합니다. 한마디로 지구 근방에 있어야 한다는 의미입니다. 이 거주 가능한 행성의 궤도 범위를 흔히 '골디락스 영역'이라고 부릅니다.

그림2-3
태양계의 골디락스 영역
생명이 존재하기에 이상적인 영역으로 그림에서는 초록색으로 이를 표현했다. 우리가 알고 있는 생명에 대한 지식은 오직 지구의 것에만 토대를 두고 있다. 따라서 태양계의 골디락스 영역 조건이 우주에 있는 다른 행성계들에도 공통적으로 적용될 수 있는지는 풀어야 할 숙제이다.

이 용어는 원래 영국의 전래 동화인 '골디락스와 곰 세 마리'에서 유래했습니다. 어느 날 금발의 소녀 골디락스는 숲속을 노닐다 아빠 곰, 엄마 곰, 아기 곰이 사는 오두막집에 우연히 들어가게 되었습니다. 곰들이 잠깐 자리를 비운 집에는 수프와 의자, 침대가 각각 3개씩 있었습니다. 골디락스는 식탁 위에 놓인 수프 중에서 아기 곰이 먹기 좋게 만든 너무 뜨겁지도 차갑지도 않은 적당한 온도의 수프를 먹었습니다. 그러곤 자기 몸에 딱 맞는 아기 곰의 의자에 앉아보기도 했습니다. 너무 지쳐 있던 골디락스는 자신에게 너무 딱딱하지도 너무 푹신하지도 않은 알맞은 침대를 발견하고 그 위에서 잠이 들었습니다. 집에 돌아온 곰들은 어지럽혀진 집 안을 보고 웅성거렸고, 그 소리에 잠에서 깬 골디락스가 세 마리의 곰을 보고 놀라서 도망갔다는 내용입니다.

이 이야기를 태양계에 적용해보면 골디락스는 온도와 크기가 다른 8개의 행성 중에서 자신에게 딱 맞는 것을 찾은 것입니다. 골디락스가 고른 아기 곰의 수프와 의자, 침대가 바로 우리가 살고 있는 지구인 셈입니다.

3. 알맞은 크기의 지구

지구는 태양과의 거리만 이상적인 것이 아닙니다. 크기, 더 정확하게는 질량도 생명이 출현하기에 알맞았습니다. 만약 지구의 질량이 지금보다 작았다면 중력이 너무 약해 바다의 물과 대기는 모두 증발해 없어졌을 것입니다.

물은 지구의 생명체에게 필요 불가결한 분자입니다. 특히 물 저장고인 바다는 생명의 출현과 진화에 결정적인 역할을 했습니다. 물과 함께 지표면의 대기 또한 중요했습니다. 예를 들어 대기에 항상 존재했던 이산화탄소(CO_2)가 없었다면(물론 그 비율은 자주 변했습니다) 지구는 차가운 행성이 되었을 것입니다. 요즘은 양이 너무 많아져 온난화의 주범으로 꼽히고 있지만 이산화탄소의 온실 효과는 지표면을 따뜻하게 유지하는 데 큰 기여를 했습니다. 또한 이산화탄소보다 훨씬 후에 생겼지만 대기 중 산소도 다세포 생물이 진화하는 데 결정적인 역할을 했습니다. 바다와 육지의 동물들은 산소가 없으면 한순간도 살 수 없습니다. 대기를 구성하는 기체들은 모두 가벼운 분자여서 행성의 중력이 충분치 않으면 외계로 쉽게 날아가버립니다. 다행히도 지구의 중력은 생명체가 살 수 있도록 바다의 물과 대기를 지표에 잡아두기에 충분했습니다.

바다와 대기가 얼마나 중요한지는 우리의 이웃 행성인 화성만 봐도 금방 알 수 있습니다. 그곳에는 바다도 없고 대기도 희박합니다. 화성도 생성 초기에는 표면의 대부분이 바다로 뒤덮인 행성이었습니다. 또한 화산 활동에서 비롯된 대기도 충분히 있었습니다. 그러나 중력이 충분하지 못해 물과 대기를 확실하게 붙잡아두지 못했습니다. 화성은 처음 생성되었을 때 충분했지만 물과 대기가 수억 년에 걸쳐 서서히 우주 공간으로 새어나가 약 10억 년 후에는 오늘날과 같이 춥고 메마른 행성이 되었습니다. 간혹 화성에도 물이 존재한다는 얘기가 있긴 하지만 얼음의 형태로 적은 양만 있을 것입니다. 화성은 지구에 비해 지름이 절반인 데다가 질량도 10분의 1밖에 안 되기 때문입니다. 이처럼 크기도 작고 밀도도 지구의 70퍼센트에 불과할 정도로 가볍다보니 물 분자나 대기의 기체들을 중력으로 잡아둘 수 없었습니다.

질량이 작은 화성에는 또 다른 문제가 있었습니다. 무거운 원소들의 일부인 방사성 동위원소 역시 많지 않아 땅속에서 일어나는 방사성 붕괴, 즉 핵분열로 발생하는 열의 공급이 충분하지 않았습니다. 게다가 크기가 작아서 생성 초기에 그나마 있었던 열도 금방 식었습니다.

이와 달리 지구에는 방사성 동위원소들이 지표 깊숙한 곳에 풍부하게 있어서 생명 활동에 필요한 열을 지속적으로 공급해주었습니다. 예를 들어 우라늄이나 토륨(Th) 같은 방사성 원소들은 각각 45억 년과 140억 년 동안 핵분열 반응으로 열을 방출해도 질량이 절반밖에 줄지 않습니다. 이처럼 반감기가 긴 동위원소들이 많다보니 오랫동안 지구를 식지 않게 할 수 있었던 것입니다. 지구 내부에 작은 원자력 발전소가 있는 셈이지요. 지구는 크기가 수성이나 화성처럼 작지 않기 때문에 이렇게 발생한 열은 금방 식지 않습니다.

4. 적당한 태양의 크기

지구뿐 아니라 태양의 크기도 생명의 진화에 중요한 역할을 했습니다. 1장에서 보았듯이 별은 크기가 클수록 핵융합 연료를 빨리 소진하므로 수명이 짧습니다. 만약 태양의 질량이 현재보다 두 배 더 컸다면 수명은 15억 년을 넘지 못했을 것입니다. 그처럼 수명이 짧은 별에서는 높은 지능을 가진 복잡한 생명체가 진화할 시간이 충분하지 않았을 것입니다. 지구의 경우만 보더라도 생성 후 수십억 년 동안은 박테리아들만 있었으며, 모습을 제대로 갖춘 고등 생물은 최소 약 40억 년이 지나서 출현했습니다.

반면에 태양이 지금보다 훨씬 작았다면 고등 생물이 진화할 수 있는 충분한 시간은 보장됩니다. 하지만 수소를 연료로 태우는 반응(핵융합 반응)은 활발하지 못했을 것입니다. 다시 말해 충분히 뜨거운 빛과 열을 낼 수 없어 주변 행성에서 생명이 탄생하기 어려웠을 것입니다.

태양은 생성 이후 지난 46억 년 동안 지구에 빛과 열을 꾸준히 제공했습니다. 앞으로도 50억~70억 년 동안 수소를 연료로 태우며 빛날 것입니다. 그 후에는 지름이 현재보다 150배 이상 부풀어 오른 거대한 적색거성이 되었다가 지구만 한 왜성으로 생을 마감할 것입니다. 태양이 100억 년 이상 긴 시간 동안 빛과 열을 꾸준히 발산할 수 있는 것은 적당한 크기를 가졌기 때문입니다. 이처럼 지구에서 첫 생물이 출현한 이래 최소 35억 년 이상 진화가 계속되고 있는 데는 태양의 크기가 중요한 역할을 했습니다.

태양의 적당한 크기는 생명의 출현이나 진화에 장애가 되었을 또 다른 문제를 해결해줬습니다. 별은 빛을 사방으로 내뿜습니다. 그런데 그 빛은 가시광선 외에도 온갖 유해한 전자기파(엑스선, 감마선 등)도 포함합니다. 이뿐만 아니라 별에서는 전기를 띤 물질 입자(전자, 양성자 등)도 강하게 뿜어져 나옵니다. 별이 크면 발산되는 유해 입자의 양도 많아집니다. 만약 지금보다 태양의 질량이 10배 더 컸다면 이런 입자들이 엄청나게 쏟아져서 주변 행성에서 생명이 탄생하기 어려웠을 것입니다. 태양도 '태양풍'이란 이름

그림2-4
태양풍과 지구의 자기장
태양에서 방출되는 태양풍은 끊임없이 지구를 강타하고 있다. 지구 둘레의 자기장이 방패 역할을 해주어 생명체의 생존을 도와주었다.

으로 우주 공간에 내뿜는 입자의 양이 매초 약 10억 킬로그램이나 되며, 멀리 떨어진 지구에 도달하는 속도가 초속 460킬로미터에 이릅니다.

다행히 지구에는 태양풍을 막아주는 훌륭한 방어 시스템이 있습니다. 지구의 둘레를 거대하게 감싸고 있는 자기장의 띠가 그 방패입니다. 만약 자기장의 방패가 없었다면 인간은 물론 지구의 생명체는 생존하기 어려웠을 것입니다. 쏟아지는 유해한 입자가 DNA와 같은 생체 분자들을 파괴시키기 때문입니다. 지구 자기장이 태양풍을 막아내는 현장을 눈으로 볼 수 있는 곳이 있습니다. 바로 북극과 남극 지역에서 발생하는 오로라입니다. 오로라는 지구의 자기장과 태양풍이 충돌하면서 빛을 내는 현상입니다.

지구 주변에 자기장을 형성시킨 주인공들은 자성을 띠는 원소인 철과 니켈입니다. 이들은 무거운 원소여서 가라앉기 때문에 지구 내부에 있는 핵에 많이 있습니다. 그런데 지구 핵의 바깥쪽에 있는 외핵에는 철과 니켈이 녹아 용융된 액체 상태로 있기 때문에 조금씩 움직입니다. 이것이 자기장을 일으키는 것입니다. N극과 S극의 자석 사이에 코일을 넣고 움직이거나 회전시키면 전류가 발생하면서 주위에 자기장이 형성되는 것과 같은 원리입니다. 지구가 거대한 전자석*인 셈이지요. 실제로 용융 상태의 핵이 없는 달이나 화성 등에는 방패 역할을 하는 외부 자기장이 거의 형성되어 있지 않습니다. 이런 곳에서 사람이 활동하려면 공기가 없는 것도 문제이지만 유해한 방사선으로부터 몸을 보호할 수 있는 특수 옷이나 장치가 필요합니다. 지구에서는 그럴 필요가 없으니 생명체에게는 최적의 장소가 아닐 수 없습니다.

5. 달의 탄생

지구를 비롯한 태양계의 행성들은 46억 년 전 태양이 만들어진 직후에 생성되었습니다. 성간 물질이 뭉쳐져 지름이 수 킬로미터 되는 작은 천체인 미행성이 형성되고 이들이 충돌을 거듭해 합쳐지면서 둥글고 큰 행성이 생성된 것입니다. 그런데 갓 생성된 행성은 움직이는 궤도가 불안정해 서로 충돌하는 일이 잦았는데, 지구도 예외

* 철 막대에 구리선을 감아 전기를 통하면 자기력을 갖는 자석을 말한다.

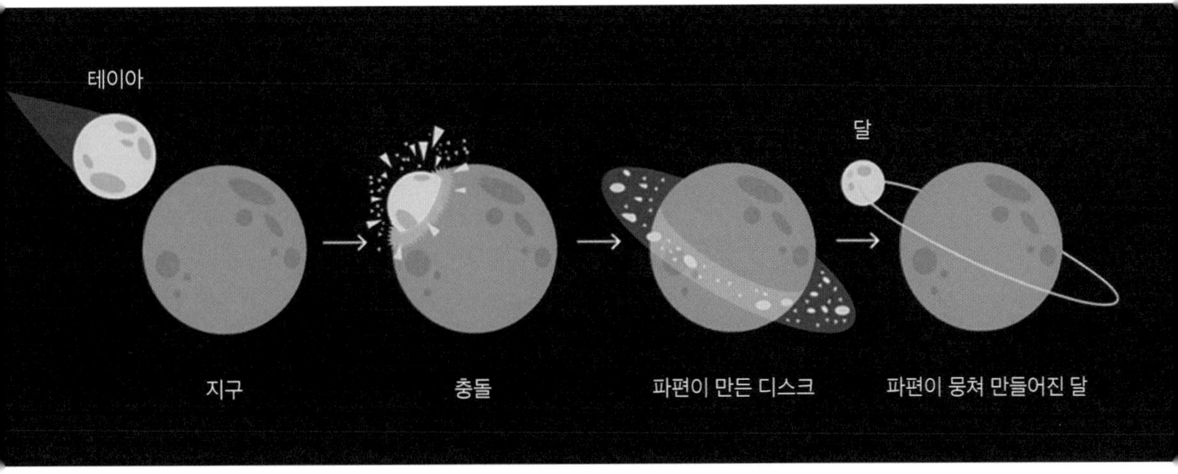

그림2-5
달의 탄생 과정
달은 화성 크기의 테이아라는 천체가 지구와 충돌하면서 우주 공간으로 날아간 파편들이 뭉치며 형성되었다고 추정된다. 당시의 충격으로 지구의 자전축은 23.5도 기울게 되었다.

는 아니었습니다. 과학자들은 지구가 생성된 지 약 5000만 년에서 조금 더 지났을 때 테이아라는 원시 행성과 충돌했다고 추정합니다. 테이아는 그리스 신화에 나오는 달의 어머니 이름인데, 크기가 화성만 해서 지름이 6000킬로미터 정도였다고 봅니다. 이처럼 엄청난 천체가 충돌하자 막대한 양의 파편이 우주 공간으로 흩어졌다가 중력에 의해 불과 2~3년 만에 다시 뭉쳐져 달이 형성된 것으로 추정합니다.

당시 갓 생성된 달은 지구와 2만 5000킬로미터 떨어져 있었습니다. 이는 지구 둘레의 8분의 5에 불과한 짧은 거리입니다. 이처럼 코앞에 떠 있다 보니 당시의 달은 지금보다 250배나 크게 보여 밤하늘은 온통 달빛으로 눈이 부셨을 것입니다. 그 후 달은 매년 3.82센티미터씩 멀어져 현재는 38만 5000킬로미터 떨어져 있습니다.

그런데 테이아의 충돌은 달만 만든 것이 아닙니다. 충돌할 때 우주로 날아가지 못하고 남은 파편들이 지구에 더해져 지구는 원래보다 약 10퍼센트나 더 커졌습니다. 게다가 충돌의 결과로 현재처럼 자전축이 공전 면에 비해 23.5도 기울어지게 되었습니다. 참고로 태양계의 다른 행성에서도 비슷한 일들이 벌어졌습니다. 예를 들어 토성도 원시 행성과 충돌해 자전축이 약 27도 기울어져 있으며, 천왕성은 98도로 편하게 누워 있습니다. 금성은 아예 180도 뒤집혀 물구나무서서 외톨이처럼 다른 행성과 반대 방향으로 자전하고 있습니다.

그런데 역설적이게도 이 엄청난 충돌이 지구에서 생명이 출현하는 데 크게 기여했습니다. 첫째, 만약 자전축이 지금처럼 적당히 기울어지지 않았다면 계절과 기후의 변화가 훨씬 단순했을 것입니다. 계절은 태양이 지표에 빛을 비추는 각도와 시간에 따라 결정되는데, 자전축이 기울어 있지 않았다면 밤낮의 길이와 기온은 위도에 의해서만 결정됩니다. 따라서 극지방은 항상 춥고 적도는 너무 뜨거워 지구의 환경이 다양하지 못했을 것입니다. 이뿐만 아니라 바람과 해수의 흐름도 단순해져 지구를 따뜻하게 만들어주는 온실 효과도 잘 일어나지 않았을 것입니다. 이런 이유로 일부 과학자들은 자전축이

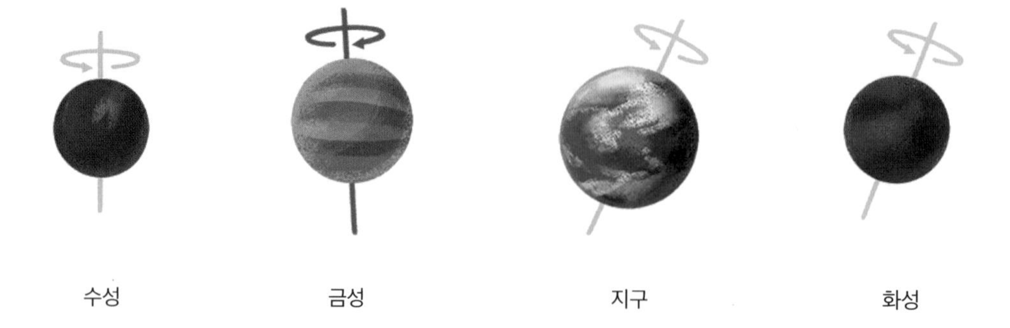

그림2-6
태양계 행성들의 자전축
금성은 다른 행성들과 달리 자전 방향이 반대이며, 천왕성은 자전축이 98도나 기울어져 있다.

10~45도 사이가 되어야 생물이 살 수 있는 조건이 형성된다고 주장합니다. 물론 매우 큰 바다가 있으면 바닷물이 열을 흡수하고 저장해 이런 효과는 줄겠지만, 적당히 기울어진 자전축보다는 훨씬 덜 호의적인 환경을 만들 것입니다.

둘째, 지구의 자전축은 다른 행성에 비해 매우 안정적이어서 4만 년을 주기로 21.5~24.5도 사이로 조금만 변합니다. 이는 달 덕분입니다. 뺨 때리고 떡을 준 격입니다. 달은 태양계에 속한 다른 위성에 비해 유별나게 큽니다. 예를 들어 목성의 위성들의 지름은 목성의 1000분의 1도 안 되는데, 달은 지구 지름의 4분의 1이나 됩니다. 그 크기 때문에 달의 중력이 지구의 자전 운동을 안정적으로 유지해줄 수 있었습니다. 이와 달리 작은 위성을 가진 다른 행성들, 예를 들어 화성은 자전축이 수백만 년을 주기로 10~60도 사이로 크게 변합니다. 마치 심하게 비틀대며 회전하는 팽이처럼 말이죠. 이렇게 자전축이 널뛰기하면 계절과 기후의 변화가 너무 심해 생명체가 제대로 진화하거나 적응해 살아가기 힘들 것입니다.

목성 토성 천왕성 해왕성

6. 분위기 좋은 지구

지금까지 2장에서 우리는 생명이 탄생할 수 있었던 지구와 그 어머니 태양의 천체적인 특성, 즉 외적 요건을 살펴보았습니다. 지금부터는 내적 요인으로, 지표 부근에서 일어난 생명 친화적인 변화 중 가장 중요한 '대기'와 '물'에 대해 알아보겠습니다.

먼저 대기를 구성하는 분자들은 모두 합쳐도 지구 질량의 0.0001퍼센트에 불과합니다. 그러나 대기는 지구의 역사에서 기후 변화, 광물의 생성 그리고 무엇보다도 생명의 탄생에 매우 중요한 역할을 했습니다. 지구가 막 생성되었을 무렵, 대기에는 우주에서 가장 풍부한 원소인 수소와 헬륨이 적지 않게 있었을 것입니다. 하지만 이들은 가벼운 원소이므로 대부분 태양풍에 날아갔거나 일부 남아 있어도 중력의 영향에서 쉽게 벗어나 외계로 새어나갔을 것입니다. 원시 대기를 구성하는 주요 분자는 수증기, 질소, 이산화탄소였습니다. 많은 학자들은 이 기체들이 생성 초기 지구에서 활발했던 화산 활동이나 미행성, 소행성, 혜성 등 천체와 빈번히 충돌할 때 그 속에 포함된 성분들이 높은 열로 분해되어 방출되었다고 추정합니다.

무엇보다도 수증기는 초창기부터 지구의 대기에서 많은 양을 차지했습니다. 이 다량의 수증기는 얼마 후 대부분 바다가 되었습니다. 이에 대한 더 자세한 내용은 다음 절에서 살펴보겠습니다. 한편 질소는 지구 생성 초기에 거의 변하지 않고 대기를 구성하는 주요 분자로 남았는데, 오늘날에도 대기의 80퍼센트를 차지합니다. 이는 질소 기체가 화학적으로 매우 안정적인 분자이기 때문입니다. 기체 상태의 질소는 쉽게 단일 원자로 분해되지 않으므로 다른 원자와

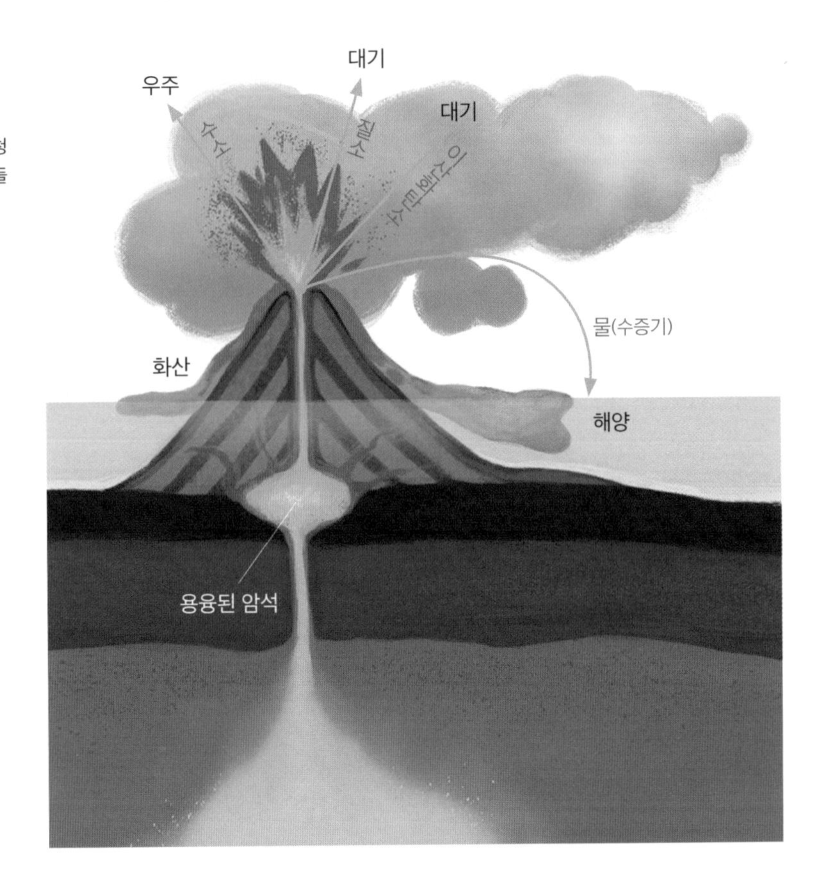

그림2-7
지구 초기의 화산 활동과 대기 조성의 변화
지구 초기의 화산 활동은 엄청난 양의 수증기와 각종 기체들을 대기 중으로 방출했다.

결합해 화합물을 이루기가 매우 어렵습니다. 그래서 광물 형성에도 거의 관여하지 않았습니다. 질소가 원자로 분리되어 화합물을 이루며 적은 양이나마 지구를 순환하기 시작한 것은 생물의 출현 이후입니다. 참고로 기체 상태 질소 분자의 결합력은 워낙 강하고 안정적이기 때문에 지하 깊은 곳에서 지질 활동이나 번개가 칠 때 형성되는 고온·고압 조건이 아니면 원자로 분해되기가 어렵습니다. 인간은 20세기 초에 질소를 인공적으로 분해하여 암모니아(NH_3)를 만들었는데, 그 덕분에 녹색 혁명(인공 질소 비료)이 일어나 인구가 폭발적으로 늘어났습니다. 생물에서 질소를 분해하는 데 고온과 고압이 필요 없는 경우도 있는데, 특히 콩과 식물의 뿌리에서는 박테리아들이 그 역할을 합니다.

한편 이산화탄소도 초기 지구의 대기에 풍부했습니다. 하지만 바다의 형성 이후 많은 양이 물에 용해되면서 대기에서 점차 줄어들었습니다. 이산화탄소는 온실 효과를 유발하는 대표적인 기체여서 비록 적은 양이라도 변화가 있을 때마다 지구의 기후 변화에 큰 영향을 미쳤습니다. 질소가 그러했듯이 이산화탄소를 구성하는 탄소도 생물의 출현 이후 본격적으로 지구의 대기, 해양 그리고 지표와 지하를 순환하며 지구의 환경 변화에 중요한 역할을 했습니다. 이 밖에도 원시 지구의 대기에는 화산 활동에서 나온 암모니아, 메테인(CH_4), 유황(S) 성분의 기체 등이 있었을 것입니다. 그러나 산소는 거의 없었습니다.

지구의 대기는 생성 이래 여러 번 극적으로 변했습니다. 그중 가장 큰 변화는 지구의 나이가 약 20억 살 되었을 무렵에 산소가 비약적으로 늘어나고 이산화탄소는 줄어든 사건입니다. 이에 대해서는 4장에서 시아노박테리아를 다루면서 자세히 살펴보겠습니다.

7. 1000년 동안 내린 비

모두가 잘 알고 있듯이 물은 생명에 필수적인 분자입니다. 물이 없었다면 생명은 탄생하지 못했을 것입니다. 지구 표면에는 막대한 양의 물이 있으며, 그중 98퍼센트는 바다를 이루고 있습니다. 오늘날 지구 표면의 70퍼센트나 차지하는 바다는 어떻게 생겨났을까요?

바다의 기원에 대해서는 여러 설명이 있습니다. 가령 혜성 등의 외계 천체가 지구와 충돌할 때 분해된 수소나 산소에서 비롯되었다는 가설이 있습니다. 하지만 대부분의 과학자들은 지구의 형성 초기에 지각이나 내부에 있던 수증기 성분들이 응집되어 만들어졌다고 봅니다. 즉 지표 근처의 물질들이 품고 있던 많은 양의 수증기가 바다를 형성했다는 설명입니다.

원시 지구는 지금보다 훨씬 뜨거운 상태였습니다. 지표는 들끓는 마그마로 뒤덮였으며 빈번하게 충돌하는 소행성 등의 운동 에너지가 열로 바뀌며 지구를 더욱 뜨겁게 달구었습니다. 이처럼 뜨겁다 보니 원시 지구에서는 지표나 땅속의 물질들이 수증기와 질소, 이산화탄소, 메테인 등의 기체로 분해되어 대기 중으로 증발했습니다. 시간이 흐르자 지구의 대기는 이 기체들로 채워지게 되었습니다. 두텁게 형성된 대기가 지표의 열이 외계로 나가지 못하게 막는 보온 효과를 유발해 지구는 더욱 뜨거워졌습니다. 그 결과 수증기 등의 증발된 기체들은 지표에서 300킬로미터 높이까지 올라가 두꺼운 구름층을 형성했습니다.

그러나 시간이 흘러 지구의 온도가 서서히 떨어지자 과포화된 기체로 이루어진 구름이 응축되며 비를 내리기 시작했습니다. 최초의 비는 매우 뜨거워서 온도가 300℃쯤 되었다고 추정합니다. 당시의 대기는 수증기가 80퍼센트 이상을 차지했을 것입니다. 지금도 땅속에서 지질 활동의 결과로 방출되는 기체 속에는 수증기가 큰 비중을 차지합니다. 과학자들은 원시 대기의 구름이 응축되면서 내린 비가 약 1000년 동안 계속되고 강우량이 매년 10미터에 달했을 것으

로 추산합니다. 이만한 양의 비가 1000여 년 동안 내렸다면 바다를 형성하기에 충분했을 것입니다.

근래의 여러 지질학적 연구에 의하면 지구가 생성된 지 불과 1억 5000만 년이 지난 약 44억 년 전에 이미 평균 깊이 1500미터의 깊은 바다가 형성되었습니다. 하지만 당시의 바닷물은 지금보다 두 배 이상 짰으며, 많은 양의 이산화탄소가 녹아 있어 강한 산성을 띠었을 것입니다.

생명의 탄생과 생존에 필수적인 충분한 양의 물이 지구 초기부터 일찌감치 확보되었던 것입니다. 물이 생명에 꼭 필요하다는 사실은 알지만 그 이유는 무엇일까요? 여러 이유가 있지만 여기서는 세 가지를 살펴보겠습니다.

첫째, 물은 다른 대부분의 액체와 달리 고체(얼음)의 형태일 때 더 가볍습니다. 이는 얼음 분자의 구조에 빈 공간이 많아 밀도가 낮

그림2-8
혹독했던 초기 지구의 상상도
활발한 화산 활동 및 지구와 작은 천체들의 잦은 충돌로 대기는 뜨겁고 두꺼웠으며 지표는 마그마의 바다를 이루고 있다. 갓 생성된 달은 지구 가까이 있어 커다랗게 보였을 것이다.

기 때문입니다. 그 결과 물은 수면 위에서부터 얼고 얼음은 물 위에 뜹니다. 극지방이나 빙하에 덮인 곳에서도 바다나 호수의 아래쪽 생태계가 가혹한 외기로부터 안전할 수 있었습니다.

둘째, 물은 순수성을 쉽게 잃는 분자입니다. 바꾸어 말하면 각종 물질이 쉽게 녹아듭니다. 전기적으로 중성인 원자가 전자를 한두 개 잃거나 얻으면서 약간 양극이나 음극의 성질을 띠는 상태를 이온이라고 합니다. 그런데 물은 금속 등의 각종 이온들을 끌어당기며 쉽게 녹이는 성질이 있습니다. 그 결과 각종 성분이 녹아 있는 물은 생물과 관련된 다양한 화학 반응을 일으키는 원료 창고와 같은 역할을 했습니다.

셋째, 물은 비열이 매우 커서 온도가 달라져도 금방 변하지 않습니다. 비열이란 물질을 데우는 데 필요한 열의 양입니다. 따라서 이 값이 크면 쉽게 데워지거나 차가워지지 않습니다. 이러한 성질 때문에 생물의 몸에 있는 수분은 일부 온도가 갑자기 오르거나 내려도 나머지 부분이 천천히 적응합니다. 몸을 보호해주는 작용을 하는 것입니다. 세포나 몸속의 물처럼 지표의 물도 유사한 작용을 합니다. 추운 겨울이나 여름에 바다와 같이 많은 양의 물이 주변에 있으면 기후를 완만하게 변화시키는 완충 역할을 합니다.

두 번째 여행을 마치며

지금까지 알아본 지구의 여러 환경은 생명의 탄생을 위한 최적의 조건이었습니다. 태양과 지구의 적당한 크기, 지구의 따뜻한 온도와 알맞은 질량, 달의 충돌로 인해 기울어진 자전축, 외계로 새어나가지 않고 갇힌 대기, 액체 상태로 존재하는 물 등과 같은 조건들은 정말 기막힌 우연처럼 보입니다. 프랑스의 생화학자 자크 모노Jacques Monod는 자신의 책《우연과 필연》에서 "구약의 약속을 깨버린 자연이 우연이라는 새로운 약속을 만들었다"라는 표현을 사용했습니다. 이 말은 생명의 탄생과 진화가 우연이라는 뜻이 아닙니다. 적어도 생명 현상에 있어서는 우연과 필연이 동전의 양면과 같다는 뜻입니다.

경우의 수가 엄청나게 많다면 그중에서 우연처럼 보이는 일은 흔히 일어날 수 있습니다. 그것은 결코 기적이 아닙니다. 생명의 탄생에 최적으로 맞춰진 듯 보이는 지구도 어쩌면 이와 같을지도 모릅니다. 우리 은하 안에는 약 2000억~4000억 개의 별이 있습니다. 그리고 관측 가능한 우주에는 최소 수천억 개의 또 다른 은하가 있습니다. 우리가 보는 밤하늘에 있는 별의 수는 상상을 초월합니다. 그중에서 생명이 출현할 수 있는 행성을 가진 별이 하나도 없다면 그것이 오히려 기적이 아닐까요? 수억 벌의 옷이 걸려 있는 가게에서 내 몸에 꼭 맞는 옷을 발견했다면 무릎을 치고 감탄할 정도로 놀라운 일일까요?

물론 지구 이외 다른 곳에 생명체가 있는지는 현재로서 확언할 수 없습니다. 또 인간과 같은 지적 존재가 지구에만 존재하는지도 아직 알지 못합니다. 그러나 한 가지 분명히 말할 수 있는 것은 우리가 지금 보고 있는 생물들과 인간이 존재하는 이유는 전적으로 생명 친화적인 환경을 제공한 지구라는 천체 덕분이라는 사실입니다. 이런 관점에서 최근 적지 않은 과학자들이 생명과학과 지구과학을 하나로 통합해 다루고 있습니다. 기존의 분절적인 관점이 아니라 학문 사이의 장벽을 넘어 지구생명과학Earth-Life Science이라는 융합적 시각에서 바라보고 있는 것입니다.

3장

육지의 탄생

9월 29일

››› 지각판의 본격적인 형성 시작(35억 년 전)

10월 27일

››› 대규모 맨틀 오버턴 시작(25억 년 전)

››› 초대륙들 형성과 분리 시작

12월 1일 ~ 14일

››› 로디니아 초대륙 형성(11억~6.3억 년 전)

12월 22일 ~ 26일

››› 판게아 초대륙 형성(3.3억~1.8억 년 전)

12월 26일

››› 북반구 로라시아 형성(1.8억 년 전)

››› 남반구 곤드와나 형성(1.8억 년 전)

2장에서 우리는 태양계에 속한 지구라는 천체가 가진 생명 친화적인 여러 조건을 알아보았습니다. 그중에서도 대기와 바다의 형성은 생물의 탄생과 생존에 필수 불가결한 조건이었습니다. 초기 생명체들은 최소 30억 년 이상 바다나 물에서 살았습니다. 지금도 바다에는 수많은 해양 동식물들이 서식하고 있습니다. 그런데 지금은 인간을 비롯한 육상의 생물들도 지구 생태계에서 중요한 부분을 차지하고 있습니다. 육상 동물과 식물이 땅 위에서 산 기간은 지구 전체 역사의 마지막 10분의 1에 불과한 약 4억 년에 불과합니다. 육지가 생겨나지 않았다면 인간도 존재할 수 없었을 것입니다.

초기 지구는 육지가 없는 바다였습니다. 그러던 중 바다에서 화산들이 잇달아 솟아오르며 섬들이 생겨나기 시작했습니다. 오늘날 필리핀 열도나 남태평양의 화산 열도에서 볼 수 있듯이 섬들이 길게 늘어선 모습이었을 것입니다. 길게 줄지은 섬들은 오랜 세월에 걸쳐 이동하면서 서로 합쳐지고 제법 큰 육지를 형성했습니다. 하지만 오늘날 우리가 보는 7대주처럼 큰 대륙은 아니었습니다. 땅덩어리들이 끊임없이 이동하면서 대륙을 만들었고, 때로는 거대한 초대륙을 형성하고 다시 여러 개로 쪼개지기도 했습니다. 바다가 새로 생겨나기도 했습니다.

3장에서는 생명의 진화에 중요한 역할을 한 육지에 대해 알아보고자 합니다. 대륙이 만들어지고 바다가 열리게 되는 원인과 과정을 알아보고, 아울러 화산과 지진을 일으키는 동력이 무엇인지도 살펴볼 것입니다. 이 모든 과정을 지질학적 진화라고 부를 수 있습니다. 생명의 진화가 그렇듯이 지질학적 진화는 과거 이래 현재도 진행되고 있습니다.

1. 땅덩어리를 움직이는 동력, 맨틀 대류

생명의 보금자리인 바다와 육지 등 지표와 그 주변이 변화해온 모습을 이해하기 위해서는 지구의 내부 구조를 먼저 살펴볼 필요가 있습니다. 잘 알려진 대로 지구는 위에서부터 지각, 맨틀, 외핵, 내핵의 순서로 구분되는 층들이 있습니다. 이해를 돕기 위해 지구를 달걀에 비유해보겠습니다.

먼저 달걀의 노른자위는 지구의 핵에 해당합니다. 이곳에는 지구를 구성하는 원소 중에서 철이나 니켈처럼 무거운 원소들이 주로 몰려 있습니다. 무거운 것이 밑으로 가라앉기 때문이지요. 달걀의 노른자와 달리 지구의 핵은 2개의 층으로 나뉘어 있습니다. 그중 겉의 층은 외핵이라 부르는데 온도가 4000℃나 되니 물질들이 다 녹아 액체 상태로 있습니다. 앞 장에서 외핵 덕분에 지구의 자기장이 생겼다고 했습니다. 그곳의 주성분은 자성을 띤 철과 니켈인데 액체 상태로 있기 때문에 지구가 돌 때마다 조금씩 움직여 전기가 발생

그림3-1
지구 내부 구조의 단면도
지구는 표면에서 내부로 들어감에 따라 지각, 맨틀, 외핵, 내핵의 순으로 이뤄져 있다.

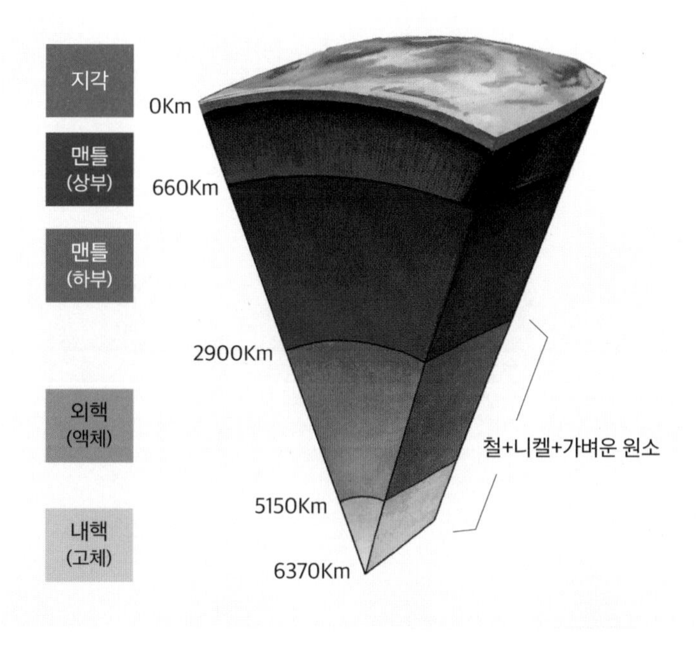

합니다. 이로 인해 자기장이 생기는 것이지요. 한편 내핵은 지구 가장 깊숙한 곳에 있습니다. 따라서 외핵보다 온도가 더 높은데도 고체 상태로 있습니다. 왜 그럴까요? 일반적으로 액체를 구성하는 원자나 분자들은 고체에 비해 덜 촘촘한 구조를 가지고 있어서 서로의 결합력이 느슨합니다. 이러한 물질적 특성으로 인해 액체는 흐르는 성질이 있습니다. 반면 액체로 녹을 만큼 높은 온도라도 내핵의 물질처럼 매우 강한 압력을 받게 되면 짓눌려서 촘촘한 구조가 됩니다. 그 결과 고체와 비슷하게 되는 것이지요.

지각과 맨틀은 어떨까요? 지각은 달걀의 껍질에 해당됩니다. 얇지만 단단하지요. 땅껍질인 지각은 마치 축구공의 가죽 조각들처럼 여러 개의 '판'들로 나뉘어 있습니다. 공 모양의 지구 껍질을 조각판

그림3-2
현재 지구 지각판의 분포
화살표는 판의 이동 방향을 가리킨다.

들로 덮으려니 여러 개를 이어 붙여야 했습니다. 지구의 조각판들은 느리지만 조금씩 움직이고 있습니다. 우리가 살고 있는 곳은 바로 이 판 위에 얹혀 있는 지각입니다. 지각은 땅덩어리를 얹고 있는 대륙판과 바다의 바닥을 이루는 해양판으로 구분됩니다.

지각판들을 움직이게 하는 기관차는 다름 아닌 지각판 밑에 있는 맨틀입니다. 달걀로 보면 흰자위에 해당합니다. 맨틀은 지표 아래 30~2900킬로미터 깊이의 층으로 지구 전체 부피의 무려 80퍼센트나 차지하고 있습니다.

부피가 워낙 큰 만큼 지구에서 물(수증기 상태)을 제일 많이 저장하고 있습니다. 물은 바다에 제일 많이 있다고 생각할 수 있지만 그렇지 않습니다. 바다에서 제일 깊은 곳이 10킬로미터를 넘는다고 해도 2900킬로미터 두께의 맨틀에 비하면 상대가 안 됩니다. 수분은 맨틀을 부드럽게 만들어줍니다. 고체인 흙에 물이 들어가면 부드러워지는 것과 유사합니다. 이 때문에 맨틀은 정도는 약하지만 흐르는 성질(점성)이 있습니다. 이런 특성으로 인해 고체 상태이지만 유체(기체와 액체)처럼 대류 현상이 일어납니다. 대류란 뜨거운 물질이 위로 올라가고 차가운 물질이 내려가며 열이 전달되는 현상입니다.

맨틀의 두께는 2900킬로미터나 되므로 지하 660킬로미터까지의 상부 맨틀과 아랫부분(하부 맨틀)의 온도 차가 큽니다. 맨틀에는 지구가 형성될 당시 천체들과 충돌할 때 발생한 열이 상당량 축적되어 있습니다. 그런데 두께가 수십 킬로미터나 되는 지각이 뚜껑처럼 덮고 있어서 열이 쉽사리 새어나가지 못하는 것입니다. 여기에 더해 땅속 깊은 곳에는 방사성 동위원소들도 많은데, 이들의 원자핵이 붕괴하면서 방출하는 열에너지도 만만치 않습니다. 작은 원자력 발전소들이 무수히 들어 있는 셈이지요. 그 결과 맨틀의 온도는 지각 바로 밑은 100℃에 불과하지만 외핵 근처의 지하 깊은 곳에서는 4000℃에 이를 만큼 큰 폭으로 차이가 납니다.

이처럼 위아래 온도가 다르다 보니 맨틀에서는 열의 이동, 즉 대류가 필연적으로 일어납니다. 아래쪽의 뜨거운 물질들은 팽창하여(부피가 커져서) 밀도가 낮아지므로 지표면을 향해 올라갑니다. 반면 지각 근처에 있는 차가운 물질들은 밀도가 높아 무겁기 때문에 밑으로 가라앉습니다. 이처럼 맨틀 물질은 대류 현상을 통해 위아래로 순환하는데 그 과정에서 위에 있는 지각이 움직이게 됩니다. 물론 그 움직임은 매우 미세해서 평균 속도가 1년에 겨우 10센티미터에도 못 미칩니다. 하지만 오랜 세월에 걸쳐 일어나기 때문에 그 효과는 무시할 수 없습니다. 그처럼 작은 속도라도 100만 년 동안 이동하면 100킬로미터를 움직이게 됩니다. 100만 년은 지질학적 시간으로는 잠깐에 불과합니다.

간단히 말하면 맨틀 대류의 동력은 맨틀의 위아래 온도 차에서 비롯된다고 할 수 있습니다. 그렇다면 그 동력으로 무슨 일들이 일어날까요? 하나씩 살펴보겠습니다.

2. 육지의 형성

바다만 보이던 지구에 처음으로 물 위로 모습을 드러낸 땅은 화산섬들이었습니다. 뒤에서 다시 살펴보겠지만 맨틀 대류의 결과로 발생하는 현상이 화산 폭발입니다. 화산섬은 그 결과로 생겨나게 된 것입니다. 맨틀의 하부에 있는 뜨거운 물질들은 위로 솟구쳐 올라오다가 지각 근처에서 녹으면서 마그마가 됩니다. 용융 상태가 된 마그마가 지각을 뚫고 나와 화산 활동이 일어나게 되는데, 위치에 따라 크게 두 가지 형태가 있습니다. 우리가 흔히 뉴스에서 보는 화산 폭발은 육상에서 일어나는 경우입니다. 이와는 달리 우리 눈에 보이지 않는 바닷속 깊은 곳에서 소리 없이 분출되는 화산들도 있습니다.

바닷속에서 분출된 마그마는 육지의 씨앗으로서의 역할을 하지만 대륙을 이동시키는 힘도 만들어냅니다. 육지의 씨앗이 되는 화산섬들은 주로 큰 지각판들이 서로 부딪칠 때 생겨납니다. 판들이 부딪히는 방향을 따라 화산들이 쭉 이어지면서 솟아오르는 것입니다. 그런 화산섬들을 호상 열도*라고 하는데, 활처럼 늘어선 섬들이라

그림3-3
호상 열도
알류산 열도는 알래스카에서 뻗어 나와 러시아의 캄차카 반도까지 활화산의 띠가 길게 이어지는 대표적인 호상 열도이다.

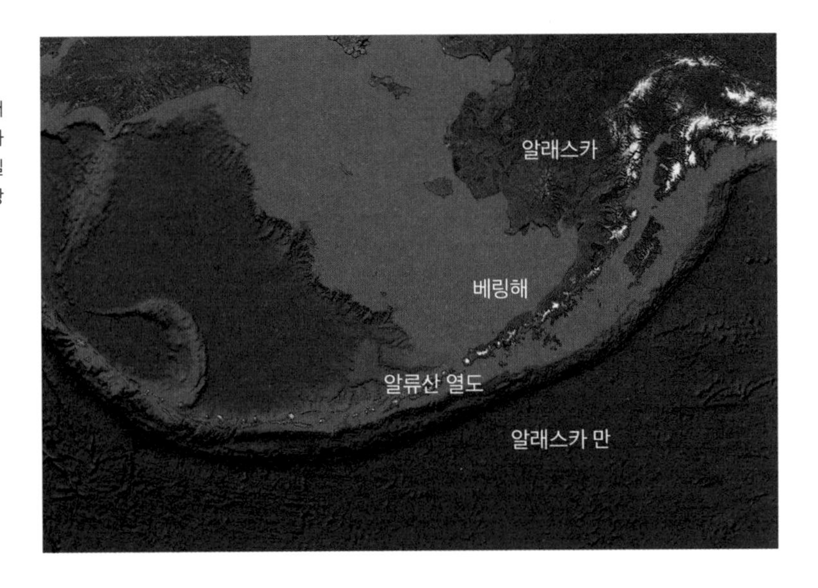

는 뜻입니다. 직선이 아니라 굽은 모양으로 화산섬들이 줄지어 있는 이유는 지구의 표면이 둥글기 때문입니다. 대륙은 이런 화산섬들을 품고 있는 지각판이 또다시 이동함으로써 형성됩니다. 분출되는 마그마의 힘이 대륙을 만드는 것입니다. 이에 대해서는 뒤에서 다시 살펴보겠습니다.

지표에 있는 각종 주요 원소들이 고루 녹아 있는 마그마가 식어서 굳으면 화성암이 됩니다. 마그마의 뜨거운 불로 달구어졌다가 만들어진 암석이라는 뜻입니다. 초기 지구에서는 뜨거운 마그마가 바다를 이루었는데, 이들이 식어서 만들어진 최초의 암석들도 모두 화성암이었습니다.

지각의 화성암을 대표하는 암석은 현무암과 화강암입니다. 먼저

* 호상열도(弧狀列島)는 문자 그대로 활 모양으로 널려 있는 섬들의 집합을 말한다.

지구는 무엇으로 구성되어 있을까?

지구를 구성하는 주요 원소를 함량이 많은 순서대로 열거하면, 철(Fe), 산소(O), 규소(Si), 마그네슘(Mg), 니켈(Ni), 황(S), 칼슘(Ca) 그리고 알루미늄(Al) 등입니다. 이 8개의 원소가 지구 전체 질량의 98퍼센트 이상을 차지합니다. 하지만 땅껍질인 지각에는 산소와 규소가 제일 많고 이어 알루미늄 그리고 철은 무거워서 많은 양이 핵에 가라앉기 때문에 네 번째입니다. 산소 다음으로 많은 규소는 실리콘으로도 불리는 반도체의 원료이지요. 지표 부근에 있는 대부분의 규소 원자는 산소와 결합한 상태로 있는데, 이를 규산염이라 합니다. 지각과 맨틀의 대부분을 구성하는 물질이 바로 규산염입니다. 규산염은 지각의 원소들을 고루 함유하고 있는 기본 암석인 화성암의 주성분이기도 합니다.

그런데 암석 중에는 화성암 외에도 퇴적암과 변성암이 있습니다. 퇴적암은 화성암이 침식 또는 퇴적되거나 생물의 사체가 쌓여서 만들어진 암석을 말합니다. 생물의 사체가 어떻게 암석이 될 수 있을까요? 그것은 시간의 문제입니다. 암석의 생성은 오랜 시간 동안 일어나는 변화를 염두에 두지 않고는 이해하기 어렵습니다. 한편 변성암은 화성암이나 퇴적암이 오랫동안 높은 압력에 눌려서 성질이 바뀐 암석이지요. 퇴적암이 변해서 만들어진 대리석이나 무늬가 아름다워 장식용 암석으로 많이 쓰이는 편마암이 대표적인 변성암입니다.

지구와 지각을 이루는 원소들의 구성비

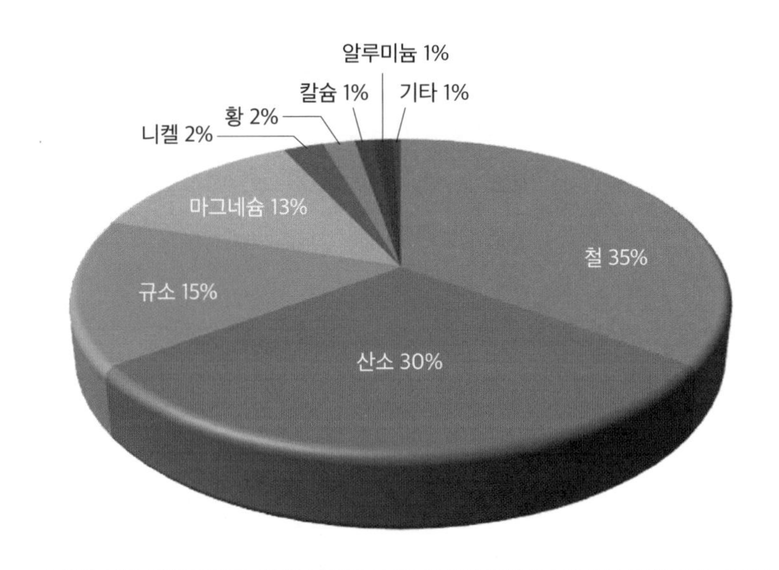

지구 구성 성분

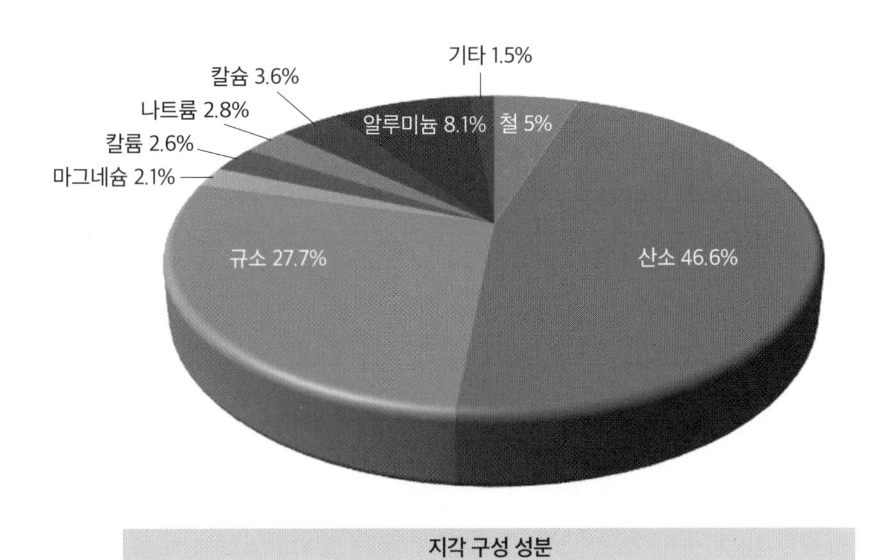

지각 구성 성분

그림3-4
화성암의 종류
해양 지각판은 주로 현무암으로 이루어져 있다. 현무암의 일부가 다시 녹아 형성된 화강암은 대륙판에 많다. 보다 깊은 곳의 맨틀에는 감람암이 주를 이룬다.

현무암부터 살펴보겠습니다. 제주도에서 흔히 볼 수 있는 검은색의 암석이 현무암입니다. 용암이 굳어져 형성된 현무암은 암석형 행성인 수성과 화성뿐만 아니라 달의 지표 부근을 대표하는 암석입니다. 지구에서도 지각의 70퍼센트를 이루고 있습니다. 특히 바다 아래 지각은 대부분이 현무암입니다.

한편 지구에는 다른 행성이나 달에는 없는 특별한 화성암이 있는데, 다름 아닌 화강암입니다. 화강암은 현무암의 일부가 녹았다가 지하에서 굳어져 생성된 암석입니다. 즉 맨틀의 위쪽 혹은 지표 부근에서 현무암을 구성하는 광물 중 융점*이 낮은 규소, 나트륨, 칼륨(K)이 수증기의 영향으로 일부 녹게 됩니다. 이렇게 녹은 마그마가 지표로 분출되지 않고 지하에서 천천히 굳으면 화강암이 됩니다. 지각 밑에서 굳어졌다고 해서 심성암이라고도 합니다. 석조 건물에서 흔히 보는 회색 계열의 단단한 돌이 바로 그 주인공입니다. 육안

* 고체가 액체 상태로 바뀌는 녹는점을 말한다.

으로 보면 거무스레한 현무암이 더 단단한 듯한 느낌을 주는데 실은 그 반대랍니다. 가벼운 원소를 많이 함유했기 때문에 화강암은 현무암보다 약 10퍼센트 더 가볍습니다. 이렇게 가볍고 단단하기 때문에 지표에 두껍게 쌓여 땅껍질을 이루었습니다. 무겁고 약한 암석으로는 두꺼운 지각을 이룰 수 없습니다. 만약 지구의 지각이 달이나 다른 암석형 행성처럼 현무암 일색이었다면 오늘날과 같은 지질 환경은 불가능했을 것입니다.

화강암은 가볍고 단단하다는 장점이 있는 반면에 비바람에 잘 침식된다는 단점도 있습니다. 하지만 이런 단점이 생명체에게는 득이 되었습니다. 왜냐하면 화강암을 이루는 석영, 운모, 장석과 그 분쇄물인 고령토 등은 쉽게 부식되고 부서져 흙이 되기 때문입니다. 그 덕분에 식물이 잘 자랄 수 있었습니다. 그리고 초식 동물이 이 식물을 먹음으로써 육상 동물도 진화할 수 있었습니다. 결국 화강암은 지구의 지질 구조를 다양하게 만들어주었을 뿐만 아니라 생명이 번성할 기반도 제공해준 것입니다.

3. 바다의 확장

세계 지도에서 대서양을 사이에 두고 서로 마주하고 있는 남아메리카의 브라질 쪽과 아프리카의 나이지리아 쪽을 끼워 맞춰보면 거의 들어맞습니다. 19세기 이후 몇몇 과학자들은 이를 보고 원래 한 덩어리였던 두 대륙이 갈라지면서 그 사이에 대서양이 만들어졌을 것이라고 추측했습니다. 여기에 착안한 독일의 기상학자 알프레트

그림3-5
북한산의 화강암
서울의 북한산은 1억 8000만~1억 6000만 년 전의 중생대 때 지하 깊은 곳에서 형성된 화강암이 지표에 노출되어 풍화·침식된 지대다.

그림3-6
후지산의 현무암
화산 폭발로 형성된 일본 후지산은 현무암으로 이뤄져 있어 검거나 어두운 색을 띤다.

베게너는 20세기 초에 대륙 이동설을 제창했습니다. 그러나 당시 대부분의 지질학자들은 움직이는 동물도 아닌데 대륙이 어떻게 움직일 수 있겠냐며 반박했습니다. 더구나 베게너는 커다란 대륙이 이동했던 이유를 설명하지 못했기 때문에 무시를 당했습니다.

20세기 중반 이후 과학자들은 제2차 세계 대전 때 잠수함 탐지용으로 개발했던 초음파 장치와 냉전 시대 때 지하 핵실험을 감지하던 지진계를 이용해 바다 밑 지형을 조사했습니다. 그 결과 대서양의 수천 미터 해저에 남북으로 길이가 수만 킬로미터로 뻗어 있는 산맥이 있다는 사실이 밝혀졌습니다. 또한 산맥의 꼭대기에는 칼로 베어놓은 듯한 최대 수백 킬로미터 폭의 균열선이 있었습니다. 육지처럼 해저에도 크고 긴 산맥이나 깊은 계곡들이 있다는 사실이 밝혀진 것입니다. 이런 대양 바닥에 솟아난 긴 산맥을 해령이라고 부릅니다.

이런 지형이 바다 밑에 있는 이유를 알아보기 위해 여러 과학자들이 대서양 해저에 남북으로 길게 뻗어 있는 '중앙 해령'을 자세히 조사했습니다. 그 결과 산맥(해령)을 따라 길게 분포된 화산들과 주변의 갈라진 틈을 통해 마그마들이 흘러나온다는 사실을 발견했습니다. 그리고 이렇게 흘러나온 마그마들이 대서양의 해저 바닥을 동서로 밀어내며 확장하고 있다는 사실도 알게 되었습니다. 다시 말해 맨틀에서 흘러나온 마그마의 힘이 해양판을 양쪽으로 밀쳐내면서 해저에서는 새싹이 돋아나듯이 현무암의 지각이 생성되고 있었던 것입니다. 확장 속도는 위치에 따라 조금씩 다르긴 하지만 연간 평균적으로 엄지손가락 마디 정도인 약 2.5센티미터에 불과합니다. 해령을 기준으로 양쪽 모두를 합하면 5센티미터씩 확장되는 셈입니다. '중앙 해령'이라고 이름 붙인 것은 양쪽 지각의 중앙에 있기 때문입니다.

이처럼 느린 속도지만 대서양의 해령에서는 2억 년 동안 마그마가 흘러나왔습니다. 그사이 수천 킬로미터 폭의 새로운 지각판이 바다 밑에서 형성되었습니다. 원래 남아메리카와 아프리카 두 대륙은 중생대 때 '판게아'라는 하나의 큰 대륙에 속해 있었습니다. 이 초대륙의 가운데 있는 지각의 갈라진 틈을 따라 지하의 마그마가 분출되고 그곳에 물이 들어차면서 대서양이 형성된 것입니다. 약 2억 년 동안 해저 바닥이 확장된 결과 대서양은 크게 넓어지고 남아메리카와 아프리카 대륙은 오늘날의 모습으로 멀리 떨어지게 되었습니다. 대륙이 이사를 간 셈입니다.

지구과학과 생명과학을 통합적 관점에 연구한 대표적인 과학자 로버트 헤이즌Robert Hazen은 《지구 이야기》에서 이런 현상을 '대륙 이동'이라고 하기보다 '해저 확장'이라고 하는 것이 더 정확한 표현이라고 말한 바 있습니다. 20세기 초 알프레트 베게너가 주장했던 대륙 이동설은 그 원동력이 무엇인지 설명할 수 없어 무시되었지만, 50여 년이 지난 후에 대서양의 중앙 해령이 발견되고 그 생성 과정이 밝혀짐으로써 대륙 이동은 사실로 판명되었습니다. 그 후 해령은 대서양에만 있는 것이 아니고 태평양이나 인도양 등 다른 바다에서도 나타나는 일반

그림3-7
대서양의 중앙 해령
대서양은 지금도 매년 엄지 손가락 크기만큼 확대되고 있다.

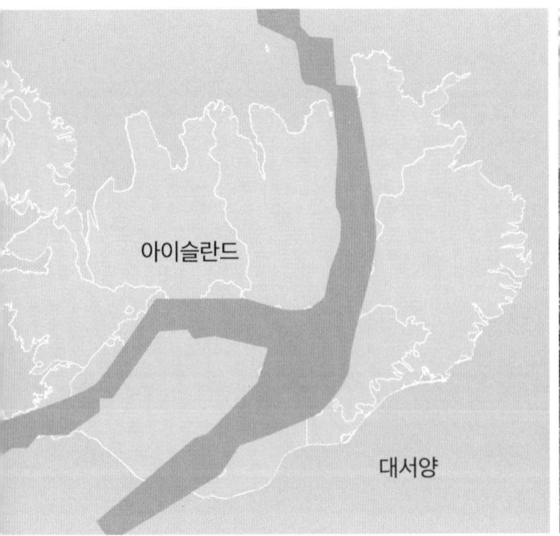

그림3-8
아이슬란드의 열곡대
대서양 중앙 해령 중 북쪽 부분에 해당하는 곳으로 해령이 육지를 관통하고 있다. 열곡이란 갈라진 계곡을 뜻한다.

적인 해저 지형이라는 사실이 탐사를 통해 밝혀졌습니다.

그런데 해령에서 마그마가 계속 분출되어 해저 바닥을 넓힌다면 지각은 계속 늘어나기만 할까요? 그렇게 된다면 부피가 일정한 축구공을 가죽만 늘려놓은 것처럼 껍질이 쭈글쭈글하게 될 것입니다. 다행히 지구에는 늘어나는 껍질을 맨틀 속으로 되돌려 주는 시스템이 있습니다. 다름 아닌 해구입니다. 해구는 바닷속에서 두 지각판이 만나는 곳에 있는 움푹 들어간 협곡입니다. 현재 지구 지각에서 가장 깊다고 알려진 필리핀 앞바다 '마리아나 해구'의 협곡 깊이는 무려 1만 1000미터를 넘습니다.

한마디로 해령에서 흘러나온 마그마가 확장시켜놓은 지각을 다시 맨틀 속으로 밀어 넣어주는 곳이 해구입니다. 해령에서 출발한 해양판은 서서히 해구까지 밀려와 맨틀 속으로 들어갑니다. 이 현상을 '섭입'이라고 합니다. 섭입은 지구의 지각판과 지형을 형성하는 매우 중요한 지질 현상입니다. 그 덕분에 지구의 표면은 쭈글쭈글해지지 않습니다.

여기서 잠시 정리를 해보겠습니다. 해저의 큰 산맥인 해령에서 마그마가 오랜 세월에 걸쳐 서서히 흘러나오면서 양쪽의 해양 지각판(해양판)을 해구 쪽으로 밀쳐냅니다. 해구에 도달한 해양판은 지각 밑의 맨틀 속으로 가라앉습니다. 해령에서 밀려나오는 힘으로 해구 속에 진입하는 것입니다. 그러나 맨틀 속으로 깊이 들어가기에는 이 힘만으로는 미흡하기에 맨틀의 상부에 진입한 해양판 조각(슬래브)은 평균 6000만 년이라는 긴 시간 동안 머물게 됩니다. 그러다 중력의 작용으로 하부 맨틀로 서서히 가라앉게 됩니다. 결국 해양판은 해령이 밀고 해구가 당긴다고 볼 수 있습니다. 그렇다면 해령에서 나오는 마그마는 무슨 동력으로 양쪽 해양판을 밀어낼까요?

그 주인공은 맨틀 대류 활동의 결과로 외핵 부근에서부터 서서히 올라오는 열기둥인 플룸*입니다. 맨틀 깊은 곳에서 올라온 뜨거운 물질이 지표 바로 밑에서 마그마를 형성하고, 이것이 해령에서 분출

* 플룸(plume)은 맨틀 하부에서 위로 향하는 고온의 열기둥인 뜨거운 플룸과 표면에서 맨틀 하부로 향하는 차가운 플룸이 있으며 지구 내부의 변동을 야기한다.

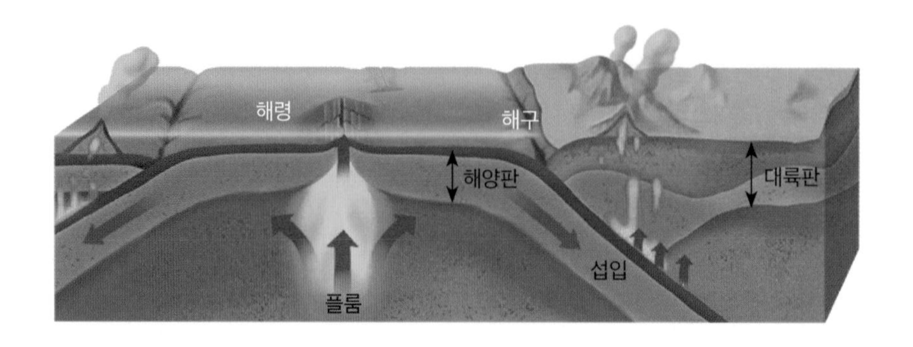

그림3-9
해령과 해구의 관계
하부 맨틀에서 열기둥의 형태로 올라온 플룸이 해령으로 마그마를 방출하면서 해양판을 좌우로 밀쳐내고 있다. 밀려 나오는 해양판은 해구에서 대륙판 밑으로 섭입된다.

되며 해양판을 생성 및 확장시키는 것입니다. 맨틀 대류는 매우 서서히 일어납니다. 그런데 맨틀은 지구 전체 부피의 80퍼센트나 차지하기 때문에 맨틀을 구성하는 물질의 양도 엄청납니다. 따라서 오랜 세월에 걸쳐 지속적으로 해령을 통해 막대한 양의 마그마를 밀어올립니다.

해양판이 그렇다면 대륙판은 어떻게 육지의 지형을 변화시킬까요? 이를 알아보기 위해서는 해양판과 대륙판이 만나 섭입되는 방식을 살펴볼 필요가 있습니다. 해양판은 무거운 현무암으로 구성되어 있기 때문에 밑으로 가라앉고 가벼운 화강암으로 이루어진 대륙판은 위로 올라갑니다. 섭입될 때는 해양판에 붙어 있던 여러 퇴적물들이 자연스레 대륙판 위로 긁혀 올라가게 됩니다. 그것이 육지의 토양을 더욱 풍부하게 해줍니다. 또한 섭입이 일어날 때 지각판에 포함되어 있던 수분 등 각종 성분이 함께 맨틀 속으로 밀려들어 갑니다. 수분은 물질들의 융점을 낮추기 때문에 대륙판 아래에서는 마그마가 쉽게 생성됩니다. 그 결과 대륙판 곳곳에서 늘어난 마그마들이 솟구치며 화산대가 형성됩니다. 흘러나온 마그마들은 계속 쌓이면서 굳어집니다. 이때 형성되는 암석에는 규소가 많아 가벼운 화강암이 됩니다. 대륙판은 오랜 시간에 걸쳐 이러한 과정을 반복하면서 넓고 두텁게 형성됩니다. 산들이 높아지니 침식 작용이 빈번해지고, 더구나 화강암은 쉽게 부서지고 퇴적되어 육지의 지형이 다양하고 풍요롭게 됩니다.

지금까지는 해양판과 대륙판이 충돌하는 장면을 살펴보았습니다. 그렇다면 2개의 대륙판이 서로 충돌하면 어떤 일이 일어날까요? 산맥이 생깁니다. 이것이 조산 운동입니다. 예컨대 히말라야산

섭입과 지진의 상관관계

대륙판의 섭입은 매끄럽게 진행되는 과정이 아닙니다. 우툴두툴한 두 판이 충돌하면서 한쪽이 미끄러져 들어가는 과정에서 서로 긁혀 저항이 생깁니다. 해령에서 밀려오는 해양판은 마찰로 인해 섭입대, 즉 해구에서 맞은편 대륙판에 막혀 주춤하게 됩니다. 그러나 수백에서 수천 킬로미터의 대륙판을 밀쳐내는 힘이 워낙 강해서 해양판은 항복하고 맨틀 속으로 섭입됩니다. 이처럼 주춤했다 전진하는 과정에서 지각의 떨림이나 단층 등이 생겨나는데, 이 현상이 바로 지진입니다.

가령 '불의 고리'로 불리는 태평양 둘레의 해안이나 인근 섬들은 지진이 빈발하는 곳으로 잘 알려져 있습니다. 알류샨 해구, 쿠릴 해구, 일본 해구, 페루-칠레 해구, 인도양의 수마트라-자바 해구 등이 속한 '환태평양 지진대'는 모두 해양판과 대륙판이 만나 섭입되는 해구 부근입니다. 많은 희생자가 발생하고 후쿠시마 원전에 피해를 준 도호쿠(동북) 대지진도 태평양의 해양판이 일본 열도의 대륙판과 해안 부근에서 만나 섭입되는 해구에서 일어났습니다. 아래 그림은 지각판의 경계를 따라 지진과 화산 활동이 빈번하게 일어나는 지대로 이 경계면을 '불의 고리'라고 부릅니다.

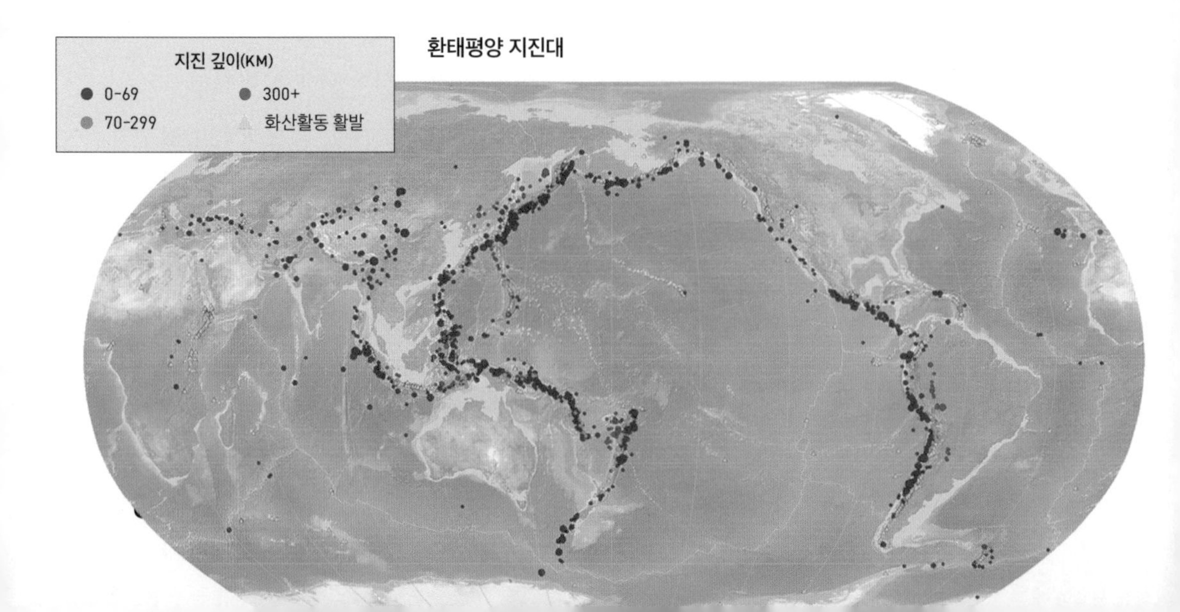

환태평양 지진대

그림3-10
알프스산맥에 있는 웅장한 모습의 마터호른(4500미터)
사진의 아래와 중간 부분은 유럽판과 아프리카판이 충돌하기 전에 그 사이에 있었던 해양 지각판이다. 반면 정상부는 유럽 대륙판 위에 올라탄 아프리카 대륙판이 침식된 지형을 보여주고 있다.

맥은 인도판(대륙판)이 북쪽으로 매년 6~7센티미터의 속도로 이동하면서 또 다른 대륙판인 유라시아판과 충돌하면서 솟아났습니다. 히말라야산맥은 지금도 매년 0.5~1센티미터씩 융기하고 있습니다. 둘 다 가벼운 대륙판이기 때문에 복잡하게 뒤틀리며 위로 올라갑니다. 알프스산맥도 비슷한 방식으로 형성되었습니다.

그림3-11
알프스-히말라야 조산대
지중해 서쪽에서 시작해 중동과 서남아시아를 가로질러 동남아시아에까지 뻗어 있는 거대한 산맥이 띠를 이루고 있다.

4. 모이고 흩어지는 초대륙

초기 지구에서는 지각판의 운동이 지금처럼 활발하지 않았습니다. 당시에는 맨틀의 물질 대류가 덜 활발했기 때문입니다. 일반적으로 해양판의 두께는 50~100킬로미터이며, 대륙판은 그보다 두꺼워서 평균 150킬로미터입니다. 섭입된 해양판은 상부 맨틀과 하부 맨틀의 경계 지역(660킬로미터)에서 거대 암석 덩어리 형태로 수천만 년 동안 하부 맨틀로 낙하합니다. 차가웠던 섭입 물질은 온도가 높은 하부 맨틀에서 다시 뜨거워집니다. 달궈진 물질은 다시 자연스럽게 맨틀의 위쪽으로 상승합니다. 상승하는 물질로 생긴 빈자리는 맨틀 위쪽에서 하강하는 차가운 물질로 채워집니다. 결과적으로 맨틀의 위아래 물질들이 위치를 바꾸며 크게 한 바퀴 도는 셈입니다.*

이러한 대규모 맨틀의 대류는 매우 서서히 진행되는 중요한 현상입니다. 대규모의 맨틀 대류는 약 25억 년 전부터 본격적으로 일어났습니다. 지각과 맨틀의 물질들이 대규모로 뒤섞이기 시작한 것입니다. 무엇보다 중요한 것은 대규모 맨틀 대류가 대륙판을 효과적으로 이동시키는 '컨베이어 벨트' 역할을 했다는 사실입니다. 그 결과 육지의 면적은 25억 년 전의 본격적인 맨틀 대류 이후 크게 확장되었으며, 대륙의 이동 속도도 가속화되었습니다. 초창기에는 맨틀 대류의 주기가 길었지만 점차 빨라져 지금은 약 1억~2억 년을 주기로 일어나고 있습니다. 대륙들의 이합집산 속도가 빨라짐에 따라 더 많은 산과 강이 생겨나고 해안선의 길이도 길어지고 있습니다. 지구 이외의 태양계의 어떤 행성이나 위성에서도 이런 현상은 찾아볼 수 없습니다.

대규모 맨틀 대류는 지각판들의 운동을 활성화하여 대륙을 이동시킴으로써 거대한 땅덩어리인 '초대륙'을 만들거나 분리하는 원동력이 되었습니다. 이를 입증하듯 초대륙은 지금까지 지구의 역사에서 약 10여 회 형성되었지만, 본격적인 것은 25억 년 전 시작된 지구

* 이 현상을 맨틀의 오버턴(over-turn)이라고 부른다.

의 컨베이어 시스템, 즉 대규모 맨틀 대류 이후입니다.

지금까지 형성되었던 대표적인 초대륙만 열거해도 케놀랜드, 로디니아, 곤드와나, 판게아 등이 있었습니다. '판게아'는 오늘날의 유라시아, 인도, 아프리카, 남·북아메리카, 호주 및 남극 대륙이 모두 하나로 붙어 있던 초대륙을 말합니다. 여기에서 판게아는 대륙 이동설을 주장한 알프레트 베게너가 붙인 이름으로 '모든 대륙의 어머니'라는 뜻입니다.

그렇다면 대륙이 합쳐졌다 흩어지는 현상은 지구에 어떤 영향을 주었을까요?

첫째, 전체적으로 대륙의 면적이 늘어났습니다. 25억 년 전 맨틀 대류 직후 초대륙이 형성되었을 무렵, 지표면에서 육지가 차지하는 면적은 4.5퍼센트에 불과했습니다. 그러나 12억 년 전 로디니아 대륙이 형성되었을 때는 육지의 비율이 24퍼센트에 육박했으며, 현재

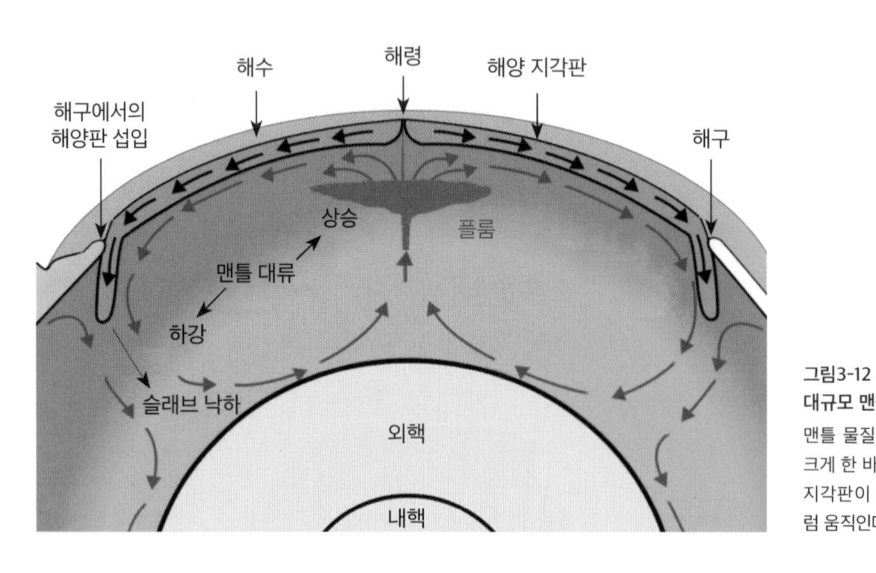

그림3-12
대규모 맨틀 대류
맨틀 물질이 지구 내부에서 크게 한 바퀴 돌아감에 따라 지각판이 컨베이어 벨트처럼 움직인다.

그림3-13
알프레트 베게너
(Alfred Lothar Wegener, 1880~1930)
대륙 이동설을 주장했던 베게너가 1912~1913년에 그린란드를 두 번째로 탐사했을 때의 모습이다. 그는 네 번째 탐사에서 사망했다.

는 30퍼센트나 됩니다. 그런데 지표면은 일정한데 육지의 면적은 어떻게 늘어날까요? 그것은 그만큼 해구가 더 깊어졌기 때문에 가능합니다. 즉 해저 지각으로 있던 암석들이 육지에 올라온 만큼 바다는 더 깊게 파였다는 의미입니다. 이처럼 대륙 면적이 넓어지자 생물의 서식지가 늘어났고 식물이 번창하면서 대기 중 산소의 농도도 올라가게 되었습니다. 이는 고등 다세포 생물의 진화에 주요 원동력이 되었습니다.

둘째, 대륙이 붙었다 떨어지는 과정이 반복되면서 해안선이 길어졌습니다. 그 대표적 예가 앞서 알아본 남아메리카 대륙과 아프리카 대륙인데, 두 대륙이 분리되면서 해안선이 늘어난 경우입니다. 그리고 지각판의 충돌 과정에서 일어난 조산 운동도 대륙을 쭈글쭈글하게 만들며 표면적을 넓혀주었습니다. 그런데 산이 높아질수록 지각의 침식 속도는 빨라집니다. 이에 따라 대륙에서 해양으로 유입되는 침식물이나 퇴적물의 양이 크게 증가했습니다. 이는 지표면의 생태계를 다양하게 변화시키는 한편 바다에 광물질 영양소를 공급하여 해양 생물의 번성을 가져왔습니다.

셋째, 대륙의 합체나 분리는 해류의 흐름을 바꿈으로써 지구의 기후를 크게 변화시키고, 결국 생물의 서식 환경을 바꾸어 생명의 진화에도 큰 영향을 주었습니다.

넷째, 조산 운동에 의한 거대 산맥의 형성은 대기의 흐름을 변화시켜 생태계에 영향을 미쳤습니다. 북극 지방에서 남쪽으로 내려오는 찬 공기를 막아주는 히말라야산맥이 그 대표적인 예입니다.

세 번째 여행을 마치며

생명이 출현하기 위해서는 물과 대기뿐만 아니라 지구의 호의적인 지질 환경도 필수적이었습니다. 그런 여건을 만드는 데는 눈에 보이는 지각보다 땅속 깊은 곳에 있는 맨틀이 소리 없이 중요한 역할을 해왔습니다. 만약 맨틀이 활동을 멈춘다면 지구는 화성이나 금성, 심지어 달처럼 모든 활력이 사라진 암석 덩어리에 불과할 것입니다. 맨틀은 대류 작용을 통해 두 가지 방식으로 지구의 지질 환경을 생명 친화적으로 변모시켜왔습니다.

먼저 맨틀의 물질이 수억 년마다 한 번씩 크게 한 바퀴 도는 대규모 대류 작용을 함으로써 대륙들을 이동시켜 붙이고 떼어놓는 일을 반복했습니다. 그 결과 지형이 다양해지면서 생물의 서식에 유리한 환경을 만들어냈습니다.

오랜 세월 동안 해저 산맥인 해령에서 나오는 마그마를 지속적으로 공급해줌으로써 대륙의 이동은 물론 화강암으로 이루어진 대륙판의 모습을 풍요롭게 만들어주었습니다. 게다가 해령에서 마그마와 함께 분출되는 이산화탄소는 지구 생태계의 탄소 순환과 기후 조절에 결정적인 역할을 했습니다. 해령 부근에 발달된 심해 열수분출공(열수공)은 생명이 탄생한 중요한 후보지 중 하나로 꼽히고 있는데 이는 다음 장에서 자세히 살펴보겠습니다.

4장

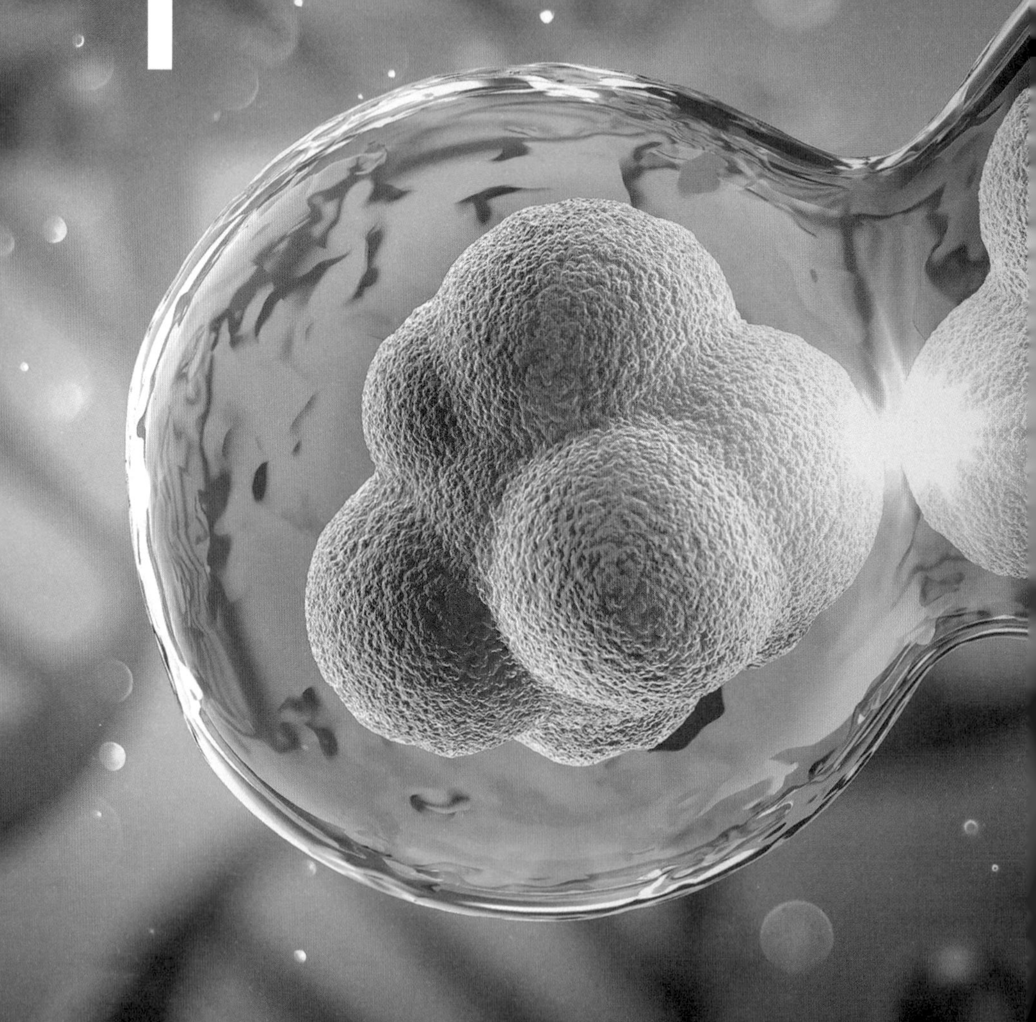

생명의 탄생

- 생명의 기본 단위, 세포
- 닭이 먼저냐 달걀이 먼저냐
  - 지구 생명의 탄생 과정
- 생명의 탄생지
- 모든 지구 생물의 공통 조상

9월 15일

››› 생명 출현(40억 년 전 이전?)

9월 29일

››› 가장 오래된 미생물 화석 증거(34.6억 년 전)

10월 28일

››› 시생누대의 끝(약 25억 년 전)

지금까지 여러분들은 빅뱅에서 시작하여 태양이 생성되고 생명 친화적인 지구가 탄생하기까지 수십억 년에 이르는 기나긴 시간 여행을 마쳤습니다. 살펴본 대로 태양계에 속한 행성으로서 적당한 위치와 중력 등 지구의 특징과 함께 대기와 바다의 형성은 생명이 생겨날 수 있었던 필수 조건이었습니다. 여기에 더해 땅속 깊은 곳 맨틀층에서 계속되어왔던 느리지만 거대한 대류 활동은 바다 생물뿐 아니라 장차 인간을 비롯한 육상의 동식물이 진화할 토대를 다져놓았습니다.

이제 남은 것은 기초 공사입니다. 이어지는 두 장은 지구와 고등생물의 출현을 위한 기초 공사에 대한 이야기입니다. 물론 그 공사는 어떤 목적도 없었으며 의도된 것도 아니었습니다. 이번 장에서는 지구에서 인간과 고등 생물이 탄생할 수 있도록 만들어준 기초 공사 중에서 첫 단계인 생명의 탄생과 최초의 생명체에 대해 알아보겠습니다. 시생누대라고 부르는 약 40억~25억 년 전의 전반부에 일어난 일들입니다.

1. 생명의 기본 단위, '세포'

인간을 비롯한 모든 생물의 몸은 '세포'로 이루어져 있습니다. 박테리아와 같은 단세포 생물에서 크고 복잡한 몸집의 다세포 생물에 이르기까지 세포는 모든 생명체의 기본 단위입니다. 단적으로 말해서 세포의 안쪽은 생명이고 바깥쪽은 무생물인 물질 혹은 주변 환경입니다. 현미경으로 들여다보면 알 수 있듯이 세포는 매우 복잡한 구조를 가지고 있습니다. 세포를 둘러싸고 있는 세포막이 있으며, 그 안에 DNA가 들어 있습니다. 박테리아보다 더 진화한 생물들의 세포 안에는 DNA를 보호해주는 세포핵이라는 별도의 조직도 있습니다. 또한 호흡이나 단백질 합성처럼 생명 활동에 필수적인 작업을 수행하는 다양한 종류의 작은 기관들도 들어 있습니다. 세포를 구성하는 이 모든 부속품들 역시 놀랍도록 복잡한 구조를 가지고 생명이 제대로 작동하도록 세팅되어 있습니다.

세포를 이루는 분자들은 처음에 어떻게 만들어지고 스스로 조립되어 세포를 이루기까지 했을까요? 19세기 초에 윌리엄 페일리William Paley라는 신학자는 정밀하게 작동하는 시계를 보면 누군가가 만든 것이라고 생각할 수밖에 없듯이, 생명도 저절로 만들어졌을 리가 없다고 주장했습니다. 생체 분자들의 정교함 자체가 잘 짜여진 계획하에 이루어진 창조의 증거라는 것이었습니다. 이것은 '신을 변호한다'는 변신론의 일종입니다. 그러나 이런 주장은 찰스 다윈Charles Darwin의 진화론에 힘이 실리면서 설득력을 잃게 되었습니다. 그럼에도 불구하고 비과학적 논리로 진화론을 비판하는 행태는 오늘날까지 사라지지 않고 있습니다. 하지만 20세기 후반, 특히 지난 20여

그림4-1
생명의 기본 단위인 세포
세포에는 중요 생체 분자인 DNA가 들어 있다. 보다 진화한 진핵생물의 세포에는 DNA를 보호해주는 별도 조직인 세포핵을 비롯해 다양한 기능을 맡고 있는 각종 소기관들이 있다.

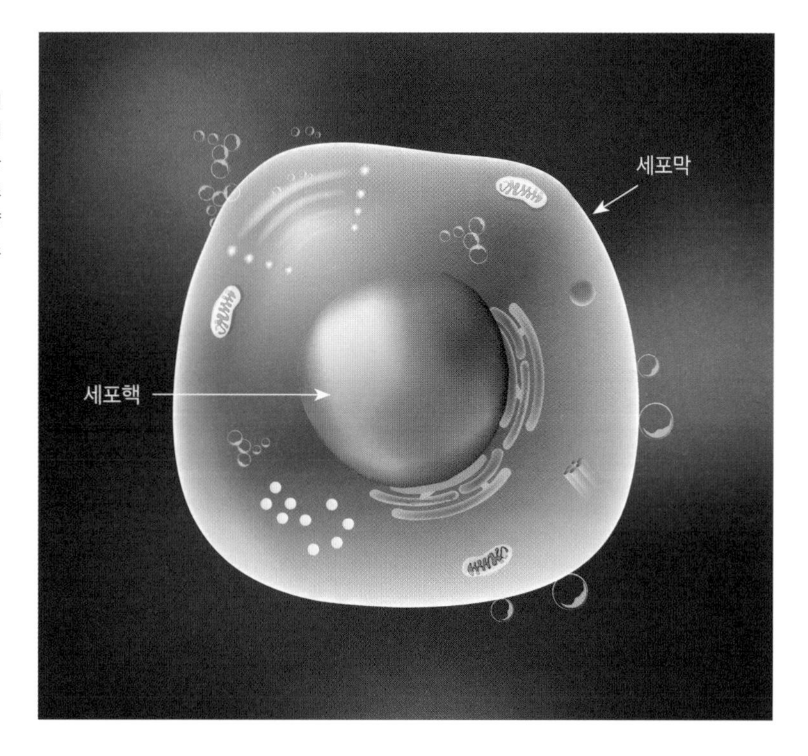

년 사이에 이런 주장들은 결정적으로 타격을 받았습니다. 복잡한 유기 화합물* 분자들이 무기 분자로부터 얼마든지 생성될 수 있으며, 또 스스로 조립된다는 수많은 증거들이 나왔기 때문입니다. 여기서 유기 화합물은 생명체의 유지와 관련된 분자를 말하는데, 대개 탄소 원자를 골격으로 하고 있습니다. 그밖에 비생명 물질은 무기 화합물**이라고 부릅니다.

* 생물체를 이루거나 그와 관련된 화합물로 주로 탄소 원자를 뼈대로 하고 있다.
** 생명체와 무관한 일반적인 화합물을 말한다.

2. 실험실에서 생명의 물질을 합성하다!

1953년에 무기 분자에서 생명의 분자인 유기 화합물이 생성될 수 있다는 사실을 밝힌 기념비적인 실험이 있었습니다. 노벨상 수상자인 해럴드 유리Harold Urey의 제자인 23살의 대학원생 스탠리 밀러Stanley Miller가 행한 실험이었습니다. 오늘날 '밀러-유리의 실험'으로 잘 알려진 이 실험에서 밀러는 유리 장치를 만들고 그 안에 지구의 초기 환경이라고 여겨졌던 태곳적 상황을 재현했습니다. 원시 대기의 성분이라고 생각했던 기체들과 수증기를 넣고 번개를 모방해 전기 방전을 시켰습니다. 결과는 놀라웠습니다. 생명체의 분자인 아미노산 분자들이 생성되었던 것입니다. 아미노산은 지구상의 모든 생명체들이 생명 활동을 유지하고 번식하게 해주는 핵심 분자인 단백질의 구성단위 분자입니다. 생명체를 이루는 레고 블록의 한 조각인 것입니다.

그때까지만 해도 과학자들은 단백질과 같은 생체 분자는 생물의 몸에서 만들어지는 것이지 기체나 광물과 같은 무기 분자들의 반응으로는 생겨날 수 없다고 믿었습니다. 그런데 기체와 물처럼 단순한 분자들이 반응해서 불과 며칠 만에 합성되니 놀라운 발견이 아닐 수 없었습니다. 밀러-유리의 실험은 결과가 발표되자마자《뉴욕 타임스》등의 언론에서 톱뉴스로 크게 보도했을 만큼 생명에 대한 기존의 생각을 바꾸게 해준 획기적인 사건이었습니다.

이를 계기로 생명의 기원을 과학적으로 연구하는 새로운 시대가 열렸습니다. 밀러 이후 그의 실험을 조금씩 변형시킨 많은 연구가 이어졌는데 결론은 비슷했습니다. 초기 지구의 대기 성분이라고 추

그림4-2
밀러-유리의 실험
초기 지구의 상황을 재현한 실험이다. 장치는 끓는 물에서 발생한 수증기와 당시 초기 지구의 대기 성분이라고 생각했던 기체들에 번개를 모방한 전기 스파크가 가해지도록 고안했다. 이 과정에서 생성된 물질은 아래로 흘러내렸는데, 놀랍게도 유기물들이었다.

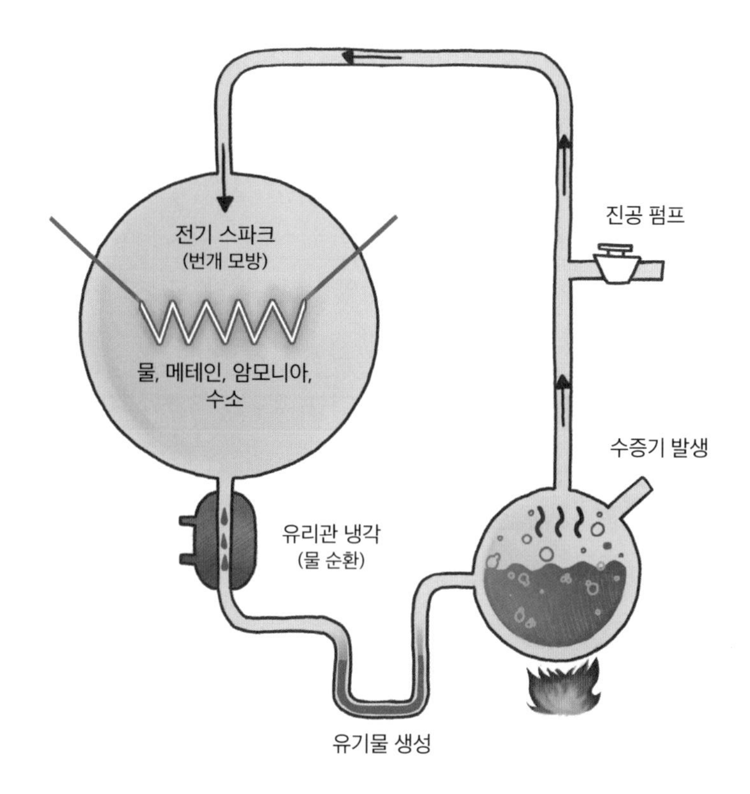

정되는 기체들이나 바닷물의 농도와 온도를 조금씩 달리해도 유기 화합물들은 쉽게 생성되었습니다. 다만 밀러가 사용한 기체들은 수증기만 제외하고 나머지는 초기 지구의 대기와 다르다는 사실이 훗날 밝혀졌습니다. 다시 말해 수소, 메테인, 암모니아가 아니라 화학 반응성(환원성)이 크지 않은 질소가 가장 많았고 그다음이 이산화탄소였습니다. 따라서 그들의 실험이 초기 지구를 정확하게 재현한 것은 아니었습니다.

중요한 점은 갓 생성된 지구의 환경이 지금과 크게 다른 혹독한 상태였다고 하더라도 무기 분자들의 반응을 통해 생명의 분자들이 쉽게 생성될 수 있었다는 사실입니다. 초기 지구는 거대한 화학 실험실 같았습니다. 지표와 대기에는 넘쳐나도록 많은 무기 분자들이 있었습니다. 생명 탄생의 첫 단계에서는 이들 사이에서 일어난 수많은 반응 중에 생명체를 구성하는 단순한 구조의 유기 분자들이 만들어졌을 것입니다. 다음 단계에서는 이 분자들이 서로 결합하고 반응하여 복잡한 유기 화합물이 생성되었을 것입니다. 그리고 어느 순간 이들이 조직화되어 첫 생명체가 탄생했을 것입니다.

그런데 지구에서 생명이 탄생한 사건은 매우 오래전의 일입니다. 더구나 생체의 구조나 화학 반응은 워낙 복잡하기 때문에 어떤 분자들이 무슨 반응을 일으켜 첫 생명체가 탄생했는지를 정확히 알아내기란 쉽지 않습니다. 다행히 지난 20여 년 사이 이 분야 연구에서 중요한 진전이 있었습니다. 과학자들은 머지않은 미래에 생명의 기원에 대한 큰 줄거리가 밝혀지리라 기대하고 있습니다. 그때를 기다리며 이 책에서는 무엇이 그 열쇠인지 살펴보겠습니다.

3. 닭이 먼저냐 달걀이 먼저냐?

생명체는 일반 물질과 크게 다른 세 가지 분자를 가지고 있습니다. 결과적으로 이 세 물질(혹은 작용)이 어떻게 만들어지고 조립되었는지가 생명 탄생의 열쇠일 것입니다.

첫째, 모든 생명체는 세포를 기본 단위로 하므로 세포막이 있습니다. '나'라는 생명과 주변 물질을 구분 짓는 세포 수준의 경계가 있어야 할 것입니다. 경계란 다름 아닌 세포막입니다. 세포막은 인(P) 원자와 지방질이 결합한 분자로 이루어져 있습니다. 그런데 이 분자가 물과 기름이 섞인 액체 속에 들어가면 신기하게도 막이 저절로 생성됩니다.* 막이 생성되자 초기 지구에서 생성된 생체 분자들은 그 안에서 안전하게 보호를 받았을 것입니다. 더구나 당시의 바다는 매우 짜고 중금속 성분들이 녹아 있었으므로 이들을 차단하고 걸러주는 데도 막이 필수적이었습니다. 이뿐만 아니라 세포막은 그 안에 있는 분자들이 분산되지 않고 한 곳에서 긴밀하게 반응할 수 있도록 도와주는 역할도 했을 것입니다.

둘째, 생명체는 세포막을 경계로 물질과 에너지를 교환할 수 있어야 합니다. 앞서 세포막 안은 생명이고 밖은 주변 환경이라고 했습니다. 그런데 주변 환경의 물질이나 온도는 수시로 변합니다. 따라서 생명체가 자신의 상태를 유지하려면 세포막을 통해 물질(양분)과 에너지(햇빛)를 공급받고, 또 배출(배설물이나 호흡 등)하면서 조절해야 합니다. 그런 과정을 대사라고 부릅니다.**

그렇다면 이 중요한 대사 작용은 어떻게 이루어질까요? 단백질이 그 일꾼입니다. 즉 대사 작용을 수행하는 기관들과 이를 도와주는 각종 효소의 대부분이 단백질입니다. 만약 효소 단백질이 없으면 생물은 단 1초도 생존할 수 없습니다. 한마디로 생물 활동은 단백질의 작용이라고 요약할 수 있습니다.

셋째, 박테리아를 포함해 모든 생명체는 DNA를 공통적으로 가지고 있습니다. 왜 DNA가 중요할까요? DNA는 단백질을 만드는 방법(정보)이 적힌 작업 지시서라고 할 수 있습니다. 대사 작용을 수행하는 각종 효소 단백질이나 몸의 조직들을 이루는 단백질이 모두

* 〈더 알아볼까요?—스스로 조립되는 세포막〉 참고
** 10장 참고

스스로 조립되는 세포막

세포막의 성분은 인지질이라는 분자입니다. 인 원자와 지방질, 즉 기름 성분이 결합한 물질이라는 뜻입니다. 세포막을 구성하는 인지질 분자는 물을 좋아하는 머리 부분(인산)과 기름을 좋아하는 지방 성분(지방산)의 꼬리 부분으로 구성되어 있습니다. 머리 부분은 물을 좋아한다고 해서 친수성(親水性)이라고 하며 기름 성분의 꼬리 부분은 물을 싫어한다고 해서 소수성(疏水性)이라고 합니다. 비누나 합성 세제도 비슷한 구조를 가지고 있는데, 이런 물질을 계면 활성제라고 합니다. 인지질은 생체의 계면 활성제인 셈이지요.

한 분자에 두 가지 성질을 가졌으므로 인지질을 물과 기름이 섞여 있는 액체에 넣

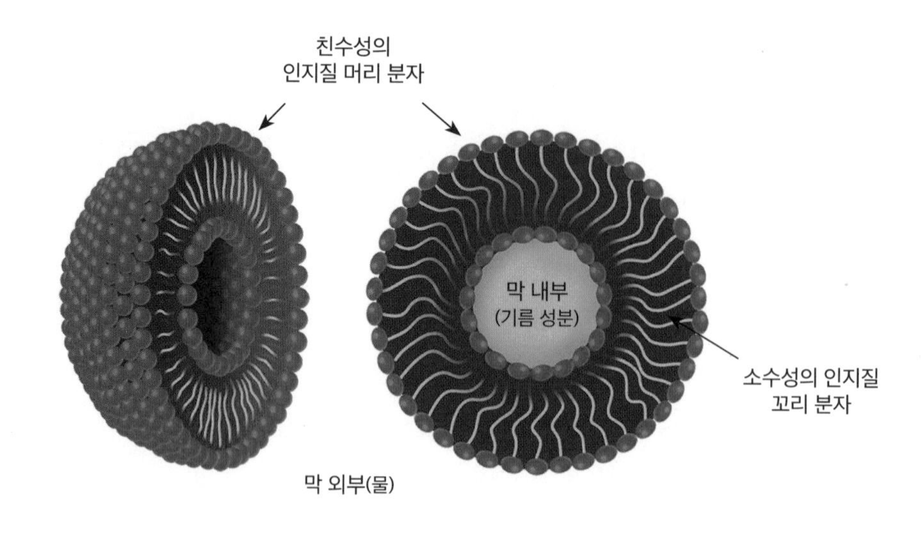

세포막을 구성하는 인지질

으면 재미있는 현상이 일어납니다. 즉, 각 물질들을 섞은 비율에 따라 양파 껍질 모양, 판 모양, 공 모양 등 다양한 형태의 막이 생성됩니다. 우리가 살펴보는 세포막은 공 모양의 이중막 구조입니다. 기름 성분과 물, 비누를 섞어도 비슷한 현상이 일어납니다. 전자 현미경이 아니면 분자 막의 신기한 모양을 볼 수 없지만, 정말 간단하게 실험실에서 만들 수 있습니다. '저절로 조립'되어 매우 정교한 구조의 막이 만들어지니 마치 기적처럼 보입니다. 20세기 후반부터 알려지기 시작한 이런 반응을 '자기 조직화'라고 부릅니다. 처음 보면 신비롭다고 느껴지지만 알고 보면 단순한 원리의 과학 현상일 뿐입니다.

인지질과 기름 성분은 초기 지구에서 무기 분자로부터 쉽게 생성되는 분자들이었습니다. 물은 사방에 널려 있었습니다. 당시에 이러한 막들이 형성되지 않았다면 그것이 오히려 기적이었을 것입니다. 생물의 세포 속에 있는 각종 막들, 심지어 코로나바이러스19(COVID-19)와 같은 바이러스의 외피 막도 같은 원리로 만들어졌습니다.

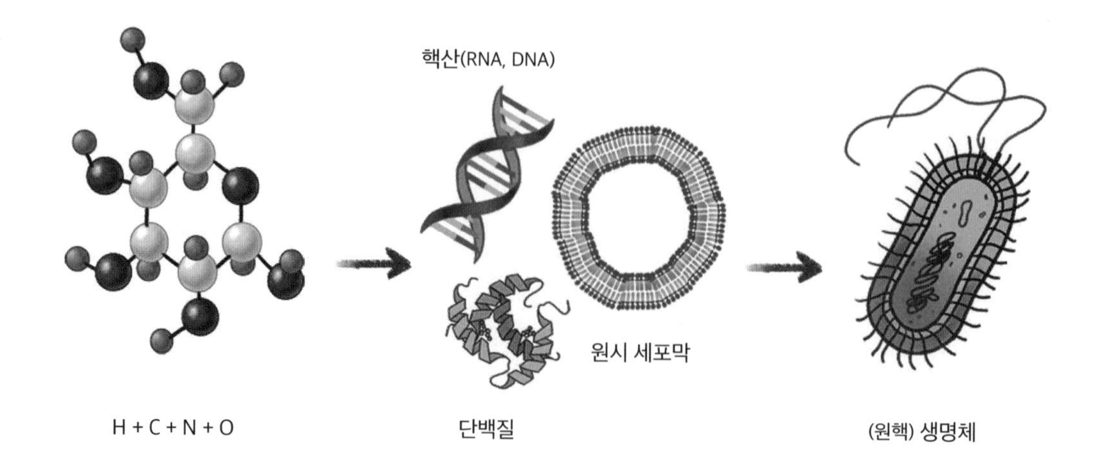

그림4-3
지구 생명체의 출현 과정
첫 단계에서는 무기 분자들이 모여 짧은 유기 분자를 만들었으며, 이들이 다시 모여 큰 유기 화합물을 이루었을 것이다. 이런 반응들이 반복되던 중에 어느 순간 원시 세포막과 핵산(RNA, DNA), 단백질과 같은 유기 화합물들이 만들어졌을 것이다. 마지막 단계에서는 이들이 스스로 조직화되면서 첫 생명체가 탄생했다고 추정한다.

DNA에 적힌 정보에 따라 합성됩니다. 이뿐만 아니라 다음 세대에 유전되는 것도 피와 같은 물질이 아니라 DNA의 정보입니다. 삶이 유지되고 후손을 전파하는 모든 생명 활동이 DNA에 담긴 정보에서 비롯된다고 할 수 있습니다. 덧붙이자면 RNA는 DNA와 비슷한 물질이지만 DNA 정보를 복사할 때 임시로 사용되고 해체되는 분자이므로 DNA에 비해 훨씬 짧습니다.* 이런 이유로 일부 학자들은 태곳적 생명이 탄생하는 과정에서 단순한 구조의 RNA가 먼저 생기고 그 후에 이 RNA가 DNA로 발전했다고 추정합니다.

위에 언급한 세 가지 물질 중에서 무엇이 먼저 출현하여 첫 생명이 탄생하게 되었는지를 놓고 과학자들은 지난 수십 년 동안 논쟁하며 경쟁적으로 연구했습니다. 가령 단백질과 DNA가 보호되고 제대로 작동하기 위해서는 세포막이 먼저 출현해야 한다는 주

* 11장 참고

장이 있습니다. 하지만 단백질이 없으면 세포막이나 DNA가 합성되지 못합니다. 마치 닭이 먼저냐, 달걀이 먼저냐의 논쟁을 보는 듯합니다.

2020년을 전후로 이와 관련된 흥미로운 연구 결과들이 나왔습니다. 케임브리지 대학교의 존 서덜랜드John D. Sutherland와 노벨상 수상자인 하버드 대학교의 잭 쇼스택Jack Szostak 등이 제안한 '뒤범벅 세계Hodge Podge World'라는 모델입니다. 이들은 수많은 무기 분자들이 뒤범벅되어 반응한 결과로 세포막, 대사 작용(단백질), 그리고 DNA(혹은 RNA)가 거의 동시에 생성되면서 어느 순간 생명체로 발전했다고 설명합니다. 이 3개가 따로따로 그리고 순서대로 출현하지 않았다는 것입니다. 이를 뒷받침하는 실험 결과들도 내놓았습니다. 밀러나 이후 많은 과학자들이 특정한 기체를 포함한 몇 개의 '깨끗한' 분자들을 이용해 생명이 탄생하는 과정을 실험했는데, 깨끗한 분자가 아니라 온갖 잡탕(복잡한) 분자들이 반응해 생명이 탄생했습니다.

'지저분하고 불필요한' 원자나 분자들이 우연히 반응해 생명이 탄생했다는 것입니다. 실제로 지구의 생명체들이 그렇습니다. 사람만 해도 쓸개가 빠져도 불편하긴 하지만 살아갈 수 있습니다. 세포도 마찬가지입니다. 생체 분자나 조직은 어떤 부분이 고장나거나 없어져도 완전하지는 않지만 다른 부분이 보완해줍니다. 이는 생물의 일반적인 특성입니다. 생명은 윌리엄 페일리가 주장한 것처럼 누군가가 목적과 의도를 가지고 설계도대로 만든 완벽한 시계가 아닙니다. 시계는 작은 나사 하나만 빠져도 작동을 멈추거나 제 기능을 하지 못합니다. 이와 달리 생명은 전체적으로는 정교하게 작동하는 듯 보이지만 불완전한 면도 있어 부품 몇 개가 빠져도 그럭저럭 굴러갑니다. 제작자가 어떤 목적을 가지고 완벽하게, 그리고 계획대로 만든 제품이 아니기 때문입니다.

4. 생명은 어디에서 탄생했을까?

생명의 기원에 대한 또 다른 숙제는 첫 생명체가 탄생한 시기와 장소입니다. 현재까지 밝혀진 가장 오래된 생물의 흔적은 호주의 서부에서 발견된 약 34억 6000만 년 전의 미화석입니다. 미화석이란 맨눈으로는 보이지 않지만 미생물의 흔적이 남아 있는 암석입니다. 이보다 오래된 약 40억 년 전의 미생물 흔적으로 추정되는 암석도 있지만 시기에 논란이 있습니다. 분명한 점은 지구가 생성되고 적어도 10억 년이 지난 무렵에는 이미 생명이 있었다는 사실입니다.

당시의 지구 환경은 매우 혹독했습니다. 육지는 면적이 얼마 되지 않았지만 그마저도 화산과 용암으로 들끓었을 것입니다. 대기 중에는 산소도 희박했습니다. 게다가 태양계 형성 초기에는 행성들의 궤도가 안정되지 않아서 소행성들이 빈번하게 충돌했습니다. 달 표면에 있는 수많은 곰보 자국 크레이터들이 그 흔적입니다. 많은 과학자들이 약 39억 년 전 무렵에 소행성들이 태양과 가까운 궤도의 행성들과 빈번히 충돌하는 '후기 대폭격' 기간이 있었다고 봅니다. 지구도 이 같은 상황이었을 것입니다.

그래서 일부 과학자들은 빈번한 소행성의 폭격으로부터 안전하고 온도도 일정했을 깊은 바닷속을 생명 탄생의 후보지로 꼽고 있

그림4-4
심해 열수공
해저의 해령 부근에서 흔히 그 모습을 볼 수 있다. 높은 온도와 다양한 화학 성분들이 모여 있어 최초의 생명이 만들어진 후보지 중 하나다.

습니다. 특히 심해의 열수공 부근에서 첫 생명이 출현했다고 추정합니다. 열수공이란 3장에 살펴본 해령이나 해저 화산에서 흘러나오는 마그마로 뜨거워진 물이 분출되는 구멍입니다. 이런 곳에서는 이산화탄소나 메테인 등 가스는 물론이고 뜨거운 물에 녹는 각종 무기 화합물들이 녹아 있어 생체 분자(유기 화합물)들이 생성되기 좋은 조건을 갖추고 있습니다. 오늘날에도 염분의 농도가 높고 온갖 가스들이 함유된 120℃의 초고온 열수공 부근 해수에서 살고 있는 생물들이 있습니다. 열수공에서 나오는 물질과 에너지를 이용해 살고 있는 호열성 박테리아들, 그리고 이들과 공생하는 심해 동물들입니다.

한편 바다가 아니라 지상의 화산 지대, 특히 간헐천의 지하 열수 지대에서 첫 생물이 출현했다고 추정하는 과학자들도 있습니다. 오늘날에도 미국 옐로스톤 등에서 볼 수 있는 간헐천은 마그마로 뜨거워진 물이 분수처럼 주기적으로 뿜어져 나오는 곳입니다. 지하에는 열수를 담고 있는 지하 공간들이 있는데, 초기의 지구도 이런 곳에서 생물이 탄생했다는 것입니다. 심해 열수공이건 육지의 간헐천 등 화산 지대건 모두 매우 혹독한 환경이었습니다. 그렇다면 과학자들은 왜 생명체가 이처럼 혹독한 곳에서 탄생했다고 생각하는 것일까요? 열쇠는 이산화탄소와 수소입니다. 열수공이나 화산에서는 맨틀과 지각층에 녹아 있던 탄소와 수소가 이산화탄소, 메테인, 황화수소(H_2S) 등의 기체에 포함돼 다량 분출됩니다. 그런데 1장의 마지막 절에서 보았듯이 생물을 이루는 분자는 기본적으로 탄소를 골격으로 만들어지는데 그 주원료가 이산화탄소입니다. 즉 이산화탄소가 수소와 반응하면 산소를 전부 혹은 일부 잃으면서(이산화탄소의 환원 반응) 생명의 분자인 탄소-수소 화합물이 됩니다.

지금도 지구에서는 매년 최소 2500억 톤 이상의 이산화탄소가 생물의 몸이 되고 있습니다. 한마디로 생명의 목적은 '이산화탄소가 수소를 만나 쉴 자리를 찾는 일'이라고 말할 수 있습니다. 그 쉬는 자리가 생명이며, 만들어지는 물질이 생명의 분자인 탄소 화합물입니다. 초기 지구에서는 이산화탄소가 수소를 만나 쉴 수 있는 이상적인 장소가 해저 열수공이나 화산 지대였을 것입니다. 물론 오늘날의 생물 대부분은 열수공이나 화산 지대가 아닌 곳에서 이산화탄소로 몸을 만들고 있습니다. 다음 장에서 살펴보겠지만 먹이사슬의 가장 밑에 있는 식물이나 식물성 플랑크톤이 광합성으로 그 작업을 하고 있기 때문입니다. 동물은 그들이 만든 것을 먹고 삽니다.

5. 모든 생물의 첫 조상

생명체는 죽은 후 분해되므로 먼 과거를 추적하기가 매우 어렵습니다. 더구나 초기 생명체들은 미생물이었기 때문에 화석도 거의 남아 있지 않습니다. 그렇더라도 우리의 윗대를 거슬러 올라가보면 모든 생명의 조상이었을 최초의 생명체가 반드시 있었을 것입니다.

앞서 살펴본 대로 초기 지구에서는 우주, 특히 태양계 공간에서 흔한 수소, 탄소, 산소 등의 원소들로 이루어진 간단한 유기 분자들이 다량으로 만들어졌음이 분명합니다. 그러다가 어느 단계에서 작은 분자들이 모여 길고 복잡한 구조의 유기 분자들(지질, 단백질, 유전 물질)을 만들고, 최종적으로 이들 분자를 활용하는 생명체가 출현했을 것입니다. 과연 그 첫 생명체는 어떤 모습이었을까요?

인간이나 우리가 주변에서 볼 수 있는 동식물은 모두 다세포 생물입니다. 인간만 해도 수십조 개의 세포로 구성되어 있습니다. 세포들은 서로 협력하여 몸이라는 하나의 연합체를 만들고 있지만, 생물학적인 시각에서 보면 각각의 세포는 독립적인 생명체입니다. 그러나 첫 생명체는 단세포 생물이었습니다. 다름 아닌 박테리아들로, 흔히들 세균이라고 부르는 미생물입니다.

인간을 포함한 모든 지구 생물의 조상은 무엇이었을까요? 화석으로는 도저히 그 흔적을 찾을 수 없습니다. 과학자들은 현재 지구상에 살고 있는 박테리아를 포함하여 동물과 식물, 버섯 등 모든 생물의 DNA를 분석했습니다. 그 결과 현재 지구상에 살고 있는 모든 생물이 공통 조상을 가지고 있다는 결론에 도달했습니다. 그리고 이 첫 생명체에 루카last universal common ancestor, LUCA라는 이름을 붙였습니다.

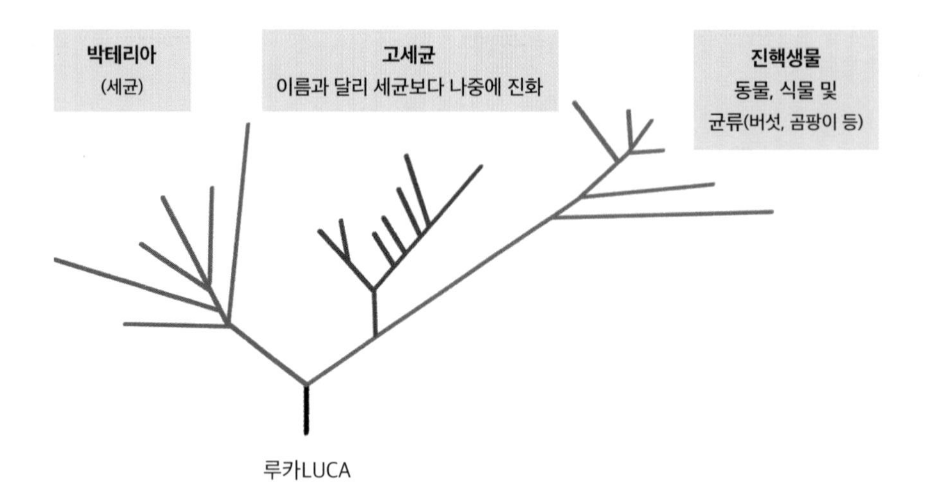

그림4-5
DNA 분석을 토대로 구성한 생명의 나무(생명수)
지구의 모든 생물은 크게 세균(박테리아), 고세균, 진핵생물로 분류된다. 진핵생물은 동물, 식물, 균류를 포함한다. 이들은 모두 공통 조상인 루카의 후손이다. 루카는 DNA로 추적할 수 있는 지구 모든 생물의 가장 오래된 조상이다.

우리의 조상이 박테리아였다니 믿어지지 않을 것입니다. 그러나 모든 생물은 윗대로 계속 거슬러 올라가면 결국 한 곳으로 모이게 됩니다. 지구의 모든 생물은 같은 뿌리를 가진 한 가족임이 유전자 분석으로 밝혀진 것입니다. 인간, 모든 동식물, 곰팡이, 버섯, 박테리아는 생체 반응이나 대사 작용, 구성 물질 등에 놀랄 만큼 공통점이 있습니다. 모두 동일한 조상에서 비롯되었기 때문입니다.

루카는 아담과 이브처럼 단일 개체가 아니라, 아마도 여럿일 가능성이 큽니다. 과학자들은 매우 작은 무리의 친족 집단일 가능성에 무게를 두고 있습니다. 박테리아들은 위아래 서열이나 친척의 구분이 없이 서로 섞여 번식하므로 족보를 따지기가 어렵기 때문입니다. 하지만 루카가 친척으로 이루어진 매우 작은 무리였다면 한 조상이라 보아도 무방할 것입니다.

네 번째 여행을 마치며

지구의 첫 생명체는 적어도 35억 년 이전에 혹독한 환경에서 탄생했습니다. 생명은 간단한 무기 화합물 분자로부터 합성된 유기 화합물 분자들이 복잡한 화학 반응을 거쳐 어느 단계에서 출현했을 것입니다. 그 구체적인 시점과 장소, 일련의 반응은 아직 명확하게 규명되지 않았습니다. 하지만 베일의 많은 부분이 벗겨지고 있고 머지않은 미래에 더 많은 것이 밝혀질 것입니다. 초기 지구에서 일어났을 천문학적인 화학 반응의 수를 생각해볼 때, 생명의 탄생은 기적이 아니었음이 분명합니다. 노벨 생리의학상 수상자인 벨기에의 세포학자 크리스티앙 드뒤브Christian de Duve는 '생명의 탄생은 우주에서 꼭 일어나야 할 사건'이라고까지 강조한 바 있습니다.

박테리아가 오늘날 인간을 비롯한 모든 지구 생명체의 조상이라는 사실이 유전자 분석으로 밝혀졌습니다. 지구의 모든 생물이 공통 조상을 가졌다는 사실은 우리를 겸허하게 만듭니다.

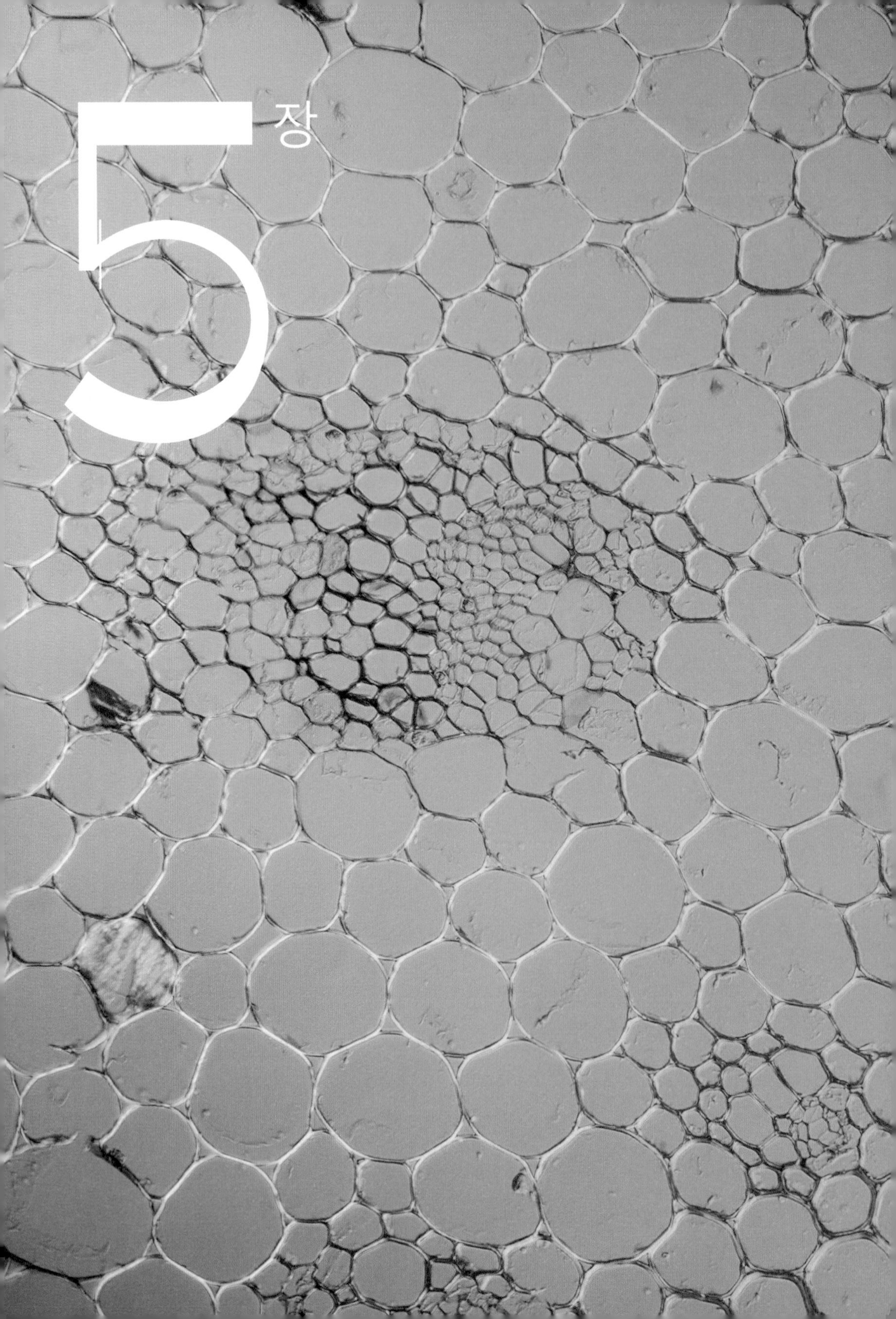

5장

지구 환경과 생태계의 리모델링

- 20억 년 원생누대의 배경과 중요성
- 시아노박테리아와 산소의 급격한 증가 사건
- 광물의 형성
- 진핵생물의 출현 과정과 중요성
- 다세포 생물의 출현과 그 의미

9월 29일

››› 햇빛을 이용하는 생물 출현(약 34억 년 전)

10월 15일

››› 시아노박테리아 출현과 광합성 시작(29억 년 전)

10월 27일

››› 산소 대급증 사건(약 25억~22억 년 전)

11월 9일

››› 진핵생물 출현(21억 년 전)

12월 15일

››› 다세포 동물 출현(6억 년 전)

지구 생성 이후 수억 년 동안의 혹독한 환경 속에서 생명이 탄생했습니다. 지금으로부터 40억~25억 년 전 사이의 긴 세월을 시생누대라고 부릅니다. 생명이 시작된 지질 시대라는 뜻입니다. 그곳이 어디였는지는 아직 확실히 밝혀지지 않았지만 땅속 마그마로 데워진 간헐천 혹은 심해 열수공 부근이었을 가능성이 큽니다. 열수 속에 녹아 있던 이산화탄소와 각종 무기 화합물은 초기 생명체의 에너지원이자 영양분이었을 것입니다. 첫 생명체는 현미경으로나 겨우 보이는 단세포의 박테리아들이었습니다. 시생누대가 끝날 무렵까지, 즉 지구 역사의 절반에 가까운 시간이 지나도록 땅과 바다에는 동물은커녕 나무 한 그루, 풀 한 포기 없는 황량한 세상이었습니다. 대기 중에는 오늘날의 동물이 있었다면 즉사할 만큼 이산화탄소가 많았고, 산소는 거의 없었습니다. 바닷물은 지금보다 몇 배나 짰으며, 게다가 중금속 성분들이 다량 녹아 있었습니다.

그러던 지구의 환경과 생태계가 약 25억 년 전부터 변화하기 시작했습니다. 대기 중에 산소가 생긴 것입니다. 이로써 15억 년 동안 지속되었던 시생누대가 막을 내리고, 원생누대*라는 새 시대가 약 20억 년 동안 펼쳐졌습니다. 원생누대 때도 대부분의 기간을 단세포 생물들이 지배했으므로 지구의 겉모습은 이전과 크게 다르지 않았습니다. 어찌 보면 시생누대와 원생누대를 합친 약 35억 년은 눈에 띄는 생물 없이 삭막한 풍경이 펼쳐진 길고도 지루한 시간으로 비춰질 수도 있습니다. 하지만 보이지 않는 곳에서 조용한 혁명이 일어나고 있었습니다. 원생누대의 약 20억 년 동안 지표 부근에서는 환경과 생물이 완전히 새로운 모습으로 거듭날 조건들이 준비되고 있었습니다. 말하자면 리모델링 기간이었다고 할 수 있죠. 인간을 비롯한 현존하는 모든 동식물의 출현을 위한 토대가 마련되었습니다.

오늘날 지구는 살아 숨 쉬는 활기찬 생명으로 가득 차 있습니다. 곰팡이와 버섯에서부터 숲과 초원, 바다와 육지의 동물들에 이르기까지 다양한 생물들이 살고 있습니다. 무엇보다도 인간이 있습니다. 이 모두가 시생대와 원생대의 35억 년이라는 긴 세월이 무대를 만들어준 덕분입니다. 자연이 그렇게 이끈 것입니다. 이번 장에서는 그 과정을 살펴보겠습니다.

1. 혁명아 - 시아노박테리아

생물은 삶을 유지하기 위해 주변 환경에서 에너지와 양분을 얻습니다. 지구 초기의 생명체였던 단세포 박테리아들도 예외는 아니었습니다. 생물은 이 작업을 어떻게 수행할까요? 그 반응들은 매우 복잡하지만 기본 원리는 단순합니다. 전자의 흐르는 성질을 이용하는 것입니다. 다시 말해 생물들은 세포막을 사이에 두고 전자를 주고

받으면서 에너지와 양분을 얻습니다. 이 원리를 화학 용어로 말하면 산화 반응과 환원 반응입니다.* 생물은 이산화탄소와 수소의 산화·환원 반응을 통해 생체 분자를 만들고 에너지를 얻습니다. 초기 단세포 박테리아들은 당시의 대기와 바닷물, 특히 심해나 간헐천의 열수 지대에 풍부했던 이런 기체들과 각종 광물 성분들을 이용했습니다.

하지만 열수 지대는 특수한 곳인 데다가 사용할 수 있는 에너지와 양분도 무한정으로 있지 않습니다. 다행히 지구에는 태양에서 오는 햇빛이라는 공짜 에너지가 무궁무진하게 있습니다. 그래서 일부 영리한 박테리아들은 일찍부터 햇빛을 에너지원으로 이용하기 시작했습니다. 즉 빛 에너지를 자신의 세포에서 쓸 수 있는 화학 에너지로 바꾸는 방법을 개발했습니다. 이것이 바로 광합성입니다. 빛을 이용해 생체 물질과 에너지를 만든다는 뜻이지요. 현재까지 알려진 미생물들이 광합성을 하는 방법(경로)은 최소 다섯 가지가 있습니다. 초기 생명체들은 여기에 더해 햇빛이 없는 밤에 쓰려고 포도당($C_6H_{12}O_6$) 을 만들어 에너지를 비축하는 기발한 방법도 개발했습니다. 가령 홍색세균은 햇빛을 이용해 원료인 이산화탄소와 황화수소로부터 포도당을 만들고 황을 배출합니다.

일부 광합성 박테리아들은 여기에 만족하지 않았습니다. 전자를 주고받는 일이라면 산소를 따를 재간이 없습니다. 탐욕스러운 원소인 산소는 다른 원자나 분자의 전자를 받아오는 일에 선수입니다. 참고로 주기율표에서 산소 바로 옆에 있는 불소(F)는 더 탐욕스럽

* 〈더 알아볼까요?—지구와 생물의 산화·환원 반응〉 참고

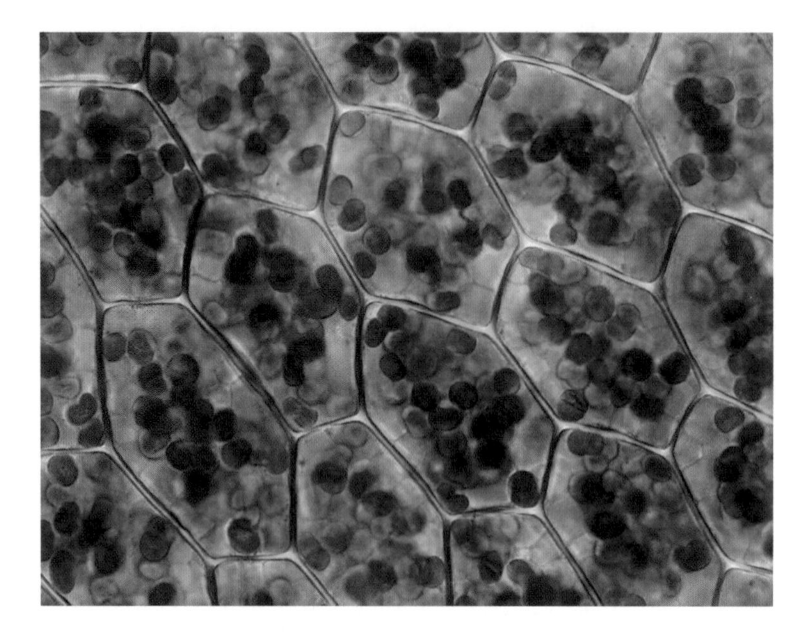

그림5-1
엽록체
식물의 세포 안에 있는 소기관으로 광합성이 일어나는 곳이다.

지만, 지구상에 있는 양이 산소의 수백 분의 일에 불과합니다. 이와 달리 산소는 지구에서 차지하는 비율이 47퍼센트에 이를 만큼 지천에 널려 있는 원소입니다. 생물들이 산소를 그냥 둘 리 없었지요.

문제는 결합되지 않은 상태의 산소는 생명체에게 치명적이라는 점입니다. 화학 반응성이 매우 강한 산소는 생물의 세포 안에 있는 유기 화합물들도 산화시켜 버리기 때문입니다. 이뿐만 아니라 몸속의 산소 농도가 너무 높으면 DNA에 피해를 주어 돌연변이 확률도 높아집니다. 이런 이유 때문에 오늘날의 박테리아 대부분이 산소가 없는 환경에서 사는 혐기성*입니다. 우리 몸에 있는 수십에서 수백조 마리의 대장균을 비롯한 각종 박테리아들이 그 대표적인 예입니

* 공기(산소)를 싫어하는 성질을 뜻한다.

다. 40억~25억 년 전의 원생대의 대기에는 질소와 이산화탄소가 많았고, 산소는 거의 없었습니다. 그런데 이산화탄소는 바닷물에도 많이 녹아 있었습니다. 당시의 박테리아들은 이산화탄소가 풍부하고 산소는 거의 없는 환경에서 살았습니다. 산소를 싫어하는 박테리아들의 혐기성 성질은 오늘날까지 이어져 산소가 있으면 살지 못합니다. 당연히 초기의 광합성 박테리아들도 혐기성이었습니다.

그런데 박테리아 중에서 산소의 독성을 중화시켜 적극적으로 이용하는 별종이 생겨났습니다. 청록색을 띠어서 남세균 또는 남조세균이라고 부르는 시아노박테리아입니다. 이들은 산소를 싫어하기는커녕 아예 산소를 생산했습니다. 산소를 생산하고 이용하는 시아노박테리아의 출현은 지구 생물의 역사에서 큰 획을 그은 혁명적인 사건이었습니다. 이들은 햇빛 에너지를 이용하는 광합성을 통해 이

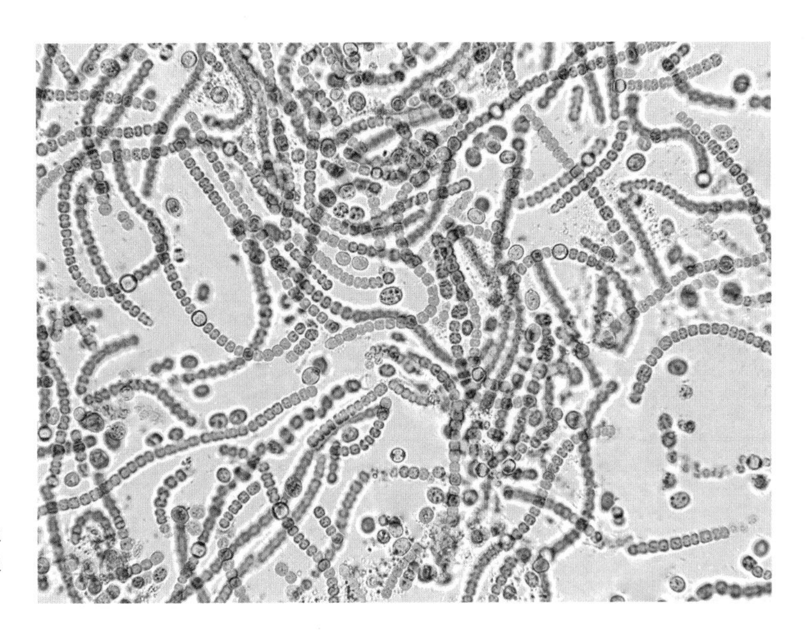

그림5-2
시아노박테리아
현미경으로 확대한 사진으로 줄지어 늘어선 모습을 보여주고 있다.

그림5-3
스트로마톨라이트
호주 서부 해안에서 볼 수 있는 시아노박테리아의 퇴적물인 스트로마톨라이트. 오늘날에는 극히 일부 지역에서만 생성되고 있다.

산화탄소와 물을 반응시켜 포도당을 얻고 산소를 부산물로 배출했습니다.

햇빛은 깊은 바다나 땅속이 아니면 지표 어느 곳에나 닿습니다. 광합성의 재료인 물은 바다에, 그리고 이산화탄소는 당시의 대기와 바닷물에 얼마든지 있었습니다. 시아노박테리아는 깊은 바다나 지하가 아니라 햇빛이 풍부한 얕은 물 어디에서든 광합성을 하며 살 수 있었습니다. 그들은 이러한 높은 경쟁력으로 다른 박테리아들을 압도하며 크게 번성할 수 있었습니다.

지구와 생물의 산화·환원 반응

원래 '산화'라는 용어는 산소 원자를 얻는 화학 반응을 의미했습니다. '환원'은 그 반대 반응이지요. 하지만 의미를 확장해서 보다 정확하게 정의를 내리면, 전자를 잃거나 얻는 현상이 산화 혹은 환원 반응입니다. 즉 산화는 원자나 분자가 전자(또는 수소)를 '잃는' 것이고, 환원은 반대로 '얻는' 반응을 가리킵니다.

산화 반응에서 산소가 중요한 역할을 하는 이유는 전자 2개를 더 받아서 비활성 기체처럼 안정된 상태로 가는 경향이 매우 강하기 때문입니다. 따라서 산소는 전자를 얻기 위해 온갖 원소들과 결합하려 합니다. 전자를 주는(잃는) 상대는 주로 철, 구리, 망간(Mn) 등의 금속 원소와 준금속인 규소 등입니다. 이런 원자들은 욕심쟁이 산소에게 전자를 내주고 쉽게 산화됩니다. 한마디로 어떤 물질이 불타고 녹슬고 부식되고 썩는 현상이 산화이며, 그 주범이 탐욕스런 산소인 것입니다. 연소는 빠르게 일어나는 산화 반응입니다. 금속의 경우, 보다 서서히 부식이라는 산화 반응이 일어나며 그 결과물이 산화물인 녹 혹은 광물입니다. 반대로 녹이나 광물을 금속으로 되돌리는 과정이 환원 반응이며, 그 공정이 제련입니다.

산소는 높은 반응성 때문에 지구 환경에서 99퍼센트가 광물의 형태로 존재합니다. 평균적으로 지각과 맨틀을 구성하는 물질 원자 4개당 1개가 산소와 결합되어 있습니다. 그런데 지구의 표면은 땅속 깊은 곳의 맨틀보다 원자당 전자의 수가 평균보다 적습니다. 따라서 더 잘 산화됩니다. 바꾸어 말하면, 전자의 밀도 차이로 인해 지표와 맨틀 사이에서는 태곳적부터 끊임없이 산화와 환원 반응이 일어났습니다. 이 같은 지구의 화학 반응은 탄소의 산화물인 이산화탄소를 원료로 이용하는 생명이 출현하면서 더욱 가속화되었습니다.

2. 산소의 급격한 증가가 바꾸어놓은 지구의 모습

원래 광합성의 주목적은 생물이 햇빛을 이용해서 살아가는 데 필요한 포도당을 만드는 것입니다. 그런데 시아노박테리아가 이 과정에서 부산물로 배출한 산소는 의도하지 않았던 매우 중요한 결과를 초래했습니다. 지구의 환경과 생태계가 크게 변하기 시작한 것입니다. 시아노박테리아가 처음 출현한 시기에 대해서는 35억 년 전에서 25억 년 전에 이르기까지 논란이 계속되고 있습니다. 분명한 점은 25억 년 이전에는 시아노박테리아들이 있었다고 해도 활동이 미미했는지 대기 중에 산소가 거의 없었다는 사실입니다. 그런데 25억~22억 년 전 사이에는 대기 중의 산소의 양이 눈에 띄게 증가하여 1~2퍼센트까지 올라갔습니다. 오늘날 대기의 산소 농도 20퍼센트에는 크게 못 미치는 양이지만 이전의 거의 무산소 상태에 비하면 혁명적인 변화였습니다. 두말할 나위도 없이 시아노박테리아가 본격적으로 활약한 덕분입니다. 이를 '산소 대폭발 사건Great Oxygenation Event, GOE' 혹은 '대산화 사건'이라 부릅니다.

산소량이 급증하자 그동안 질소와 함께 대기 중에 많았던 이산화탄소가 크게 줄었습니다. 시아노박테리아가 광합성의 원료로 이산화탄소를 다량 사용하며 소진시켰기 때문일 것입니다. 지구 대기의 이산화탄소량은 산소 대폭발 사건 이후 몇억 년 사이에 99퍼센트나 줄었습니다. 오늘날 지구상에 있는 모든 녹색 식물들이 소모하는 이산화탄소량이 대기의 겨우 0.03퍼센트인 점을 고려한다면, 시아노박테리아가 당시에 얼마나 먹어치웠는지 알 수 있습니다. 그렇게 되자 산소는 거의 없고 이산화탄소가 많았던 환경에서 살던 다른 박

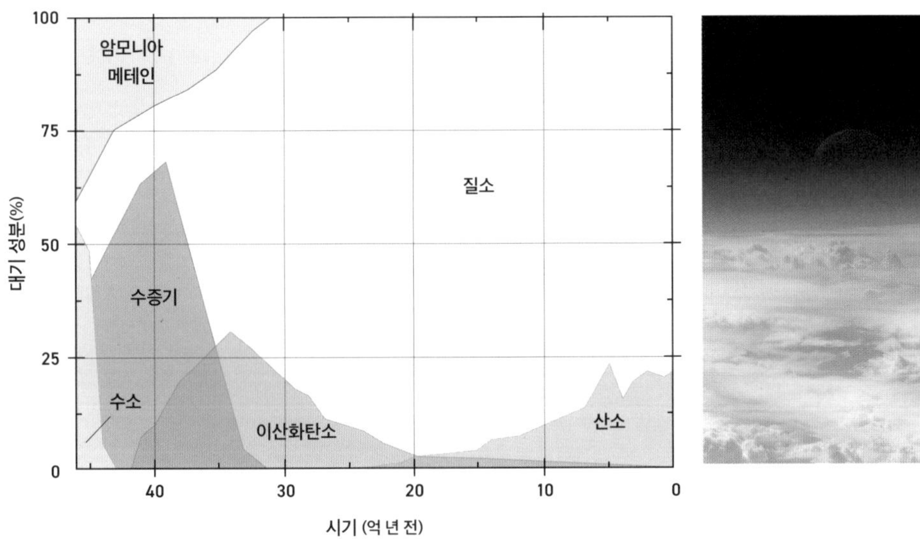

그림5-4
지구 대기 조성의 변화
지구 생성 이래 대기 구성 기체의 변화 양상으로 시아노박테리아가 출현하자 대기 중의 이산화탄소는 줄고 산소량은 점차 증가했다(각 시기의 기체 구성비는 세로축의 상대적 길이로 추산할 수 있다).

테리아들은 멸종할 수밖에 없었습니다. 겨우 살아남은 무리는 산소가 희박한 지하나 바다 깊은 곳, 그 후에는 동물의 내장 속까지 들어갔습니다. 그 대신 산소를 이용하는 생물들이 활개 치는 세상으로 바뀌었습니다. 이처럼 완전히 달라진 대기 환경은 뒤에 설명할 진핵생물, 다세포 생물들의 출현에 중요한 디딤돌이 되었습니다.

시아노박테리아가 방출한 산소는 생물의 진화에만 영향을 미친 것이 아니라 지각을 구성하는 암석 물질도 화학적으로 크게 바꾸어 놓았습니다. 산소 다음으로 지각에 많은 원소인 규소만 하더라도 이산화규소(SiO_2)로 산화되어 암석은 물론 오늘날 지구에 지천으로 있는 모래와 흙의 주성분을 이루고 있습니다. 그다음으로 많은 알루미늄과 철도 마찬가지입니다. 철의 경우 산화물이 지표에 비교적 고루 널려 있어 자석으로 땅을 훑으면 전 세계 어디서나 쇳가루가 들러붙습니다. 시아노박테리아가 만든 산소로 인해 지구는 다양한 광

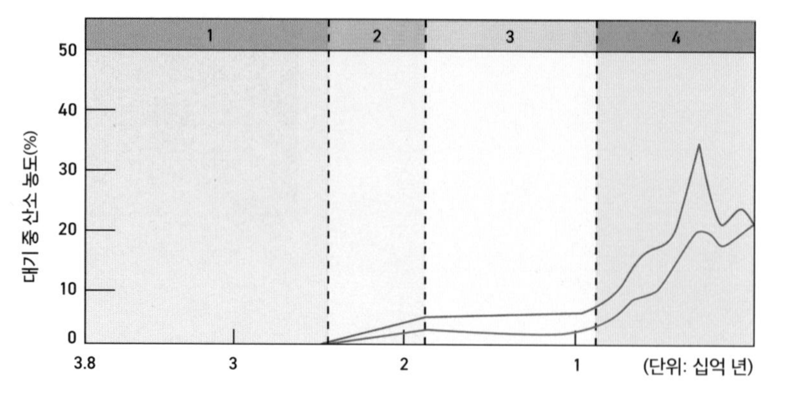

그림5-5
네 시기로 구분한 지구 대기 중의 산소량 변화
(1) 생성 초기의 지구에서는 대기 중에 산소가 거의 없었으며 해수에만 일부 녹아 있었다. (2) 시아노박테리아가 출현해 활동하자 산소가 생성되기 시작했으나 대부분 해수에 녹거나 해저 광물 생성에 소모되어 대기 중에는 2~4퍼센트만 있었다. (3) 해수와 해저 광물 생성에 소모되고 남은 산소가 대기 중으로 방출되어 육지 광물을 산화시켰다. (4) 해저와 육지 광물을 산화하고 남은 산소가 대기 중으로 대량 방출되어 동식물이 번성하게 되었다. 현재 대기의 산소 농도는 약 21퍼센트이다(보라색 선은 최대 추정치를, 파란색 선은 최소 추정치를 나타낸다).

물이 넘쳐나는 독특한 행성이 된 것입니다. 가령 화성만 해도 산소가 부족했기 때문에 지구에서처럼 다양한 광물이 생성되지 못했습니다. 현재 알려진 4500여 종의 지구 광물 중 약 3분의 2가 시아노박테리아가 내뱉은 산소가 만든 작품입니다. 생물과 물질이 서로 작용하여 지구의 외피를 화학적으로 변모시킨 것입니다.

지구에서 광물을 구성하는 원소 중 가장 많은 것은 철입니다. 철은 전자를 남에게 주기를 좋아하는 인심 좋은 원소입니다. 전자를 잃거나 얻어 전하를 띠는 원자나 분자의 상태가 이온이지요. 가령 철 원자는 물에 들어가면 전자 2~3개를 벗어버리고 쉽게 이온 상태가 됩니다. 산소가 없었던 태곳적 시절, 철은 바닷물 속에서 이온 상태로 녹아 있었습니다. 그런데 시아노박테리아가 활동하자 그들이 방출한 산소가 얕은 바닷물에 녹아들었습니다. 전자를 받기 좋아하는 산소가 철 이온들을 가만히 두지 않았습니다. 철은 산소가 조금만 있어도 쉽게 녹슬며 산화물인 철광석이 됩니다. 바닷속 눈에 보이지 않는 이온으로 녹아 있던 철들은 산화되기 시작했습니다. 산화된 철은 물에 더 이상 녹지 않는 안정된 철광물이 되어 바다 밑으로 가라앉기 시작했습니다. 약 25억~6억 년 전 사이에 가라앉은 철 산화물은 수 킬로미터의 두께로 층층이 쌓였습니다. 이를 '호상철광층'이라고 부르는데, '띠 모양 철광석'이라는 뜻입니다.

호상철광층은 세계 각지에 분포하지만 호주에서 가장 잘 볼 수 있습니다. 이처럼 막대한 양으로 형성된 철광층 덕분에 철 소재에 바탕을 둔 인류 문명이 가능했습니다. 그밖에도 망간, 구리, 니켈, 우라늄 등 다양한 금속이 산화되어 광물이 되었습니다. 오늘날 우리가 유용하게 쓰고 있는 광물은 모두 시아노박테리아 덕분인 셈입니다.

이것이 전부가 아닙니다. 시아노박테리아는 지구의 외모도 바꾸어 놓았습니다. 검은색과 회색이었던 육지 암석들은 철분이 산화되면서 붉은색을 띠게 되었습니다. 염도도 높고 각종 성분이 녹아 있어 탁했던 바닷물은 철을 비롯한 각종 금속 이온들이 산화되어 가라앉자 훨씬 맑아져서 푸른색을 띠게 되었습니다. 1장의 첫머리에서 소개한 '푸른 구슬'의 이야기로 돌아가보면 아폴로 탐사선의 승무원들이 지구를 바라보고 지은 푸른 구슬이라는 이름에서 '푸른'은 맑은 바다의 색깔에서 비롯되었습니다. 푸른 바다는 시아노박테리아들이 지구의 역사가 절반쯤 지났을 때 빚어놓은 걸작품이었습니다. 이뿐만 아니라 지나치게 짜고 중금속이 다량 녹아 있던 바닷물은 이전에 비해 생물이 살기에 훨씬 좋은 조건을 갖추게 되었습니다.

그림5-6
호주 서부 카리지니 국립 공원 해머즐리협곡의 호상철광층
시아노박테리아가 만든 산소에 의해 산화된 철이 붉은색으로 층층이 쌓여 만들어진 암석이다.

3. 제2의 생명 탄생 – 진핵생물의 출현

산소가 대기 중에 풍부해지자 다양한 생물들이 진화할 수 있는 만반의 여건이 갖춰졌습니다. 무엇보다도 산소의 이용은 에너지 효율을 높여주어 생물들이 미생물 수준에서 벗어나 몸체를 대폭 키우는 전환점이 되었습니다. 이를 두고 고생물학자 피터 워드Peter Ward는 산소 농도가 '진화의 키'라고 말했습니다. 덩치가 커진 생물들은 지구의 풍경을 완전히 바꾸어놓았습니다. 오늘날 우리가 보는 자연 풍경은 동식물이나 버섯, 곰팡이류 등 산소를 이용해 사는 다세포 생물이 만든 모습입니다. 만약 대기에 산소가 없었다면 현미경으로나 볼 수 있는 박테리아들뿐이어서 지구는 바다와 암석만 널려 있는 삭막한 행성이 되었을 것입니다.

생물들의 본격적인 산소 이용은 진핵생물이 출현하면서부터였습니다. 생명의 출현 이후 처음 약 20억 년간 지구의 주인공은 박테리아였습니다. 그들은 세포에 제대로 된 핵과 핵막이 없으므로 원핵생물이라고 불립니다. 복잡한 기능을 가진 생명체가 되기 위해서는 세포에 핵이 있어야 했습니다. 세포핵이 있는 생물이 다름 아닌 진핵생물입니다. 진핵이란 세포에 진짜 핵을 가지고 있다는 의미입니다. 원핵생물에서는 DNA가 세포 안에 대충 널려있지만, 진핵생물의 경우에는 세포핵이 별도로 있어 DNA를 그 안에 안전하게 보관할 수 있습니다. 따라서 유전 정보를 훨씬 많이 저장할 수 있습니다. 이뿐만 아니라 진핵생물은 복잡하고 다양한 기능을 수행하는 작은 기관들을 세포 안에 많이 가지고 있습니다. 가령 생명의 작동에 필수적인 각종 단백질을 생산하는 리보솜이라는 기관만 하더라도 원핵생물보다 수천에서 수만 배 더 많습니다. 산소 대폭발 사건이 없었다면 보다 진화한 형태의 생물인 진핵생물의 출현은 불가능했을 것입니다.

당시 출현했던 진핵생물은 단세포였지만 인간을 비롯한 모든 동식물의 조상입니다. 20세기 말까지만 해도 동물과 식물, 버섯은 크게 다른 생물이라고 생각했습니다. 그런데 DNA의 유전자를 분석한 과학자들은 지구상의 모든 생물이 크게 세 종류로 나뉠 수 있다는 사실을 알게 되었습니다. 그 세 종류란 박테리아, 고세균 그리고 진핵생물입니다. 박테리아는 우리가 통상적으로 말하는 세균입니다. 한편 고세균은 20세기 말까지 알려지지 않았던 미생물인데, 이름과 달리 옛날 세균(박테리아)이 아닙니다. 초기 지구의 조건과 유사한 화산 지대나 심해 열수공처럼 고온이나 극한 환경에서 주로 살기 때문에 발견 당시 오해로 붙여진 이름인데, 사실은 박테리아에서 조금 더 진화한 미생물입니다. 고세균은 박테리아처럼 세포핵이 없으므로 원핵생물입니다.

의외의 사실이 밝혀진 생물군은 진핵생물입니다. 기존 상식과 달리, 균류(버섯과 곰팡이류)와 동식물은 모두 진핵생물로 유전적으로 서로 가까운 친척이었습니다.

더 놀라운 것은 20세기 말 이후의 많은 연구를 통해 진핵생물의 조상이 원핵생물인 고세균과 박테리아가 결합해서 만들어졌다는 사실이었습니다. 이는 여성 생물학자인 린 마굴리스Lynn Margulis가 1967년에 제안한 가설이었는데, 우리의 조상이 둘이라는 주장이 너무 황당하다고 여겨 당시에는 배척당하다가 사실로 밝혀진 것입니다. 한 배에 사공이 둘인 형국이지만 서로 역할 분담을 하면서 공생했던 두 생물의 연합체가 진핵생물의 조상이었던 것입니다.

그 내막은 다음과 같습니다. 원래 고세균은 오늘날 그들의 정통파 후손들이 그렇듯이 심해 열수공이나 화산 지대 지하의 산소가 없는 곳에서 살았습니다. 그런데 산소 대폭발 사건 이후 그들 중 일부가 살아남기 위해 산소 호흡을 터득한 박테리아와 서로 도우며 공생했습니다. 그 고세균은 포도당을 만들어 세포의 원료로 사용했던 무리였습니다. 반면 상대 박테리아는 포도당을 산소로 산화시켜 에너지로 사용하던 무리였습니다. '누이 좋고 매부 좋다'는 속담처럼 서로 필요했던 것입니다. 그런데 산소가 점차 많아지자 고세균들은 살기가 힘들어졌습니다. 결국 어느 시점에서 산소 호흡을 터득한 박테리아와 아예 살림

그림5-7
원핵세포와 진핵세포의 비교
원핵세포와 달리 진핵세포에는 핵막이 있어 DNA를 안전하게 보호할 수 있고, 이 덕분에 더 많은 유전 정보를 담을 수 있다.

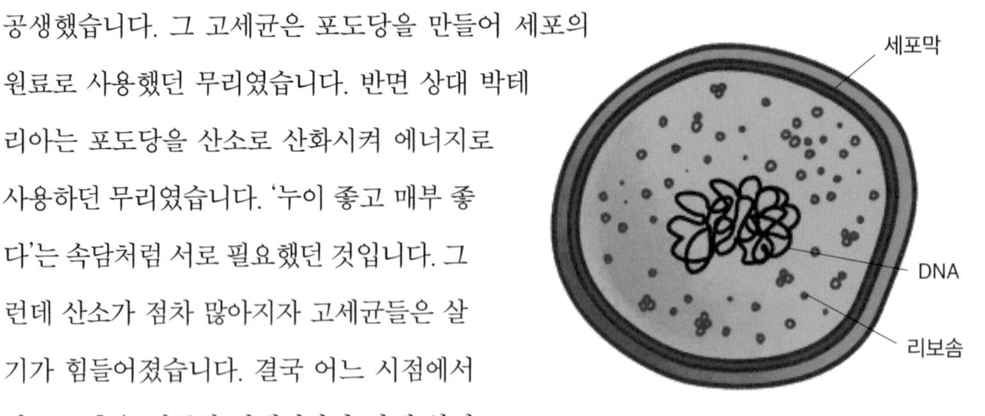

을 합친 것입니다. 합쳤다고는 하지만 고세균이 박테리아를 거의 삼킨 형태였습니다. 그렇게 되자 고세균은 박테리아 덕분에 산소 호흡을 할 수 있었고 이전보다 훨씬 편한 삶을 누리게 되었습니다. 게다가 산소를 이용해 더 많은 에너지를 생산하니 일석이조였지요.

당시 고세균의 세포 속으로 들어간 박테리아는 어떻게 되었을까요? 오늘날 진핵생물의 세포 속에서 산소 호흡으로 에너지를 만들어내는 '미토콘드리아'라는 세포소기관이 되었습니다. 미토콘드리아는 산소를 이용해 포도당을 분해하고 거기서 에너지를 얻습니다. 이것이 바로 '호흡'입니다.

영국의 생화학자 닉 레인Nick Lane은 미토콘드리아를 우리가 살아가는 데 필요한 에너지를 생산한다는 뜻에서 '생명의 발전소'라고 불렀습니다. 세포 1개에는 에너지 수요에 따라 미토콘드리아가 수백에서 수천 개 들어 있습니다. 그러다 보니 진핵생물은 원핵생물에 비해 엄청나게 커졌습니다. 산소를 이용한 특화된 에너지 발전소가 있다 보니 몸집을 마음껏 키울 수 있었던 것입니다. 부피로 본다면, 진핵생물은 원핵생물에 비해 약 100만 배 이상 증가했습니다. 진핵생물의 출현은 생물의 진화 역사에서 일어난 획기적인 사건이자 일대 전환점이었습니다.

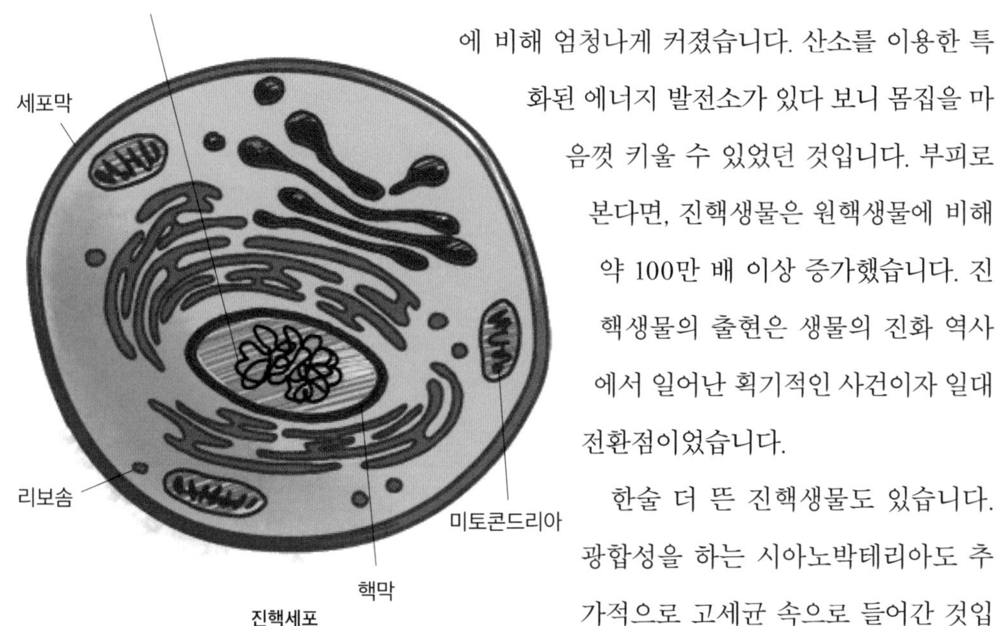

진핵세포

한술 더 뜬 진핵생물도 있습니다. 광합성을 하는 시아노박테리아도 추가적으로 고세균 속으로 들어간 것입니다. 시아노박테리아들은 진핵생물의 세포 속에 들어가 '엽록체'가 되었습니다. 오늘날 식물성 플랑크톤이나 식물 잎의 세포 속에 있는 엽록체는 광합성을 하는 세포 내 소기관으로 산소와 포도당을 만듭니다. 옛 조상 시아노박테리아가 하던 작업을 진핵 세포 속에 들어가 계속 수행하고 있는 것입니다.

진핵생물이 출현할 무렵의 지구 생물은 박테리아, 고세균 등 모두가 단세포였습니다. 최초의 진핵생물도 두 미생물의 공생체로 발전한 생명체였지만 단세포였습니다. 그들의 후손이 다세포 진핵생물인 동물과 식물 그리고 균류입니다. 동물과 균류의 세포에는 공생생물의 흔적 중에서 미토콘드리아만 있지만 식물은 여기에 더해 엽록체도 있습니다. 엽록체가 하는 일은 에너지를 만들고 생명 활동에 필요한 분자들을 만든다는 점에서 기본적으로 미토콘드리아와 거의 같다고 볼 수 있습니다. 그렇게 본다면 식물은 적어도 세포 차원에서는 동물이나 균류보다 고등 생물입니다. 실제로 식물은 스스로 에너지와 필요한 생체 분자를 만들지만 동물과 균류는 종속적으로 식물의 영양을 먹거나 기생해야 살 수 있습니다. 한편 진핵생물은 고세균과 박테리아의 합체에 더해 세포핵은 왜 생겼을까요? 진핵이 출현한 시기는 산소 대폭발 사건이 일어나고 약 2억 년이 흐른 21억 년 전쯤으로 추정하고 있습니다. 지구 대기와 얕은 물가에 산소가 많아진 시기입니다. 주변에 산소가 많아지면 DNA를 비롯한 세포 안의 분자들은 위험에 처할 가능성이 높아집니다. 게걸스러운 산소가 주변의 물질을 닥치는 대로 산화시키기 때문입니다. 무산소 환경에 살았던 고세균이나 박테리아들에게는 이런 염려가 없었습니다. 새로 연합체를 꾸려서 산소 환경에서 살기로 한 진핵생물에게는 가장 소중한 생체 분자인 DNA를 세포핵의 막 안에 넣어 보호할 필요가 생겼습니다. 안전하게 보호를 받게 된 덕분에 DNA는 더 많은 유전 정보를 담을 수 있어 길게 늘어났습니다. 그에 따라 생체의 기능은 더욱 복잡하고 정교해질 수 있었습니다.

4. 눈덩이 지구와 냉온탕을 오갔던 기후

여러 지질학적 증거에 의하면 지구는 원생누대에 몇 차례의 혹독한 빙하기를 겪었다는 사실이 밝혀졌습니다. 여러분은 맘모스가 살았던 신생대의 빙하기에 대한 이야기를 들은 적이 있을 것입니다. 그런데 원생누대의 지구는 신생대 때와는 비교도 할 수 없는 혹한을 겪었습니다. 얼음이 적도 부근까지 뒤덮였던 엄청난 규모의 빙하기도 있었습니다. 이런 사실은 당시 적도였던 지역에서 빙하에 깎인 암석이나 자갈, 토양 등이 퇴적한 흔적에서 알 수 있었습니다. 지구가 온통 얼음으로 뒤덮인 이런 상태를 '눈덩이 지구'라고 부릅니다.

눈덩이 지구의 원인은 정확히 알려져 있지 않습니다. 온실가스의 감소, 대륙의 이동에 따른 지형의 변화, 지구 자전축 변화에 따른 햇빛 반사량의 증가 등 다양한 원인이 거론되고 있습니다. 원인이 무엇이건 기온이 떨어져 흰 눈이 지구를 일정 면적 이상으로 덮으면 햇빛이 반사되어 우주로 되돌아갑니다. 그런 일이 벌어지면 지구는 걷잡을 수 없이 추워집니다.

지구 역사상 처음 일어난 대규모 혹한기는 산소 대폭발 사건이 일어났던 24억~21억 년 전 무렵에 있었습니다. 당시의 혹한이 적도

그림5-8
눈덩이 지구의 상상도
지구는 온실가스의 증가, 지구 자전축 변화에 따른 햇빛 반사량의 증가 등 복합적인 원인에 의해 한때 빙하가 적도 부근까지 뒤덮였던 시기가 있었다.

부근까지 얼음으로 뒤덮였는지는 논란거리이지만 엄청난 규모의 전 지구적 한파였다는 점만은 분명합니다. 최근의 여러 연구 중에서 시아노박테리아가 촉발한 산소 대폭발 사건이 혹한을 불러왔다는 설명도 있습니다. 이 가설은 당시 대기 중에 있었던 메테인을 지목합니다. 메테인은 이산화탄소와 함께 온실 효과를 일으키는 대표적인 기체인데, 단기적으로는 이산화탄소보다 몇십 배 강한 온실 효과를 일으킵니다. 그런데 산소 대폭발 사건 직후에는 화학적 반응성이 강한 산소가 대기 중에 많아졌으므로 메테인이 대규모로 산화되었을 가능성이 있습니다. 산소로 인해 메테인이 고갈되자 온실 효과가 크게 약화되면서 대빙하기가 찾아왔다는 추정입니다.

원인이야 어찌 됐든 대규모 혹한기는 끝나게 마련이고 그때마다 기온은 회복되었습니다. 온통 얼어붙었던 지구가 온난한 기후를 매번 회복할 수 있었던 것은 화산 활동이나 지각 밑에 있는 맨틀의 대류 활동 덕분이었습니다. 즉 지표 위 혹한의 공기와 상관없이 지하에서는 화산이나 맨틀에서 나오는 뜨거운 물질이 분출됩니다. 이는 온실 효과를 일으키는 이산화탄소나 메테인의 방출로 이어집니다. 그리고 지표 위는 다시 온난한 기온으로 회복됩니다. 이처럼 원생누대의 혹한기는 짧은 기간 지속되었다가 곧 회복된 후 비교적 긴 온난기가 계속되는 패턴을 반복했습니다. 시아노박테리아는 혹한이 닥칠 때마다 대량으로 사라졌고 이 때문에 대기 중의 산소 농도는 낮아졌습니다. 하지만 온난한 기후가 회복되면 시아노박테리아가 다시 번성하면서 산소를 방출하고 온실 효과를 내는 기체들이 사라지게 되는 일이 반복됐습니다. 원생누대의 반복된 혹한기는 시아노박테리아의 활동과 지구의 기후가 시소게임을 하듯이 번갈아가며 안정화되는 과정으로 볼 수도 있습니다.

그런데 원생누대 초기에 해당하는 24억~22억 년 전에는 산소 대폭발 사건이 있었는데도 수억 년 동안 대기 중의 산소가 1~2퍼센트 수준에서 크게 증가하지 않았으며 깊은 바닷속은 여전히 무산소 상태였습니다. 그것은 산소 생산량이 미미해서가 아니라 바닷속에서 호상철광층을 쌓아올리는 데 소비한 산소 소비량이 많았기 때문이라고 볼 수 있습니다. 그러나 이것만으로 원생누대 말기의 기후와 대기 중의 산소 농도 변화를 설명하는 데 미흡합니다. 다음과 같은 지질 변화도 무시할 수 없는 원인으로 작용했다고 추정됩니다.

첫째, 약 20억~6억 년 전 사이에 지각판의 이동으로 커다란 초대륙이 두 번이나 형성되면서(누나 및 로디니아) 그때마다 육지 면적이 크게 증가했습니다. 육지 면적의 급증으로 호수, 강, 습지, 해안 어귀 등으로 시아노박테리아 서식지가 증가했으며, 따라서 점진적이지만 산소의 방출량이 늘어났습니다. 더 중요한 것은 육지에 퇴적된 시아노박테리아의 사체 잔해물입니다. 일반적으로 바다에서 사는 시아노박테리아들이 방출한 산소는 해저에 가라앉은 동료들의 사체를 분해(부패)하는 데 대부분 소비됩니다. 따라서 대기 중에 방출할 산소는 별로 없습니다. 반면 육지의 늪이나 얕은 물가에 서식하는 시아노박테리아들은 썩지 않고 그대로 퇴적됩니다. 육지 면적이 증가한 당시에는 시아노박테리아들이 이런 곳에 많이 살았습니다. 다시 말해 산소가 시아노박테리아의 사체 분해에 덜 소비되고 많은 양이 대기 중으로 방출될 수 있었습니다. 그 결과 원생누대 말기에는 산소 농도가 크게 증가했습니다. 산소를 이용하는 진핵생물에게 천국이 펼쳐진 것입니다.

둘째, 지구가 식어감에 따라 '물이 새는 지구Leaking Earth'라는 현상이 일어나면서 육지 면적이 대폭 늘어났습니다. 3장에서 살펴본 대로 해양판이 대륙판 밑으로 섭입되어 맨틀로 들어갈 때는 경계부에서 암석이 쉽게 녹으면서 마그마가 됩니다. 해양판에 딸려온 수분이 맨틀 상층부 암석의 녹는점(용융점)을 떨어뜨리기 때문입니다. 그런데 '눈덩이 지구' 등의 영향으로 지각이 식어 맨틀 상부의 온도가 충분히 뜨겁지 않자 수분이 맨틀로 그대로 섭입되어 들어가는 경우가 자주 발생했습니다. 이는 식어가는 지구에서 필연적으로 일어나는 일인데, 원생누대 말기인 약 8억 5000만~5억 4000만 년 사이에는 네 번의 대규모 빙하기 때문에 이런 현상이 두드러지게 나타났습니다. 그 결과 당시 약 3퍼센트의 바닷물이 맨틀로 새버렸다는 것이 물이 새는 지구 이론입니다. 숫자상으로는 작게 보이지만 해수면이 무려 600미터나 낮아졌다고 추산됩니다. 그에 따라 육지와 대륙붕이 크게 늘어났습니다. 앞서 언급한 육지의 얕은 물에서 분해되지 않고 퇴적되는 시아노박테리아의 사체들도 급증했습니다. 이상과 같은 두 가지 현상은 서서히 진행되었지만 오랜 세월에 걸쳐 일어났기 때문에 대기 중의 산소량은 원생누대가 끝날 무렵에는 약 20퍼센트까지 치솟았습니다.

마지막으로 원생누대 말기에 있었던 네 차례의 빙하기는 지구의 환경을 다양하게 만들고 생물의 진화를 촉진하는 데 크게 기여했습니다. 빙하는 두께가 몇 미터에서 몇천 미터에 달하므로 지각을 침강시킬 만큼 무겁습니다. 그런 빙하가 녹으면서 하류로 내려올 때 바닥에 있는 어마어마한 양의 암석과 토양을 침식시켜 하류로 운반합니다. 바다에도 많은 양의 무기 화합물들이 유입되면서 생체 영양분이 풍부해졌습니다. 특히 원생누대 말기의 빙하기 직후에는 인이나 칼슘 등 생체에 필수적이고 유용한 양분들이 육지에서 해양으로 풍부하게 녹아들었습니다. 이제 남은 것은 새로운 형태의 생명체들이 폭발적으로 진화하는 것이었습니다.

5. 제3의 생명 - 다세포 생물의 출현

과학자들은 생명의 역사에서 중요한 획을 긋는 사건으로 세 가지를 꼽습니다. 생명의 탄생, 원핵 세포에서 진핵 세포로의 진화, 그리고 단세포에서 다세포 생물로의 진화입니다.

지구에 단세포 생물만 있었던 수십억 년 동안에도 박테리아들은 '군체'라고 불리는 무리를 지으며 협동했던 많은 증거들이 있습니다. 서로 협동하면 먹이 활동이나 위험에 더 효과적으로 대처할 수 있기 때문입니다. 다세포 생물이 최초로 출현한 시기는 학자에 따라 큰 차이가 있습니다. 어떤 학자들은 멀리 19억 년 전까지 거슬러 올라갑니다. 그러나 이들은 다세포 생물이 아니라 단세포들이 길게 늘어선 군체 화석이거나 곰팡이처럼 원시적 형태의 세포 집합체였을 가능성이 큽니다. 제대로 된 다세포 생물은 약 6억 년 전에 출현했다고 보는 것이 설득력 있는 추정입니다. 맨눈으로 알아볼 수 있는 크기와 형태를 갖춘 원시 다세포 동물의 화석이 이때부터 나타나기 때문입니다.

다세포 생물이 출현할 길을 열어준 첫 열쇠는 '산소 대폭발 사건'까지 거슬러 올라갑니다. 대기와 얕은 바다에 풍부해진 산소 덕분에 원핵 세포가 진핵 세포로 진화했습니다. 그리고 진핵 세포를 갖춘 생물들이 15억 년 동안 리모델링된 지구 환경에 적응하는 과정에서 복잡한 모습을 갖춘 다세포 생물로 진화했습니다. 산소는 가장 큰 공로자였습니다. 산소 덕분에 생물은 에너지 효율을 크게 높일 수 있었으며 복잡하고 큰 몸체도 유지할 수 있게 되었습니다. 원핵생물에서 진핵생물로 진화하면서 세포의 부피는 평균 100만 배 정도 커졌는데, 이들이 다세포 생물로 발전하며 또 다시 100만 배쯤 더 커졌습니다. 오늘날의 대형 동물인 코끼리는 1000조 개의 진핵 세포로 이루어져 있습니다.

그러나 그 과정은 결코 순탄하지 않아서 지구가 생성된 지 약 40억 년이 지난 후에야 비로소 다세포 생물이 출현할 수 있었습니다.

이에 대해서는 다음 장에서 자세히 살펴보겠습니다.

약 20억 년 동안 지속된 원생누대 말기에 진핵 다세포 생물인 균류와 동식물이 출현해서 지구 생태계를 다시 한번 크게 바꾸어놓습니다.

다섯 번째 여행을 마치며

지구의 생명체들은 출현 이후 최소 30억 년 이상은 단세포 생물인 박테리아와 고세균뿐이었습니다. 그런 단조로움 속에서도 24억~23억 년 전의 산소 대폭발 사건은 지구의 환경과 생물들을 서서히 변화시키면서 새로운 도약의 길을 열었습니다. 오늘날의 동물과 식물처럼 제대로 된 생물이 나타나기 위해 수십억 년에 걸쳐 준비해 온 기간이 시생누대와 원생누대라고 할 수 있습니다. 특히 25억 년 전의 원생누대 초반부터 광물의 대부분이 형성되기 시작했습니다. 원생누대는 '눈덩이 지구'를 비롯한 큰 규모의 기후 변화들이 반복된 시기였습니다. 그 과정에서 생물과 지구의 다양한 모습이 빚어지기 시작했습니다. 특히 생명 역사의 3대 사건이라 불리는 진핵생물의 출현과 다세포 생물의 출현이 이 기간에 나타났습니다. 균류와 식물 그리고 무엇보다도 인간을 비롯한 동물들이 본격적으로 출현할 무대가 만들어진 것입니다.

6장

생물의 모양 갖추기
고생대

- 캄브리아기 생명 폭발의 의미와 과정
- 식물의 육상 진출과 그 영향
- 사지동물의 육상 진출과 진화 과정

12월 16일

››› 캄브리아기 생명 대폭발(5.4억 년 전)

12월 18일

››› 식물 육지 상륙(4.7억 년 전)

12월 21일

››› 동물 육지 상륙(3.7억 년 전)

››› 양서류, 양막류 출현

12월 22일

››› 파충류(3.6억 년 전)

12월 24일

››› 페름기 멸종(2.5억 년 전)

캄브리아기

4.9억 년 전

오르도비스기

4.4억 년 전

실루리아기

4.2억 년 전

데본기

3.6억 년 전

석탄기

3.0억 년 전

페름기

이제 여러분은 빅뱅 후 약 133억 년의 여행을 마치고 현생누대가 막 시작되려는 시점에 도달했습니다. 지구 역사의 88퍼센트가 지난 약 5억 4000만 년 전의 시점입니다. 현생누대에는 여러분들이 잘 알고 있는 고생대, 중생대 그리고 신생대가 속해 있습니다. 5억 년도 지난 먼 과거에 시작된 이 시기를 '현생'누대라고 부릅니다. 미생물이 아니라 눈에 보이는 생물, 즉 우리가 통상적으로 알고 있는 현대적 모습의 생물들이 나타났기 때문입니다. 그 전에 살았던 생물들은 모두 미생물이었습니다. 물론 현생누대 직전 1억 년 사이에 다세포 동물이 출현했지만 그들은 소수였을 뿐 아니라 화석을 남기지 못하는 물렁물렁한 몸체를 가졌습니다. 그래서 화석을 근거로 지구의 역사를 연구했던 19세기 이후의 지질학자나 생물학자들은 얼마 전까지만 해도 생물이 본격적으로 지구에 출현한 시점을 현생누대의 첫 시대인 '고생대'라고 생각했습니다.

크고 복잡한 생물은 뒤늦게 출현했습니다. 지구 생성 이후 무려 40억여 년이 지난 시점이었습니다. 제대로 겉모습을 갖춘 생명체가 지구에 나타나기까지 그토록 장구한 세월이 필요했던 것입니다. 어찌 보면 시생누대와 원생누대는 우리의 푸른 행성이 생명체로 가득 차도록 만들기 위한 긴 준비 기간이었다고 말해도 좋을 듯합니다. 그중에서도 '진핵생물'과 '다세포 생물'의 출현은 생물 역사에서 혁명적인 두 사건이었습니다. 이제 생명체들이 가속 페달을 밟으며 본격적으로 '진화'하는 일만 남았습니다.

1. 복잡한 몸체를 위한 기초 작업

생물이 단세포에서 크고 복잡한 다세포로 진화하기까지 오랜 세월이 걸렸던 이유는 해결해야 할 문제가 많았기 때문입니다. 일단 다세포가 출현한 이후에는 진화의 가속 페달을 밟았지만 그 이전에 동물이라는 자동차를 예열하는 시동 기간이 필요했습니다. 원생누대의 마지막 약 1억 년, 즉 현생누대 직전에 '에디아카라기'라고 불리는 준비 기간이 있었던 것입니다. 2004년에 공식적으로 인정된 에디아카라기는 과학자들이 120년 만에 처음으로 추가한 지질 시대입니다.

다세포 생물은 문자 그대로 단세포들 여러 개가 모여 이룬 하나의 생명체입니다. 사람만 해도 30조~40조 개의 세포로 이루어져 있습니다. 그러나 생의 첫 순간부터 이처럼 크고 복잡한 모습으로 태어날 수는 없습니다. 또한 다세포 생물을 이루는 세포 하나하나는 원천적으로 독립적인 생명체입니다. 이들이 이기적 행동을 자제하고 하나가 되어 통일된 행동과 기능을 수행하는 것은 쉽지 않아서 오랜 준비 기간이 필요했습니다. 이 기간에 다세포 생물들은 서로 어울려 하나의 생명체를 이룰 수 있는 세 가지 특별한 방법을 진화시켰습니다.

그림6-1
에디아카라기 생물의 상상도
에디아카라기는 원형, 타원형 또는 나뭇잎처럼 생긴 독특한 모양과 골격이 없는 부드러운 몸체를 가진 해양 동물들이 살던 시기였다.

첫째, 태어날 때 하나의 세포로 시작해 여러 개가 되는 세포 분열 방법을 발전시켰습니다.* 둘째, 세포의 기능을 각자 분담하고 서로 통신하는 방법을 개발했습니다. 가령 피부 세포, 간 세포, 근육 세포, 망막 세포 등은 제각기 특화된 임무가 있으며 서로 정보를 주고받습니다. 셋째, 공동의 이익(생존)을 위해 자신을 희생하고 동료를 살리는 방법을 진화시켰습니다. 척박한 환경에서 양분과 에너지를 아끼는 일은 생물의 역사에서 언제나 최우선 과제였습니다. 이런 목적에 따라 세포는 늙어서 남에게 폐가 되면 스스로 죽어 새 세포에게 자리를 넘겨줍니다. 이를 세포자살Apoptosis이라고 합니다. 몸 안에서 일어나는 세포자살은 알아차리기 어렵지만 피부 세포자살은 쉽게

* 11장 참고

알아차릴 수 있습니다. 새 살이 돋으며 끊임없이 생기는 각질이 바로 죽은 세포들입니다. 그런데 간혹 약속을 무시하고 혼자만 살려는 배신자가 있는데, 다름 아닌 암세포입니다.

세포 분열, 역할 분담 그리고 세포자살을 통해 다세포 생물들은 한 몸처럼 행동할 수 있게 되었습니다. 이런 작업을 제대로 수행하려면 설명서가 있어야 하는데, 이 설명서 같은 역할을 하는 것이 DNA에 기록된 유전 정보입니다.

여기에 더해 다세포 생물들은 더욱 다양한 모습으로 진화할 수 있는 증보판 유전 설계도도 마련했습니다. 바로 유성생식이라는 발명품입니다. 암수 두 개체가 조금씩 다른 유전 정보를 조합하면 변화하는 환경에 더 유연하게 대처할 수 있습니다. 유성생식을 통해 다세포 생물들은 구조와 형태, 기능을 다양하게 변화시킬 수 있었습니다.

최초의 다세포 동물은 해면처럼 불규칙한 형상이었습니다. 스폰지sponge라는 영어 이름에서 보듯이 해면은 지중해 연안 사람들이 말려서 수세미 대용으로 쓰던 동물입니다. 여기서 조금 더 진화하여 정해진 모양은 있으나 좌우 구분이 없는 해파리와 같은 방사형 몸체를 가진 동물이 등장했습니다. 이들로부터 다시 좌우 대칭의 몸체를 가진 동물이 출현했습니다. 오늘날 우리가 알고 있는 동물 대부분은 당시 출현했던 초기 좌우대칭동물의 후손들입니다. 예를 들면 지렁이, 물고기, 곤충, 포유류를 비롯한 모든 척추동물은 머리와 꼬리, 등과 배, 좌우가 있습니다. 좌우가 대칭인 몸체를 가진 동물은 복잡한 기관들이 있어 다양한 기능을 수행할 수 있습니다.

이처럼 복잡한 기능과 다양한 형태로 진화할 수 있는 유전자 설

그림6-2
최초의 좌우대칭동물 중 하나로 추정되는 이카리아 와리우티아(Ikaria wariootia)의 상상도
길이 2~7밀리미터였던 이 원시동물은 해저의 얇은 모래층에 굴을 뚫어 유기물을 찾았다. 이들은 몸을 굽혔다 폈다하는 방식으로 이동했으며, 원시적 입과 항문, 장을 가지고 있었다.

계도는 고생대 직전의 에디아카라기에 조용히 준비되었습니다. 하지만 당시의 초기 다세포 동물들은 움직임이 활발하지도 못하고 흐느적거리는 연약한 몸체를 가지고 있었습니다. 잡아먹는 포식 동물들이 없어 재빠르게 도망가거나 방어용의 단단한 조직이 불필요했기 때문입니다.

2. 캄브리아기 생명 대폭발

현생누대의 서막을 연 고생대의 첫 시기는 5억 4000만 년 전에 시작된 캄브리아기입니다. 과학자들은 그 이전의 40억여 년을 통틀어서 '선캄브리아시대'라고 부르기도 합니다. 캄브리아기를 현생누대의 시작으로 보는 데는 그럴 만한 이유가 있습니다. 이때를 기준으로 생태계, 특히 동물계가 완전히 새로운 모습으로 탈바꿈했기 때문입니다. 기본 유전자에 기록된 설계도대로 몇 개의 말뚝만 박혀 있던 에디아카라기의 허허벌판에 갑자기 빌딩들이 들어선 것과 같았습니다. 현재 지구상에 살고 있는 거의 모든 동물들의 원형이 캄브리아기에 만들어졌습니다. 그래서 이를 '캄브리아기 생명 대폭발'이라고 하기도 하고 '진화의 빅뱅'이라 부르기도 합니다.

캄브리아기 생명 대폭발의 흔적을 볼 수 있는 유명한 장소가 캐나다의 로키산맥 자락에 있는 버제스 셰일이라는 암석 지대입니다. 이곳은 20세기 초에 발견된 곳으로 캄브리아기 동물의 다양한 화석군이 있는 보물 창고입니다. 각종 희한한 동물들의 화석이 고루 묻혀 있습니다. 새우 같은 촉수를 단 거대 포식자 '아노말로카리스', 5개의 눈과 코끼리 코처럼 긴 입을 가진 '오파비니아', 납작한 판 모양의 몸에 가시가 덮인 '위왁시아', 척삭(원시 척추)을 가진 첫 동물인 '피카이아', 단단한 외피로 유명한 '삼엽충' 등이 보존되어 있는

그림6-3
캄브리아기 생명 대폭발
고생대의 첫 시기인 캄브리아기에 이르러 현존하는 거의 모든 동물문(門)의 조상들이 출현했다. 동물의 진화는 이때부터 본격적으로 시작되어 다양한 크기와 형태가 나타났다.

곳이죠. 이곳의 화석을 통해 캄브리아기에 이르러 동물들의 모습이 엄청나게 다양해졌다는 사실을 알 수 있었습니다.

'캄브리아기 생명 대폭발'이라는 용어를 쓰고는 있지만 다양한 몸체의 설계와 진화에 소요된 시간은 약 5000만 년이었습니다. 일부 학자들은 유전적 분석을 근거로 2000만 년 이내라고도 보고 있습니다. 어느 쪽이건 장시간에 걸쳐 일어난 사건을 '폭발'이라고 부를 수 있느냐고 반문할 수도 있습니다. 하지만 30억 년 이상 눈에도 보이지 않는 미생물만 꼬물거렸으며, 더구나 직전의 에디아카라기에 겨우 4개였던 동물의 문門이 이 시대에 37개로 대폭 늘어났다는 점을 고려하면 폭발이라고 해도 무리가 없어 보입니다.

덧붙이자면, 이처럼 다양한 동물들이 출현했지만 당시에는 오늘날과 동일한 모습의 동물은 거의 없었습니다. 그럼에도 불구하고 37개의 동물문이 가지는 기본 특질들은 그때 형성되었습니다. 오늘날까지 이어져 현존하는 모든 동물이 그 특질 중 하나에 속합니다. 동물들이 캄브리아기에 출현한 기본 틀을 바탕으로 지금과 유사한 형태를 갖춘 시기는 이어지는 오르도비스기와 실루리아기였습니다.

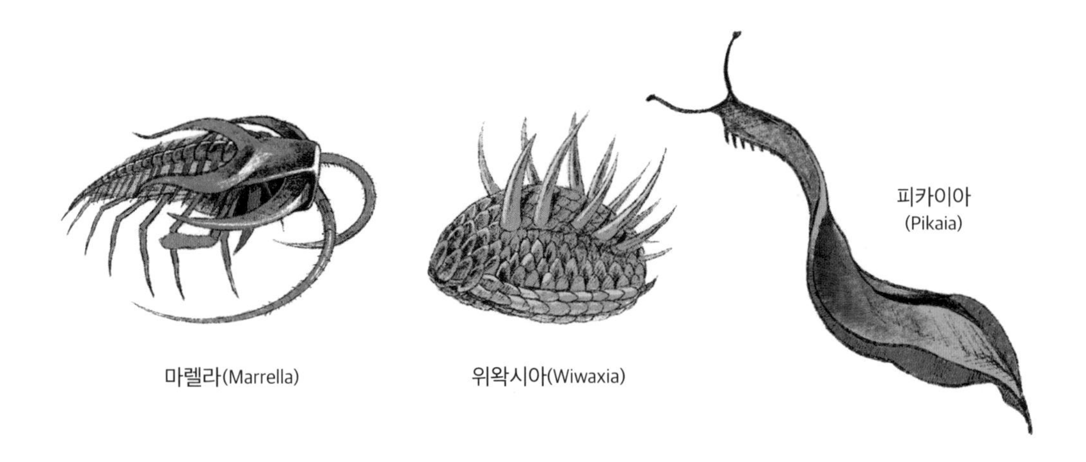

찰스 다윈은《종의 기원On the Origin of Species》에서 "생물은 조금씩 천천히 다양화하고 진화한다"라고 말했습니다. 그렇다면 캄브리아기에 많은 동물종들이 갑자기 폭발적으로 나타난 것은 어떻게 설명해야 할까요?

3. 잡아먹느냐 먹히느냐?

캄브리아기 생명 대폭발의 원인에 대해서는 여러 가지 주장들이 있는데, 대략 두 가지로 나뉠 수 있습니다. '지질학적인 원인'과 '생물학적인 원인'입니다.

우선 '지질학적인 원인'을 살펴보면 화산 활동의 증가와 지각판의 변화가 동물의 폭발적인 진화를 촉진했다는 것입니다.

캄브리아기 초기인 약 5억 4000만 년 전 남반구에는 초대륙 '곤드와나'가 형성되면서 대륙판과 해양판이 충돌했는데, 이때 수천 킬로미터에 걸쳐 화산대가 형성되었습니다. 그 결과 지하에 매장되어 있던 탄소가 이산화탄소의 형태로 대기 중에 다량 유입되었습니다. 이는 온실 효과로 이어져 지구의 기온을 높였으며, 암석의 풍화 작용을 가속화했습니다. 특히 풍화된 암석 중에서 생물의 영양분인 인이 다량으로 바다에 흘러들었습니다. 또한 많아진 이산화탄소를 이용해 광합성을 하며 산소를 내뿜는 시아노박테리아도 늘어났습니다. 원생누대 초기에 있었던 '산소 대폭발 사건'에 이은 '제2의 산소 대폭발'이라고 볼 수 있습니다. 이렇게 되자 산소 호흡을 하는 동물들은 에너지 효율이 좋아져서 더 복잡하고 큰 몸체를 만들 수 있었습니다.

또 다른 지질학적 증거에 의하면 캄브리아기 초기에는 얕은 바다가 지각판의 상당 부분을 덮고 있었는데, 밀물과 썰물 등 바다의 침식 작용으로 지각판이 공기에 드러나게 되었습니다. 공기에 노출된 오래된 지층의 암석들은 다양한 화학 반응을 일으켰습니다. 이 과정에서 생긴 이산화규소와 칼슘, 인, 철, 칼륨 등을 함유한 광물질들이 물에 씻겨 바다로 흘러 들어갔습니다. 그로 인해 바닷물의 농도가 크게 변하자 생물들은 이온의 균형을 새롭게 맞추어야 하는 과제를 떠안게 되었습니다. 특히 다세포로 진화하는 초기 단계에 있던 동물들은 인산칼슘($Ca_3(PO_4)_2$)과 탄산칼슘($CaCO_3$), 이산화규소 등 3대 생체 광물을 적극적으로 이용했습니다. 3대 생체 광물 중 이산화규소는 플랑크톤의 세포벽, 탄산칼슘은 조개와 같은 무척추동물의 껍데기 그리고 인산칼슘은 뼈와 이빨의 주성분입니다.

이번에는 지질 환경이 아니라 생물 세계에서 일어난 변화가 생명 대폭발로 이어졌다는 주장을 살펴보겠습니다.

캄브리아기에 출현했던 동물이 그 이전 에디아카라기 동물군과 다른 특징은 단단한 뼈나 외피, 갑옷, 이빨을 가진 경우가 대부분이라는 점입니다. 이는 무서운 포식자가 있었다는 의미입니다. 단단한 껍데기나 뼈는 앞서 알아본 대로 바다에 풍부하게 흘러든 생체 광물질로부터 만들어졌습니다. 사냥을 하려면 빠르게 움직일 수 있는 뼈나 지느러미는 물론, 먹이를 물 수 있는 강한 턱과 이빨도 있어야 합니다.

단단한 조직은 도망가야 하는 먹잇감 동물에게도 똑같이 필요합니다. 빠르게 운동할 수 있는 지느러미나 뼈, 턱과 이빨 등 공격할

그림6-4
판피어류 화석
단단한 외피와 강한 턱으로 무장한 둔클레오스테우스(Dunkleosteus)는 길이가 최대 10미터에 몸무게가 4톤이나 되는 포식자였다. 절지류의 겹눈보다 훨씬 선명한 카메라눈을 가지고 있었다.

수 있는 무기가 없다면 단단한 가시나 외피라도 있어야 합니다. 새로운 방어 무기로 무장한 당시의 대표적인 동물이 절지동물인 삼엽충입니다. 캄브리아기 동물 화석 중에서 삼엽충은 개체 수로 75퍼센트나 차지합니다. 그들은 단단한 껍데기에 몸을 말아 취약한 배를 보호하는 전략으로 동물종 중에서 가장 오랜 기간인 3억 년 동안 살아남는 기록을 세웠습니다.*

포식자이건 피식자이건 군비 경쟁에서 뒤처진 동물은 멸종을 피할 수 없었습니다. 실제로 캄브리아기 직전의 에디아카라기 동물들은 물렁물렁한 몸체를 가졌기 때문에 방어 능력이 없어 멸종했습니다. 이들은 해파리류에서 보듯이 물에 떠다니며 수동적으로 먹이를 섭취했을 뿐 능동적으로 포식 활동을 하지 않았습니다.

* 〈더 알아볼까요?—삼엽충의 생존 전략〉 참고

삼엽충의 생존 전략

'고생대 표준 화석'인 삼엽충은 어떻게 3억 년 동안 다른 동물들의 공격을 견뎌내며 수많은 종으로 진화할 수 있었을까요?

첫째, 단단한 등껍질과 근육입니다. 삼엽충은 등껍질의 중심축이 볼록 솟아나 있습니다. 이 중심축을 따라 몸통이 세 부분으로 나뉘는데, 삼엽충이라는 이름은 여기서 나왔습니다. 무엇보다도 단단한 껍데기는 몸을 방어해주었습니다. 껍데기에 붙은 근육도 정확하고 민첩하며 강하게 움직이는 데 큰 도움이 되었습니다.

둘째, 동물의 몸에서 가장 취약한 부분이 배인데, 삼엽충은 몸을 돌돌 말아 배를 보호했습니다.

셋째, 발달한 '눈'입니다. 삼엽충의 몸에서 가장 복잡한 부위는 '눈'입니다. 파리나 잠자리처럼 '겹눈'을 가지고 있어 넓은 시야를 확보할 수 있었습니다. 일부 삼엽충은 눈이 머리에서 잠망경처럼 튀어나와 주변을 살피기 좋은 구조로 되어 있습니다.

고생대의 삼엽충 화석

몸집을 크게 불리는 것도 사냥을 하거나 포식자로부터 자신을 보호하는 또 다른 전략이었습니다. 큰 몸집과 다양한 공격 및 방어 무기 개발 등 군비 경쟁은 동물의 진화를 폭발적으로 가속화시켰습니다. 한편 주변을 감시하려면 눈같이 발달된 감각 기관이 있어야 합니다. 뇌도 캄브리아기에 출현했습니다.* 상대를 잡아먹거나 상대에게서 도망가려면 눈으로 보고 뇌로 예측하며 이를 토대로 빠르게 대처해 움직여야 합니다. 이 때문에 이 시기에 나타난 동물 대부분이 뇌와 눈을 가지게 되었습니다.

한마디로 포식 활동은 캄브리아기 생명 대폭발의 중요 원인 중 하나였음이 분명합니다. 무기 경쟁을 하는 과정에서 동물들의 형태와 기능은 폭발적으로 다양해졌습니다. 이제 수십억 년에 걸친 평화로운 시대는 끝나고 먹고 먹히는 살벌한 세상이 시작된 것입니다.

4. 식물의 상륙

이제 캄브리아기 생명 대폭발로 동물들은 다양한 모습으로 진화할 준비가 완료되었습니다. 우리가 여행에서 만나볼 주인공은 인간을 비롯한 육상 동물인데, 문제는 그들의 생존에 필요한 먹이였습니다. 동물은 식물을 먹어야 살 수 있는 생물입니다. 10장에서 살펴보겠지만 육식성이건 잡식성이건 초식성이건 모든 동물의 먹이사슬 맨 밑에는 식물이 있습니다. 이를 준비하는 사건들이 고생대의 두

* 12장 참고

번째 시대인 오르도비스기에 일어났습니다. 30억 년 이상을 물속에만 머물고 있던 생물들이 육상으로 진출하기 시작한 것입니다. 약 4억 7000만 년 전 식물이 먼저 땅으로 올라왔습니다. 바다에는 동식물이 다양해지기 시작했지만 육지의 풍경은 여전히 황량했던 때였습니다. 동물은 훨씬 후에 육상에 올라왔습니다.

식물이 육지에 진출하기 전에도 육지 근처 얕은 물가에는 시아노박테리아 등의 미생물들이 살았을 것입니다. 왜냐하면 광합성을 하는 시아노박테리아는 햇빛이 닿지 않는 깊은 바다에서는 살 수 없었기 때문입니다. 식물은 지구 역사의 약 90퍼센트가 지난 후에 뒤늦게 땅에 올라왔지만 우리 행성을 완전히 다른 모습으로 바꾸었습니다. 오늘날 육지에는 약 40만 종의 식물이 번창하고 있으며, 그 생물량(무게)만 해도 지구 모든 생명체의 80퍼센트나 차지합니다. 반면 고향인 바다에 남은 해양 식물은 다양성이나 생물량에 있어서 비교가 안 될 정도로 적습니다. 물론 식물이 육지를 본격적으로 뒤덮은 때는 상륙 후 다시 수천만 년이 지나고 나서였습니다.

최초로 육지에 오른 식물은 민물에 살던 녹조류로 추정됩니다. 초기 육상 식물은 처음에는 우산이끼와 유사한 형태였다가 다음에는 줄기와 가지만 있고 잎은 없는 형태로 발전했을 것입니다. 그런데 식물이 육지에서 생장하려면 세 가지 요건을 갖추어야 합니다. 첫째, 몸체가 마르지 않도록 수분 증발을 막아야 합니다. 둘째, 몸체를 물이 받쳐주던 이전과 달리 스스로 수직으로 서서 지탱할 수 있어야 합니다. 마지막으로 물속에 있는 풍부한 영양분을 바로 흡수할 수 없으므로 땅속에 있는 수분과 양분을 취해 위로 올려 보내야 합니다. 이런 요건을 초보적 수준으로 갖춘 대표적인 식물이 고사리의 조상인 원시 양치식물입니다.

초기의 육상 식물들은 잎이 없었으므로 광합성을 통해 많은 에너지를 얻기 어려웠습니다. 잎이 발명되기까지는 수천만 년이 더 걸렸습니다. 일단 잎이 출현하자 이번에는 햇빛을 놓고 치열한 경쟁이 벌어졌습니다. 더 많은 햇빛을 차지하기 위해 식물들은 경쟁적으로 키를 키웠고, 뿌리에서 흡수한 물을 꼭대기까지 올려 보내야 했습니다. 이를 위해 몸통 속에 물이 올라가는 관다발을 개발했습니다. 또한 이 모든 시스템을 지탱하기 위해 튼튼한 목질의 몸통도 필요했습니다. 이렇게 큰 잎과 긴 관다발, 단단한 몸통이 발달하자 데본기*를 지나 석탄기**로 접어든 3억 6000만 년 전쯤에는 육지가 녹색의 숲으로 뒤덮였습니다.

잎과 관다발이 있는 큰 식물들의 등장은 지구 환경을 크게 바꾸는 계기가 되었습니다. 무엇보다 뿌리가 생겨나서 지표에 있는 암석의 틈을 비집고 들어가 암석을 부수는 풍화 작용이 일어났습니다. 이렇게 암석과 식물이 협업한 결과 육지에는 점토 광물과 유기물이 풍부해지고, 토양층도 깊고 넓어져 식물의 서식지가 대폭 확장되었습니다.

무엇보다 중요한 변화는 식물의 육상 진출로 인해 대기의 산소량이 지금 수준으로 높아진 것입니다. 식물들은 죽은 후에 땅으로 돌아갑니다. 특히 석탄기에는 식물이 크게 번성했는데, 죽은 후 대량으로 매몰되어 석탄이 되었습니다. 식물은 큰 골격을 유지하기 위해 목질소(리그닌)나 섬유소(셀룰로스)처럼 잘 부패되지 않는 복잡한

* 4억 1600만~3억 5900만 년 전

** 3억 5900만~2억 9900만 년 전

그림6-5
고생대 석탄기 숲과 가장 흡사하다고 알려진 미국 디즈멀늪
대형 식물들이 본격적으로 출현한 고생대 석탄기에는 거대한 석송류, 양치류, 쇠뜨기류의 식물이 무성하고 거대한 잠자리 메가네우라(Meganeura)가 날아다녔다.

구조의 중합체들을 많이 가지고 있습니다. 더구나 당시에는 이 분자를 부패시킬 수 있는 박테리아가 거의 없었기 때문에 쓰러져 습지에 묻힌 나무들은 부패되지 않은 채 흙에 덮였습니다. 그런 상태에서 오랜 세월 동안 열과 압력을 받아 암석화된 것이 바로 석탄입니다. 석탄은 식물이 가지고 있던 탄소를 고스란히 간직하게 되었습니다. 여기에 더해 해양의 플랑크톤도 해저에 다량으로 퇴적되어 매장되었습니다. 특히 이렇게 묻힌 유기 탄소는 다시 분해되지 않으므로 공기 중 탄소의 비율은 점점 줄어들었습니다. 결과적으로 대기 중 산소의 함량이 급증하게 되었습니다.

그리하여 고생대의 데본기 말에 18퍼센트였던 산소 농도는 석탄기 초에 25퍼센트, 석탄기 말에는 무려 35퍼센트까지 치솟았습니다.

지구 역사상 최고치의 기록을 세운 것입니다. 이런 사실은 호박 화석에 갇힌 고생대 대기의 기포를 분석해 알아냈습니다. 이때쯤 육상에 올라온 곤충과 같은 동물은 산소가 급증하자 대사 활동이 활발해져 몸집을 크게 키웠습니다. 석탄기에 살았던 잠자리 중에는 길이가 1미터나 되는 종도 있고 무게가 약 25킬로그램인 전갈도 있었습니다.

5. 동물의 상륙

식물이 육지에 올라와 터전을 잡았으니 그다음은 동물의 차례였습니다. 깊은 바닷속과 달리 고생대 이전의 땅 위는 유해한 자외선에 노출된 곳이었습니다. 하지만 고생대에 육상 식물이 대기에 다량으로 뿜어놓은 산소 덕분에 오존층이 형성되자 육지도 자외선으로부터 안전해졌습니다. 동물이 육지로 진출할 수 있는 좋은 여건이 마련된 것입니다. 그래서 동물은 식물보다 1억 년 정도 늦게, 다시 말해 식물이 오존층이라는 지붕을 만들어준 뒤에 땅으로 올라왔습니다.

얼마 전까지만 해도 동물이 육상으로 진출한 과정에 대해 몇 가지 가설들이 있었습니다. 가령, 얕은 물가에 살던 어류가 반복되는 건조 환경에 적응하는 과정에서, 혹은 포식자의 위협을 피해 땅으로 올라오면서 네 다리가 진화했다고 믿었습니다. 또한 물속에서 아가미로 호흡하던 어류의 부레가 땅 위에서 공기로 숨을 쉬기 위해 폐로 진화했다고 짐작했습니다. 또한 뭍에 올라온 척추동물은 양서류 → 파충류 → 포유류의 순서로 진화했다고 믿었습니다. 하지만 새로운 증거들이 나오면서 이런 20세기의 믿음들이 잘못되었다는 사실

그림6-6
폐어와 실러캔스
오늘날에도 '살아 있는 화석'으로 발견되는 이들은 사지 육상동물로 진화하기 직전의 과도기적 형태를 하고 있다. 전후 2쌍의 지느러미는 크고 살집이 많아 다리처럼 땅을 디딜 수 있었다. 사진의 호주 폐어(좌)는 어류인데도 폐가 있다.

을 알게 되었습니다.

먼저 육상 동물의 네 다리는 뭍에 올라오기 위해 진화한 것이 아니라, 이미 물고기 시절부터 수천만 년 동안 관련 유전자가 서서히 준비(발현)되어 왔음이 분자생물학 연구로 밝혀졌습니다. 또한 부레가 폐로 진화한 것이 아니라 오히려 그 반대이며 두 기관은 원래 소화 기관의 일부로 기원이 같은 상동 기관임도 밝혀졌습니다. 다시 말해 네 다리나 폐는 육상에 올라올 목적으로 진화한 것이 아니라 일부 어류가 때가 되자 주변 환경에 맞추어 자연스럽게 육지 생활을 시작했다는 것입니다. 이는 진화가 어떤 목적을 가지고 진행되지 않았음을 보여준 좋은 사례입니다. 새로운 서식지를 찾아 환경에 적응하다 보니 그렇게 되었을 뿐입니다.

포유류는 파충류의 단계를 거치지 않고 진화했다는 사실도 밝혀졌습니다. 육지에 처음 올라온 사지동물은 양서류였습니다. 양서류란 땅과 물 양쪽에서 사는 동물이라는 뜻입니다. 오늘날의 양서류인 개구리도 어릴 때는 물고기처럼 생활하다 커서는 물과 뭍 양쪽을 오가며 삽니다. 따라서 물이 없으면 살 수 없고 알로 번식하지도 못

그림6-7
양막
파충류인 거북이가 부화하는 모습. 알의 껍데기 안쪽에서 양막을 볼 수 있다.

합니다. 완전한 육지 생활을 하려면 개구리와 달리 피부가 건조해져도 상관없고, 물 없는 땅에서도 알이 마르지 않아야 합니다.

이 때문에 최초로 육상에 올라온 일부 양서류가 양막이라는 것을 개발했습니다. 알껍데기에 있는 이 얇은 막은 땅 위에 알을 낳아도 마르지 않도록 수분의 증발을 막아주며, 호흡할 수 있도록 산소나 이산화탄소는 통과시켜줍니다. 삶은 달걀의 껍데기에서도 볼 수 있는 이런 막을 최초로 발달시켰던 동물을 양막류라고 합니다. 포유류인 사람도 자궁 속에 있는 배아가 양막으로 둘러싸여 있어 그 안에 있는 양수가 새어나가 증발되지 못하도록 보호해줍니다. 약 3억 1000만 년 전의 석탄기 후기에 출현한 양막류는 곧이어 두 종으로 갈라졌습니다. 한 종은 포유류의 조상이었고 다른 한 종은 파충류와 공룡, 조류의 공통 조상이었습니다. 사람을 비롯한 포유류의 조상은 오랜 믿음처럼 파충류에서 진화하지 않았던 것입니다.

여섯 번째 여행을 마치며

고생대는 미생물이 지배했던 수십억 년의 시생누대과 원생누대를 끝내고 시작된 현생누대의 첫 무대였습니다. 생물들은 이 시대에 본격적으로 크기를 키우고 복잡한 형태를 갖추었습니다. 특히 동물은 캄브리아기에 폭발적으로 진화하여 오늘날 지구상에 있는 거의 모든 동물종의 기본 틀을 갖추게 되었습니다. 이 시기에 눈과 뇌, 뼈와 외피, 지느러미와 근육 등 다양한 조직들이 생겨나 진정한 의미의 동물들이 등장했습니다. 동물의 특성인 포식 활동과 도피, 빠른 움직임이 수십억 년의 지구 역사상 처음 나타나 생명의 진화를 완전히 다른 차원으로 격상시켰습니다. 인간도 그 연장선에 있다고 볼 수 있습니다. 이 시대에는 훗날 동물의 먹이와 서식처를 제공하게 될 식물도 육상으로 진출하며 크게 진화했습니다. 무엇보다도 식물에 이어 땅에 올라온 일부 어류가 네 발 동물로 발전하며 고등 동물로 진화할 발판을 마련했습니다. 생명의 진화에서 이처럼 중요한 무대였던 고생대는 페름기 말기에 찾아온 지구 역사상 가장 참혹한 멸종 사건을 겪으며 막을 내렸습니다. 이 이야기는 8장에서 살펴보겠습니다.

7장

단련되는 동물들
중생대

- 중생대 생태계의 전반적인 모습
- 식물과 동물의 상륙
- 지구 환경에서의 탄소 순환
- 원시 포유류의 출현
- 속씨식물의 등장

12월 24일

››› 중생대 시작(2.52억 년 전)

12월 26일

››› 북반구 로라시아

››› 남반구 곤드와나

12월 27일

››› 태반 포유류 출현(1.6억 년 전)

››› 공룡 번성

12월 29일

››› 공룡 멸종(6600만 년 전)

트라이아스기

2.01억 년 전

쥐라기

1.45억 년 전

백악기

약 2억 9000만 년 동안 지속되었던 고생대는 다세포 진핵생물인 동물과 식물이 복잡한 기관을 만들며 다양한 모습으로 진화한 시대였습니다. 이 시기를 거치면서 육지와 바다는 동물과 식물들로 가득 차며 활기찬 모습을 띠게 되었습니다. 오늘날 지구상에 살고 있는 거의 모든 동물의 기본 형태가 이때 완성되었습니다. 하지만 고생대 말기의 페름기 대멸종으로 많은 고대 동물들이 사라졌습니다. 이어지는 중생대는 생존한 극소수 동물들이 텅 빈 무대를 차지하고 새로운 모습으로 개조되며 또 다시 크게 번성한 시대였습니다. 육지뿐 아니라 하늘과 바다에 대형 동물들이 번성했으며, 포유류의 조상과 그들의 주요 먹이가 될 속씨식물이 등장했습니다. 고생대에 동물과 식물의 기본 틀이 만들어졌다면 중생대에는 이 동식물들이 다양한 환경에 적응하면서 현대적 모습을 점차 갖추어간 시기라 할 수 있습니다.

1. 크게 번성하는 동물들

중생대는 2억 5200만 년 전부터 6600만 년 전까지 지속된 현생누대의 중간 시대입니다. 조금 더 세부적으로는 트라이아스기*, 쥐라기** 그리고 백악기***로 나뉩니다. 중생대에는 이전의 고생대나 그다음 신생대와 달리 큰 빙하기 없이 대체로 고온다습한 기후가 이어졌습니다. 또한 초대륙 판게아가 분리되면서 해안선의 길이가 대폭 늘어났습니다. 이에 따라 분리된 대륙에서도 생물들이 크게 번성했을 뿐 아니라 진화도 다양하게 이루어졌습니다.

하지만 이처럼 전체적으로 안온했던 중생대도 그 시작은 황량했습니다. 중생대의 첫 시대인 트라이아스기 초반에는 동물이 거의 자취를 감추다시피 했습니다. 당시는 고생대 말에 있었던 대멸종의 요인들이 완전히 해소되지 않은 데다가 생존하는 데 경쟁 대상이 많지 않았으므로 동물들의 진화는 서서히 진행되었습니다. 예를 들어 급락했던 산소 농도가 완전히 회복되지 않았으므로 동물들은 그 환경에 적응해야 했습니다. 또 고생대 말 적도 부근에 형성된 초대륙 판게아가 따뜻한 해류의 흐름을 차단해서 기후는 여전히 한랭하고 건조했습니다.

그러나 트라이아스기 후반에 접어들어 덥고 습한 기후가 찾아오자 텅 빈 무대에서 조용히 미래를 준비하던 소수의 동물들이 제 세상을 만나게 되었습니다. 그 결과 폭발적으로 많은 종이 출현했는데

* 2억 5200만~약 2억 년 전

** 1억 8000만~1억 4400만 년 전

*** 1억 4400만~6600만 년 전

그림7-1
중생대 백악기 숲의 상상도
중생대 기간의 1억 5000만 년 동안 공룡은 육지의 주인공이었다. 포유류도 이와 비슷한 시기에 출현했다. 중생대 중반의 쥐라기에는 겉씨식물이 번창했으며, 후기에는 속씨식물도 나타났다. 해양에는 어룡과 수장룡이 번성했다.

그중에서 특히 파충류들이 다양하게 번성했습니다. 공룡과 조류도 이때 처음 등장했습니다. 그뿐 아니라 포유류의 조상도 출현했습니다. 동물들은 육지뿐 아니라 하늘과 바다에서도 활약했습니다. 하지만 트라이아스기 말에 또다시 닥친 멸종이 해양 동물종의 20퍼센트를 죽음으로 내몰았고 육지에서도 많은 종의 양서류와 파충류가 사라졌습니다.

이어지는 쥐라기는 살아남은 공룡들의 시대였습니다. 트라이아스기에 출현했던 공룡들이 멸종의 위기를 극복하고 살아남아 쥐라기의 지배자로 지위를 굳혔습니다. 쥐라기에는 대체로 기온이 따뜻하고 강수량이 많았습니다. 게다가 판게아 초대륙이 북반구의 로라시아(유럽과 아시아의 모태)와 남반구의 곤드와나(아프리카, 호주, 아메리카의 모태)로 분리되자 생물들의 서식지가 크게 늘어났습니다. 또 그 중간에 테티스해가 들어서면서 적도의 더운 해류가 순환되기 시작했습니다.

이처럼 좋아진 환경에 맞추어 동식물의 종류가 증가하고 크기도 커졌습니다. 식물의 경우 고사리와 속새 등 양치식물, 은행나무나 소철 등 겉씨식물이 크게 번창했습니다. 그 결과 당시까지 식물이 없었던 내륙 깊숙한 곳까지 거대한 침엽수림이 확산되었습니다. 겉씨식물이 번창하는 가운데 꽃을 피우는 속씨식물이 나타난 시기도 쥐라기 후반이었습니다.

동물의 경우 육상에는 공룡, 바다에는 어룡이나 수장룡, 하늘에는 익룡과 같은 거대 파충류들이 활개를 쳤습니다. 2011년 미국 네바다주에서 발굴된 어떤 어룡은 두개골만 2미터에 이를 정도로 거대했으며, 캐나다 앨버타주에서 찾아낸 익룡의 한 종은 전투기만 한 날개를 가졌습니다. 물론 작은 종들도 있었지만 익룡이나 어룡은 공룡이 아닌 파충류였습니다.

바닷속 어룡은 그렇다 하더라도 공룡과 익룡이 그처럼 커진 원인에 대해 대략 2개의 가설이 있습니다.

첫째, 이들의 몸에는 공기주머니라는 뜻의 '기낭'이 있습니다. 폐와 연결된 이 주머니는 공기를 머금었다가 산소가 부족할 때 유용하게 쓸 수 있습니다. 공룡이 처음 출현한 중생대 초기 트라이아스기는 지난 5억 년 이래 대기 중의 산소 농도가 가장 낮았던 때였습니다. 고생대 말 멸종의 주요 원인이었던 저산소 상태가 아직 회복되지 않았던 것입니다. 오늘날 그들의 친척인 새도 기낭 덕분에

그림7-2
공룡과 조류의 기낭
공룡과 조류 모두 앞뒤로 기낭 한 쌍을 가지고 있다. 기낭 덕분에 이들은 체중 부담을 줄이고 산소가 부족했던 시기에 생존 확률을 높일 수 있었다.

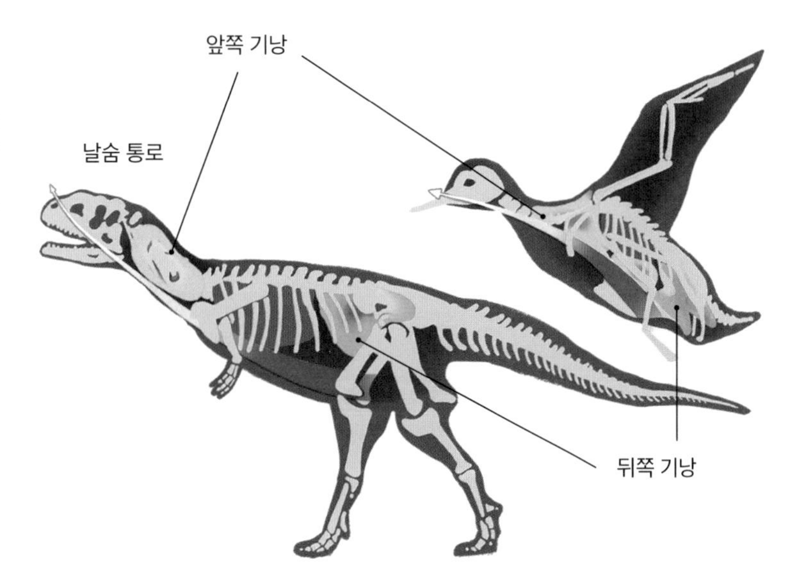

1500미터의 고공에서도 산소를 포유류보다 두 배 더 많이 추출할 수 있습니다. 그뿐만 아니라 기낭의 부력이 몸의 무게를 30퍼센트나 줄여줘 중생대의 파충류들은 몸체를 한껏 늘릴 수 있었을 것입니다. 반면 비슷한 시기에 출현한 우리 포유류의 조상들은 기낭이 없었으므로 저산소 환경에서 살아남기 위해 몸이 작았고 중생대 내내 비슷한 크기를 유지한 것으로 추정됩니다.

둘째, 먹이 문제입니다. 중생대 초중반의 식물들은 키는 크지만 영양분이 없는 고사리, 소철, 송백 등의 양치류나 겉씨식물이 대부분이었습니다. 이런 원시 식물들은 단백질을 다양하게 합성하지 못합니다. 그래서 중생대의 파충류들은 부족한 열량을 채우기 위해 영양분이 없는 식물을 엄청나게 먹어야 했습니다.

동물들의 대형화는 쥐라기에 이어 백악기에도 계속되었습니다.

백악기의 기후는 초기에 잠깐 추웠으나 그 후 활발한 화산 활동으로 이산화탄소가 많아져 온난했습니다. 이런 온화한 기후는 생물에게는 더없이 좋은 환경이었습니다.

2. 탄소의 순환

이처럼 동식물이 번창하고 대형화되다 보니 수많은 사체들이 육지와 해저에 퇴적되기 시작했습니다. 식물은 물론, 동물의 몸도 탄소가 각종 화합물의 주성분입니다. 해양 동물인 조개나 산호, 중생대의 표준 화석인 암모나이트의 껍데기도 탄산칼슘으로 탄소 화합물입니다. 지구 전체로 보아 대규모로 탄소 순환이 일어난 시대가 중생대였습니다. 특히 백악기에는 많은 해양 동물의 사체가 해저에 쌓였습니다. 원래 백악기cretaceous란 이름은 라틴어의 '분필creta'에서 나왔습니다. 분필의 주성분이 다름 아닌 탄산칼슘, 즉 탄산석회입니다. 이 시기에는 전 세계적으로 많은 양의 백악이 형성되었는데, 대부분은 석회비늘편모조류coccolithophore에 의해 만들어졌습니다. 영국 도버해협의 흰 절벽, 석회암이 녹아내린 베트남 하롱베이와 중국 장가계의 아름다운 풍경 등은 모두 중생대 때 살았던 생물들의 흔적이 육지로 드러나면서 만들어진 작품입니다.*

오늘날 우리가 이용하고 있는 석유는 오래 전 지구상에 플랑크톤이 나타났을 때부터 만들어지기 시작했습니다. 하지만 최대 매장

* 〈더 알아볼까요?―칼슘과 생물〉 참고

그림7-3 도버해협과 석회비늘편모조류(오른쪽 박스)

석회암으로 이뤄진 하얀색 절벽이 인상적인 영국의 도버 해협. 이 지층대를 구성하는 석회암은 옛 해양 생물의 사체가 퇴적되며 형성되었다.

지인 중동 지역의 석유는 대부분 공룡이 활동했던 쥐라기와 백악기 때 생성되었습니다. 물론, 북해 유전의 석유처럼 고생대에 만들어진 경우도 있습니다.

그러나 현대의 주요 연료인 석유나 천연가스의 생성이 다른 기원을 가졌을 것이라는 반론도 있습니다. 석유의 주성분은 탄화수소로 탄소 80~86퍼센트, 수소 12~15퍼센트, 기타 원소 1~3퍼센트로 구성되어 있습니다.

가장 널리 받아들여지는 가설은 생물의 사체에서 비롯되었다는 것입니다. 깊은 땅속에 묻힌 생물의 사체가 공기가 없는 상태에서 메테인과 같은 단순한 탄화수소를 생성하는 미생물들의 도움으로 만들어졌다는 것입니다. 주로 서구의 학자들이 지지하는 이 가설은 석유층에서 미생물들의 화석이 발견된 사실을 근거로 듭니다. 반면 주기율표를 만든 드미트리 멘델레예프Dmitri Mendeleev 이래 러시아 학자들은 다르게 주장하고 있습니다. 맨틀의 작용으로 뜨거워진 온도

칼슘과 생물

칼슘은 지구에서 다섯 번째로 많은 원소입니다. 알칼리 토금속의 하나인 칼슘은 전자(원자가전자 2개)를 주려는 성질이 매우 강한 원소입니다. 이처럼 화학 반응성이 크다 보니 초기의 생물들은 몸속에 들어온 칼슘 때문에 골치를 앓았습니다. 세포 호흡 때 발생하는 이산화탄소가 세포나 조직액 속에 들어온 칼슘과 만나면 곧바로 탄산칼슘이 되어 단단한 돌로 침전하기 때문이죠. 인간도 이런 물질이 체내에 쌓이면 결석으로 고생합니다. 그래서 초기의 다세포 생물들은 칼슘을 이산화탄소와 결합시켜 주머니에다 저장하거나 일부를 배출했습니다. 그러다가 캄브리아기 생명 대폭발로 동물의 포식 활동이 본격적으로 시작되자 상황이 바뀌었습니다. 단단한 탄산칼슘을 이용해 뼈나 이빨, 혹은 껍데기를 만들기 시작한 겁니다.

탄산칼슘을 이용하는 무리가 나타나자, 그 이점을 알아차린 조개 등의 연체동물들이 따라했습니다. 이어 세월이 흐르면서 두족류, 산호, 절지동물들도 줄줄이 따라했습니다. 그 결과 수억 년이 지난 백악기의 바다에는 엄청난 양의 껍데기가 쌓였습니다. 오늘날 절경을 선사하며 전 세계에서 볼 수 있는 영국 도버해협의 석회암 절벽 같은 백악기 지층들은 당시의 해저 바닥이 융기된 것입니다.

와 압력의 작용으로 깊은 땅속에 있는 암석 속의 이산화탄소와 수분이 반응해 메테인이 만들어졌다는 것입니다. 석유층에서 메테인 미생물의 흔적이 발견되는 것은 미생물이 메테인을 먹고 살아가기 때문이라는 겁니다.

두 진영의 승패가 아직 판가름 나지 않았지만 석유가 생물에서 기원했다면 200℃ 미만, 무생물에서 기원했다면 1000℃ 이상에서 생성되었을 것입니다. 어떤 쪽이건 석유층이 존재하려면 독특한 지층이 필요합니다. 석유가 발생되는 암석층과 이를 그릇처럼 담는 암석층 그리고 새어나가지 않게 밀봉하는 덮개층이 있어야 합니다.

한편 석탄은 석유와 달리 식물의 사체가 공기가 차단된 상태에서 분해되면서 생성된 물질입니다. 특히 고생대의 석탄기 때 큰 나무들이 연못이나 늪지에 쌓였다가 땅속에 묻히면서 생성되었습니다. 이때 퇴적된 지층의 깊이에 따라 받는 압력이 달라져서 각기 다른 종류의 석탄이 만들어졌습니다. 지표에서 가까운 순서대로 토탄, 갈탄, 역청탄, 무연탄이 생성되었습니다. 깊은 곳에서 생성될수록 사체의 분해가 잘되고 탄화수소가 잘 형성되므로 무연탄이 가장 화력이 좋습니다.

박테리아나 식물은 이산화탄소를 환원해 생체 분자인 탄화수소를 만듭니다. 이것이 퇴적되어 땅속이나 맨틀로 들어간 후 화산 활동에 의해 지표 위로 분출되는 탄소 순환은 지구 생성 초기부터 꾸준히 있었습니다. 생물이 크게 번성하고 대형화한 중생대에는 이런 순환이 더욱 활발해졌습니다. 탄소 순환이 지구의 기후를 변화시키고 그 기후 변화가 다시 생물 활동에 영향을 미치는 되먹임 과정을 반복했습니다. 이는 워낙 중요한 과정이므로 다시 정리해보겠습니다.

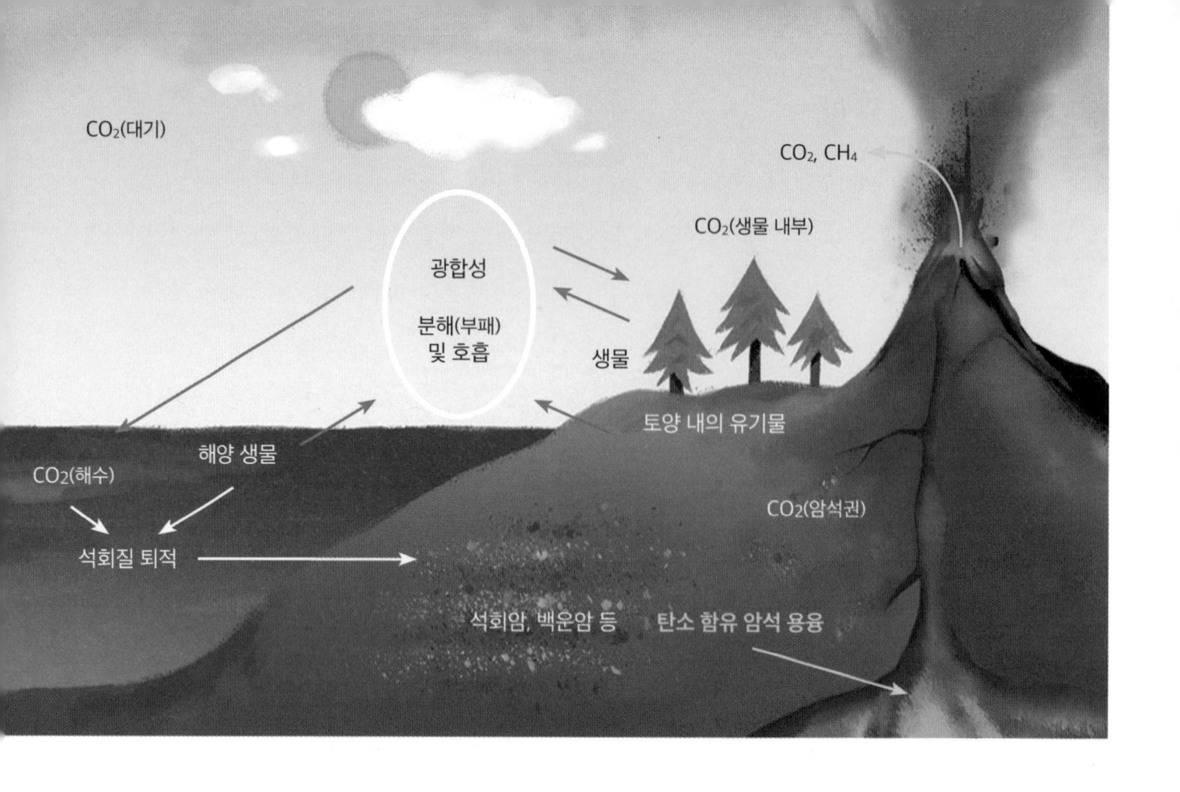

7-4
탄소 순환
탄소는 생물과 지질 활동의 상호작용을 통해 순환한다. 순환과정: (1) 높아진 이산화탄소 농도, (2) 온실 효과로 기후 온난화, (3) 생물 번성, (4) 생물 사체 대량 퇴적, (5) 생물의 몸에 있던 탄소가 지하에 갇혀 지표의 이산화탄소 농도 감소, (6) 한랭화로 생물 활동 침체, (7) 지하에 오랫 동안 갇혔던 탄소가 화산 활동으로 대기에 방출, (8) 이산화탄소 농도 증가 및 온실 효과로 지구 온난화.

지구는 지난 40억 년 이래 생명체가 살기에 적합한 기온을 대체로 잘 유지했습니다. 특히 현생누대인 5억 4000만 년 전의 고생대 이후에는 평균 온도 10~30℃의 범위를 벗어나지 않았습니다. 이처럼 일정한 온도를 유지하는 데 큰 역할을 한 일등 공신이 '탄소'입니다. 이산화탄소가 많아지면 온실 효과로 기온이 높아집니다. 그러면 수증기의 증발이 활발해져 비가 많이 내리며 대기 중의 이산화탄소를 흡수해 산성비가 됩니다. 이 비는 암석 성분 중 칼슘 이온(Ca^{2+})을 떼어놓으며 풍화 작용을 가속시킵니다. 한편 바다 쪽에서는 이산화탄소가 물에 녹아 탄산(H_2CO_3)을 만들고, 일부는 탄산 이온(CO_3^{2-})으로 분리됩니다. 이 탄산 이온과 육지에서 흘러온 칼슘이온은 서로 결합해 탄산칼슘이 되면서 해저에 가라앉아 쌓이게 됩니다. 이렇게 되면 대기 중의 이산화탄소는 줄어들며, 탄소는 해저 암석에 저장됩니다. 결국 감소한 이산화탄소가 온실 효과를 약화시키면서 높았던 기온은 내려가게 됩니다.

탄소 순환은 생명체가 없거나 미생물만 있었던 태고의 지구에서도 어느 정도 일어났습니다. 그러다가 시아노박테리아가 이산화탄소를 본격적으로 소모한 25억 년 전 이후 이산화탄소의 농도가 낮아졌습니다. 고생대 이후에는 식물성 플랑크톤은 물론이고 편모조류, 절지동물, 조개류, 산호 등도 탄산칼슘을 이용해서 껍데기를 만들고, 그 사체가 해저에 대량으로 쌓입니다. 식물들 또한 광합성을 통해 대기 중의 이산화탄소를 소모해서 온실 효과를 감소시킴으로써 기온이 내려가게 만들었습니다.

반면 이산화탄소를 적당히 공급해주어 지나친 온도 감소를 막고 따뜻한 기후가 유지되어야 생물이 번성할 것입니다. 그 과정은 해저에 침전된 탄산칼슘이 석회암이 되어 해양판을 이루는 것에서 시작합니다. 3장에서 보았듯이 탄소를 많이 포함한 해양판은 대륙판 밑으로 섭입되어 맨틀 속으로 들어갑니다. 그리고 세월이 흐른 후 화산이 폭발할 때 탄소는 이산화탄소의 형태로 공기 중에 배출됩니다. 이렇게 높아진 이산화탄소 농도는 온실 효과를 불러와 기온을 높이고 다시 광합성의 원료가 되어 순환합니다. 즉 생물도 스스로 자신의 생존 조건에 맞는 최적의 기온을 맞추도록 활동하는 셈입니다. 이처럼 생물과 지구가 서로 협력하는 '탄소 순환' 덕분에 지구는 기후의 온난화와 한랭화를 잘 조절하고 있는 것입니다.

이 순환 시스템은 어느 한쪽이 쉬면 균형이 깨지는 정교한 과정입니다. 생물은 이 과정에서 절묘하게 조정자 역할을 하며 자신이 생존할 수 있도록 적절한 온도를 유지했습니다. 생물과 대기, 해양,

지각, 맨틀이 서로 긴밀히 주고받으며 벌이는 시소게임과 흡사합니다.

3. 고대 동물의 톱스타, 공룡

공룡은 누구에게나, 특히 어린이들에게 인기 있는 톱스타 고생물입니다. 백악기 말 대멸종 사건으로 갑자기 사라지기까지 약 1억 5000만 년 이상 생존한 성공적인 동물이 공룡입니다. 지구 생물 역사에서 이렇게 큰 동물이 이토록 오래 산 것은 유례가 없었습니다. 공룡의 라틴어 어원은 '무서운 도마뱀dianosauria'을 뜻하는 말인데 동아시아 한자 문화권에서는 공포의 용을 뜻하는 단어인 공룡恐龍을 사용합니다. 무시무시한 모습도 그렇지만 아무래도 사람들의 관심을 끄는 것은 그 크기일 것입니다. 하지만 모든 공룡이 거대한 것은 아니고 25센티미터의 작은 종도 있었습니다. 일부 학자들은 사람만 한 크기의 공룡이 가장 많았다고 추정합니다.

하지만 용각류로 불리는 공룡들은 모두 컸습니다. 이들은 목과 꼬리가 길고 네 발로 걸었는데 아르헨티노사우루스, 브라키오사우루스, 아파토사우루스 등이 대표적입니다. 용각류는 몸길이가 보통 20미터가 넘었는데, 그중에서 초식 공룡 브라키오사우루스는 길이가 25미터, 높이와 체중은 각각 16미터, 70톤에 이르렀습니다. 아르헨티노사우루스도 체중이 약 100톤에 달했는데 이는 인도 코끼리 20마리에 해당하는 무게입니다. 척추뼈 하나가 사람 크기만 했습니다. 육식 공룡 중에서도 큰 종들이 있었는데, 백악기의 스타로 널리

그림7-5
브라키오사우루스의 화석
쥐라기의 초식 공룡으로 가장 큰 공룡 중 하나였다. 높은 나무에 달린 잎을 먹을 정도로 목이 매우 길었고 머리는 상대적으로 작았다.

ARCHAEOPTERYX

그림7-6
티라노사우루스의 화석
백악기의 육식 공룡으로 덩치에 비해 머리가 크고 단단한 턱과 날카로운 이빨을 지녔다.

알려진 티라노사우루스가 대표적인 예입니다.

공룡들이 커질 수 있었던 이유는 앞서 설명한 대로 중생대 초기의 낮은 산소 농도 때문이라는 설이 지배적입니다. 과학자들은 일부 공룡들이 네발이 아닌 두 발로 보행을 하는 이유도 산소와 관련이 있다고 추정합니다. 이들의 분석에 의하면 초기의 공룡들은 처음엔 두 발로 걸었으며 네 발 공룡은 그들의 후손이라는 겁니다. 두 발로 달리면 호흡 기관인 폐와 흉곽이 압력을 덜 받습니다. 네발 달린 동물보다 폐로 숨쉬기에 유리한 것이죠.

공룡에 대한 또 하나의 논란거리는 체온입니다. 악어, 도마뱀 등의 파충류는 체온이 외부 기온에 따라 변하는 변온(냉혈) 동물입니다. 반면 조류는 포유류처럼 따뜻한 피로 체온을 항상 일정하게 유지하는 정온(온혈) 동물입니다. 일반적으로 정온 동물은 변온 동물보다 15배가량 산소를 더 사용합니다. 정온 동물은 높은 체온을 유지하기 위해 더 많은 에너지를 쓰기 때문에 호흡 과정에서 산소와 먹이를 더 섭취해야 합니다. 따라서 저산소의 시기에 번성한 브라키오사우루스 같은 초식 공룡은 에너지를 적게 소비하는 변온 체제로 시작했을 것으로 짐작합니다. 그러다가 백악기에 산소 농도가 올라가면서 자연스레 산소를 더욱 많이 활용할 수 있는 정온 체제로 전환되었다고 보는 것입니다. 대표적인 예가 티라노사우루스 등의 육식 공룡들입니다. 변온 동물은 움직이기 전에 몸을 덥혀야 합니다. 그런데 도망가는 동물보다 빨라야 하고 필요할 때 즉시 뛰어야 하는 육식 동물은 몸이 더워질 때까지 기다릴 여유가 없었으므로 정온 체제로의 진화 압력이 작용했을 것입니다.

일부 학자들은 초식과 육식의 문제가 아니라 덩치가 큰 동물은 정온 동물이었을 것으로 추정합니다. 최근 다수의 학자들은 적어도 백악기 후기의 공룡들이 정온 동물이었다는 쪽으로 기울고 있습니다. 그중 한 연구는 8000만 년 전 용각류 티타노사우루스의 체온이 37.8℃였고, 7500만 년 전 티라노사우루스는 32.2℃였다는 증거를 제시했습니다.

우리가 잘 알고 있듯이 조류는 정온 동물입니다. 오랫동안 조류는 공룡의 후손으로 생각되어왔습니다. 하지만 최근의 여러 연구에 의하면 새들이 살아 있는 공룡이라는 사실이 점차 분명해지고 있습니다. 그렇다면 중생대 말에 멸종한 공룡들도 새처럼 항상 따뜻한 피가 흘렀던 정온 동물이 아니었을까요? 물론 조류는 중생대 이래 계속 진화했으므로 단정 짓기는 어렵습니다.

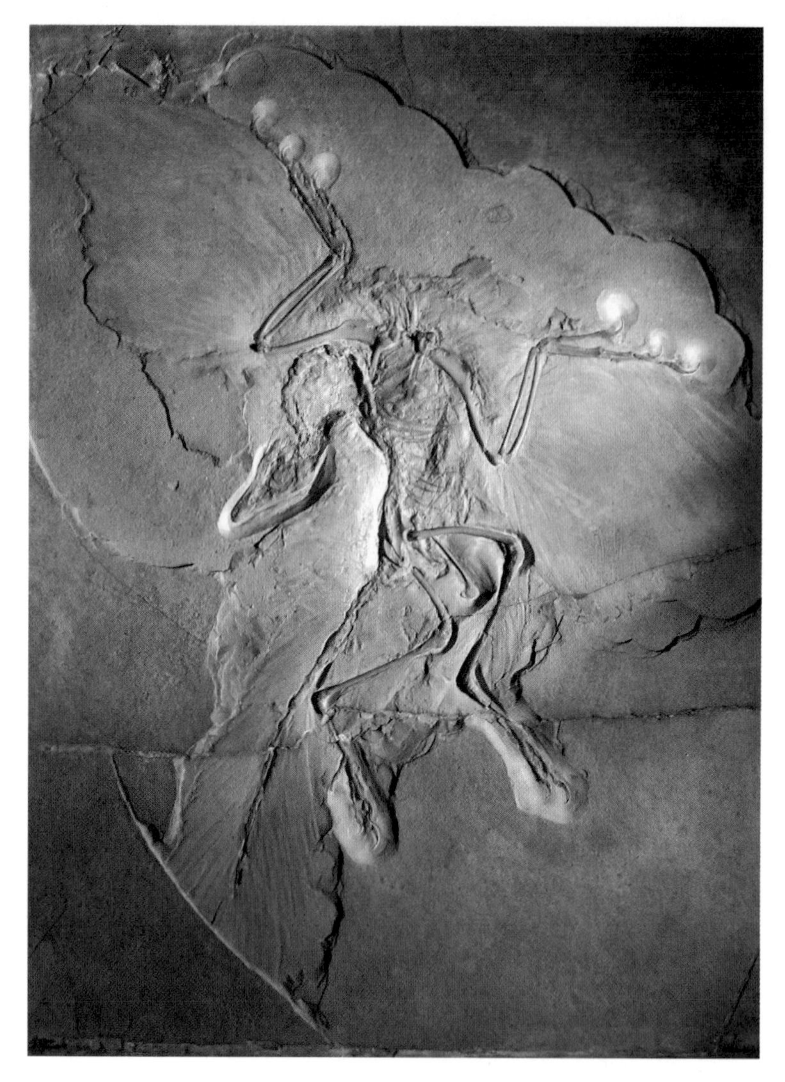

그림7-7
시조새(Archaeopteryx)
1억 5000만 년 전 쥐라기 후기에 독일 지역에서 살았던 것으로 추정되는 새와 유사한 공룡이다. 날카로운 이빨, 날개 끝에 3개의 발톱이 달린 발가락이 있고 꼬리와 골격이 공룡의 것을 하고 있지만 새의 깃털을 가지고 있었다. 크기는 30~50센티미터 정도였다.

공룡처럼 큰 몸집은 포식에서는 유리한 면이 있습니다. 그러나 환경의 극심한 변화에는 취약해서 백악기 말의 멸종을 견디지 못했을 것입니다.

그림7-8
현존하는 포유류 중 가장 원시적인 단공류
가시두더지로 번역되는 에키드나(좌)와 오리너구리(우). 남반구에서만 볼 수 있다.

4. 원시 포유류의 출현

중생대는 공룡만 너무 부각되고 있지만 사실은 포유류, 즉 젖먹이 동물의 조상이 모습을 드러낸 시기이기도 합니다. 일부에서는 3억 년 전의 고생대 석탄기 후기 혹은 페름기에 이미 출현했다는 주장도 있지만 포유류의 조상이 제대로 모습을 드러낸 시기는 쥐라기 전기인 약 1억 8000만 년 전입니다.

현존하는 포유류는 단공류, 유대류 그리고 태반류로 세 종류가 있습니다. 그중 가장 원시적인 것이 단공류인데 쥐라기의 포유류도 이와 비슷했을 것입니다. 단공류는 현재 남반구인 호주와 파푸아뉴기니에서만 볼 수 있고 종류도 오리너구리와 가시 달린 두더쥐처럼 생긴 에키드나뿐입니다. 이들은 알을 낳지만 기이하게도 젖을 먹여 새끼를 기르는데 포유류와 파충류(정확히는 양막류)의 중간 형태로 볼 수 있습니다. 호주 대륙 탐험에서 가져온 박제를 처음 본 영국인들이 오리와 너구리를 섞어 만든 가짜라고 믿었을 만큼 '오리+너구리'는 희한한 모습을 하고 있습니다. '단공單孔'이라는 이름은 파충류처럼 항문과 오줌 구멍이 하나라는 뜻입니다.

여기서 조금 더 진화한 형태가 캥거루, 코알라 등의 유대류입니다. 유대有袋란 이름이 말해주듯이 '아이를 기르는 주머니'가 있는 동물입니다. 유대류는 새끼를 매우 미숙한 상태에서 낳아 어미의 보육낭(육아낭) 속에 넣고 젖을 먹이면서 충분히 자랄 때까지 키웁니다. 캥거루가 갓 나은 새끼는 1그램밖에 안 됩니다.

이보다 진화한 형태가 우리가 알고 있는 통상적인 젖먹이 동물, 즉 태반류입니다. 중생대의 포유류들은 파충류와 공룡이 활개를 치던 시절이라 낮에는 숨고 밤에만 활동하며 살았습니다. 그래서 고등영장류를 제외한 대부분의 포유류는 아직도 색맹입니다. 밤에는 색을 구분할 필요가 없기 때문입니다. 평균 크기도 큰 쥐만 해서 기를 펴지 못하고 살았지만 훗날 다가올 신생대의 밝은 세상을 준비하고 있었습니다.

그림7-9
울레미 소나무
(Wollemia nobilis)
쥐라기 시대의 식물이라 '공룡 소나무'라고도 불린다. 멸종된 것으로 알려져 있다가 1994년 호주 울레미아 국립공원에서 발견되어 살아 있는 화석이 되었다.

5. 꽃피는 속씨식물의 출현

일반적으로 식물은 관다발과 종자의 유무에 따라 분류합니다. 고생대 때 처음 나타난 가장 원시적인 이끼류는 관다발도 없고 종자도 없었습니다. 관다발은 있고 종자가 없으면 양치식물입니다. 고생대 석탄기에 크게 번성한 양치식물은 암수가 없어 무성생식을 하는데, 그 수단으로 포자라는 세포를 퍼뜨려 발아시키는 방법으로 번식합니다. 관다발과 종자가 모두 있으면 종자식물입니다. 씨가 있는 식물은 데본기 중기에 나타났습니다. 하지만 이들은 은행나무과의

겉씨식물들이었습니다.

꽃을 피우기 때문에 현화식물이라고도 불리는 속씨식물은 중생대 말에 출현했습니다. 버드나무, 사시나무, 두릅나무가 여기에 속합니다.

오늘날 겉씨식물인 소나무나 전나무 등의 침엽수(바늘잎나무)와 속씨식물인 참나무, 단풍나무 등의 활엽수(넓은잎나무)는 숲속에 사이좋게 서 있지만 육지의 지배권을 둘러싸고 중생대 이래 경쟁을 벌여왔습니다.

공룡이 육상을 지배하던 중생대 초·중반에는 겉씨식물이 육지를 뒤덮었습니다. 그러나 중생대의 마지막 시기이자 백악기 초인 1억 4500만 년 전 꽃을 피우는 속씨식물들이 다양해지면서 겉씨식물의 강력한 경쟁자로 등장했습니다. 그 결과 겉씨식물인 침엽수들은 백악기 동안에 많이 사라졌으며 그 추세는 현재도 계속되고 있습니다. 현재 속씨식물이 30만여 종으로 전체 식물 종의 90퍼센트를 차지하는 데 비해, 침엽수가 대부

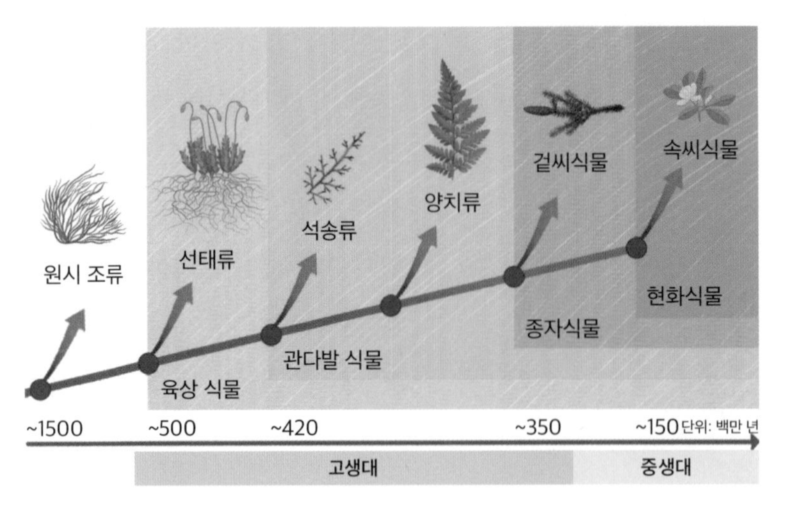

그림7-10
식물의 진화와 분류
꽃을 피우는 속씨식물이 등장한 것은 중생대 말기인 백악기다.

분인 겉씨식물은 겨우 1000종에 불과합니다. 그나마도 3분의 1이 사라질 위기에 처해 있습니다. 침엽수는 따뜻하고 살기 좋은 온대와 열대 지역을 활엽수에게 넘기고 추운 고위도나 고산지대, 척박한 토양에서 근근이 살아남았습니다. 심지어 북부 산림에서도 참나무과(도토리과) 식물로 대체되고 있는 상황입니다.

침엽수를 포함해 소철과 은행나무로 대표되는 겉씨식물은 씨가 겉으로 드러난다고 붙여진 이름인데 꽃을 피우지 않고 꽃가루를 바람에 날려 수정합니다. 반면 활엽수가 속한 속씨식물은 꽃을 피워 번식하며 씨가 씨방에 둘러싸여 있습니다. 겉씨식물이 왜, 어떻게 속씨식물에 육상 생태계의 주인 자리를 내줬는지는 식물학계의 오랜 논란거리였습니다. 그러나 광범한 화석 기록과 식물 유전자의 분자 데이터를 분석한 결과 침엽수가 경쟁에서 밀린 원인을 알게 되었습니다. 꽃가루를 바람에 날리며 수동적으로 번식한 침엽수와 달리 꽃을 피우는 속씨식물은 곤충과 공생을 통해 적극적이고 효과적인 방법으로 번식했기 때문입니다.

중생대에는 이 일을 곤충이 했습니다. 그러나 이어지는 신생대에는 조류와 영장류가 합류했습니다. 포유류의 먹이사슬에서 가장 밑에 있는 속씨식물은 이렇게 중생대 말에 새 시대를 준비하고 있었습니다.

일곱 번째 여행을 마치며

고생대를 이은 중생대는 고생대 말 페름기의 대멸종으로 동물 생태계가 거의 비워진 상태에서 시작되었습니다. 고생대 때 기본 틀을 갖춘 동물들이 새로운 모습으로 다양하게 정비되는 기간이 중생대였다고 볼 수 있습니다. 파충류와 공룡이 번성했고 조류가 출현했지만 무엇보다도 포유류의 조상이 이때 출현해 다음 시대를 준비했습니다. 장차 포유류의 중요한 먹거리가 될 속씨식물도 이 시대에 출현했습니다. 중생대는 전반적으로 온화한 기후가 지속되어 동물과 식물이 한 단계 더 발달하며 다양하게 진화한 시기였습니다. 그러나 백악기 말의 소행성 충돌로 갑작스럽게 막을 내렸습니다.

8장

멸종과 진화

- 대규모 멸종 사건의 사례들과 그 원인들
- 멸종 직후의 생태계 모습
- 멸종이 진화에 기여하는 여러 측면들

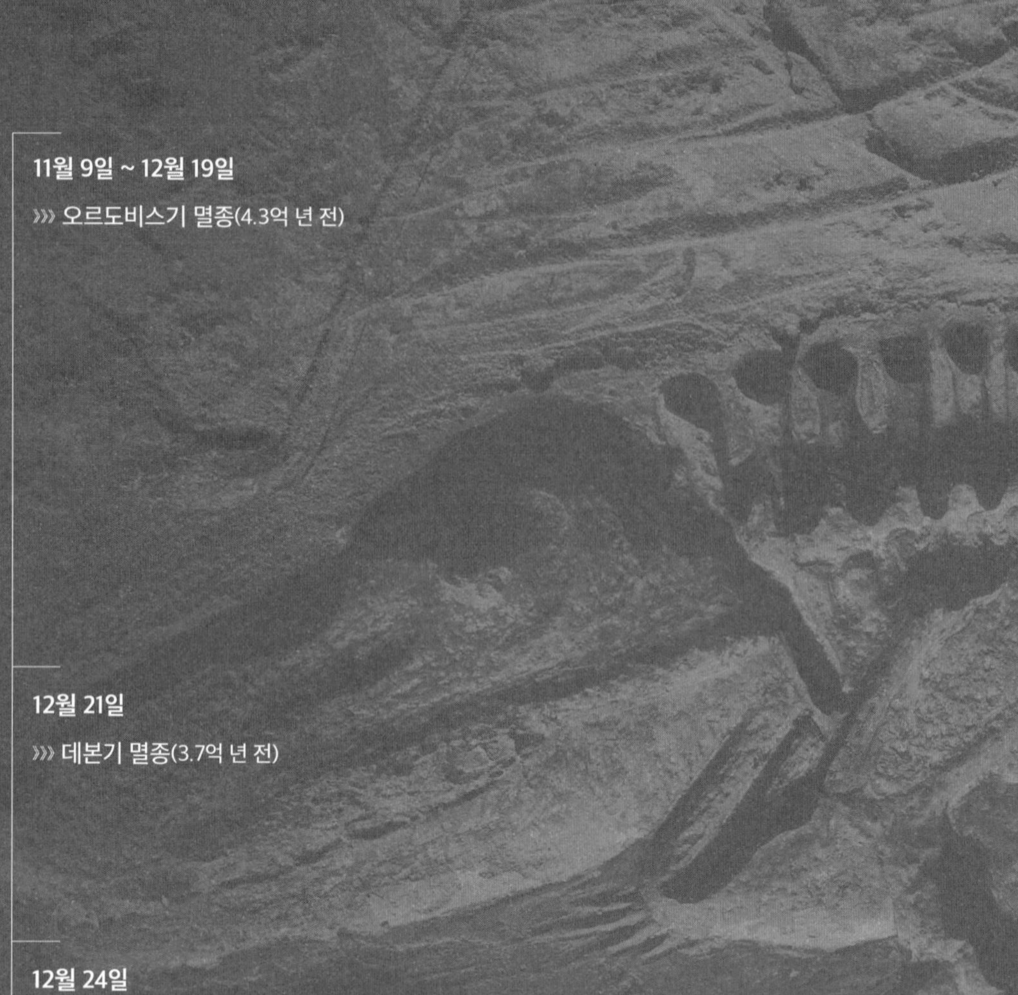

11월 9일 ~ 12월 19일

››› 오르도비스기 멸종(4.3억 년 전)

12월 21일

››› 데본기 멸종(3.7억 년 전)

12월 24일

››› 페름기 멸종(2.5억 년 전)

12월 25일

››› 트라이아스기 멸종(2억 년 전)

12월 29일

››› 백악기 멸종(6600만 년 전)

고생대는 페름기 말기, 중생대는 백악기 말기에 생물들이 대량 멸종되면서 막을 내렸습니다. 사라진 생물들에게는 비극이었지만 멸종은 지구의 역사에서 다반사로 일어났습니다. 현생누대만 보더라도 지난 5억 년 동안 위의 두 경우를 포함해 다섯 차례의 대량 멸종이 있었습니다. 규모가 중소 정도인 멸종은 훨씬 더 많았습니다. 그래서 지질 시대를 나타내는 '~대', '~기' 등의 구분도 대개는 생물종의 크고 작은 멸종 시기를 경계로 합니다. 35억 년 이상 이어진 생명의 역사에서 지구상에 존재했던 모든 생물이 멸종의 영향을 받았습니다. 과학자들은 지구상에 살았던 생물 종의 최소 99.9퍼센트 이상이 사라졌다고 봅니다.

이처럼 멸종은 생물의 역사를 말할 때 빼놓을 수 없는 중요한 요소입니다. 당연히 진화에도 큰 영향을 미쳤습니다. 생물 집단의 떼죽음인 멸종을 떼어 놓고 진화를 제대로 설명할 수는 없습니다. 이번 장에서는 과거로부터의 시간 여행을 잠시 멈추고 멸종과 진화가 어떤 관계인지 살펴보겠습니다.

1. 멸종은 왜 일어나는가?

현생누대가 시작된 5억 4000만 년 전 이래 있었던 다섯 번의 큰 멸종 사건을 열거해보면 오르도비스기, 데본기, 페름기, 트라이아스기 그리고 백악기 말의 멸종입니다. 오르도비스기와 데본기, 페름기는 고생대, 트라이아스기와 백악기는 중생대입니다. 다섯 차례의 대형 멸종은 매번 당시 살았던 생물종의 70퍼센트 이상을 몰살시켰습니다. 이 비율은 완전히 사라진 종의 비율을 말하므로 실제로는 운 좋게 살아남은 종의 개체들도 대부분 죽음을 당했다고 볼 수 있습니다. 그보다 규모가 작은 멸종도 여섯 차례나 있었습니다. 우리가 현재 살고 있는 신생대에는 다행히 소규모의 멸종만 있었습니다. 다섯 차례의 대멸종 중에서 페름기의 멸종 규모가 가장 컸으며, 가장 근래에 있었던 멸종은 백악기 때였습니다. 우선 두 경우를 제외한 나머지 세 번의 멸종 원인을 간단히 살펴보겠습니다.

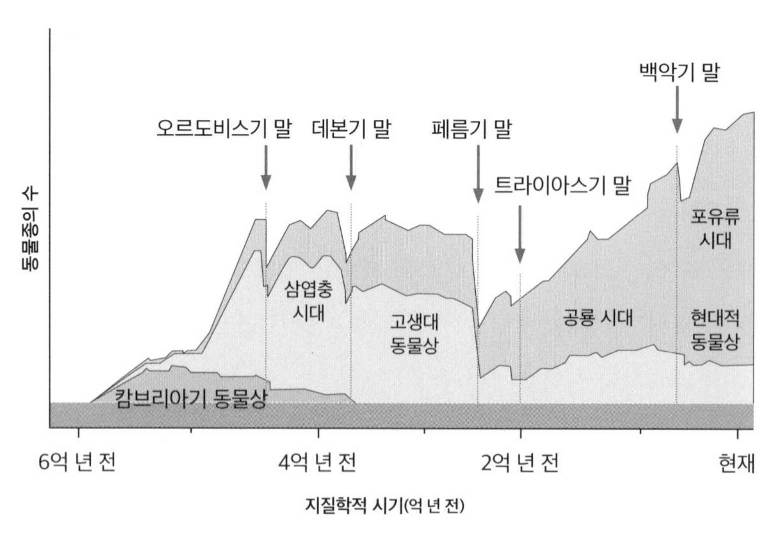

그림8-1
주요 대멸종 사건
지난 5억 4000만 년의 현생누대 동안 다섯 차례의 중요한 대멸종이 있었다.

시기	오르도비스기 말	데본기 말	페름기 말	트라이아스기 말	백악기 말
멸종률	85%	70%	95%	76%	80%
추정 원인	· 빙하 확대 · 한랭화 · 해수면 하강	· 산소 농도 급락 · 화산 활동	· 화산 활동 증가와 급격한 온난화 · 산소 부족	· 온실가스 증가 · 화산 활동 증가	· 소행성 충돌 · 화산 활동 증가
결과	해양 생물 감소	연안 적조 확대	육지 건조화	저산소 환경	핵겨울

그림8-2
주요 대멸종의 원인과 결과
각각 다른 원인으로 일어난 다섯 번의 멸종은 각기 다른 결과로 이어졌다.

오르도비스기 멸종은 5대 멸종 중에서 가장 먼저 일어났습니다. 규모 면에서는 페름기 대멸종 다음으로 컸다고 하지만, 아직 동식물의 상륙 직전이라서 주로 해양 생물종이 희생되었습니다. 그 원인으로는 오르비도스기 말기 남극 지역에 형성되었던 초대륙 곤드와나와의 관련성을 꼽고 있습니다. 현재의 남극 대륙보다 세 배나 컸던 이 초대륙 때문에 전 지구적인 추위가 닥쳐오자 빙하가 발달하면서 해수면이 크게 낮아졌습니다. 주로 대륙 연안의 얕은 바다에 살던 해양 생물들은 해수면이 낮아지자 서식지가 급격히 줄어들었고 혹독한 추위로 먹이사슬 환경이 크게 파괴되었습니다. 결국 많은 해양 생물들이 삶의 터전을 잃고 사라졌습니다.

한편 데본기와 트라이아스기 말의 멸종은 다른 세 경우에 비해 서서히 일어났습니다. 그중 데본기 멸종은 약 2000만 년에 걸쳐 최소 70퍼센트의 동물들을 멸종시켰습니다. 데본기는 육상에 상륙한 식물들이 뿌리를 내리고 암석을 풍화시켜 토양을 만들기 시작한 때였습니다. 그 결과 무기질이 풍부한 토양이 바다로 흘러들어 양분이 풍부해지자 얕은 바다는 적조와 녹조 그리고 해초들로 넘쳐났습니다. 이들의 지나친 번식은 연안 바다를 무산소 상태로 만들고, 여기에 몇몇 다른 요인들이 복합적으로 작용해서 동식물의 멸종을 촉진했을 것으로 보고 있습니다.

중생대 트라이아스기 말의 멸종도 70~80퍼센트의 생물종을 사라지게 했습니다. 주요 원인으로는 고생대 말에 형성되었던 판게아 초대륙이 갈라지는 과정에서 화산 활동이 크게 증가한 점을 꼽고 있습니다. 화산 가스에서 분출된 이산화탄소와 메테인은 급격한 기후 온난화를 불러왔습니다. 온도가 높아지면 산소가 물에 녹는 속도가 떨어집니다. 따라서 바닷물에 산소가 부족해지자 바다에서는 산호와 암모나이트 등이 희생되었으며 육상에서도 양서류와 파충류를 포함한 80퍼센트 가량의 동물이 멸종되었습니다. 이때도 얕은 바다와 육지에 산소가 부족해진 것을 멸종 원인으로 꼽고 있습니다. 그러나 이 외에도 다양한 원인들이 서로 복잡하게 얽혀 일어났다고 봅니다.

이어지는 두 절에서는 지구의 역사상 가장 참혹했던 멸종과 가장 마지막에 일어났던 대멸종에 대해 자세히 알아보겠습니다.

2. 지구 역사에서 가장 참혹했던 페름기 대멸종

페름기 말의 대멸종은 고생대의 막을 내리게 만든 사건입니다. 이 멸종은 지구 역사상 가장 처참한 사건이었습니다. 당시 살았던 해양 동물종의 무려 90퍼센트 이상이 사라졌습니다. 학자에 따라서는 해양 동물종의 약 96퍼센트와 육상 척추동물종의 70퍼센트 이상으로 보기도 합니다.

그림8-3
암모나이트

고생대의 표준 화석 삼엽충과 함께 지구상에서 가장 오래 생존한 해양 동물종의 하나이다. 암모나이트는 고생대 데본기에 출현했으나 트라이아스기 말에 멸종 위기를 맞았다. 이때 살아남은 극소수의 후손들이 쥐라기와 백악기에 크게 번성해 중생대의 표준 화석이 되었다. 동전 크기에서 2미터까지 다양한 아종이 있었으며 달팽이와 모습이 비슷하지만 오징어가 속한 두족류이다. 1억 5000만 년 동안 생존하다 백악기 말에 공룡과 함께 멸종했다.

그 원인에 대해서는 여러 설명이 있는데, 모두 초대륙 판게아와 직간접적으로 관련이 있는 것으로 보고 있습니다. 판게아는 여러 고대 대륙들이 페름기 초부터 서서히 이동하면서 형성된 사상 최대의 초대륙이었습니다.

첫 번째 추정 원인으로는 석탄기에 35퍼센트까지 사상 최대로 올라갔던 대기 중의 산소 농도가 페름기 말에 12퍼센트로 떨어진 점을 들 수 있습니다. 이는 페름기 말의 지층이 직전 시기의 적갈색과 달리 검은색을 띠는 모습에서 쉽게 유추할 수 있습니다. 적갈색은 산화철의 흔적인데, 페름기 말에는 산소가 부족해 암석의 산화가 잘 일어나지 않았던 것입니다. 따라서 식물들도 썩지 않고 땅속에 그대로 매몰되어 퇴적되었습니다. 그렇게 되자 호기성 박테리아들이 산소를 이용해 생물의 사체를 분해하고 이산화탄소와 물을 배출하는 부패가 원활히 일어나지 않았습니다.

그렇다면 산소는 왜 부족하게 되었을까요? 지구에서는 이산화탄소와 산소의 농도가 서로 시소게임을 하듯 변화해왔습니다. 하나가 높아지면 다른 한쪽이 낮아지는 거죠. 가령 식물은 이산화탄소를 원료 삼아 생체 분자를 만들고 산소를 배출합니다. 호흡은 그 반대 과정입니다. 반면 동물이나 호기성 박테리아는 산소를 이용해 호흡하고 그 부산물로 이산화탄소를 배출합니다. 그런데 석탄기와 페름기 초에는 대기 중의 산소 농도가 매우 높았기 때문에 동물들은 활발하게 대사 작용을 하며 몸집을 대형화했습니다. 당연히 산소를 많이 소비하면서 호흡으로 다량의 이산화탄소를 배출했을 것입니다. 그러나 이산화탄소는 생물의 활동뿐만 아니라 그 사체인 탄소 화합물이 연소될 때도 대량으로 방출됩니다.

당시는 대륙판들이 이동해 판게아 초대륙을 형성하던 때였으므로 화산 활동이 매우 활발했습니다. 따라서 페름기에 대규모로 일어난 화산 분출은 석탄기에 대량으로 땅속에 매몰된 석탄층을 불태우며 많은 양의 이산화탄소를 공기 중에 방출했을 것입니다. 오늘날도 화산 가스에서 가장 많은 성분은 수증기이며, 그다음이 이산화탄소입니다. 화산 활동 때 분출되는 또 다른 가스인 메테인도 산소와 결합해 수증기와 이산화탄소로 변합니다. 페름기 말에는 이처럼 여러 원인에 의해 이산화탄소의 농도가 증가했으므로 온실 효과가 커져

그림8-4
페름기와 트라이아스기의
대기 중 산소와
이산화탄소 농도 변화

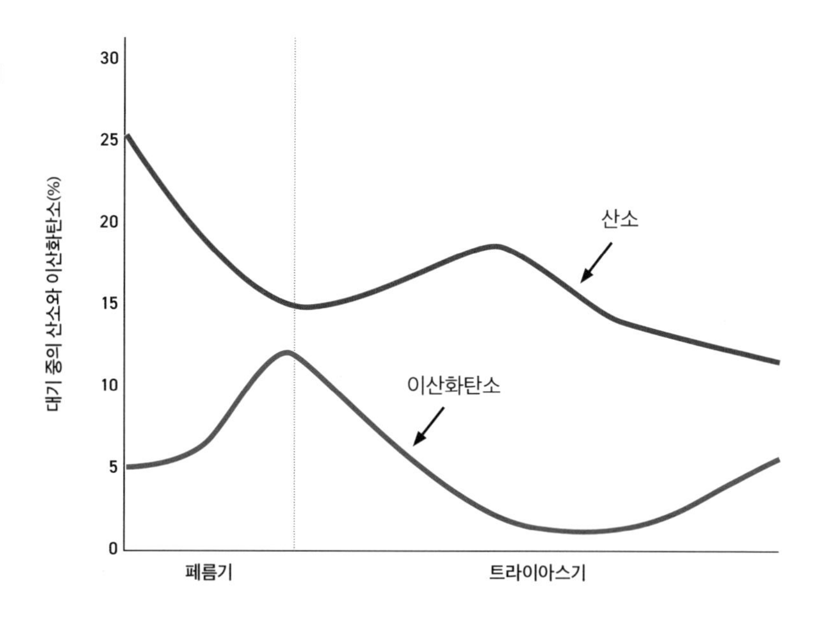

지구의 기온이 크게 상승했습니다. 최근의 연구에 의하면 당시 이산화탄소의 대량 방출이 기온을 크게 높여 적도 부근 바닷물의 온도가 지금보다 15~20℃나 높았습니다. 문제는 많은 식물이 35℃가 되면 광합성을 중지하고, 온도가 그보다 더 높아지면 죽기 시작한다는 점입니다. 광합성이 중지되면 산소의 방출도 멈춥니다. 그 결과 해양, 특히 얕은 바닷물에 녹아 있던 산소 농도가 80퍼센트나 낮아졌습니다.

이렇게 산소가 희박해지자 해양 동물들은 숨을 헐떡이며 죽어갔습니다. 캄브리아기 이래 수억 년을 꿋꿋이 생존해오던 삼엽충도 멸종을 피할 수 없었습니다. 엎친 데 덮친 격으로 오존층도 산소가 부족해지자 크게 사라져 버려 우주에서 날아오는 유해 입자로부터 보호를 받던 육상 생물들을 죽음으로 몰아갔습니다.

유사한 현상이 오늘날에는 지하가 아니라 땅 위에서 일어나고 있습니다. 석탄이나 석유 등 화석 연료를 태우면 그 성분 중의 탄소 원자들이 산소와 결합해 이산화탄소로 배출됩니다. 반면에 산소는 줄어들지요. 최근에 전 세계적으로 탄소 배출을 줄이려는 노력이 주요 이슈로 등장한 것은 이 때문입니다

페름기 말 멸종의 또 다른 주요 원인으로 꼽는 것은 용암의 대규모 분출인데, 이것이 더 직접적이고 중요하다는 주장들도 많습니다. 초대륙 판게아는 맨틀의 대류 활동에도 큰 영향을 미쳐 용암이 대규모로 지표에 흘러나오게 만들었습니다. 판게아의 지각판은 거대했기 때문에 그 밑에 있던 맨틀은 열을 오랫동안 제대로 발산하지 못했습니다. 이에 따라 맨틀이 과열되어 압력은 점점 높아져 갔습니다. 결국 판게아 형성 이후 2000만 년 동안 축적되었던 맨틀의 열에너지가 페름기 말에 지각을 뚫고 분출했습니다. 그때 흘러나온 용암은 오늘날 미국만 한 면적을 600미터 두께로 덮을 수 있는 어마어마한 양이었다고 추산합니다. 시베리아 지역에서 폭발했다고 해서 '시베리아 트랩'이라고 부르기도 하고, 엄청난 양의 현무암이 솟구쳤다고 해서 '현무암 홍수'라고 부르기도 합니다.

용암 분출은 무려 100만 년 동안 계속되며 막대한 양의 이산화탄소를 대기 중에 방출했습니다. 그뿐만 아니라 엄청난 양의 화산재가 분출되었고 이산화황(SO_2) 등의 가스도 수십억 톤을 분출한 것으로 추정합니다. 대규모 가스 분출은 햇빛을 차단해 한랭화를 유발했고 이산화탄소는 반대로 온실 효과를 불러와 기온이 급등락하는 극심한 기후 변화를 겪었습니다. 이런 이유로 적지 않은 과학자들이 시베리안 트랩을 페름기 멸종의 가장 유력한 원인으로 보고 있습니다.

그림8-5
시베리아 트랩
고생대 때의 초대륙 판게아의 맨틀을 뚫고 나온 대규모 용암 분출의 흔적이다. 이 분출은 지구 역사상 가장 혹독했던 고생대 페름기 대멸종의 주요 원인으로 꼽힌다.

원인이 어찌되었든 당시 해양 동물의 대부분이 2만~10만 년 사이에 몰살당했습니다. 육지 동물은 사정이 조금 나아서 이보다 긴 100만 년에 걸쳐 멸종했다고 봅니다.

3. 백악기의 대멸종

중생대의 마지막 시대인 백악기가 유명하게 된 이유 중 하나는 소행성의 충돌에 의한 대규모 멸종 사건 때문입니다. 이 멸종은 5대 멸종 중 가장 최근에 일어났고 공룡의 시대를 극적으로 막 내리게 했습니다. 하지만 다른 경우와 마찬가지로 백악기 대멸종의 원인에 대해서는 많은 가설이 있었습니다. 가령 거대 초식 공룡들이 방귀를 뀌어 방출된 메테인 가스가 지구 온난화를 촉발했다는 설과 당시 태양계 주변에 있던 초신성이 폭발해 유해한 감마선이 많아져 멸종이 일어났다는 설도 있었습니다. 또 다른 하나는 화산 활동에 의한 기후 변화설이었습니다. 특히 화산 활동에 의한 멸종은 꾸준히 관심을 끌었습니다. 인도 중서부 데칸고원에서 약 3만 년 동안 대규모의 화산 폭발이 지속되었는데, 그때 방출된 막대한 양의 이산화탄소 등의 가스들이 기후 변화에 영향을 주어 멸종을 불러왔다는 주장입니다.

그러나 진짜 원인은 천체에 의한 '날벼락'으로 결론이 났습니다. 2010년 41명의 저명한 지질학자들이 지지하고, 2020년 관련 분야를 연구한 지질학자 100여 명이 인정한 '소행성 충돌설'이 공룡이 멸종한 원인의 정설로 받아들여진 것입니다. 6600만 년 전의 충돌 사건을 찾아내기까지의 과정이 너무나 극적이었기 때문에 좀 더 자세히 살펴보겠습니다. 이 가설을 뒷받침하는 증거는 세 가지입니다.

첫 번째 증거는 이리듐(Ir)이라는 금속 원소입니다. 이리듐은 지구의 지각에는 드물고 운석이나 소행성에 풍부한 원소인데, 이를 발견한 사람은 지질학자 월터 앨버레즈Walter Alvarez였습니다. 대학원생 시절 이탈리아 중부 구비오 지역의 지질 조사에 참여했던 그는 백악기 말의 점토층 윗부분이 다음 시대인 신생대 지층과 뚜렷이 구분되는 특징에 주목했습니다. 그는 노벨 물리학상 수상자였던 아버지 루이스 앨버레즈Luis Alvarez에게 점토층의 분석을 의뢰하고 자문을 구했습니다. 루이스 앨버레즈는 운석에 많이 포함된 이리듐이 일반적인 지표에서보다 수십 배나 많이 쌓여 있다는 사실을 밝히고 이를 소행성 충돌이 아니고는 설명할 수 없다고 확신했습니다. 그는 충돌 소행성의 크기를 6~14킬로미터로 계산까지 했습니다.

이리듐은 태양계 초기에 형성된 암석형 천체에 널리 분포되어 있던 원소입니다. 따라서 운석이나 소행성에 많습니다. 지구에도 있지

그림8-6
소행성 충돌의 상상도
멕시코 유카탄반도에 지름 10킬로미터의 소행성이 충돌해 직경 180킬로미터의 크레이터를 만들었다. 이 충돌로 중생대가 막을 내렸다.

만 대부분 땅속 깊은 곳에 희석되어 있습니다. 이리듐은 앨버레즈가 발견한 이탈리아 중부 지역뿐 아니라 전 세계의 백악기와 신생대 사이 지층 경계에 나타나고 있었습니다.

두 사람이 이 결과를 발표한 시기는 1980년대 초였는데 당시 공룡의 멸종을 기후 변화 탓이라고 믿는 대부분의 학자들에게 외면당했습니다. 화가 난 루이스 앨버레즈는 지질학자와 고생물학자들은 과학자가 아니라 우표 수집가에 불과하다고 비꼬기까지 했습니다. 문제는 소행성이 충돌해서 대멸종이 일어날 정도였다면 엄청나게 큰 충돌 흔적(크레이터)이 있어야 한다는 점이었습니다.

하지만 지질 시대의 규모로는 비교적 최근이라고 해도, 6600만 년 동안 이루어진 침식과 퇴적의 흔적을 찾기란 쉬운 일이 아닙니다. 그런데 1970년대 말에 석유시추 회사의 한 엔지니어가 멕시코 유카탄반도 칙술루브라는 곳에서 대형 크레이터의 흔적을 우연히

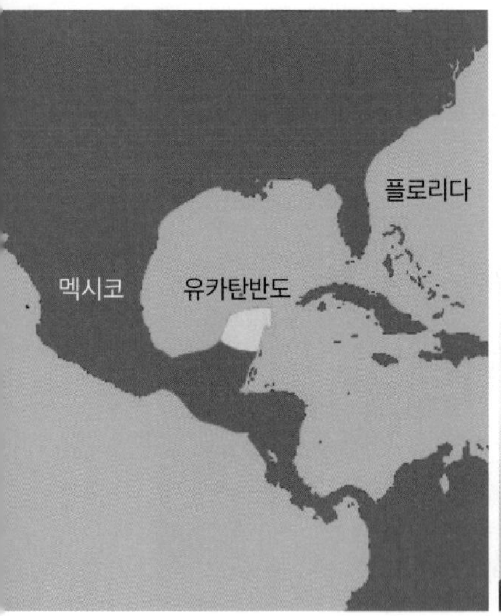

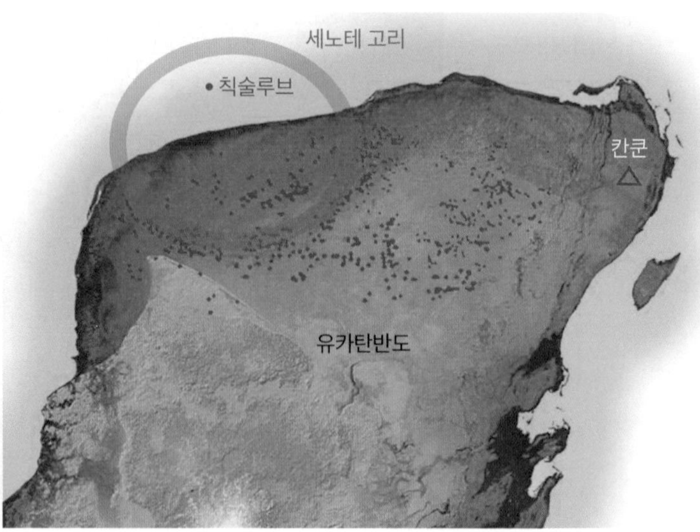

그림8-7
세노테의 분포도
멕시코 유카탄반도에 분포되어 있는 세노테(붉은 점). 소행성 충돌 지점인 칙술루브를 중심으로 석회암 싱크홀인 세노테들이 다수 분포되어 있다.

발견했습니다. 크레이터는 중심부가 바다에 있는 데다가 육지 쪽도 퇴적층에 덮여 있어 잘 보이지 않습니다. 그러나 20킬로미터 땅속에 직경 180킬로미터의 흔적을 남겼습니다. 앨버레즈가 계산한 대로 약 10킬로미터 크기 소행성의 충돌이 만든 흔적이었습니다.

그 후 1990년의 추가 연구와 1996년의 인공위성 사진으로 소행성 충돌의 증거가 뚜렷이 드러났습니다. 루이스 앨버레즈가 세상을 떠난 후였습니다. 덧붙이자면 카리브해의 유명 휴양지 칸쿤 부근에는 크레이터의 둘레를 따라 스페인어로 세노테cenote라고 하는 수직 석회암 동굴(싱크홀)들이 있는데, 이것이 소행성 충돌 가설을 뒷받침하고 있습니다. 싱크홀들은 유카탄반도의 충돌 흔적인 크레이터의 둘레를 따라 수천 개가 분포되어 있습니다.

세 번째는 '충격석영'과 '텍타이트'라고 불리는 작은 광물 입자들이 충돌지 주변에서 발견된다는 점입니다. 충격석영은 순간적으

그림8-8
세노테
지하의 석회암 싱크홀에 물이 고여 큰 연못을 이루고 있다.

로 큰 충격을 받아 결정(규칙적인 원자 배열 구조)이 꺾이면서 만들어집니다. 한편 텍타이트는 운석 등의 물체가 충돌할 때 발생하는 고온으로 미세한 광물 입자가 순간적으로 녹았다가 급속하게 굳을 때 생깁니다. 둘 다 큰 소행성이 충돌했었다는 강력한 증거가 됩니다.

이처럼 큰 소행성이 충돌했다면 그 지역은 고열로 즉각 초토화되었을 것이며, 이어 초대형 지진과 높이 100미터 이상의 쓰나미가 지구를 휩쓸었을 것입니다. 그러나 그보다는 충돌 시 발생한 연기와 기화된 암석들의 먼지 등 미세 입자가 햇빛을 장기간 가리는 '핵겨울'이 더 치명적이고 광범위한 영향을 미쳤을 것입니다. 핵겨울이란 TV 다큐멘터리 시리즈와 책으로 출판된 《코스모스》로 유명한 칼 세이건이 만든 용어입니다. 두꺼운 구름층이 햇빛을 가려 온도가 오랫동안 내려가면 식물의 광합성이 원활하지 않게 됩니다. 즉 햇빛 차단 → 광합성 불능 → 식물의 사라짐 → 초식 동물의 떼죽음 → 육

그림8-9
충격석영
편광이나 현미경으로 관찰하면 충격으로 꺾인 원자 배열 구조 부분이 선 모양으로 나타난다.

식 동물의 희생순으로 대멸종이 진행됩니다.

아마도 데칸고원에서의 대규모 용암 분출이나 화산 폭발은 소행성 충돌의 여파로 촉발되었을 가능성이 있습니다. 그로 인해 엎친 데 덮친 격으로 마그마가 분출되어 연기 구름을 보탰을 것입니다.

백악기 대멸종이 다른 멸종 사건들과 대비되는 큰 특징은 점진적 변화가 아니라 갑자기 닥친 멸종이라는 것입니다. 하지만 천체 충돌로 인한 멸종은 갑작스럽게 일어난 만큼 회복도 빠른 편입니다. 원인이 단순하므로 세월이 흐르면 곧 원상 복귀되는 것입니다. 물론 여기서 '곧'은 지질학적 시간을 의미하므로 실제로는 충돌의 규모에 따라 수천에서 수십만 년 지속되었을 것입니다.

4. 진화의 여러 갈래

멸종은 한마디로 생태계의 판 자체를 뒤집는 사건입니다. 하지만 아무리 극심한 멸종이라도 위기를 견디고 살아남는 생물은 꼭 있게 마련입니다. 살아남은 생물의 입장에서 보면 경쟁자는 사라지고 활동 지역이 넓어졌으므로 마음껏 활동할 무대가 펼쳐지는 셈입니다. 예를 들어 중생대 트라이아스기 말의 멸종으로 생긴 빈자리를 메웠던 동물은 공룡이었습니다. 공룡은 이후 크게 번창해서 다양한 종으로 진화하다가 백악기 말에 소행성 충돌로 사라졌습니다. 그 빈자리는 다음 장에서 알아볼 신생대의 포유류가 차지해 작은 쥐에서 코끼리, 영장류에 이르기까지 수많은 종으로 진화했습니다.

이처럼 지구에서는 멸종으로 생물종이 격감할 때마다 살아남은 생물들이 새롭게 진화하며 번성하기를 반복했습니다. 하버드 대학의 앤드루 H. 놀Andrew H. Knoll은 그런 환경을 '너그러운 생태계'라고 표현했습니다. 멸종한 생물들에게는 안타까운 일이지만 소수의 생존자들에게는 번성할 수 있는 더없이 좋은 기회가 주어지는 것입니다. 멸종은 새로운 종이 나타나 다양하게 진화하는 시발점이라고 말할 수 있습니다.

찰스 다윈은 1831년부터 5년간 비글호를 타고 세계 일주 여행을 하면서 수많은 동식물을 채집해 영국으로 가져갔습니다. 특히 그는 갈라파고스제도에 머물면서 생물들의 다양한 모습을 관찰한 결과를 바탕으로 진화론을 구상하고《종의 기원》을 썼습니다.

과학사에 길이 남을 이 명저에서 다윈은 아래와 같은 다섯 가지 주장을 했습니다.

(1) 생명체들은 오랜 세월이 흐르면서 변하는데 그 과정이 진화이다. 진화가 꼭 진보를 의미하는 것은 아니다. 끊임없이 변하지만 정해진 방향이나 목표가 없으며 자연 환경에 적응하는 과정에서 다양해질 뿐이다.

(2) 모든 생물은 공통 조상에서 유래했다.

(3) 종의 수는 시간이 흐르면서 증가한다. 시간이 갈수록 종과 종 사이의 차이가 더욱 커지고 다양해진다. 그 결과 새로운 종이 증가하고 종이 분화된다.

(4) 진화는 한정된 자원을 놓고 벌이는 경쟁을 통해 이루어지며, 이로 인해 생존과 번식에 차이가 생긴다. 생존과 번식에 성공하는 것이 자연선택이다.

(5) 진화는 개체군의 점진적 변화를 통해 일어난다.

다윈의 자연선택은 인간의 지식 역사에 한 획을 그은 위대한 발견이었습니다. 그러나 그 시기가 19세기였다는 점에서 한계가 있었습니다. 당시에는 생물의 몸에서 구체적으로 무슨 일이 일어나서 그런 현상이 나타나는지 몰랐습니다. 오늘날 우리는 그것이 생물의 세포 속에 저장된 작은 유전자 때문이라는 것을 알고 있습니다. 그런데 유전자는 물 위의 나뭇잎처럼 이리저리 무작위적으로 떠다니며 후손에게 전달되는 특징이 있습니다. 동물이나 식물처럼 유성생식을 하는 생물은 어버이의 유전자 정보를 무작위적인 확률로 조합해 물려받습니다. 게다가 2세에게 전달되는 유전자는 필연적으로 돌연변이를 포함합니다. 흔히 잘못 알고 있지만 돌연변이는 나쁜 것만이 아닙니다. 이로운 변이도 있고 중립적인 변이도 있습니다.

중요한 것은 돌연변이의 결과로 유전자가 다양해지고 2세는 이를 물려받는다는 사실입니다. 돌연변이 덕분에 2세는 부모와 조금 다른 유전자를 갖게 되는 것입니다. 가령 기린들이 돌연변이 없이 대대로 똑같은 유전자를 물려받았다면 자연선택은 불가능했을 것이며, 그들의 목은 더 길어지지 않았을 것입니다.

자연선택뿐만 아니라 유전적 무작위성도 중요하다는 사실은 근래의 진화생물학이 밝힌 성과입니다. 다윈이 제창한 자연선택 개념을 보다 확장시킨 구체적 과정이 밝혀진 것입니다. 진화는 큰 틀에서 보면 생존에 유리한 쪽으로 진행되는 자연선택 원리를 따르지만 세부적으로는 우연을 포함한 다른 요인들도 작용한다는 것입니다. 그렇다면 자연선택은 어떤 목적을 가지고 '자연이 선택한다'고 하기보다는 '자연스럽게 선택된다'고 보는 편이 보다 정확한 표현일 것입니다.

예를 들어보겠습니다. 키가 큰 나무가 많은 곳에 살던 기린의 조상은 잎을 따먹을 수 있는 목이 긴 개체가 그렇지 못한 기린보다 생존에 유리했을 것입니다. 세월이 지남에 따라 긴 목을 가진 개체들이 후손을 남기는 기회가 점점 더 많아지고 그 결과 모든 기린의 목이 길어졌다는 것입니다. 이 과정은 오랜 세월에 걸쳐 점진적으로 이루어진다는 것이 다윈의 생각이었습니다.

한편 다윈에 앞서 프랑스의 라마르크[Lamarck]는 자주 사용하는 기관은 진화하고 그렇지 못한 부위는 퇴화한다고 주장했습니다. 이를 '용불용설'이라고 부릅니다. 기린이 높은 곳의 잎을 따먹으려 목을 자꾸 늘이다 보니 목이 길어졌다는 얘기입니다. 하지만 용불용설은 다윈의 진화론이 발표된 후 바로 무시당했습니다. 기린의 목이 자꾸 길어지는 현상은 당대에만 적용될 뿐 후손에게는 유전되지 않는다는 이유 때문이었습니다.

그러나 대멸종 직후, 혹은 지질활동의 결과로 격리된 서식지에 살게된 동물들이 생존을 위해 환경에 적응하느라 오랫동안 반복해온 행위들은 분명히 진화의 선택 압력으로 작용했을 것입니다. 그런 점에서 라마르크의 생각은 다윈의 자연선택의 예고편이었다고 볼 수 있습니다. 실제로 21세기를 전후해 후천적 행위들도 유전될 수 있다는 후성유전이라는 현상이 밝혀졌습니다. 용불용설도 장기적인 관점에서는 자연선택의 일부로 수용할 여지가 있는 선견지명이었던 것입니다.*

다윈이 방문했던 갈라파고스제도는 에콰도르 해안에서 약 1000킬로미터 이상 떨어져 있는 화산섬들입니다. 그곳은 대륙에서 이동해온 동물들, 가령 바다사자, 이구아나, 대형 거북, 펭귄, 각종 조류 등이 새로운 환경에 적응하고 진화하면서 다양하게 분화된 모습을 보여주고 있습니다. 더 크게는 남아메리카 대륙과 아프리카 대륙이 분리되면서 헤어진 동물들도 각각 현지의 환경에 적응하면서 다양한 변종으로 진화했습니다. 고생물학자들은 개체 간에 일어나는 점진적 진화만으로는 종의 분화를 설명하기 어렵다고 주장합니다. 그래서 진화학의 대가로 알려진 더글러스 푸투이마Douglas Futuyma 교수는 개체군의 점진적 변화를 '소진화'로, 새로운 종이 분화되는 진화는 '대진화'로 부르자고 제안한 바도 있습니다.

여기에서 한 가지 기억해야 할 점은 진화란 종 전체에서 일어나

* 11장 참고

그림8-10
기린의 진화
기린의 목이 길어진 이유에 대해 다윈의 자연선택 원리와 라마르크의 용불용설은 다르게 설명한다. 그러나 오랜 세월에 걸쳐 점진적으로 목이 길어지는 선택 압력을 받은 결과라는 점에서 서로 크게 다르지 않다.

는 집단적인 유전자의 변화라는 사실입니다. 2세나 후손 몇몇에만 영향을 미치는 돌연변이는 개체 차원에서 끝납니다. 이와 달리 어떤 종에 속한 무리 전체에 돌연변이가 퍼지는 것이 진화입니다. 이 경우 새로 생긴 돌연변이 유전자는 종을 이루는 개체가 몇 마리 안 되거나 고립되어 있을수록 빠르게 전파되고, 변화의 폭도 커집니다. 반면 종을 구성하는 개체의 수가 많을수록 새로 나타난 유전자는 느리게 전파되고 변화도 크지 않을 것입니다. 평균에 묻혀 변종(변이)이 희석되기 때문입니다.

기린으로 예를 들어 보겠습니다. 10만 마리가 번성하며 살고 있는 짧은 목의 기린 무리 중에서 키가 큰 다섯 마리의 돌연변이가 태어났다고 합시다. 이 변이는 쉽게 퍼지지도 않고 퍼지더라도 오랜 세월이 걸릴 것입니다. 짧은 목의 기린이 압도적으로 많기 때문입니다.

그런데 대형 화산 폭발이나 극심한 가뭄이 일어나 대부분이 죽고 몇십 마리만 살아남는다면 어떤 일이 벌어질까요? 아마도 그들은 좁은 지역 한두 곳에만 남아 번식하게 될 것이므로 목이 긴 돌연변이 유전 인자는 몇 대만 지나도 빠르게 무리 전체에 퍼질 것입니다.

실제로 비슷한 사례를 오늘날의 '하와이 꿀빨이 새Hawaiian honey creeper'에서 볼 수 있습니다. 이 새의 조상은 원래 아시아에서 살았는데, 약 700만 년 전 하와이에 일부 섬이 형성될 때 몇 마리가 우연히 흘러들어왔습니다. 700만 년은 지질학적으로 그리 긴 시간이 아닌데도 그사이 무려 60여 종으로 분화했으며 일부는 벌써 멸종했습니다. 오늘날 남아 있는 19종은 모두 같은 조상에서 분화되었는데도 곤충, 과즙, 씨앗 등 먹이를 비롯해 생활 환경이 완전히 다른 종들로 변했습니다. 또 색깔이나 부리 등 외모도 달라 같은 조상에서 분화했다는 사실을 유전자 분석으로 겨우 알 수 있었습니다. 이처럼 고립되거나 격리된 환경에서는 진화가 더 빨리 그리고 더 다양하게 이루어지는 현상을 '창시자 효과'라고 부르기도 합니다.

생물의 역사상 여러 차례 일어났던 멸종도 같은 효과를 반복했습니다. 멸종 직후에 빈자리를 차지한 생물, 특히 동물종은 다양하면서도 빠르게 여러 종으로 진화했습니다. 만약 대멸종 없이 유전자의 돌연변이가 점진적으로 축적되는 소진화만으로 이루어졌다면 원핵생물에서 인간으로 진화하는 데 약 150억 년이 걸린다는 계산도 있습니다.

끝으로 멸종과 진화의 역사적 관련성이 밝혀졌던 배경을 잠깐 알아보겠습니다. 18세기에 산업 혁명이 본격적인 궤도에 들어간 영국은 석탄이나 철광석 같은 원재료를 수송하기 위해 1815년에 이미

그림8-11
하와이 꿀빨이 새
공통 조상을 갖는 하와이 꿀빨이 새들은 짧은 지질학적 시간 동안에 다양한 종으로 진화했다.

총연장 3500킬로미터의 운하를 건설했습니다. 그런데 운하 건설을 위한 대규모 토목 공사가 진행되자 지하에 매몰되었던 수많은 화석들이 쏟아져 나오기 시작했습니다. 특히 지층 속에 쌓여 있는 화석 생물들의 형태가 층이 바뀔 때마다 급격히 바뀌는 것을 보고 많은 학자들이 멸종 문제에 관심을 가지게 되었습니다. 19세기 중엽만 해도 영국에서는 지식인들조차도 생물의 역사를 성경에 근거해 6000여 년 정도로 보는 분위기가 있었습니다. 그러나 그 시간 동안 만에 화석이 그렇게 생성될 수 없다는 사실을 깨달은 과학자들은 지구의 나이를 다시 계산하기 시작했습니다. 그런 사회적 분위기 속에서 찰스 다윈이 '진화'라는 개념을 내놓은 것입니다.

그 후 과학의 발달로 유전자를 알게 되었고, 지구의 나이가 적어

다윈의 성선택

다윈은 《종의 기원》을 발표한 이후 자연선택이 반드시 생존에 적합한 쪽으로만 이루어지지 않는다는 사실을 깨달았습니다. 예를 들어 암컷을 유인하기 위해 거추장스럽게 커진 수컷 공작의 날개는 포식자에게 쉽사리 위치를 노출시켜 잡아먹힐 우려가 있기 때문에 자연선택의 원리에 부합하지 않는다는 의문이 들었습니다. 그러나 위험을 감수하고 암컷의 선택을 받아 자신의 후손을 남길 수만 있다면 그쪽이 더 성공적이라고 할 수 있을 것입니다. 동물계에서 암컷들은 환경에 더 잘 적응할 수 있는 2세를 낳기 위해 건강하고 능력 있는 수컷을 선택하려는 본능이 있습니다. 이렇게 암컷의 자발적인 의사로 수컷을 선택하는 행위를 성선택이라고 합니다.

성선택은 동물 중에도 주로 조류나 초식 동물에서 흔히 볼 수 있습니다. 날개나 뿔처럼 신체 일부를 화려하게 장식하는 경우도 있지만 춤추고 노래하거나 먹이를 주고 집을 만들어주는 등 수컷은 암컷의 호감을 사기 위해 다양한 방법으로 정성을 기울입니다. 자신의 유전자를 후세로 전달하지 못한다면 자연선택은 절반의 성공으로 그치

성선택과 공작 수컷
공작 수컷의 꼬리는 거추장스러워 포식자에게 먹힐 위험이 크지만 암컷에게 선택을 받아 번식할 수 있는 가능성을 높인다.

기 때문입니다.

이 점에 착안한 다윈은 《종의 기원》을 발표한 지 10여 년 후에 발간한 《인간의 유래와 성선택》에서 인간이나 동물이 짝을 고를 때 취하는 방식에는 자연선택의 원리에 꼭 부합되지 않는 다른 요인도 있으며, 이 또한 진화에 무시 못 할 영향을 미친다고 설명했습니다. 그러나 성선택 이론은 남성 우위 사고방식에 갇혀 있던 당시의 사회 분위기 때문에 20세기 후반까지 큰 주목을 받지 못했습니다.

한편, 암수의 성적 취향도 진화를 예상치 못한 방향으로 이끌 수 있습니다. 적자생존과 직접적인 연관이 없는 이 같은 성적 취향은 무리의 어떤 개체를 모방하는 유행이나 우연한 문화적 성향 등에서 큰 영향을 받기도 합니다. 다윈 사상에 있어서 성선택은 자연선택을 보완하는 부분이 있다고 볼 수 있습니다.

그림8-12
다윈의 세계 일주
1832년 다윈이 탑승했던 영국 해군 소속 비글호의 항해 장면의 스케치다.

도 45억 년 이상이라는 사실도 밝혀졌습니다. 특히 소행성의 충돌이나 맨틀의 활동에 의한 대규모 화산 활동과 같은 여러 원인에 의해 환경이 급격히 변한 적이 여러 번 있었으며, 그때마다 환경에 적응하지 못한 생물들이 대거 멸종했다는 사실도 밝혀졌습니다.

여덟 번째 여행을 마치며

지구 생물의 역사에서 멸종은 여러 차례 반복된 흔한 사건이었습니다. 역설적이게도 멸종은 살아남은 생물의 진화 속도를 크게 앞당기고 다양한 종을 탄생시키는 데 결정적 역할을 했습니다. 멸종은 예고 없이 일어났습니다. 진화에는 분명히 돌발적인 지구 환경의 변화나 유전자의 돌연변이와 같은 무작위적인 면이 있지만 큰 틀에서 보면 환경 변화에 잘 적응하는 변이를 가진 생물이 살아남아 자연스럽게 선택된다는 원리가 있습니다.

그 과정에서 지구 환경과 생물은 서로 상호작용하며 끊임없이 진화했습니다. 멸종은 의도된 것은 아니지만 지구 생물의 진화가 한 단계씩 도약하도록 기회를 제공했습니다. 멸종은 지금도 계속되고 있습니다. 그렇기에 진화도 계속될 것입니다.

9장

포유류 번성과 영장류의 출현

- 신생대의 지질 및 기후 환경
- 신생대의 주인공 포유류
- 포유류의 먹이 속씨식물
- 영장류와 유인원의 등장

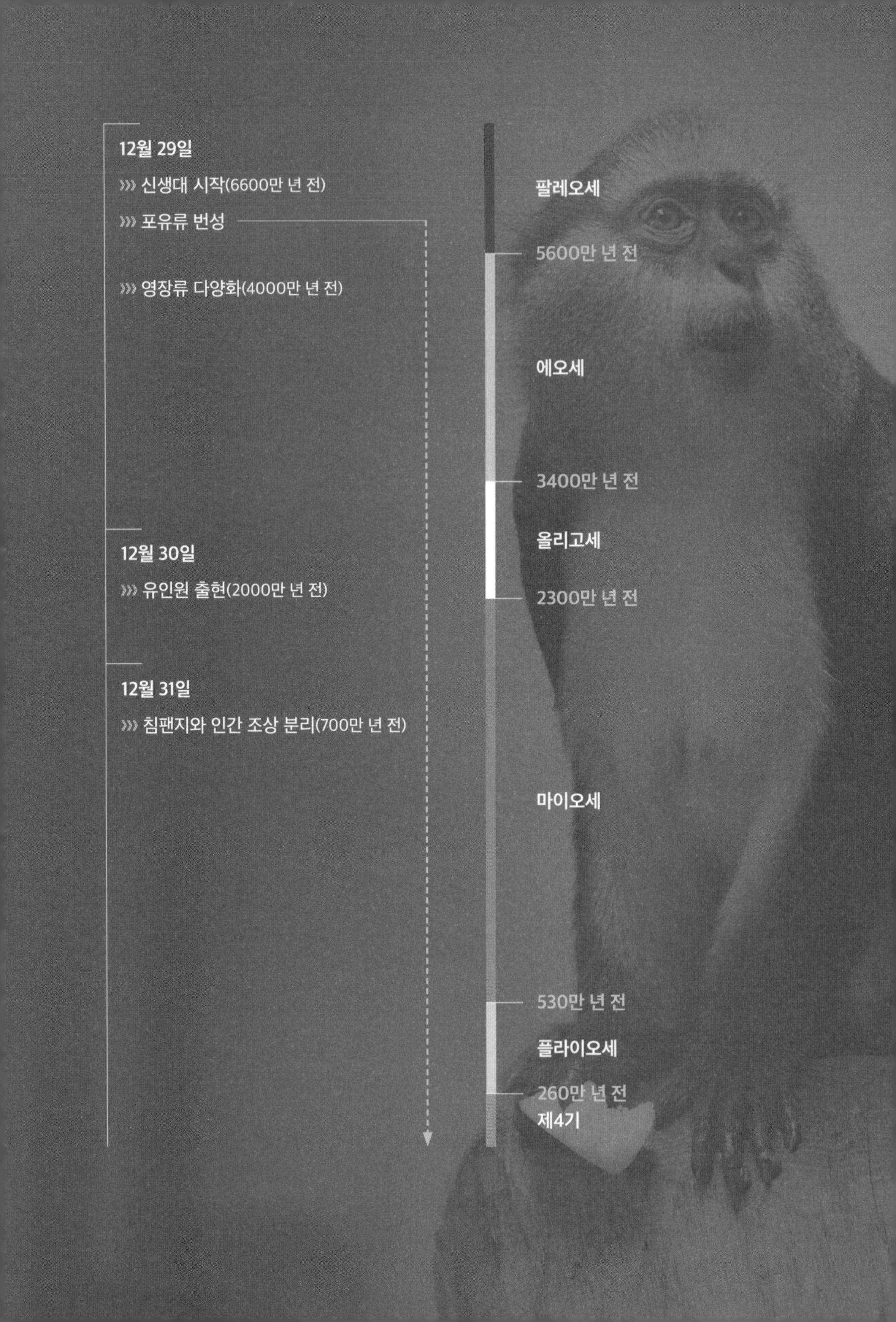

12월 29일

››› 신생대 시작(6600만 년 전)

››› 포유류 번성

››› 영장류 다양화(4000만 년 전)

12월 30일

››› 유인원 출현(2000만 년 전)

12월 31일

››› 침팬지와 인간 조상 분리(700만 년 전)

팔레오세

5600만 년 전

에오세

3400만 년 전

올리고세

2300만 년 전

마이오세

530만 년 전

플라이오세

260만 년 전

제4기

6600만 년 전에 시작된 신생대는 생물의 역사에서 볼 때 여러 면에서 특이하며 또 중요한 시대입니다. 무엇보다도 외계 천체인 소행성의 충돌에서 비롯됐다는 점과 공룡이 사라진 직후에 시작됐다는 점이 그렇습니다. 멸종이 일어나고 다음 시대가 개막할 때는 최소한 수백만 년에 걸쳐 서서히 생태계가 복원되는 것이 일반적입니다. 그런데 신생대는 소행성 충돌이 만든 핵겨울과 같은 상태가 걷히자 곧 이전 중생대의 따뜻한 환경을 회복했습니다. 생태계가 받았던 타격은 매우 컸지만 원인이 단순했기 때문에 회복도 빨랐던 것입니다. 공룡이 차지했던 자리는 포유류들이 재빨리 대체했습니다. 속전속결로 임무 교대가 된 것입니다.

신생대가 중요한 진짜 이유는 인간이 출현했고 현재 우리가 살고 있는 시대이기 때문입니다. 영장류는 이 시대의 주인공인 포유류 중에서도 단연 영리함이 돋보이는 동물입니다. 하지만 중생대 때만 하더라도 설치류(쥐) 및 토끼와 조상을 같이 했던 대단치 않은 동물이었습니다. 그런 가운데에서 지능이 가장 높은 동물인 유인원이 나타났고 그 결과 인간도 출현했습니다. 이는 신생대의 환경이 빚은 성과입니다.

이 장에서는 먼저 신생대의 지질 환경과 기후가 어떻게 변화했는지 알아볼 것입니다. 이어서 변화하는 환경에 적응하며 번성하게 된 포유류들의 모습을 살펴보고, 그들의 먹이사슬 가장 밑에 있는 식물에 대해서도 알아볼 것입니다. 마지막으로 나무 위에서 생활하던 영장류가 어떻게 유인원으로 진화했는지도 살펴보겠습니다. 유인원에서 인류가 진화한 과정은 13장에서 다룰 것입니다.

1. 신생대의 지각 변동과 기후

바다와 육지의 분포와 같은 지형의 변화는 기후와 생물의 서식 환경에 절대적인 영향을 미칩니다. 중생대 쥐라기 전에 지구의 육지는 판게아로 뭉쳐 있었습니다. 당시의 바다는 해양 면적의 70퍼센트 이상을 차지하는 판탈라사라는 큰 대양과 판게아 대륙 및 그 안에 있는 테티스해가 거의 전부였습니다.

3장에서 살펴본 것처럼 대서양 중앙 해령이 활동하기 시작하면서 판게아는 갈라지기 시작했습니다. 중앙 해령에서는 현무암이 계속 분출되어 1년에 약 5센티미터씩 해저 지각을 넓혀왔습니다. 동위원소 측정 결과 중앙 해령 근처 현무암의 나이는 몇백만 년에 불과하지만 가장 멀리 떨어진 곳의 암석 나이는 2억 년으로 밝혀졌습니다. 제일 먼저 분출되었던 현무암이 계속 옆으로 밀려 나가는 사이에 2억 년의 세월이 흐른 것입니다. 그 빈자리를 차지한 것이 다름 아닌 대서양 바다입니다. 2억 년이면 중생대 쥐라기가 시작될 즈음입니다.

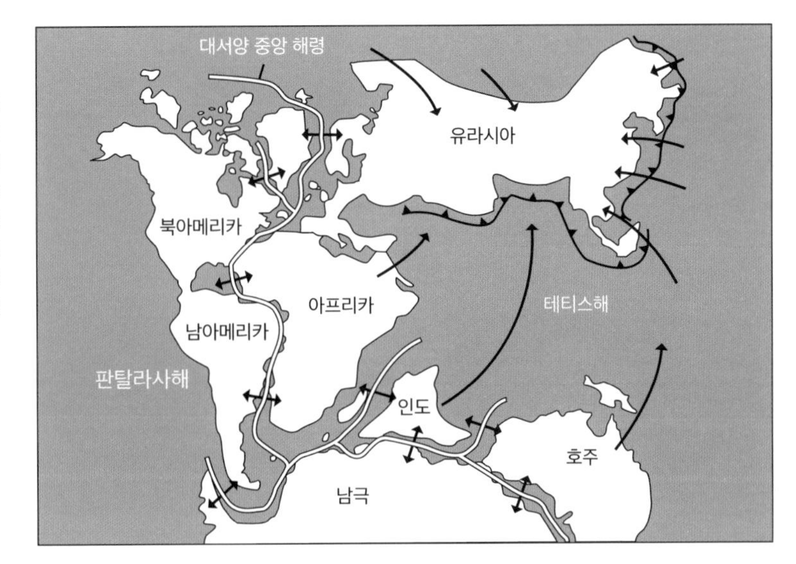

그림9-1
판게아 초대륙의 분리
중생대 중기 이전에는 거대한 초대륙 판게아와 판탈라사해, 테티스해의 두 바다만 있었다. 그러나 쥐라기 이후 해령(흰색 선)의 확장으로 판게아가 여러 대륙으로 갈라지고, 해양판도 유라시아 등의 지각판에 섭입되기 시작했다.

그보다 더 오래된 해양판들은 해구 속으로 섭입되어 맨틀 속에 가라앉아 사라져 버렸습니다. 반면 대륙판은 해양판보다 위에 있기 때문에 맨틀 속으로 들어가지 않았습니다. 그래서 육지에는 훨씬 오래된 암석들이 남아 있는 것입니다. 가장 오래된 암석 중에는 40억 년이 지난 것도 있습니다.

다시 판게아로 돌아가보면 아프리카 대륙과 아메리카 대륙이 갈라지면서 대서양이 생기자 새로운 대양과 대륙들의 큰 윤곽이 드러나기 시작했습니다. 대서양이 커짐에 따라 판탈라사해는 축소되어 오늘날의 태평양이 되었고, 테티스해는 인도판의 북상에 밀려서 사라진 대신 그 자리에 인도양이라는 새 바다가 모습을 드러냈습니다. 남쪽에서는 남극 대륙이 분리되면서 남극해가 생겨났고, 북극에서도 마찬가지로 북극해가 드러났습니다. 이로써 오늘날의 5대양이 모두 구비된 것입니다. 판의 이동은 신생대에 들어와서도 계속되어

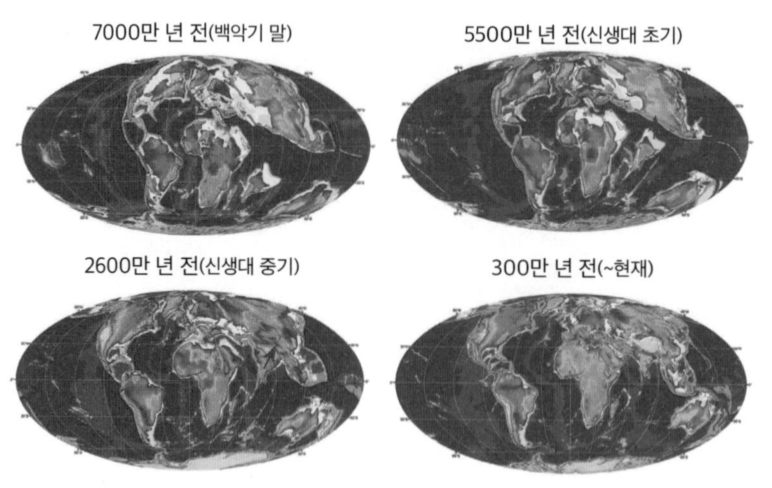

그림9-2
대륙의 이동
초대륙 판게아는 신생대에 본격적으로 분리되면서 오늘날 볼 수 있는 5대양 7대주가 되었다.

현재 지도에서 보는 것과 같은 대륙의 모습으로 다듬어졌습니다.

신생대에 들어와 일어난 중요한 변화 중 하나는 남극 대륙과 붙어 있던 인도판이 떨어져 나와 아시아 쪽을 향해 북상하기 시작한 것입니다. 한편 인도 대륙과 함께 호주 대륙도 남극 대륙으로부터 분리되어 북상하기 시작했습니다. 북반구에서는 북아메리카, 그린란드, 유럽 북부가 남반구에서는 남아메리카, 남극, 호주 대륙이 서로 거리를 벌려갔습니다. 이 모두는 해령의 해저 확장 활동에 따라 판들이 이동한 결과입니다. 판의 이동은 육안으로는 확인할 수 없지만 지금도 쉴 새 없이 계속되고 있습니다. 지질학자들은 범지구위치결정시스템Global Positioning System, GPS을 이용하여 전 세계의 수많은 지점에서 매년 판 이동을 측정합니다. 이처럼 판이 이동하면서 대륙들이 서로 멀어지고 대양이 뚜렷이 확대되었던 시기가 신생대입니다.

기후와 환경에 크게 영향을 미친 신생대의 주요 지질 활동을 요약해 보면 다음과 같습니다.

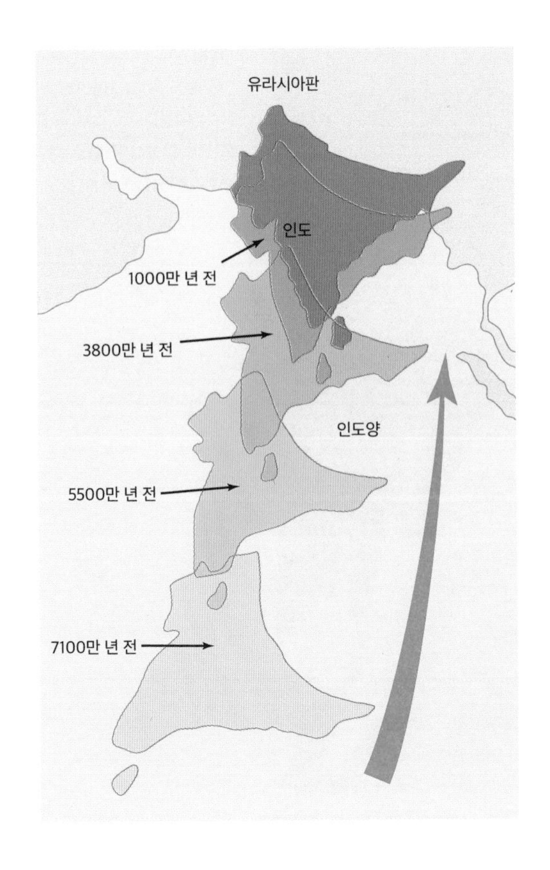

그림9-3
인도판의 이동 경로
중생대 때 아프리카 남단에서 떨어져 나온 인도판은 북쪽으로 이동을 거듭하여 현재의 위치에 이르게 되었다.

첫째, 인도양을 가로질러 북상한 인도판이 약 3500만 년 전부터 아시아판과 충돌하기 시작했습니다. 원래 인도판은 중생대 때 아프리카 남단의 큰 섬 마다가스카르와 붙어 있다가 나온 일부였습니다. 고속으로 치고 올라온 인도판은 아시아판을 마구 구겨버렸습니다. 그 결과 거대한 습곡과 단층들로 이루어진 히말라야산맥이 형성되었습니다. 지각판을 밀어붙이는 힘이 얼마나 강했던지 히말라야산맥은 7000미터급 봉우리가 100개가 넘고 현재도 봉우리가 매년 약 7센티미터씩 높아지고 있습니다. 인도판은 매년 15센티미터의 속도로 인도양을 가로질러 왔습니다. 대서양의 중앙 해령이 만드는 해양판의 확장 속도가 연간 5센티미터인 것에 비교하면 얼마나 큰 힘으로 빠르게 밀려왔는지 (혹은 북상했는지) 짐작할 수 있습니다. 두 판의 충돌은 히말라야산맥을 정면으로 들어올렸을 뿐 아니라 인근의 지각판도 밀어냈습니다. 4500미터 고도의 티베트고원, 그 뒤쪽의 쿤룬산맥, 톈산산맥들은 그렇게 만들어진 작품입니다.

인도판뿐만 아니라 아프리카판도 북쪽의 유라시아판과 충돌하여 알프스산맥을 만들었습니다. 이 같은 조산 운동의 결과 주변 지역의 기후가 바뀌었습니다. 8000미터 이상의 높은 병풍은 바람의

그림9-4
위성에서 본 히말라야산맥
인도판과 유라시아판의 충돌로 만들어졌으며 총길이가 2400킬로미터에 달한다.

흐름을 막았습니다. 무엇보다도 북극에서 내려오는 찬 공기를 막아주는 한편 인도와 동남아시아 지역의 고온다습한 공기가 북쪽으로 넘어가지 못하도록 막았습니다. 히말라야를 넘지 못한 이 막대한 양의 수증기는 산맥 남쪽의 인도에 많은 비를 뿌려주었습니다. 그 결과 수증기가 고갈된 산맥 너머에는 거대한 타클라마칸사막이 만들어졌습니다. 이는 인류의 출현과 관련이 깊은 아프리카 동부의 건조화에도 일조를 했습니다.

둘째, 신생대 중반부터 인도판, 아프리카판, 아라비아판들이 북상하며 유라시아판과 충돌하는 과정에서 옛 바다인 테티스해가 사

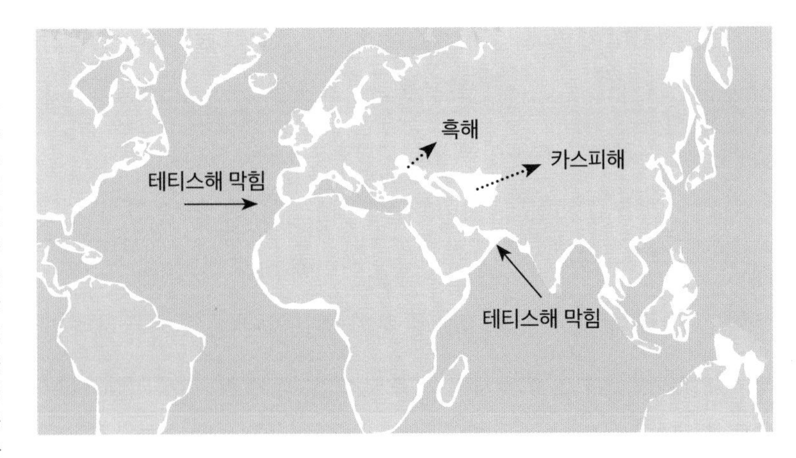

그림9-5
테티스해

테티스해는 약 2000만 년 전(신생대 중기 마이오세)에 인도판과 아프리카판의 북상으로 대서양, 태평양과 차단되면서 지중해와 흑해, 카스피해 등으로 흔적만 남았다. 지중해의 경우는 서쪽과 동쪽 끝이 막히면서 560만~533만 년 전 사이 소금 사막이 된 적이 있다. 하지만 서쪽 지브롤터해협이 둑처럼 터지면서 바닷물이 홍수처럼 밀려들어와 오늘날처럼 다시 바다가 되었다.

라졌습니다. 테티스해는 중생대 이래 유라시아 대륙과 아프리카 대륙 사이에 있던 큰 바다였지만 오늘날에는 그 흔적만 지중해와 흑해, 아랄해 등으로 남아 있습니다. 많은 섬들이 흩어져 있는 얕은 바다였던 테티스해는 춥지 않은 위도에 걸쳐 있었으므로 특히 해양 생물에게는 천국이었습니다. 당시 살았던 유공충과 플랑크톤들은 지하에서 압력을 받아 막대한 양의 석유로 변해 중동 지역에 매장되어 있습니다. 또한 여러 차례 바다와 사막을 반복하면서 축적된 소금 광산들이 유럽 내륙에 묻혀 있습니다. 지중해 연안에 하얗게 석회로 칠한 아름다운 집들과 대리석 건물들도 당시 살았던 해양 생물의 껍데기들이 만든 작품입니다. 유럽 대부분 지역의 지하수에 석회질이 많은 것도 그 때문입니다.

테티스해는 인류의 진화와도 관계가 깊습니다. 2300만~1200만 년 전 사이 우리의 유인원 조상이 번성했으며 현생 인류가 탄생한 이후에는 아프리카를 빠져나온 무리가 옛 테티스해가 닫히면서 생긴 육지 통로를 따라 아시아로 이주했기 때문입니다.

셋째, 신생대 중반에 남극 대륙이 호주, 남아메리카 대륙과 완전히 분리되면서 지구의 한랭화에 큰 영향을 미쳤습니다. 지형이 변하면 바닷물과 공기의 흐름이 바뀝니다. 영향력으로 본다면 해류의 흐름이 기류의 흐름보다 적어도 몇십 배 이상 큽니다. 금세 열이 흩어지는 공기나 쉽게 데워지고 식는 땅덩어리에 비해 바다는 면적이나 부피로 볼 때 거대한 열 저장고와 같기 때문입니다. 따라서 해류의 변화는 전 지구적인 규모에서 기후에 영향을 미칩니다. 이에 비해 기류의 변화는 지역적 현상에 그치는 경우가 대부분입니다.

그런데 약 3500만 년 전(에오세와 올리고세 경계)에 남극 대륙이 호주 및 남아메리카 대륙의 남쪽 끝부분과 분리되자 남극 주위를 크게 한 바퀴 도는 해류가 흐르기 시작했습니다. 이 순환 해류는 적도 부근에서 내려오던 따뜻한 바닷물을 차단했습니다. 그 결과 호주보다 더 큰 땅덩어리인 남극 대륙이 얼어붙으며 지구의 기온이 점차 떨어지는 계기가 되었습니다. 그 이전, 즉 약 2000만 년은 중생대 기후의 연장선에 있었습니다. 소행성 충돌이 불러온 핵겨울 상태가 사라지자 극지방에도 악어가 살 만큼 온난하면서 다습한 중생대의 기후가 다시 회복되었던 것입니다.

남극 대륙은 약 3500만 년 전에 분리된 이후 다른 대륙과 거리를 더욱 벌려갔습니다. 특히 위도 60도에 가로막는 땅덩어리가 없어지자 편서풍을 따라 흐르는 남극순환류는 지구상에서 가장 강력한 해류가 되었습니다. 그 결과 오늘날의 남극의 기온은 여름에만 잠시 영상으로 올라갈 뿐 북극과는 비교가 안 될 정도로 추워서 영하 90℃까지 내려간 적도 있습니다. 물론 남극순환류가 흐르기 시작한 신생대 중반 이후에도 일시적으로 지구의 기온이 회복된 적은 있습

그림9-6
남극순환류

남극 대륙을 감싸고 도는 차가운 순환류는 신생대 후반 이래 지구 해양 생태계에 큰 영향을 미치고 있다. 파란색은 차가운 심층 해류이고, 빨간색은 따뜻한 표층 해류이다. 찬 심층수가 해수면에 올라오자 이산화탄소가 응결되어 온실 효과가 감소했으며, 그 결과 지구의 기온은 크게 떨어지게 되었다.

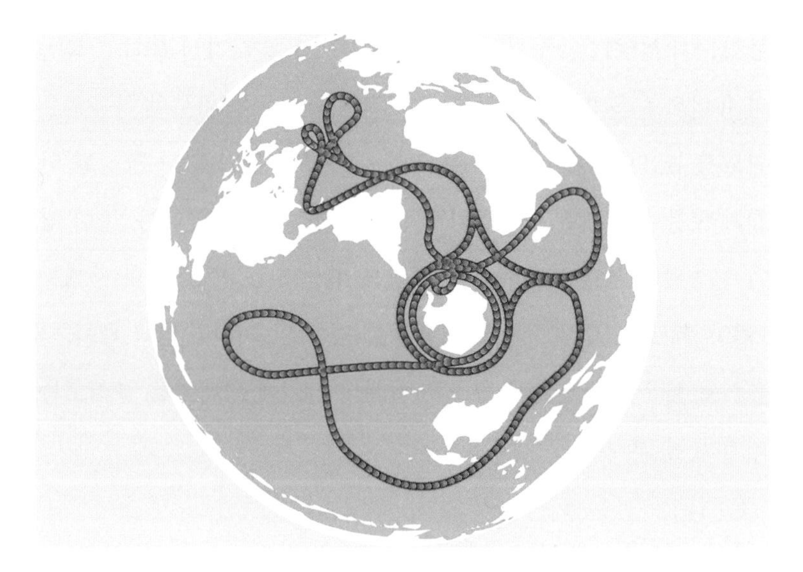

니다. 그러나 강력한 남극순환류 때문에 신생대 후반부의 지구는 냉각 상태에서 벗어나지 못하고 오늘에 이르고 있습니다. 신생대 말의 빙하기도 그 연장선에 있습니다. 참고로 남극 해류가 난류와 만나는 경계에서는 식물성 플랑크톤이 풍부해져 크릴새우가 번성하고, 이들을 먹으며 사는 어류와 고래에게도 좋은 서식지가 되었습니다.

넷째, 신생대 후반부에는 그린란드의 지질 변동으로 대규모 빙상이 북반구에도 형성되었습니다. 그린란드는 지난 1000만 년 전부터 땅이 솟아올라 동부는 무려 3000미터나 높아졌으며, 지각판도 6도 이상 북쪽으로 올라갔습니다. 여기에 더해 약 300만 년 전 북아메리카와 남아메리카 대륙이 파나마지협에서 만나 연결된 것도 그린란드 빙상의 형성에 영향을 미쳤습니다. 이 지협은 두 대륙의 동물들이 서로 이동하는 통로가 되었지만, 대서양과 태평양의 해류를 차단하는 장벽이기도 했습니다. 그에 따라 멕시코 난류로 불리는 대서양의 따뜻한 해류가 태평양으로 흘러가지 못하고 북쪽의 유럽으로 올라가게 되었습니다. 덕분에 영국을 비롯한 북유럽은 위도가 높은데도 덜 춥게 되었지만 난류와 한류가 만나 형성된 안개와 구름이 그린란드로 올라가 많은 눈을 내리게 합니다. 눈이 쌓여 형성된 오늘날 그린란드의 빙상은 평균 고도 2100미터, 두께는 1500미터로 육지 면적의 80퍼센트를 덮고 있습니다. 남극 대륙 다음으로 넓은 그린란드의 빙상은 신생대 말기에 빙하기를 불러오는 데 한몫했습니다.

2. 신생대의 주인공, 포유류

포유류들은 공룡이 사라진 직후의 신생대 초기부터 빠르게 동물 생태계를 접수했습니다. 이를 보여주는 화석 발굴지가 미국 콜로라도주 스프링스 인근 절벽에 남아 있습니다. 2019년에 미국 덴버에 있는 자연사 박물관의 연구팀이 발굴한 이 지역에서는 신생대 초기 약 100만 년의 흔적이 남아 있습니다. 부근의 넓은 지대에서는 16종의 포유류 화석 수백 개와 6000점의 식물 화석이 발굴되었습니다. 놀랍게도 공룡이 멸종한 지 10만 년밖에 지나지 않았는데도 야자나무가 번성했으며 30만 년 후에는 호두나무를 비롯한 다양한 식물종이 나타났습니다. 멸종 직전의 중생대 기후가 완전히 회복된 증거였습니다. 70만 년 후에는 콩과 식물이 다양해졌는데 콩을 통해 단백질을 섭취한 포유류들의 몸이 커지기 시작했습니다. 그중에는 50킬로그램이나 되는 초식 포유류도 있었습니다. 이만한 몸집은 현재의 기준에서는 그리 큰 편이 아니지만 백악기의 포유류에 비하면 무려 100배나 커진 것입니다.

포유류들은 몸집만 커진 것이 아니라 신생대 초기의 고온다습한 기후 덕분에 거의 전 대륙으로 퍼졌는데, 일부는 베링해를 거쳐 북아메리카 대륙으로도 진출했습니다. 특히 에오세*는 포유류들의 생활 양식이나 서식 영역이 훨씬 다양해진 시기였습니다. 영장류, 초식 및 육식 동물, 오늘날 포유류의 약 20퍼센트나 차지하는 박쥐류들이 에오세 초기에 출현했습니다. 초식 포유류의 경우 홀수의 발굽을 가진 말, 당나귀, 코뿔소 등의 조상이 먼저 출현했습니다. 이어 에오세 말기에는 발굽이 갈라진 소, 돼지, 염소, 양, 사슴 등의 조상이 등장해 크게 번성했습니다. 초식 포유류가 많아지자 이들을 잡아먹는 육식 동물들도 출현했습니다. 하지만 당시의 포유류는 지금과 다른 모습이었습니다. 포유류가 현재와 유사한 모습으로 틀을 잡은 때는 마이오세**입니다.

하늘에는 박쥐류, 땅에는 영장류와 초식 동물 그리고 육식 동물인 개과나 고양이과가 크게 번성하자 지구는 명실상부한 포유류의 세상이 되었습니다. 이렇게 포유류들이 많아졌다는 것은 먹이 경쟁이 심해졌다는 의미도 됩니다. 이제 남은 곳은 바다뿐인데 포유류가 그냥 두지 않았습니다. 고래가 바다를 생활 터전으로 삼은 것입니다.***

* 5600만~3400만 년 전

** 2300만~530만 년 전

*** 〈더 알아볼까요?—고래의 진화〉 참고

3. 포유류 먹이사슬의 뿌리 – 속씨식물

적응방산은 동물종의 성공적인 진화를 설명하는 용어 중 하나입니다. 동물들은 식물과 달리 이동할 수 있으므로 좋아하는 먹거리가 있는 곳과 경쟁자가 적은 새로운 땅을 찾아 넓게 확산합니다. 이처럼 어떤 동물이 여러 대륙, 혹은 같은 대륙이라도 먼 곳까지 넓게 퍼져 다양한 형태로 진화하는 현상이 적응방산입니다. 포유류에게도 신생대 전반부에 이 같은 일이 일어났는데, 알맞은 기후 환경과 풍부한 먹거리가 있었기 때문입니다. 그런데 포유류의 먹이사슬 맨 밑에는 식물이 있습니다. 식물을 먹는 초식 포유류가 출현하면 이에 따라 육식성과 잡식성 포유류도 함께 진화하게 됩니다.

중생대에도 식물을 먹는 초식 공룡들이 살았습니다. 하지만 그들의 먹이는 단백질을 만들기에는 양분이 적은 식물이었습니다. 따라서 초식 공룡들은 부족한 단백질을 채우기 위해서 많이 먹어야 했고, 그 많은 양을 소화하고 흡수하기 위해 몸집이 커졌습니다. 이들과 달리 신생대의 초식 포유류에게는 특별 메뉴가 준비되어 있었습니다.

앞서 우리는 중생대 말기인 백악기부터 속씨식물, 즉 꽃을 피우는 현화식물이 겉씨식물을 능가하게 되었다는 사실을 알았습니다. 하지만 속씨식물이 본격적으로 번창한 시대는 신생대입니다. 씨앗이 씨방 속에 있다는 의미에서 피자식물이라고도 불리는 속씨식물은 현재 지구상에 있는 식물의 절대다수인 약 30만 종을 차지하고 있습니다. 이들의 성공 비결은 무엇이었을까요?

은행나무나 소철 그리고 침엽수가 주를 이루는 겉씨식물은 주로

그림9-7
파라케라테리움
신생대 올리고세 후기에서 마이오세 초기까지 살았던 파라케라테리움(Paracera-therium).
거대한 육상 포유류 중의 하나였고 초식 동물이었다. 사진은 상하이 자연사 박물관에 전시된 실제 크기의 복제 모형이다.

바람에 의존하는 수동적인 방법으로 꽃가루(일종의 정자)를 퍼뜨립니다. 봄철에 콧물로 고생하게 만드는 꽃가루도 그때 나옵니다. 겉씨식물은 원활한 수정을 위해 많은 에너지를 꽃가루 생산에 쏟아붓는데 그 소중한 꽃가루를 허공에 날려보냅니다. 게다가 수정된 씨앗의 생존율을 높이는 효과적인 전파 방법도 찾지 못했습니다. 반면에 속씨식물은 목표를 보다 정확히 가려 수정受精을 합니다. 곤충이나 동물들에게 꿀(당분)을 주는 대가로 배우자에게 정확하게 꽃가루를 전달합니다. 수정된 이후에는 과육을 제공해서 씨앗을 멀리 퍼뜨릴 수 있도록 능동적인 유인책을 씁니다. 당연히 겉씨식물에 비해 경쟁력이 높을 수밖에 없었습니다. 속씨식물의 수정 방법과 씨앗의 전파 방법은 식물과 동물이 협동하는 '공진화'의 좋은 사례입니다.

그런데 같은 초식 포유류라고 해도 속씨식물 중 어떤 종류, 어느 부분을 먹는지에 따라 사는 모습이 달라집니다. 식물의 조직 중 영

고래의 진화

앞 절에서 보았듯이 신생대 중기까지 있었던 테티스해는 얕고 따뜻한 바다였습니다. 태티스해 물가에서 먹이를 잡고 새끼를 낳아 기르던 포유류 중에 파키케투스가 있었습니다. 1978년 파키스탄에서 처음 발견된 4900만 년 전의 파키케투스 화석은 늑대를 닮았지만 네 다리에는 소처럼 발굽이 있었습니다. 바로 고래의 조상입니다. 하마나 소와 친척인 고래의 조상은 점점 더 깊은 바다로 진출하여 물고기를 잡아먹으며 살다 보니 주둥이는 길어지고 이빨은 날카로워졌습니다. 그리고 약 1000만 년 후에는 바실로사우루스와 도루돈이라는 두 종으로 진화했습니다. 바실로사우루스는 몸길이 24미터에 몸무게가 최대 60톤이나 되는 무서운 포식자였으나 5미터 크기의

인간 | 파키케투스 Pakicetus 5000만~4900만 년 전 | 암불로케투스 Ambulocetus 4900만 년 전 | 마이아케투스 Maiacetus 4700만 년 전 | 로드호케투스 Rodhocetus 4700만-4000만 년 전 | 도루돈 Dorudon 4100만~3300만 년 전

도루돈은 작은 물고기를 잡아먹으며 살았습니다. 바실로사우루스와 도루돈은 진화를 계속하여 약 500만 년 전에는 각기 오늘날의 고래와 돌고래의 모습을 갖추게 되었습니다. 옛 테티스해가 있었던 지역에는 육상 포유류가 고래로 진화하는 과정을 보여주는 중간 단계의 화석들이 많이 발견되어 동물의 진화를 보여주는 좋은 사례가 되고 있습니다.

바실로사우루스
Basilosaurus
4000만~3400만 년 전

범고래
Orcinus Orca
1100만 년 전

그림9-8
곤충과 꽃의 공진화
곤충과 현화식물(꽃 피우는 식물)은 각기 꿀과 번식을 위해 공진화했다.

양분이 가장 많이 들어 있는 부분은 곡물이나 열매, 꿀이 있는 꽃, 감자나 고구마 등의 덩이줄기입니다. 열대나 아열대 지방에 살았던 영장류의 조상과 박쥐류는 열매를 주로 먹었습니다. 열매 속의 씨앗을 널리 퍼뜨려 식물에게 보답을 했다고 할 수 있습니다.

문제는 영양분이 많고 포도당이 풍부한 열매는 특정 시기에만 얻을 수 있다는 점입니다. 그런데 신생대 중반인 약 3500만 년 전(올리고세)부터 기후가 점차 추워지면서 열대나 아열대림이 줄어들고 초원이나 사바나가 늘어났습니다. 이런 곳에 살던 초식 포유류들은 열매 대신 줄기와 잎을 먹어 문제를 해결했습니다. 질은 떨어지지만 사방에 널려 있는 풀을 먹은 것입니다. 잔디, 잡초, 벼, 밀 등 현재 12000종이나 있는 풀과에 속하는 식물은 육지 면적의 30~40퍼센트를 덮고 있습니다. 풀은 중생대에도 원시적인 형태가 있었지만 본격적으로 번성하고 확산한 시기는 신생대입니다. 나무는 새순이 돋아나는 가지나 위쪽 줄기에 생장점이 있습니다. 반면에 풀은 줄기하단에 생장점이 있으므로 초식 동물이 뜯어먹어주면 생명을 유지하고 더 잘 성장해나갈 수 있는 좋은 파트너였습니다. 숲의 열매는 특정 계절에만 열리지만 풀은 어디에나 항상 널려 있어 초식 포유류가 크게 번창할 수 있었습니다.

그런데 풀은 과일이나 곡물처럼 즉각 에너지원이 될 수 있는 글루코스(당)가 없고 셀룰로스가 주성분이어서 영양분이 많지 않습니다. 따라서 많이 먹고 빨리 내보내는 전략이 필요했는데, 얼룩말, 코끼리, 코뿔소, 하마, 기린 등의 조상이 그런 방식을 택했습니다. 또 다른 문제는 셀룰로스는 분자 구조가 복잡해서 포도당으로 전환시키기가 쉽지 않다는 데 있습니다. 이처럼 소화시키기가 어렵기 때문에 일단 많이 먹고 나중에 되새김질을 하는 부류가 출현했습니다. 소, 양, 염소, 사슴 등 여러 개의 위를 가진 반추동물입니다. 반추동물은 셀룰로스를 소화하기 위해 박테리아도 이용합니다. 장내 박테리아들이 셀룰로스를 분해해 소화하도록 도와주는 것입니다.

4. 영장류의 성공과 유인원의 등장

원숭이, 유인원 그리고 사람을 영장류라고 부릅니다. 영장류의 아주 먼 조상은 중생대 백악기에 출현했습니다. 원래 그들은 식물을 먹던 포유류가 아니었습니다. 야간에 나무 위에서 곤충이나 작은 벌레를 먹던 다람쥐와 흡사한 동물이었습니다. 원시적이지만 영장류다운 최초 화석들은 약 5500만 년 전의 것으로 아시아, 유럽, 북아메리카 등지에서 발굴되었습니다. 모습과 크기는 여전히 다람쥐와 비슷했지만 물건을 쥘 수 있는 손과 입체적 시각이 가능한 눈을 가졌습니다. 이 원시 영장류들은 신생대 초기에 속씨식물이 번창하자 먹이를 곤충 대신 열량이 풍부하고 얻기 쉬운 열매로 대체했습니다.

그런데 다 같은 속씨식물이라도 땅에 있는 풀과 달리 열매는 주로 나무 위에 있습니다. 영장류는 땅 위에서는 다른 동물들과의 경쟁에서 우위를 차지할 만한 육체적 장점이 딱히 없습니다. 포식자보다 빨리 달리는 것도 아니고, 풀을 먹는 초식 동물처럼 몸집이 크지도 않으며 이빨이나 발톱 등 공격할 수 있는 무기도 시원치 않습니다. 게다가 피부는 다른 동물에 비해 매우 연약해서 표범 등이 좋아하는 메뉴였습니다. 하지만 나무 위에서는 맹수를 만날 일도 없고, 열매도 얻을 수 있습니다. 속씨식물인 나무 입장에서도 영장류는 좋은 파트너였습니다. 물건을 쥘 수 있는 손을 가진 영장류가 열매를 따서 다른 곳으로 퍼뜨려 줄 뿐만 아니라 영장류의 배설물은 씨앗의 비료가 되어 양육도 해주는 셈이었습니다.

이런 사실에 비추어 보면 영장류의 중요한 특징들은 거의 모두가 나무 위에서 생활하는 데 알맞게 진화된 것임을 알 수 있습니다. 무엇보다도 나무 위에서는 평면적인 지상과 달리 3차원적 공간에서 움직여야 합니다. 이 입체 시각을 발달시키기 위해 눈이 중요해졌습니다. 이에 따라 뇌도 커졌습니다. 동물들이 처리하는 감각 정보 중에서 가장 많은 부분을 차지하는 것이 시각이기 때문입니다. 영장류는 그들이 원해서 똑똑해진 것이 아니라 주어진 환경에 적응하다가 우연히 그렇게 되었을 뿐입니다.

눈과 뇌가 발달한 대신 후각은 다른 포유류에 비해 많이 퇴화했습니다. 또 익은 과일을 구분하기 위해 붉은색을 구분해야 했습니다. 중생대 때 공룡을 피해 어둠 속에 살았던 포유류들은 오늘날도 대부분이 적색을 구분하지 못하는 부분 색맹인데 영장류만 총천연색으로 세상을 봅니다.

이들은 두 팔로 나뭇가지에 매달려서 이동했으므로 어깨를 자유롭게 움직일 수 있어야 했고 손으로 나뭇가지나 열매를 잡느라 손가락이나 손의 촉각이 매우 섬세하게 진화했습니다. 자유롭게 움직일 수 있는 어깨와 섬세한 손은 후에 인간이 도구를 사용하고 직립보행을 하기 위한 토대가 되었습니다.

영장류 중에서도 오늘날의 원숭이와 비슷한 무리들은 약 4000만 년 전을 전후하여 출현했을 것이라고 추정됩니다. 그들은 오늘날의 여우원숭이나 안경원숭이와 유사한 원시적 원숭이, 즉 '원원류'였습니다. 쥐나 토끼만 한 크기의 이들은 나무 위에서 벌레나 곤충을 잡아먹었습니다. 대부분 야행성이었던 이들에서 더 진화한 영장류가 우리가 통상적으로 알고 있는 진짜 원숭이, 즉 '진원류'입니다. 진원류는 곤충이나 벌레 대신 과일을 먹었습니다. 이 때문에 익은 과일을 구별하기 위해 낮에 활동하면서 색맹에서 벗어났습니다. 대부분이 색맹인 다른 포유류들과 달리 진원류 이상의 영장류는 3원색을 구별하는 특징이 있습니다.

과일에 맛을 들인 일부 진원류는 나뭇잎도 먹었습니다. 그런데 나뭇잎은 과일보다 영양분이 적으므로 많이 먹어야 합니다. 많이 먹으면 덩치가 커지지요. 오늘날 말, 소, 코끼리, 기린, 하마 등 대부분의 초식 동물이 큰 이유도 그 때문입니다. 진원류에게서도 비슷한 현상이 나타났습니다. 그 결과 쥐나 토끼만 한 크기에서 벗어나 몸집을 키웠습니다.

그림9-9
안경원숭이
원시적인 영장류의 일종인 안경원숭이.

흔히들 원숭이를 비롯한 영장류의 고향을 아프리카로 알고 있지만 최근 들어 유라시아라는 증거들이 점차 많아지고 있습니다. 신생대 중반 이전의 아프리카는 오늘날의 호주 대륙처럼 테티스해 건너편의 고립된 대륙이었습니다. 영장류뿐 아니라 포유류의 주요 활동 지역도 원래는 유라시아였습니다. 예를 들어 기린과 코끼리도 그 조상이 원래는 아시아에서 살다 테티스해가 사라지자 아프리카로 건너간 동물입니다. 그러나 유라시아는 신생대 중반 이후 기후가 추워지면서 열대나 아열대 우림이 대폭 줄어들고 그 자리를 초원이 대체했습니다. 그 결과 온난한 기후의 우림에 적응되었던 유라시아의 영장류들은 거의 전멸했습니다. 다행히 테티스해의 섬들을 건너 아프리카로 건너가 살아남은 일부 진원류들이 있었습니다. 이들의 일부가 마이오세 초기인 약 2300만 년 전에 유인원으로 진화했습니다.

유인원이란 '사람과 비슷한 원숭이'라는 뜻으로 영장류 중에 가장 진화한 집단입니다. 하지만 이들은 원숭이와 달리 꼬리가 없습니다. 간혹 직립보행을 하며 어깨와 팔목도 훨씬 자유롭게 움직일 수 있습니다. 유인원은 때때로 땅 위에서도 생활하기 시작했습니다. 최초의 유인원은 아프리카 동북부에서 출현했다고 추정됩니다. 하지만 기후가 온화해진 마이오세 전반부에 중동과 유럽으로 이주해 크게 분화하며 번성했습니다. 약 1500만 년 전 무렵 옛 테티스해 주변이었던 이 지역은 해양성 기후 덕분에 숲이 많고 과일이 풍부한 낙원이었습니다. 과일이 주식이었던 유인원은 이 쾌적한 환경에서 무려 100여 종으로 분화하며 크게 번성했습니다. 독일과 튀르키예(터키) 등에서는 이들의 화석이 다량 발견될 정도로 오늘날의 서남아시아와 유럽, 아프리카 북부는 유인원들의 낙원이었습니다.

그러나 따뜻했던 마이오세의 기후는 중반부터 점차 한랭하고 불안정해졌습니다. 게다가 테티스해의 서쪽인 스페인의 지브롤터해협이 막히고 동쪽도 아라비아판의 북상으로 입구가 닫히게 되었습니다. 그러자 지중해 바닷물이 증발하며 소금 사막으로 변하기 시작했습니다. 지중해는 오늘날 바다로 회복되었지만 소금사막과 건조한 기후는 유인원에게는 혹독한 환경이었습니다. 그 결과 당시 유럽과 서남아시아의 유인원들은 반복되는 건조한 환경 속에서 굶주림으로 죽어갔습니다. 그들 중에서 당분을 비정상적으로 많이 비축하는 돌연변이를 가진 일부가 살아남았습니다. 유전자 분석 결과 인

그림9-10
현존하는 영장류와 그들의 진화 과정
신생대 초기 영장류의 공통 조상에서 원원류(여우원숭이 등)가 진화했으며, 3500만 년 전 무렵 이들의 일부가 진원류(신대륙 및 구대륙 원숭이)로 분화했다. 약 2000만 년 전에는 구대륙 원숭이 중에서 유인원(긴팔원숭이, 오랑우탄, 고릴라, 침팬지)이 진화했다.

간의 성인병과 관련된 일부 유전자는 당시 그곳에 살았던 유인원의 공통 조상에게서 유래한 것이었음이 밝혀졌습니다. 그래서 굶주리지 않을 때도 포도당을 잔뜩 비축해서 발병하는 당뇨와 통풍 등의 성인병은 사람과 유인원에게서만 나타납니다.

결국 마이오세 때 번성했던 유인원은 모두 멸종하고 두 지역으로 피신한 무리만 생존했습니다. 첫 번째 부류는 동남아시아로 옮겨 간 긴팔원숭이와 오랑우탄의 조상입니다. 또 한 부류는 고릴라와 침팬지, 인간의 공통 조상으로 아프리카로 이주해서 살아남았습니다. 그 후 호모가 출현할 때까지 몇백만 년 동안 옛 테티스해 부근에는 영장류가 사라지고 인류의 조상이 진화한 무대는 동아프리카로 바뀌었습니다.

현존하는 유인원은 크게 4종(사람까지 포함하면 5종)입니다. 먼저 '소형 유인원'인 긴팔원숭이가 있습니다. 이들은 원숭이라고 잘못 번역되었지만 엄연한 유인원입니다. 한편 '대형 유인원'으로는 오랑우탄, 고릴라, 침팬지 그리고 사람이 있습니다. 이들은 모두 '사람속'으로 분류됩니다. 드디어 인류의 출현이 눈앞에 가까이 다가왔습니다.

아홉 번째 여행을 마치며

신생대는 포유류의 시대였습니다. 때를 맞추어 크게 번창한 속씨식물을 먹이 삼아 포유류들이 다양하게 적응방산하며 남극 대륙을 제외한 전 대륙에서 크게 번창했습니다. 속씨식물 중에서도 풀을 먹는 다른 초식 포유류와 달리 영장류는 나무 위에서 과일 열매를 먹었습니다. 따라서 영장류의 특징 대부분은 나무 위 생활에 적응한 결과입니다. 특히 영장류 중에서 지능이 높은 유인원이 진화함으로써 인류가 출현할 토대가 마련된 것입니다.

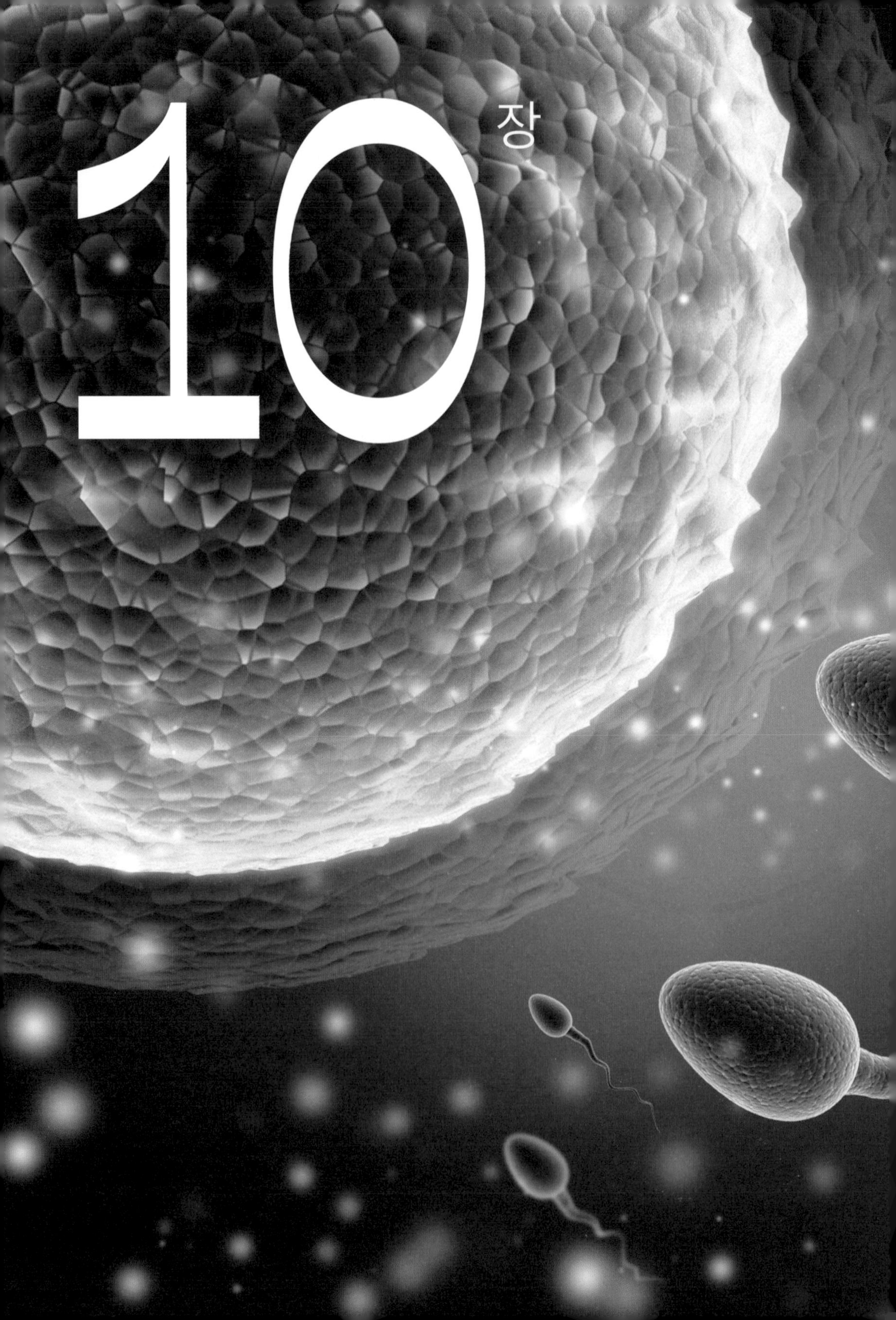
10장

생명의 본질 (I)

- 생명의 2대 특징 - 자기 유지와 복제본 만들기
- 생물과 물질
- 생물과 에너지
- 자손 퍼뜨리기
- 세포 분열

9월 15일

››› 지구의 첫 생물 출현(40억 년 전?)

››› 무성생식 시작

10월 2일

››› 가장 오래된 광합성 미생물 출현?

12월 3일

››› 원시적 유성생식 시작(10.5억 년 전?)

지금까지 우리는 138억 년 전 빅뱅에서 시작해 고등 영장류인 유인원이 출현한 신생대 말기에 이르기까지 기나긴 과거 여행을 마쳤습니다. 지구는 우리 은하계 안 태양계의 일원으로 생명이 탄생할 수 있는 이상적인 여건을 갖춘 행성이었습니다. 그러나 천체로서의 좋은 조건만으로는 충분치 않아서 실제로 생명의 탄생과 고등 동물의 진화는 지구 환경이 빚어낸 여러 현상들이 복잡하게 얽힌 상호작용의 결과였습니다. 여기에는 땅속 깊은 곳에서 맨틀 대류에 의한 지각판의 이동과 같은 각종 지질 현상에서부터 광물의 화학 작용, 거대한 열 저장고인 바다의 역할, 대기의 성분 변화 등이 포함됩니다. 특히 생명이 출현한 이후에 생물과 지구 환경의 상호작용이 또 한 차례 업그레이드되었습니다. 탄소의 순환은 그 대표적인 예입니다.* 그 과정에서 생물들은 대멸종을 겪기도 했지만 오히려 이것이 진화를 새로운 모습으로 이끄는 도약대가 되었습니다.

지구에서 일어난 이 모든 현상은 우연처럼 보이지만 다른 한편으로는 필연이라는 생각도 듭니다. 특히 생명이라는 현상을 들여다

* 7장 참고

보면 더욱 그렇습니다. 생명체에서 일어나는 반응들은 우연의 연속처럼 보이지만 기가 막힐 정도로 정교하게 작동합니다. 그래서 많은 사람이 "생명은 경이롭다"라고 말합니다. 프랑스의 저명한 생화학자 자크 모노는 그의 책《우연과 필연》에서 이를 예리하게 지적했습니다. 생물의 몸에서 일어나는 세포 단위의 미시적 현상을 살펴보면 우연적으로 보입니다. 그러나 일단 큰 구조의 부분으로 편입되면 우연이 아니라 가장 확실한 필연으로 나타납니다.

그중에서도 인간의 존재는 그 자체가 가장 경이로운 생명 현상으로 보입니다. 이제 인간에 대해 본격적으로 알아보기에 앞서 이번 장과 다음 장에서는 생명이 무엇인지를 근본적인 차원에서 살펴보겠습니다.

1. 생명이 가지는 2대 특징

우리는 세균과 코끼리는 생물이지만 먼지와 바위는 무생물이라는 사실을 잘 압니다. 지구 생명체는 박테리아에서 곰팡이, 식물과 동물에 이르기까지 실로 다양합니다. 그런데 크기나 형태, 기능이 서로 크게 다른데도 우리는 이들 모두를 생물로 분류합니다. 도대체 박테리아와 인간 사이에는 어떤 공통점이 있을까요? 그리고 생명을 어떻게 정의할 수 있을까요? 이는 쉬운 질문이 아니어서 철학자나 과학자들의 오랜 논란의 대상이었습니다. 하지만 NASA에서 인용하는 모범 답변이 있습니다. 즉 생명이란 스스로 자신을 유지해 생존하려고 하며, 자신과 닮은 2세를 만들어 퍼뜨리려고 하는 그 무엇이라는 것입니다. 여기서 '그 무엇'이란 보기에 따라서는 유기(생체) 분자들의 집합체일 수도 있고, 복잡한 상호작용 혹은 시스템일 수도 있습니다. 생명을 특징짓는 두 특성에 대해 알아보겠습니다. 그에 앞서 염두에 두어야 할 것은 세포입니다. 박테리아(세균)에서 버섯, 인간에 이르기까지 모든 생물의 기본 단위는 세포입니다. 가령 인간은 30조 개 이상의 세포로 이루어진 다세포 생물이지만 원칙적으로 각각의 세포는 독립적인 생명체라고 할 수 있습니다. 그래서 사고나 질병으로 사망할 때도 모든 세포가 동시에 죽지 않고 간 세포, 피부 세포, 뇌 세포 등이 각기 다른 시간에 죽습니다. 심장을 포함한 장기이식이 가능한 것도 이 때문입니다. 세포막을 기준으로 안쪽은 생명이며 바깥쪽은 무생물인 주변 환경입니다.

그림10-1
박테리아와 동물, 식물의 세포
모양과 기능, 복잡성, 세부 기관들은 각기 다르지만 지구의 모든 생명체는 세포막으로 둘러싸인 세포를 기본 단위로 한다. 그들의 작동 방식에는 놀랄 만한 공통점이 있다.

(가) 모든 생명체는 물질대사를 한다

세포의 안쪽과 바깥쪽에 있는 물질의 종류나 농도, 온도 등은 서

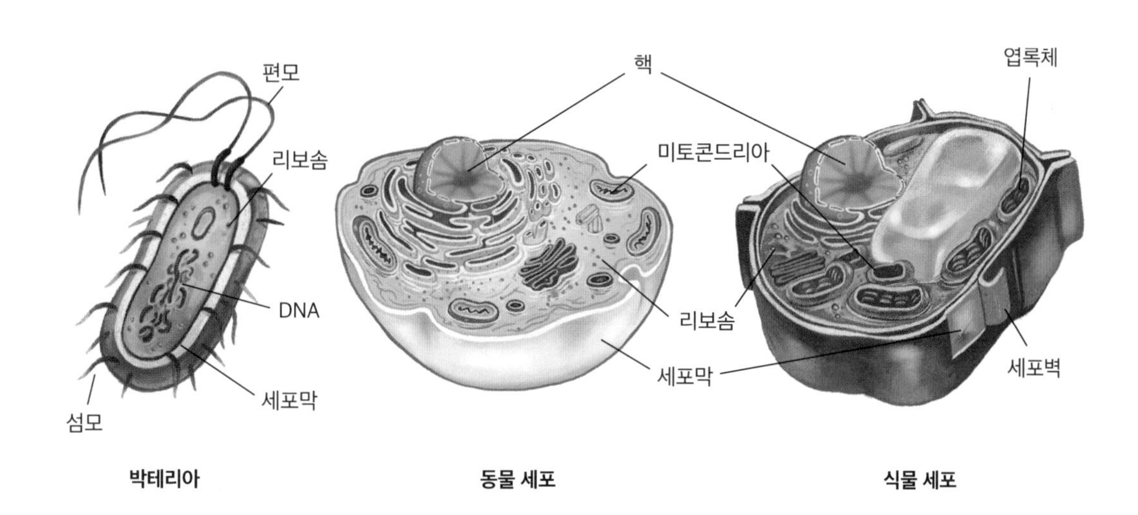

로 다르며 매 순간 변합니다. 따라서 생명(세포)이 지속되려면 수시로 변하는 외부 환경에 반응해서 세포의 상태를 일정하게 유지해야 합니다. 이처럼 외부 환경으로부터 세포의 상태를 항상 일정하게 유지하려는 성질을 생물학자들은 '항상성'이라고 부릅니다. 즉 생명이 계속해서 살려고 하는 생존 본능은 항상성을 유지하는 과정이라고 바꾸어 말할 수 있습니다. 항상성은 세포 수준에서 엄격히 지켜집니다.

세포의 상태가 변화하는 외부 환경에 대응하여 일정하게 유지되려면 세포 안팎의 물질과 에너지가 세포막을 통해 드나들 수 있어야 합니다. 이 작용을 '물질대사', 또는 줄여서 '대사'라고 합니다. 대사를 위해서는 필요한 물질을 외부에서 얻거나 자체적으로 새롭게 합성해야 하고 때에 따라서 분해하는 과정도 필요합니다.

여기서 중요한 것은 세포막입니다. 세포막은 특정한 분자만 선

그림10-2
세포의 항상성과 세포막
세포는 세포막을 통해 외부 환경과 물질 및 에너지를 교환하는 방식으로 세포 안을 일정한 상태로 유지한다. 그림은 세포막을 통해 물질들이 이동하는 방식을 보여준다. (A) 세포 안팎 물질의 농도 차이에서 비롯되는 단순한 확산에 의한 수동적 물질 이동. (B, C) 세포막에 있는 확산 통로(채널)를 통한 특정한 물질의 수동적 이동. (D) ATP나 ADP와 같은 에너지 저장 분자를 이용한 능동적 물질 이동.

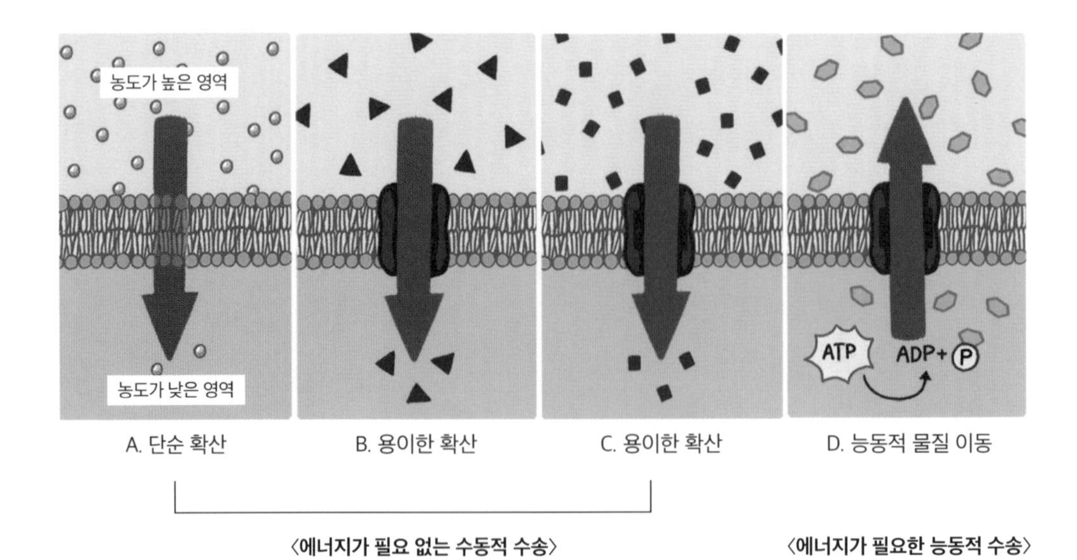

그림10-3
이화작용과 동화작용
이화작용은 생체 분자(예: 포도당)를 작은 무기 분자(예: 이산화탄소)로 분해하여 에너지를 얻는 대사 작용이다. 이와 반대로 동화작용은 작은 무기 분자를 원료로 삼아 생명 유지에 필요한 큰 생체 분자로 합성하는 대사 작용이다. 이때 필요한 에너지는 햇빛 등의 외부 에너지 혹은 이화작용에서 얻는 자체 에너지를 이용한다.

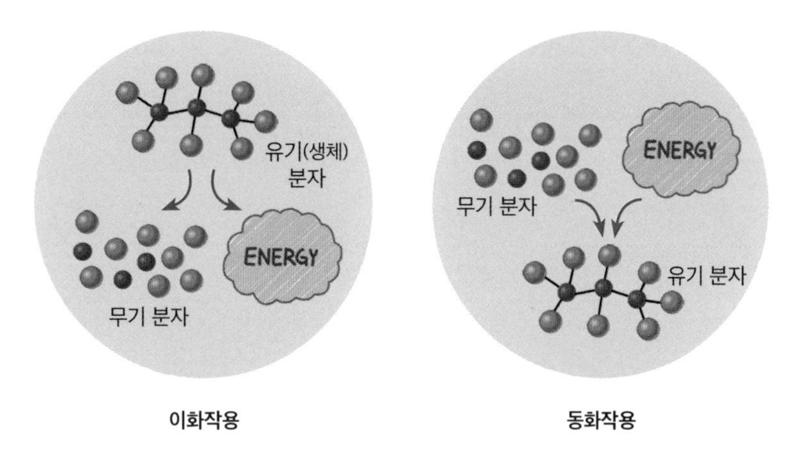

별적으로 통과시키는 방식으로 세포 안팎의 물질 교환을 조절합니다. 물질대사는 크게 두 과정으로 구분될 수 있습니다. 첫째, 내외부의 에너지를 이용해 간단한 분자로부터 생명체에 필요한 단백질이나 핵산 등의 복잡한 유기 분자들을 합성하는 동화작용입니다. 둘째는 합성된 생체 분자들을 분해해 에너지를 얻는 이화작용입니다.

(나) 생명체는 자손을 번식한다

생명의 두 번째 특징은 자손을 퍼뜨리려는 본능입니다. 생물이 자신을 항상 일정하게 유지하며 생존하려는 시도는 영원히 계속될 수 없습니다. '모든 것은 변한다'는 자연의 법칙에 따라 모든 생물은 결국 죽음을 맞게 됩니다. 생물은 죽음을 피하기 위해 자신과 비슷한 복제본을 만들어 간접적으로 삶을 이어가려는 본능을 가지고 있습니다. 복제본이란 다름 아닌 후손입니다. 문제는 이 복제가 완벽할 수 없다는 점입니다. 다시 말해 어버이와 2세는 똑같을 수 없습니다. 이 단순한 사실은 생명의 역사에서 매우 중요합니다. 만약 생물이 자신과 똑같은 후손을 퍼뜨렸다면 진화는 불가능했을 것이고 오늘날 지구에서 보는 다양한 생명체는 존재할 수 없었을 것입니다.

요약하자면 당장의 삶을 유지하기 위한 '대사 작용'과 후손을 낳기 위한 '생식 활동'이 생명체가 가지는 두 가지 핵심 기능입니다.

2. 생물은 양분과 구성 분자들을 어디서 얻을까?

식물은 무기 분자인 물과 이산화탄소를 원료 삼아 스스로 필요한 물질들을 만듭니다. 즉 광합성을 통해 자체적으로 세포 물질과 에너지를 얻는 '독립 영양 생물'입니다. 반면에 동물은 스스로 필요한 물질을 만들어낼 수 없으므로 식물이 만들어놓은 유기분자들을 먹어 생존에 필요한 물질과 에너지를 얻습니다. 동물은 초식성이건 육식성이나 잡식성이건 결국은 먹이사슬의 맨 밑에 있는 식물을 먹는 셈입니다. 균류(버섯, 곰팡이 등) 역시 스스로 생체 분자와 에너지를 만들지 못합니다. 식물이나 동물에 기생해서 물질과 에너지를 섭취합니다. 결국 동물과 균류는 식물이 만든 유기 분자에 의존해야 살 수 있으므로 '종속 영양 생물'입니다. 물론 식물 중에는 '파리지옥'처럼 곤충을 잡아먹거나 다른 식물에 기생하는 극소수의 예도 있기는 합니다. 하지만 이들도 척박한 환경에서 보충 수단을 병행하는 것일 뿐 광합성을 합니다. 이렇게 본다면 식물만이 스스로의 힘으로 살아가는 온전한 다세포 생물이라 볼 수 있습니다.

그렇다면 생물은 구체적으로 어떤 물질이 필요할까요? 대략 네

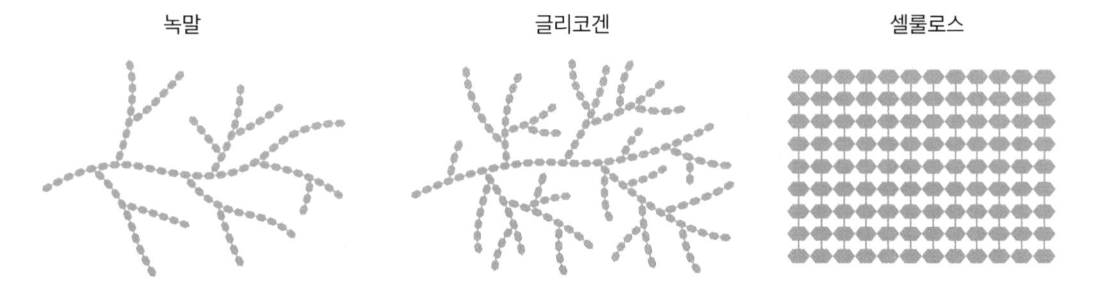

그림10-4
탄수화물 분자들
포도당 분자가 여러 개 결합한 분자들이다.

가지 유기 분자를 필요로 합니다.

첫째, 세포에서 가장 기본이 되는 분자는 포도당(글루코스)입니다. 식물의 경우 포도당은 녹말의 형태로 잎이나 줄기 또는 뿌리에 들어 있습니다. 동물의 경우 포도당은 당장 투입되어 에너지원으로 쓰이는 연료입니다. 연료로 쓰고 남은 것이 있으면 글리코겐이라는 분자로 간이나 근육에 저장해두었다가 포도당이 소모된 후 몇 시간 동안 사용합니다. 녹말이나 글리코겐은 둘 다 간단한 구조의 포도당(단당류)이 여러 개 붙어 있는 복합 분자(다당류)입니다. 이보다 더 크고 복잡하게 당 분자가 붙어 있는 물질이 셀룰로스입니다. 이들을 통틀어서 탄수화물이라고 하는데, 탄소와 수소의 화합물이라는 뜻입니다.

둘째, 생물은 지방산 분자도 필요합니다. 지방산이란 글리세롤과 함께 지방을 구성하는 성분입니다. 생물은 세포막 같은 세포 내 각종 막들을 만드는 데 지방산을 씁니다. 이 막들은 모두 지질로 이루어졌죠. 그뿐만 아니라 지방산은 동물 대사의 주 연료인 포도당이나 글리코겐이 부족할 때 사용하는 예비용 에너지이기도 합니다. 포도당 등의 탄수화물은 지방산이나 지방으로 변환될 수 있습니다. 그래서 빵이나 국수 등 탄수화물을 과도하게 먹으면 지방이 많아져서

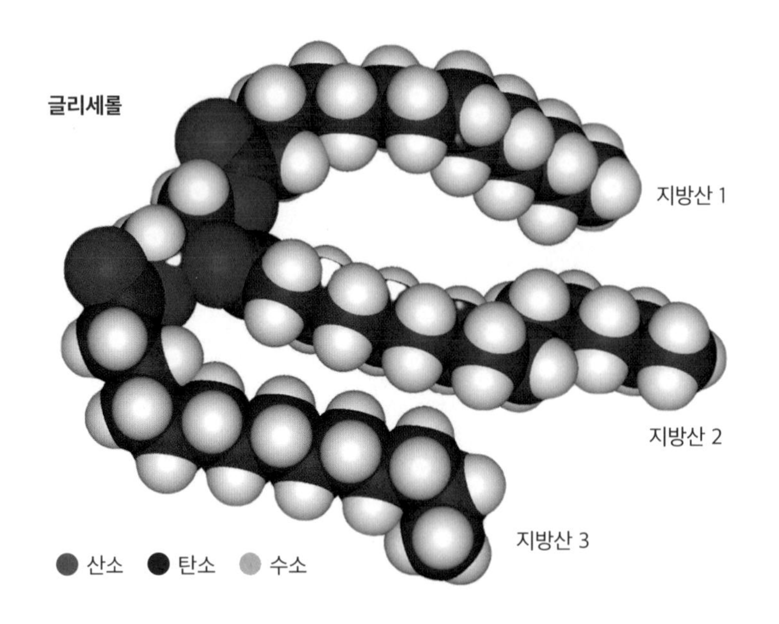

그림10-5
지방의 분자 구조
지방은 뼈대인 글리세롤과 지방산들로 이루어진 복합 분자이다.

살이 찌는 것입니다.

셋째, 단백질의 기본 단위인 아미노산도 생체에 필요한 분자입니다. 자연계에 약 500종의 아미노산이 있는 것으로 알려져 있지만 지구 생물은 이 중에서 20개 분자만 사용합니다. 식물은 이들 20종류를 모두 합성할 수 있지만 동물은 먹은 음식물 분자를 분해하여 11종류만 만들 수 있습니다. 체내에서 합성되지 않는 나머지 9종류는 음식으로 섭취해야 하므로 '필수 아미노산'이라 부릅니다. 20종류의 아미노산은 다양한 조합으로 결합해 기능이 서로 다른 수십만 종류의 단백질을 만듭니다. 단백질이 중요한 이유는 세포 물질과 동물의 장기 등 생체 조직을 구성하는 물질이기 때문입니다. 그뿐만 아니라 동물의 몸에서 생화학 반응을 조절하는 호르몬이나 신경 전달 물질, 효소도 대부분이 단백질입니다.

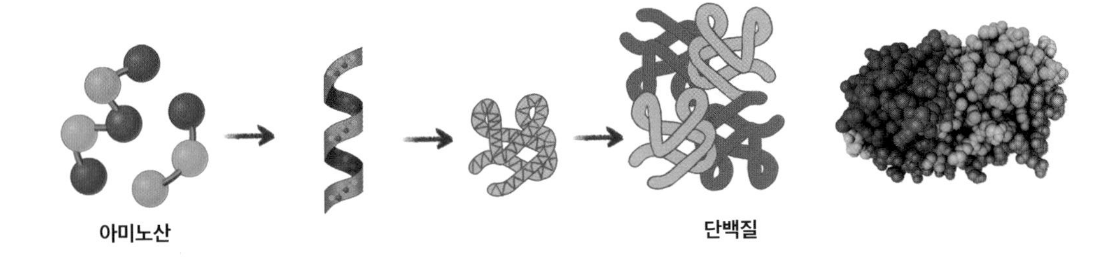

그림10-6
단백질의 분자 구조
단백질은 여러 종류의 아미노산들이 다양한 조합으로 이어져 만들어진 복합(중합) 분자이다. 맨 오른쪽 그림은 실제 단백질에 색깔을 입힌 모습이다.

넷째, 유전 물질로서 핵산(RNA와 DNA)의 구성단위인 뉴클레오타이드도 생명체에 필수적인 분자입니다. 뉴클레오타이드는 당, 인산, 염기의 세 부분으로 이루어진 복합 분자입니다. 이들은 세포 내에서 여러 단계를 거쳐 사슬 모양으로 길게 결합(중합)해 RNA와 DNA가 됩니다.

이상 알아본 4개의 유기 화합물 중에서 앞의 3개는 우리가 익히 알고 있는 3대 영양소인 탄수화물과 지방 그리고 단백질을 구성하는 분자입니다. 네 번째의 핵산은 3대 영양소를 원료 삼아 합성됩니다. 이 외에 비타민과 무기질도 생물에 필수적인 물질이지만 극소량만 섭취하면 되므로 부副 영양소 혹은 미량 영양소로 분류합니다.

3. 생물이 에너지를 얻는 방법

그런데 위에 언급한 유기 화합물들을 합성(동화작용)하려면 에너지가 필요합니다. 또 생물의 삶을 유지하는 각종 생체 반응도 에너지가 있어야 가능합니다. 생물들이 에너지를 얻는 방식에는 크게 세 가지가 있습니다.

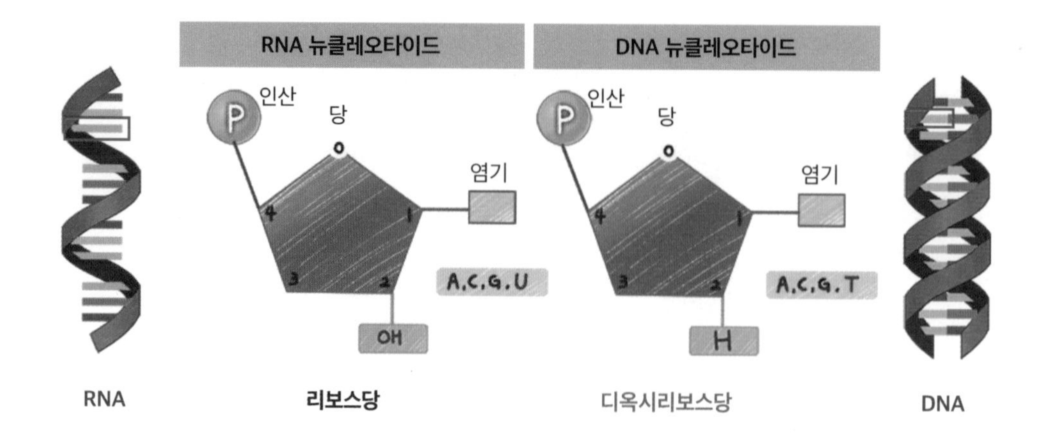

그림10-7
뉴클레오타이드
당과 인산, 염기로 구성된 복합 분자이다. 이들이 길게 연결(중합)되어 가닥으로 된 더 큰 분자가 유전 물질인 핵산, 즉 RNA와 DNA이다. RNA와 DNA는 기본 구조가 거의 같다. 차이라면 뉴클레오타이드를 구성하는 당(리보스 혹은 디옥시리보스)과 염기 중 1개(우라실 혹은 티민)가 약간 다를 뿐이다. 물론 DNA는 RNA에 비해 훨씬 길고 이중 가닥이라는 차이점도 있다.

첫 번째는 무기 화합물이 산화될 때 나오는 화학 에너지를 이용하는 생물들이 있습니다. 황산화박테리아, 수소산화박테리아, 메테인생성균 등 박테리아나 고세균이 여기에 속하는데, 이 미생물들은 황, 수소, 질소, 철 등의 화합물을 산화시켜 에너지를 얻습니다. 이들은 산화 반응을 위해 이산화탄소를 사용합니다. 이산화탄소 중 탄소는 생체 분자의 뼈대로도 이용됩니다. 5장에서 살펴보았듯이 이런 종류의 미생물들은 생명의 출현 이후 최소 15억 년 이상 지구를 지배했습니다. 앞에서 살펴봤듯이 당시 지구의 대기는 이산화탄소와 질소가 대부분이었습니다. 그래서 그 후손인 오늘날의 박테리아들도 대부분이 산소가 많은 대기에서 살 수 없는 혐기성입니다.

두 번째 경우는 태양 에너지인 햇빛을 이용하는 생물인데, 이산화탄소와 물로 광합성을 하는 시아노박테리아나 식물이 여기에 속합니다.

세 번째 경우는 식물이 광합성으로 이미 만들어놓은 탄소 화합물인 포도당을 산화시켜 에너지를 얻는 방식인데 동물이 이와 같은 방식으로 에너지를 얻습니다.

여기서는 식물과 식물을 먹고 사는 동물 위주로 살펴보겠습니다.

5장에서 보았듯이 식물의 세포에 들어 있는 엽록체는 원래 단세포의 진핵생물에 들어온 시아노박테리아라는 외래 미생물이었습니다. 광합성을 담당하는 엽록체는 식물의 세포소기관으로 세포에 따라 1~100개가 있습니다. 광합성 과정을 다시 복습해보겠습니다. 먼저 식물의 엽록소가 햇빛 에너지를 이용해 물을 분해합니다. 이때 나온 수소는 이산화탄소에서 탄소를 뽑아내어(탄소 고정) 포도당($C_6H_{12}O_6$) 분자를 만들며. 부산물로 남은 산소는 밖으로 배출해버립니다. 이 반응이 광합성입니다. 이렇게 만들어진 포도당은 단독 혹은 여러 개가 연결된 녹말 분자의 형태로 잎이나, 줄기, 열매, 뿌리에 저장됩니다. 동물은 이것을 먹어서 생체 분자로 이용하는 것입니다.

한편 호흡은 광합성 과정의 반대입니다. 광합성으로 만들어진 포도당을 산소와 반응시켜(산화) 물과 이산화탄소로 분해하는 과정입니다. 생물은 이 과정에서 얻은 에너지를 각종 생체 반응에 사용합니다. 햇빛이 에너지를 공급하고 생명체는 에너지를 소모하며 탄소, 수소, 산소는 순환합니다. 여기에서 추가되는 것은 태양 에너지뿐입니다.

광합성이 땔감인 포도당을 만드는 반응이라면 호흡은 그것을 태워 에너지로 이용하는 과정이라고 할 수 있습니다. 식물은 동물처럼 눈에 보이는 호흡 기관이 없어 알아차리기가 힘들지만 식물도 뿌리, 줄기, 잎 등으로 호흡을 하기 때문에 살 수 있습니다.

동물의 경우 호흡이라고 하면 허파나 폐를 연상하는데 그것은 '외호흡'입니다. 이와 달리 식물과 동물의 세포 단위에서 하는 호흡을 '내호흡' 또는 '세포 호흡'이라고 합니다. 외호흡은 다세포 생물인 동물이 세포 호흡에서 나온 이산화탄소를 한 곳에 모아 배출하는 동시에 외부에서 산소를 대량으로 흡수하는 큰 규모의 순환이라고 할 수 있습니다.

세포 호흡은 1개의 포도당 분자가 산화되어 6개의 이산화탄소로 변하는 과정입니다. 이 과정에서 발생한 에너지의 일부는 아데노신 3인산adenosine triphosphate, ATP이라는 분자에 저장됩니다. 다시 요약하면 포도당을 분해해 이산화탄소와 물로 바꾸고, 여기서 나온 에너지를 ATP 분자에 저장하는 과정이 세포 호흡입니다.

ATP 분자는 3개의 인산 사슬이 붙어 있는 구조인데, 그중 인산 하나가 붙었다 떨어졌다 하면서 에너지를 저장하거나 방출하는 것입니다. 즉 이 에너지의 근원은 분자의 결합 에너지입니다. 팽팽하게 당겨졌던 고무줄이 끊어지면서 고무 분자들을 묶어두었던 에너지가 방출되는 것과 유사한 원리입니다. 생물의 경우 세포 호흡으로 1개의 포도당 분자가 분해되는 과정에서 대략 30개의 ATP 분자가 생성됩니다.

에너지 효율면에서 보면 포도당의 연소에서 생기는 에너지의 약 40퍼센트가 ATP에 저장되고 나머지는 열로 발산됩니다. 이는 자동차 엔진의 평균 에너지 효율 25퍼센트를 훨씬 능가합니다.

ATP는 생명 유지에 없어서는 안 될 매우 중요한 물질입니다. 세포의 모든 활동은 ATP에 저장된 에너지를 사용하기 때문입니다. 한마디로 미토콘드리아는 세포의 발전소이며, ATP는 거기서 나오는 전기라고 할 수 있습니다. 가령 사람의 세포 1개에는 매 순간 평균적으로 10억 개의 ATP 분자가 있습니다. 하지만 생성되자마자 필요한 곳에 쓰인 후 2분 만에 분해되므로 호흡을 통해 끊임없이 보충

그림10-8
세포 호흡
생체의 에너지 분자인 ATP는 세포 속의 미토콘드리아에서 호흡 과정 중에 만들어진다. 합성된 ATP 분자는 3개의 인산기가 붙어 있는데, 이 중 1개를 떼어내어 인산기 2개의 ADP가 되면서 에너지를 방출한다. ADP에 인산기 1개가 다시 붙으면 ATP가 되며 순환된다.

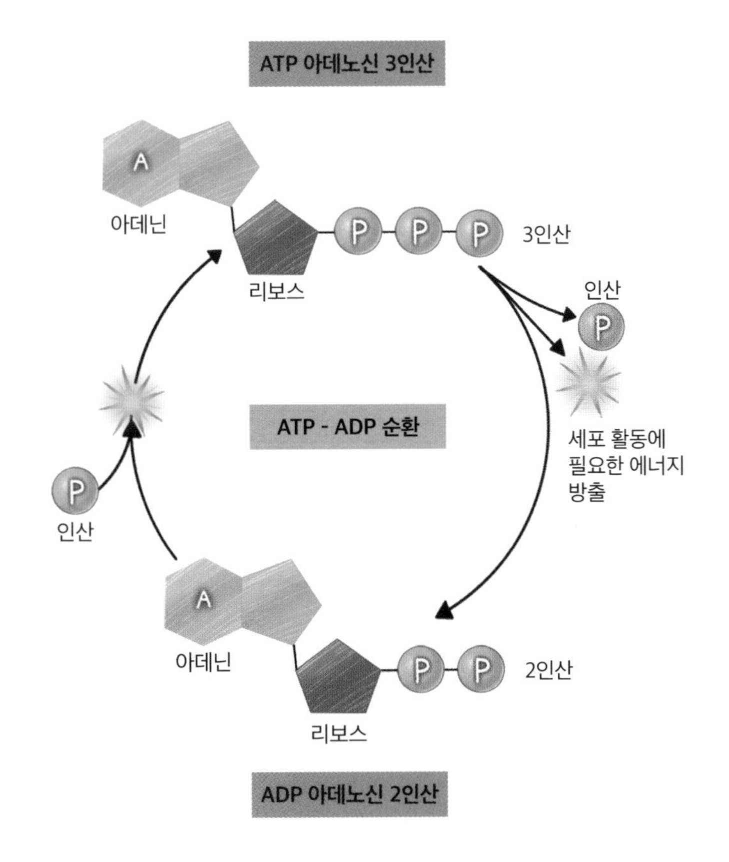

되어야 합니다. 사람의 경우 하루에 대략 몸무게만 한 양의 ATP가 생성되어 에너지로 소비되는 셈입니다.

지금까지 이야기한 것은 포도당(탄수화물)을 호흡으로 분해해 에너지 분자인 ATP를 얻는 과정이었습니다.

한편 포도당이나 생체 분자를 호흡으로 분해해 얻은 ATP 분자는 거꾸로 이들을 합성하는 에너지로도 사용됩니다. 이러한 동화작용은 기본적으로 세 단계로 나누어 볼 수 있습니다. 첫 단계에서는 포도당, 지방산, 아미노산, 뉴클레오타이드 등의 전구물질(합성 전 단계의 원료 물질)을 만듭니다. 다음 단계에서는 ATP에 저장된 에너지를 이용해 이 원료 물질들을 반응성이 강한 활성 상태로 바꿉니다. 마지막으로 이들을 조립해 탄수화물(동물은 글리코겐, 식물은 녹말), 지질, 단백질, 핵산(RNA, DNA) 등의 복잡한 분자들을 만듭니다.

4. 자손 퍼뜨리기

물질대사를 통해 삶을 유지하는 활동과 함께 생명체가 가지는 또 하나의 핵심 기능은 자손을 낳아 퍼뜨리는 생식입니다. 흔히들 인간의 2대 욕망으로 식욕과 성욕을 꼽습니다. 이 말은 생물의 특징이 대사 작용과 생식 본능이라고 바꾸어 말할 수 있습니다. 생식은 영원히 살 수 없는 생명체가 죽어서도 간접적으로 살기 위해 천재적으로 창안한 기능입니다. 물론 생명체가 의도적으로 고안한 것이 아니라 생명을 탄생시킨 자연의 법칙이 그렇게 유도했을 것입니다. '생식'이라는 용어는 2세를 낳아 어느 정도까지 보살피는 행위까지 포함하는 '번식'과 종종 혼용되기도 하는데, 이 책에서는 '생식生殖'이라는 단어를 주로 사용하겠습니다. 생식은 한마디로 유전자, 즉 DNA에 저장된 유전 정보를 후대에 전달하는 활동입니다. 그렇다고는 하지만 피 한 방울, 세포 물질 하나도 그대로 후손에 전달되지 않습니다. 물론 갓 태어났을 때의 2세는 모세포의 물질을 잠시 가질 수는 있지만 곧 자신의 것을 만들어 대체합니다. 2세에게 전달되는 것은 물질이 아니라 유전 정보입니다.

자손을 퍼뜨리는 방법에는 두 가지가 있습니다. 자신의 일부를 떼어내어 따로 증식시키는 무성생식과 암수 두 개체가 유전자를 섞어 2세에 전달하는 유성생식입니다.

무성생식은 어떤 생물이 자신의 DNA를 복제해 일단 두 배로 만든 후 반으로 나누어 2세를 만듭니다. 따라서 어미와 자식은 원칙적으로 똑같은 유전 정보를 가집니다. 하지만 시간이 지남에 따라 DNA에 돌연변이가 일어나므로 양쪽의 유전 정보가 약간은 달라집니다. 무성생식은 빠르게 많은 후손을 늘리는 방법입니다. 그러나 후손들의 유전적 다양성이 크지 않기 때문에 환경 변화에 대한 적응력이 취약합니다. 무성생식을 하는 대표적인 생물은 세포 분열로 유전 정보를 둘로 나누는 박테리아들입니다. 히드라나 효모, 말미잘도 본체의 일부에 돋아난 돌기가 떨어져 나가 새로운 개체로 성장하는 출아로 생식합니다. 버섯과 곰팡이, 고사리, 미역과 다시마도 세포 분열을 통해 자신의 유전자가 담긴 포자를 만들고 이를 바람이나 물에 퍼뜨리는 포자법으로 자손을 늘립니다.

이와 달리 고등 다세포 생물인 대부분의 식물과 동물은 암수 두 개체가 유전 정보를 후손에게 전해주는 유성생식을 합니다. 이들은 암컷의 생식 세포인 난자와 수컷의 생식 세포인 정자가 결합해 2세를 만듭니다. 그런데 유성생식의 경우 개체들은 짝을 찾기 위해 무모할 정도로 많은 에너지를 투자합니다. 때로는 이성 상대를 놓고 사활을 건 경쟁도 합니다. 우리 주변만 보아도 남녀 간의 '사랑'이라는 문제가 인간 활동의 상당 부분을 차지하는 듯합니다. 그런데도 암수는 2세에게 자기 유전자를 확률적으로 절반밖에 전하지 못합니다. 이는 유성생식이 제한된 자원으로 살아가야 하는 생물에게는 매우 불리한 선택으로 보입니다. 그런데도 유성생식이 수억 년 동안 이어져온 것은 그럴 만한 이점이 있었기 때문일 것입니다. 과학자들

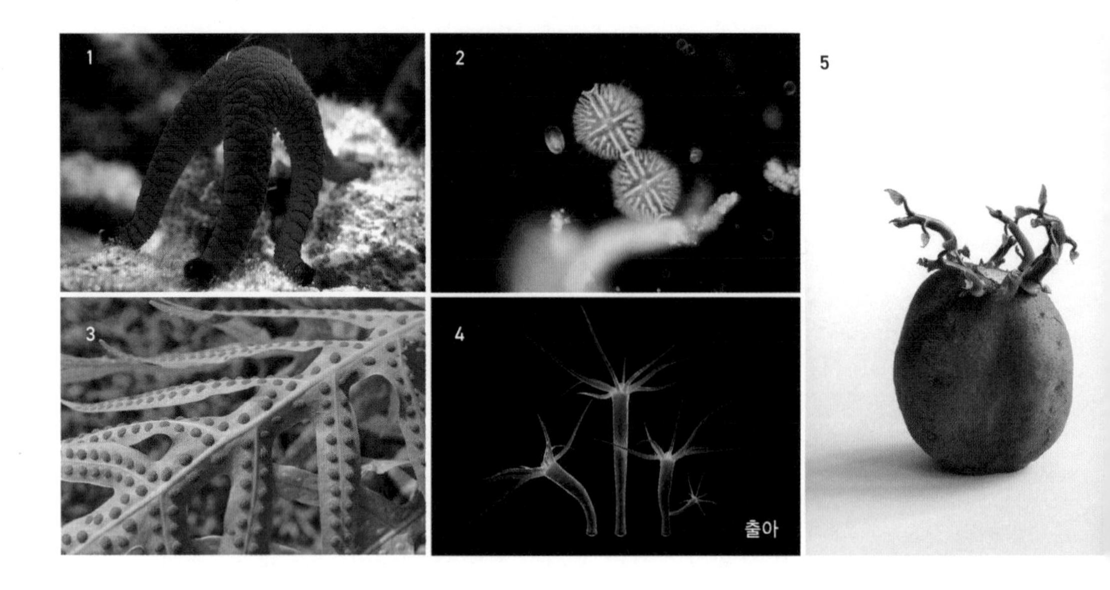

그림10-9
생물의 무성생식

1. 불가사리의 재생법(잘린 긴 팔에서 새로운 팔 4개가 생긴다).
2. 단세포 녹조류의 이분법.
3. 고사리의 포자법.
4. 히드라의 출아법.
5. 감자의 영양생식법(눈에서 나온 싹이 새로운 모종으로 자란다).

은 이에 대해 몇 가지 설명을 내놓았습니다.

첫 번째는 암수 서로 다른 두 개체가 유전자를 나누어 후손에게 전해주면 유전적 다양성이 증가하기 때문에 변화하는 환경에 더 잘 적응할 수 있다는 설명입니다. 2세는 부모와 다르기 때문에 이런 유전적 다양성은 후대로 갈수록 커질 것입니다. 유전적으로 다른 개체들이 여럿 있다면 새로운 환경에도 잘 적응할 수 있는 개체가 자연선택으로 살아남을 수 있습니다. 그렇지 않고 유전적으로 비슷한 개체들만 있다면 그 종은 멸종하기 쉬울 것입니다.

두 번째는 세균이나 바이러스에 대항하기 위해 유성생식이 진화했다는 설명입니다. 코로나바이러스에서 보듯이 세균이나 바이러스는 매우 빨리 증식하므로 몇 달 만에 새로운 변이가 나타납니다. 인간의 면역 세포가 이들을 감지하고 재빨리 새로운 방어 체계로 바꾸기 때문에 이에 대응하기 위한 바이러스의 전략입니다. 병원

그림10-10
염색체의 교차
유성생식 생물은 모계 염색체와 부계 염색체 조각을 교차해서 교환한다. 그 결과 새로운 조합의 유전자들이 다양하게 만들어진다.

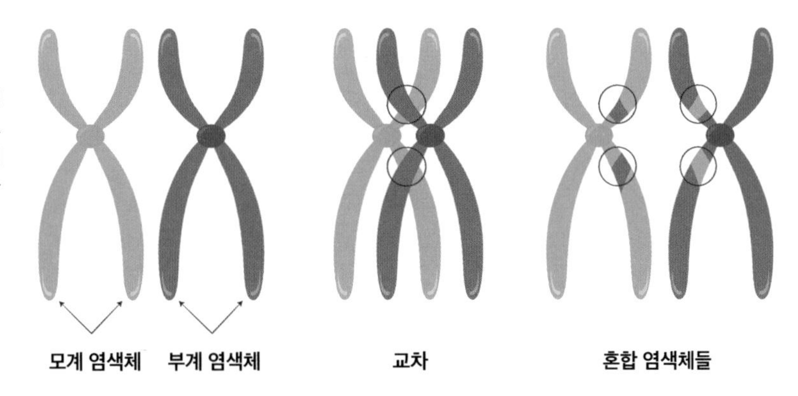

성 바이러스나 세균은 숙주 생물과 이런 식으로 서로 무한 군비 경쟁을 합니다. 숙주 생물이 여기서 살아남으려면 좋건 나쁘건 가리지 않고 가능한 유전자를 계속 바꿔 복잡하게 만들어야 합니다. 유성생식은 그런 면에서 무성생식보다 월등한 이점이 있습니다.

세 번째 설명은 유전자의 오류 복구가 유성생식을 진화시켰다는 것입니다. DNA는 생물이 살아 있는 동안 끊임없이 손상을 받고 복제될 때도 돌연변이가 필연적으로 생깁니다. 그런데 유성생식을 하는 진핵 다세포 생물은 암수 양쪽으로부터 하나씩 받은 DNA가 있기 때문에 어느 한쪽에 오류가 있어도 다른 한쪽이 대신할 수 있어서 문제가 안 됩니다. 더구나 그다음 대에서는 또다시 다른 개체의 DNA와 섞이므로 오류가 희석됩니다.

이 밖에도 유성생식의 기원을 설명하는 여러 주장들이 있지만 분명한 것은 암수 두 개체가 유전자를 섞어 후손을 만드는 것이 무성생식보다 유리하다는 사실일 것입니다.

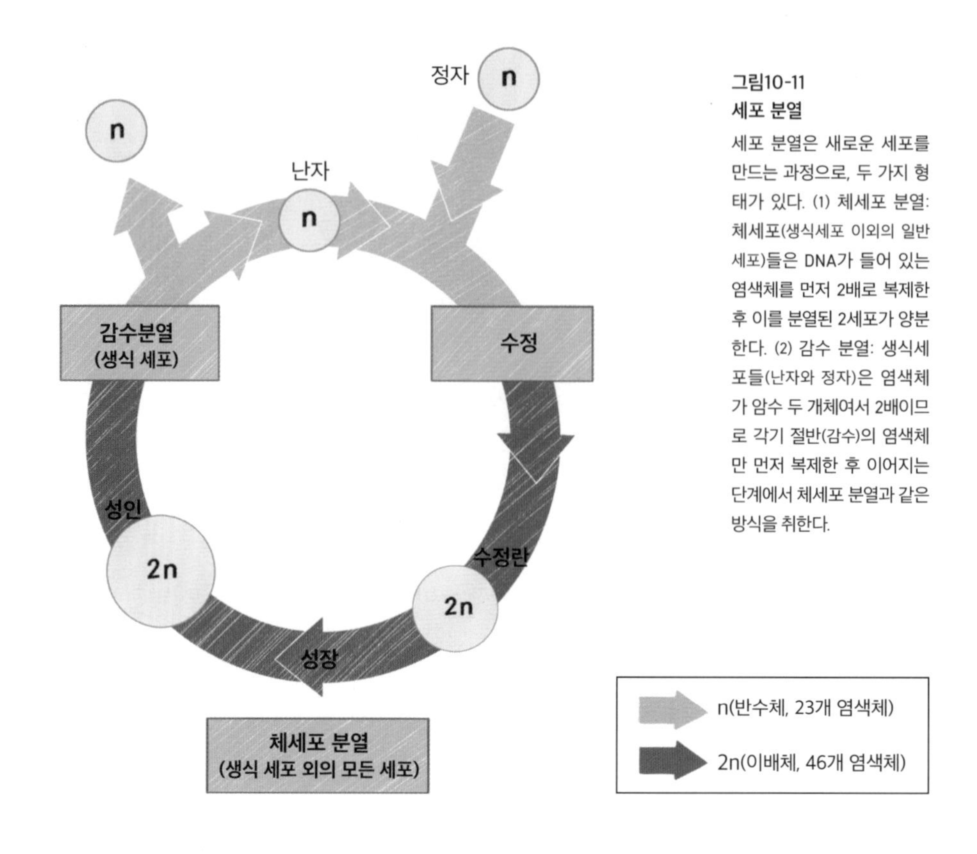

그림10-11
세포 분열
세포 분열은 새로운 세포를 만드는 과정으로, 두 가지 형태가 있다. (1) 체세포 분열: 체세포(생식세포 이외의 일반 세포)들은 DNA가 들어 있는 염색체를 먼저 2배로 복제한 후 이를 분열된 2세포가 양분한다. (2) 감수 분열: 생식세포들(난자와 정자)은 염색체가 암수 두 개체여서 2배이므로 각기 절반(감수)의 염색체만 먼저 복제한 후 이어지는 단계에서 체세포 분열과 같은 방식을 취한다.

5. 체세포와 생식 세포

유성생식을 하는 진핵생물인 식물과 동물은 모두 다세포 생물입니다. 이들의 암수 몸체에는 생식만 담당하는 특별한 세포가 있는데 이를 '생식 세포' 혹은 '성세포'라고 합니다. 그밖에 장기나 근육, 세포 조직 등 다세포 생물의 나머지 세포는 모두 '체세포'입니다. 생식 세포는 수정란이 분화되는 초기 단계부터 일찌감치 체세포와 별개로 만들어집니다. 체세포와 갈라진 후에는 독자적으로 분화하여 훗날 생식만 담당하게 됩니다. 체세포와 생식 세포는 여러 면에서 크게 다릅니다.

식물과 동물은 수많은 세포로 이루어진 다세포 생물입니다. 사람만 해도 약 30조 개 이상의 세포로 이루어져 있습니다. 이들 각각의 세포는 미토콘드리아와 핵막 속에 DNA 세트를 독자적으로 보관하고 있습니다. 다시 말해 우리의 몸은 하나의 개체로 일사불란하게 행동하고 있지만 각각의 세포는 제 역할을 하면서 제 나름대로 독자성을 유지하고 있는 생명체들입니다. 다세포 생물이 먼 옛날 단세포 생물들의 연합으로 진화했기 때문입니다. 다세포 생물은 협동해서 살아가므로 조직에 피해를 주는 개별 행동은 허용되지 않습니다. 그래서 늙거나 유전자가 고장난 세포는 다른 세포에 피해를 주지 않기 위해 자살합니다. 이를 세포자살이라고 합니다. 그런데 고장난 체세포 중에 간혹 단체 행동의 규칙을 어기고 단세포 시절의 관성대로 계속 살려는 이단자가 있는데 이것이 바로 '암세포'입니다.

체세포는 한 번 만들어지면 평생 유지되는 것이 아닙니다. 다세포 생물의 경우 살아 있는 동안 세포 분열을 통해 수시로 새로운 세포를 만들거나 교체합니다. 이를 위해 일어나는 '체세포 분열'은 모세포 하나가 유전 정보를 똑같이 복사하여 2개로 만든 후 세포 분열 때 딸세포에게 주는 방식으로 진행됩니다. 같은 방법으로 세포핵이나 세포질도 복제를 통해 두 배로 만들었다가 분열할 때 복제된 것을 딸세포에게 분배해줍니다. 체세포 분열은 다세포 생물인 식물에서는 성장점, 동물에서는 온몸에서 일어나는데 성장과 세포의 교체 및 보수, 상처 치유 등을 위한 중요한 생명 활동입니다.

한편 생식 세포는 전혀 다릅니다. 이들은 체세포에 비해 극소수이지만 자손 번식을 위해 대표로 뽑힌 세포들입니다. 만약 생식 세포의 유전자에 오류가 생기면 다음 세대로 이어져 종이 위태롭게 될 것입니다. 따라서 이들은 평시에는 세포 분열을 하지 않습니다. 유전자 오류나 돌연변이는 세포 분열과 복제 시에 주로 일어나기 때문입니다. 생식 세포들은 세포자살도 하지 않습니다. 체세포들은 생체의 자원이 한정되어 있기 때문에 때가 되면 죽는 방식으로 종의 연속성을 위해 존재하는 생식 세포를 특별히 우대한다고 볼 수 있습니다. 생식 세포는 평소에는 가만히 있다가 생식의 순간에만 분열합니다.

세포의 분열 방식도 체세포와 다릅니다. 세포마다 46개의 염색체(23쌍)가 들어 있는 사람을 예로 들어보겠습니다. 염색체 속에는 다시 DNA가 들어 있습니다. 체세포 분열의 경우에는 염색체를 복제하여 두 배로 만든 후 분열할 때 반으로 나눠 그 복제본을 딸세포에게 줍니다. 즉 모세포의 46개가 복제되어 92개가 되고, 이것이 분열할 때 반으로 쪼개져 분배되므로 결국 모세포나 딸세포나 46개의 염색체를 가지게 됩니다.

그런데 생식 세포에게 이런 일이 일어나면 큰 문제가 생깁니다. 세포 분열을 하는 개체가 암수 둘이기 때문입니다. 즉 두 개체의 염색체(46+46)가 복제되면 184개가 되며, 이것을 세포 분열로 양분해도 딸세포는 92개의 염색체를 가지게 됩니다. 이런 식으로 생식 때마다 염색체 수가 2배로 증가한다면 10세대가 지난 후의 후손은 염색체를 4만 7104개나 가질 것입니다. 사람의 세포에 46개가 있어야 할 염색체가 4만 개가 넘는다면 어떻게 될까요? 이런 모순이 생기므로 난자와 정자가 수정하기 전에 모세포는 1차 분열로 염색체 수를 반으로 줄인 후 다시 분열합니다.

이처럼 생식 세포 분열의 수를 줄인다는 뜻에서 '감수분열'이라고 부릅니다. 감수분열을 거침으로써 인간은 어머니로부터 23개, 아버지로부터 23개의 염색체를 물려받아 46개의 온전한 염색체를 가지게 됩니다.

열 번째 여행을 마치며

생물은 자신을 계속 유지하려는 생존 본능과 2세라는 복제본을 만들어 삶을 지속하려는 생식 본능이 있습니다. 첫 번째 본능을 위해서는 세포 밖 외부 환경에 반응하며 물질과 에너지를 교환하는 대사 작용을 합니다. 두 번째 본능을 위해서는 무성생식과 유성생식을 진화시켰습니다. 특히 다세포 고등 생물인 식물과 동물은 유성생식을 선택함으로써 암수 두 개체의 유전 정보 재조합을 통해 환경에 유연하게 대응할 수 있었고 유전적 다양성을 확보하여 형태와 기능이 다양한 생물종들이 '지상 최대의 쇼'를 벌이는 현재의 지구를 만들었습니다.

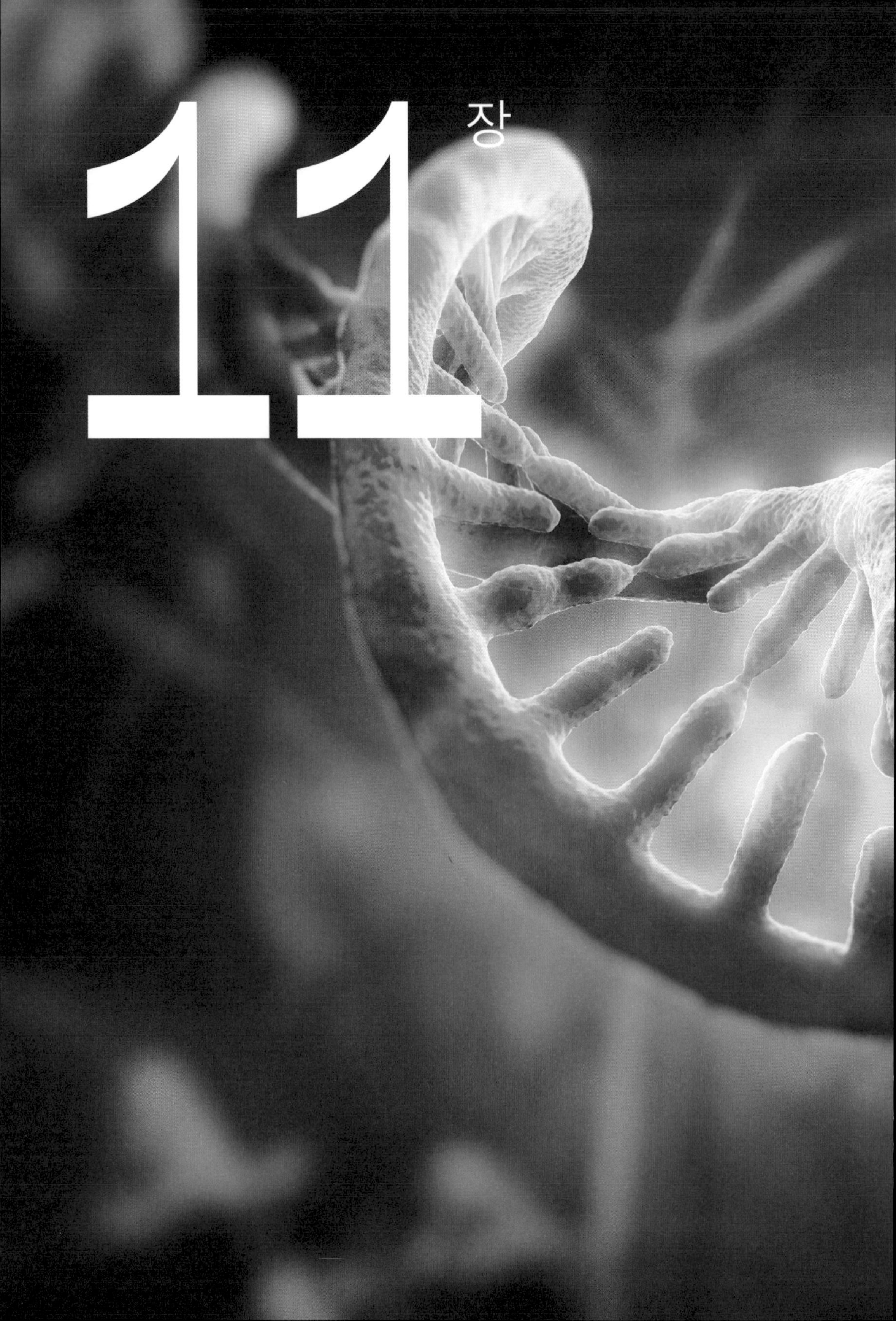
11장

생명의 본질(II)

- DNA, 염색체, 게놈의 기본 개념
- 이보디보와 후성유전
- 유전자 복제와 전사의 기본 원리
- 생명의 중심원리와 바이러스

››› RNA 출현?

9월 15일

››› DNA 출현

››› 지구의 첫 생명체 출현(40억 년 전?)

12월 16일

››› 다양한 몸체의 동물들 출현

콩 심은 데 콩 나고, 팥 심은 데 팥 난다는 속담이 있습니다. 마찬가지로 개에서 강아지가 나오지 망아지가 나올 리 만무합니다. 자식이 부모를 닮는 것은 지극히 당연합니다. 우리는 그 이유가 유전자 때문이라는 사실을 잘 압니다. 하지만 유전자의 역할은 부모의 모습과 성격 등을 후대에 전하는 것만이 전부가 아닙니다. 유전자는 생물이 살아가는 데 필요한 몸의 각종 기능들이 제대로 수행될 수 있도록 지시해주는 설명서입니다. 10장에서 우리는 생명체가 가지는 2대 특징인 삶을 유지하는 기능(물질대사)과 자손을 퍼뜨리는 활동(생식)에 대해 알아보았습니다. 누가 가르쳐주지도 않았는데 생물이 그런 일을 스스로 할 수 있는 이유는 유전자에 기록된 정보 덕분입니다. 유전 현상은 2세의 번식뿐 아니라 생명체가 성장하고 자신의 상태를 유지하는 데도 필수적입니다. 이번 장에서는 유전 현상의 기본 원리에 대해 살펴보겠습니다.

1. DNA와 게놈

생물의 유전 정보는 DNA 속에 담겨 있습니다. 그래서 박테리아에서 인간에 이르기까지 모든 생물은 DNA를 가지고 있습니다. 정식 이름은 '디옥시리보 핵산Deoxyribo Nucleic Acid'입니다. 핵산이라는 이름이 말해주듯이 DNA는 세포의 핵 속에서 산성을 띠고 있는 물질입니다. 박테리아의 경우 세포에 핵이 없는데도 이 물질을 '핵산'이라고 부르는 이유는 DNA가 세포핵이 있는 진핵생물에서 처음 발견되어 이름을 붙였기 때문입니다. 박테리아들도 당연히 DNA가 있지만 세포 속의 세포질에 보호막(핵막) 없이 들어 있을 따름입니다.

DNA는 생명체의 모든 정보를 담고 있지만 두 가지 기능만 있습니다. 그밖에 DNA가 직접 나서서 주도하는 생체 반응이나 활약은 없습니다. 물론 그 두 기능이 매우 중요합니다. 첫째, 유전 정보를 보관하는 기능입니다. 둘째, 스스로 복제하는 기능입니다. '복사'라고 하지 않고 '복제'라고 하는 이유는 원본처럼 보이도록 만든다는 의미입니다. 짝퉁 명품 가방을 복사품이 아니라 복제품이라고 부르는 이유는 원본을 흉내 내서 만들었기 때문입니다. 생명체의 경우에도 복제품(2세)은 원본(부모)과 비슷하기는 해도 같을 수는 없습니다.

DNA에 기록된 어떤 생물의 유전 정보 전체를 '게놈genome 혹은 '유전체'라고 부릅니다. 다세포 생물의 경우 똑같은 내용의 전체 유전 정보가 세포마다 들어 있습니다. 인간은 수십조 개의 세포로 이루어져 있으므로 몸 안에는 천문학적 숫자의 DNA와 게놈이 들어 있는 겁니다.

다만 적혈구 세포는 모세혈관을 통과할 정도로 크기가 작아서 핵

그림11-1
DNA와 염색체의 구조
DNA는 히스톤이라는 단백질에 감겨 보호받고 있다. 이들은 길게 실처럼 이어져 염색사를 이루며, 이것이 다시 실타래처럼 뭉친 구조가 염색체이다.

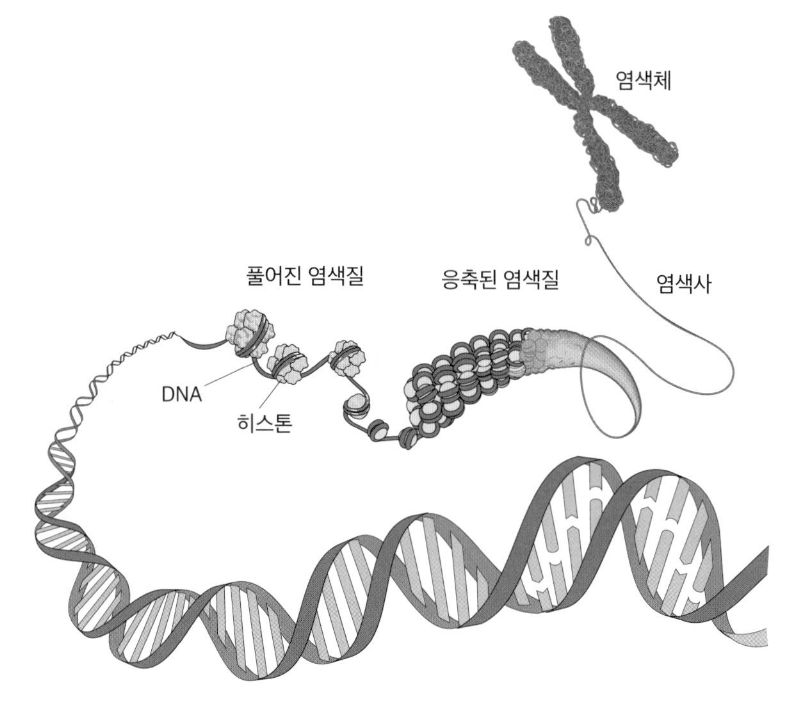

이 없지만 전체 세포의 약 85퍼센트를 차지합니다. 따라서 몸 안에 있는 게놈의 총개수는 세포의 수보다 훨씬 작다고 해도 그 수는 천문학적으로 많습니다.

DNA는 세포 내에서 가장 긴 분자입니다. 세포 1개에 들어 있는 DNA를 이어서 펼치면 2미터나 될 것입니다. 이렇게 긴 물질을 크기가 0.01밀리미터에 불과한 세포핵 속에 밀어 넣기란 여간 어려운 일이 아니어서 DNA는 히스톤이라는 단백질에 칭칭 감겨 있습니다. 이런 상태를 염색질이라 부르는데, DNA가 서로 엉키지 않도록 핵 속에 촘촘하게 포장되어 있는 셈입니다. 염색질은 세포 분열이 시작되면 더욱 압축되어 뭉치게 됩니다. 이것이 염색체입니다. '염색'이라는 명칭은 시약 처리된 세포를 현미경으로 관찰할 때 쉽게 색깔을 드러내기 때문에 붙여진 이름입니다. 한마디로 DNA는 염색질이나 염색체 속에 있습니다.

인간의 경우 각 세포 속에 있는 DNA는 23쌍(46개)의 염색체에 나뉘어 분산되어 있습니다. DNA가 안전하게 보호되고 세포 분열을 원활하게 수행하기 위해서입니다. 이들 23쌍의 염색체는 길이 순서대로 번호가 매겨져 있습니다. 염색체가 쌍으로 있는 이유는 DNA를 어머니와 아버지에게서 각각 물려받기 때문입니다. 즉 염색체마다 쌍으로 물려받으므로 총 23쌍이 되는 것입니다. 따라서 같은 번호에 속한 각 짝들은 종류가 같은 유전 정보지만 어버이에게 각각 받기 때문에 세부 내용은 약간 다릅니다. 예를 들면 혈액형을 결정짓는 유전 정보는 9번 염색체 안에 있지만 부모에게서 A, B, O 등 다르게 받을 수 있는 것입니다. 이처럼 같은 종류의 유전 형질(유전적 특징)을 나타내는 염색체의 쌍을 '상동 염색체'라고 합니다. 유전 정보를 안전하게 두 벌 가지고 있는 셈입니다. 그러나 2세에게 실제로 나타나는(발현되는) 유전 정보는 둘 중의 하나입니다. 실제로 발현되는 쪽을 우성, 잠재되어 나타나지 않는 유전적 특징을 열성이라고 합니다. 한편 길이가 가장 짧은 23번 염색체는 조금 복잡합니다. 성을 결정짓는 성염색체인데, 여성의 것은 XX여서 상동이지만 남성은 XY이므로 상동이 아닙니다.

덧붙이자면 염색체의 번호나 개수는 별 의미가 없습니다. 가령 인간은 46개의 염색체를 가지고 고양이는 38개, 감자는 48개, 침팬지는 48개, 누에는 56개, 개와 닭은 각각 78개를 가지고 있습니다. 감자나 침팬지, 누에, 개와 닭이 사람보다 많은 염색체를 가진 것을

그림11-2
인간의 염색체
인간의 세포 1개에는 모두 46개의 염색체가 있다(2개의 모양이 같아 상동 염색체라고 하는 일반 염색체 22쌍, 성염색체 1쌍). 인간의 23쌍 염색체처럼 한 생물의 각 세포에 있는 유전 정보 전체 한 세트를 게놈이라 부른다.

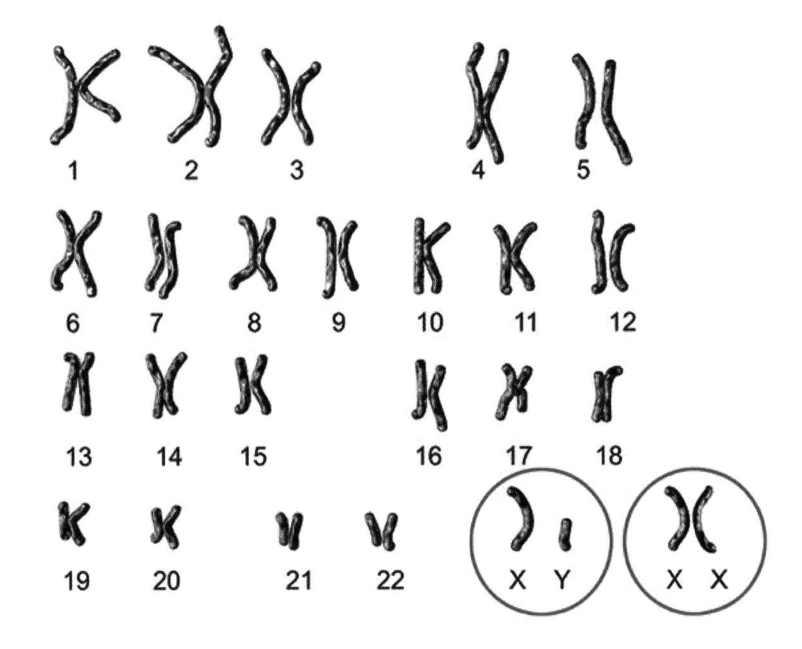

보면 염색체의 개수가 생물종의 복잡성이나 지능과 무관하다는 사실을 알 수 있습니다.

앞서 DNA의 중요한 양대 기능 중의 하나가 유전 정보의 보관이라고 했습니다. 그렇다면 DNA는 유전 정보를 어떻게 보관하고 있을까요?

DNA는 기본 단위인 뉴클레오타이드라는 분자들이 두 가닥으로 길게 늘어선 이중 나선 구조로 되어 있습니다. 마치 뒤틀린 사다리 모양입니다. 그런데 DNA의 구성단위인 뉴클레오타이드도 인산기와 5탄당 그리고 염기라는 세 부분으로 이루어진 복합 분자입니다. 이 중에서 인산기와 5탄당은 DNA 가닥을 세로 방향으로 지탱해 주는 뼈대입니다. 중요한 것은 사다리의 발판 역할을 하며 두 가닥

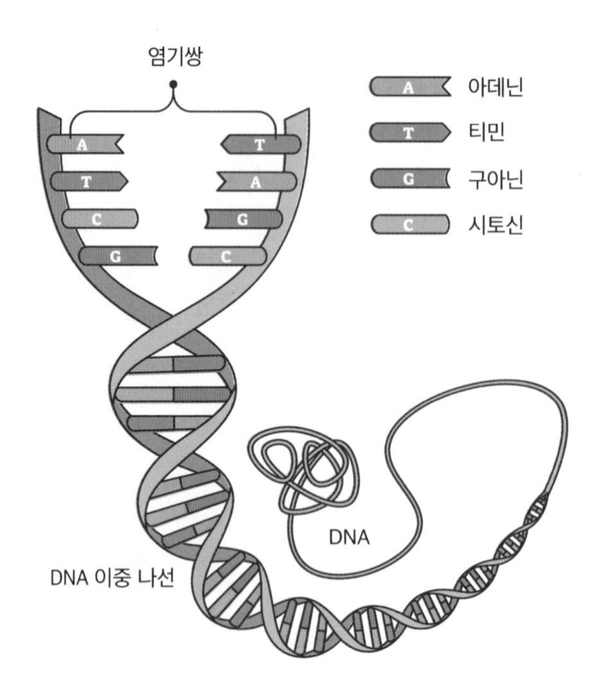

그림11-3
DNA의 염기서열
DNA의 두 가닥을 구성하는 뉴클레오타이드 분자는 네 종류의 염기(A, T, C, G)가 사다리의 발판처럼 연결되어 이중 나선을 이루고 있다. 4종의 염기는 상보적인 짝끼리만 결합한다(A-T, C-G). 따라서 ATGACG로 배열되어 있다면, 마주하고 있는 염기 순서는 TACTGC가 된다.

을 이어주고 있는 염기입니다. 염기는 시토신(C), 구아닌(G), 아데닌(A), 티민(T)의 네 종류가 있는데, 각각의 뉴클레오타이드는 이 중 하나만 가지고 있습니다. 따라서 뉴클레오타이드가 이어지는 순서에 따라 다양한 방식으로 염기가 배열됩니다. 이를 글자로 읽을 수도 있습니다. 영어는 26개의 알파벳 문자로, 컴퓨터는 0과 1의 2진법 문자로 이루어집니다. DNA의 경우에는 네 종류의 염기가 있으므로 4개의 문자로 정보들이 적혀 있다고 볼 수 있습니다. 예를 들면 TATCCGT… 등 입니다.

염기들이 이어진 이 순서를 '염기서열'이라고 부릅니다. 사람의 경우 각 세포에 있는 DNA에는 32억 개의 염기쌍, 즉 64억 개의 염기 문자로 배열되어 있습니다. 즉 유전 정보가 32억 개의 염기 글자로 쓴 두 권의 설명서에 보관되어 있는 셈입니다. 한 권은 어머니, 다른 한 권은 아버지로부터 받았는데 두 책의 목차나 구성, 줄거리는 동일합니다. 다만 세부 내용은 약간 다릅니다. 다시 혈액형에 비유하면 아홉 번째 장 어딘가에 혈액형을 지시하는 문장들이 있는데, 아버지 책에는 A형, 어머니 책에는 B형을 만드는 과정이 적혀 있는 식입니다. 따라서 2세의 혈액형은 어떤 매뉴얼이 선택되었는지에 따라 달라집니다. 그 선택은 확률적입니다. 눈 색깔, 키, 체질 등 다른 형질들도 마찬가지입니다. 같은 부모에서 나온 형제들이 서로 다르게 생긴 이유도 이 때문입니다.

2. 유전자란 무엇인가?

그런데 놀랍게도 DNA 염기서열 문자로 기록된 설명서에는 생물의 유전적 특징을 만들도록 지시하는 문장이 몇 개 되지 않습니다. 대부분은 별 의미가 없어 보이는 글자들로 채워져 있습니다. 32억 개의 염기 문자 중에서 생물의 구조와 기능이 적혀 있는 알짜배기는 부분적으로 조금만 들어 있을 뿐입니다. 이 알짜배기 구간이 다름 아닌 '유전자'입니다.

DNA 가닥 사이에 여기저기 분산되어 있는 유전자의 개수는 얼마나 될까요? 정확한 숫자는 분석 방법이나 기술에 따라 조금씩 다르지만 인간의 경우 약 2만 개쯤 됩니다. 그런데 초파리는 1만 4000개, 개는 1만 9000개로 사람보다 적지만 겨자는 2만 5000개, 생쥐는 3만 개, 벼는 5만 1000개나 됩니다. 염색체처럼 유전자의 개수도 생

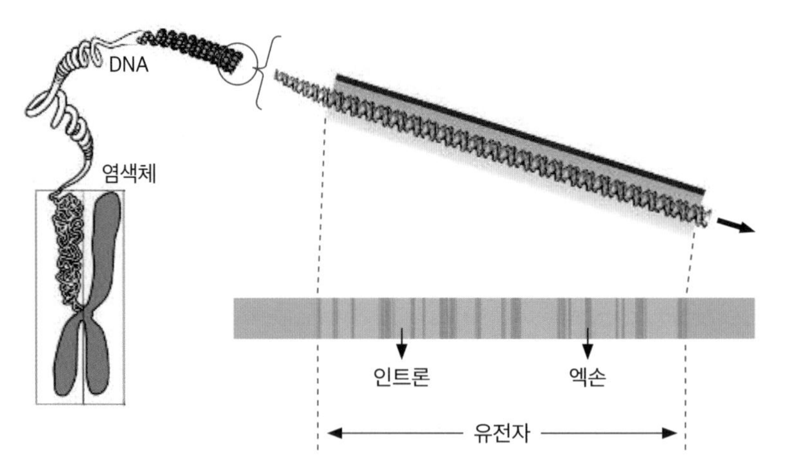

그림11-4
인트론과 엑손
DNA 가닥 중에서 극히 일부 구간들에만 유전 정보가 기록되어 있으며, 이 구간들이 유전자이다. 더구나 유전자 구간 안에서도 알짜 구간(엑손)은 또다시 일부이며, 나머지 부분(인트론)에는 유전 정보가 기록되어 있지 않다.

물의 지능이나 복잡성과 큰 관계가 없음을 알 수 있습니다.

그런데 유전자 구역 중에서 또다시 유전 정보를 담고 있는 알짜 구역은 얼마 안 되는데, 이를 엑손Exon이라고 합니다. 나머지 유전 정보가 들어 있지 않은 부분은 인트론Intron이라고 합니다. 인간의 경우 전체 DNA 가닥에서 엑손이 차지하는 비율은 1~2퍼센트에 불과합니다. 과학자들은 유전 정보가 기록되지 않은 인트론 부분을 쓸모없다고 생각해 한때 '쓰레기 DNA'라고 불렀던 적도 있습니다. 그러나 이렇게 불필요하게 보이는 부분도 중요한 역할을 한다는 사실이 점차 밝혀지고 있습니다. 이곳에 기록된 염기서열 문자들은 얼핏 무질서하게 보이지만 자세히 읽어보면 짧은 회문들이 반복되는 경우가 많습니다. 회문이란 앞뒤로 읽어도 같은 짧은 문장입니다. 가령 '다들 잠들다'라는 문장은 거꾸로 읽어도 똑같습니다. 그런데 염기서열은 띄어쓰기 없이 이어진 데다가 문자가 4개뿐이어서 매우 많은 회문이 만들어질 수 있을 것입니다. 인간의 경우 짧은 반복 염기서열은 전체 DNA염기의 절반에 해당되는 10억 개 이상으로 추정되며 일부는 수백만 번 되풀이 됩니다.

회문형 염기서열 구간은 짧기 때문에 진화 과정에서 DNA의 이곳저곳으로 끼어들며 쉽게 자리를 옮겨 다녔습니다. 그런데 이들이 제대로 된 유전자 문장 사이에 끼어들어 오면 어떻게 될까요? 유전자 내용이 약간씩 달라질 것입니다. 이는 새로운 유전적 성질(형질)이 만들어진다는 의미입니다. 바꾸어 말해 별다른 정보를 가지지 않은 짧은 문자들이 게놈(전체 유전체)을 유연하게 변화시키며 진화의 다양성을 만드는 데 기여했음이 분명합니다.

그렇다면 알짜 구간 유전자에는 어떤 정보가 들어 있을까요?

다름 아닌 단백질을 합성하는 정보가 들어 있습니다. 즉 어떤 아미노산들이 어떤 순서로 붙어 무슨 단백질을 만들지 기록되어 있습니다. 10장에서 알아보았듯이 아미노산 분자들이 길게 이어져 2차원 혹은 3차원으로 이어져 접힌 구조가 단백질입니다. 지구의 생명들은 단지 20종의 아미노산들을 조합해서 단백질을 만듭니다. 그러나 이들이 만들 수 있는 단백질의 종류는 엄청나게 많습니다. 지금까지 밝혀진 단백질의 종류만도 무려 10만 개에 이릅니다.

그 덕분에 단백질은 매우 다양한 기능을 가질 수 있습니다. 생물종들이 서로 다르고, 또 같은 종이라도 조금씩 모습이 다른 이유는 단백질이 다양하기 때문입니다. 한마디로 단백질은 유전적 특징을 결정짓는 핵심 생체 분자입니다. 무엇보다도 단백질은 세포 조직이나 몸을 구성하는 주요 성분입니다. 간, 피부, 근육, 장기, 심지어 발톱, 털, 눈의 수정체도 단백질입니다. 음식물을 분해하는 소화 효소를 비롯해 생체의 각종 생화학 반응을 조절하는 효소들도 대부분도 단백질입니다.

이렇게 유전자의 정보에 따라 합성된 단백질은 특정한 유전적 성질을 나타나게 합니다. 그리고 유전자의 정보에 따라 단백질이 만들어지는 것을 유전자 '발현'이라고 합니다.

이처럼 중요한 단백질을 합성하는 정보가 DNA의 유전자 구간에 담겨 있는 것입니다. DNA를 녹음테이프에 비유하면 단백질 합성 방법을 알려주는 알짜 내용들은 1~2퍼센트 구간의 엑손에만 녹음되어 있는 셈입니다.

3. 생물의 발생과 이보디보

여기서 한 가지 의문이 생깁니다. 유전자가 그토록 중요하다면 왜 DNA 전체 가닥에서 차지하는 비율이 그렇게 낮을까요? 더구나 인간의 유전자만 보더라도 생쥐의 것보다도 적습니다. 그렇다면 생물들이 서로 크게 다른 모습과 기능을 가지게 된 데는 다른 원인들도 있었을 것입니다. 이번에는 그 원인에 대해 알아보겠습니다.

동물의 경우 정자 세포와 수정된 난자 세포가 분열을 거듭하여 수많은 세포로 발전합니다. 사람의 경우 태어날 쯤에는 30조 개 이상의 세포로 불어납니다. 개수도 많지만 종류도 피부 세포, 근육 세포, 뼈 세포, 뇌 세포, 간 세포 등 기능에 따라 약 200개나 됩니다. 처음의 세포가 종류에 따라 눈도 되고, 간도 되며, 손과 발도 됩니다. 배아 발생 단계에서 다양한 세포로 분화되는 과정을 다루는 분야를 발생학이라고 합니다. 그리고 이를 진화의 관점에서 분자생물학과 통합해 다루는 분야가 진화발생생물학Evolutionary Developmental Biology, Evo-

그림11-5
척추동물의 배아 발생 과정
어류, 도롱뇽, 거북, 닭, 사람은 서로 매우 다르지만 수정란이 만들어진 후의 배아 발생 초기 단계에서는 모두 비슷하다.

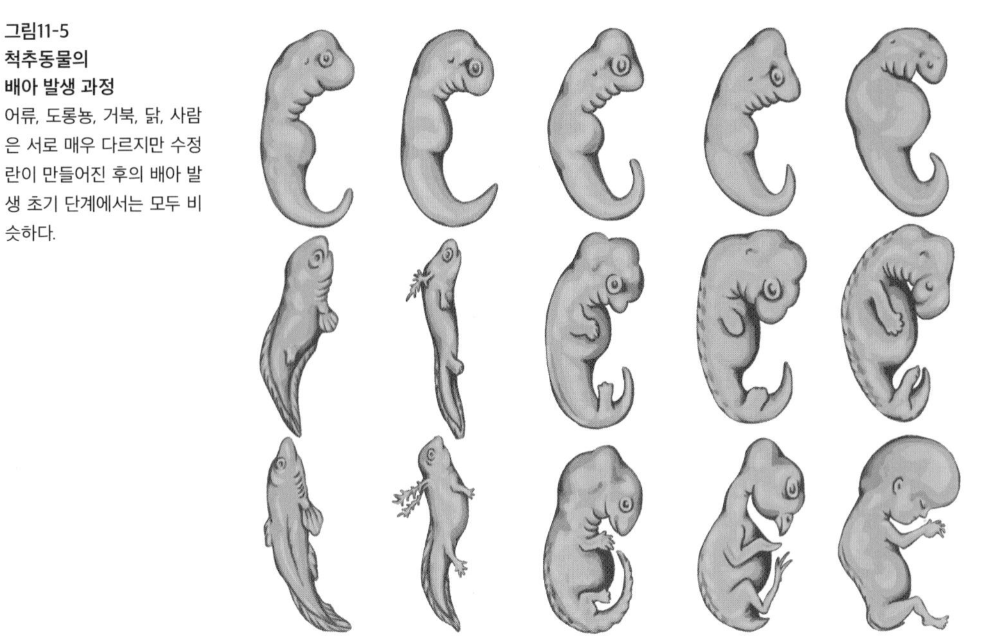

Devo이라고 하고 영문명을 줄여서 '이보디보'라고 부릅니다.

이보디보 연구로 밝혀진 바에 따르면 모든 동물종은 서로 모습은 다르지만 '마스터 조절 유전자'라는 공통의 툴킷 유전자tool kit gene를 가지고 있습니다. 마치 큰 건물의 관리인이 현관문과 여러 개의 방을 모두 열 수 있는 마스터키를 가지고 있는 것과 유사합니다. 각 방의 열쇠는 조금씩 다르지만 1개의 마스터키로 모두 열 수 있습니다. 동물의 마스터 유전자도 이와 비슷합니다. 마스터 유전자는 동물이 발생 단계에서 몸체를 만들 때 이를 결정하는 유전자인데, 파리든 공룡이든 얼룩말이든 사람이든 작동 방식이 거의 동일합니다. 즉 발생 과정, 기본 구조, 발생 조절 메커니즘이 비슷합니다. 이 유전자는 단백질 합성 정보를 가진 유전자(구조 유전자)와 달리 발생 과정

동물의 모습은 왜 서로 다를까?

모든 동물은 정자와 난자가 합쳐진 수정란이 세포 분열을 시작한 상태인 배아 단계를 거칩니다. 이 배아가 자라면서 머리, 가슴, 몸통, 다리, 꼬리 등이 생깁니다. 그 작업을 이끄는 것이 '호메오박스(homeobox)'라는 DNA의 구간입니다. 박스라는 이름은 180개의 염기쌍이 박스처럼 몰려 있어서 붙여졌습니다. 동물이 복잡한 몸체를 가지는 것은 배아 발생 때 시점과 부위에 따라 혹스 유전자가 스위치처럼 켜지거나 꺼지거나 하면서 정교하게 조절하기 때문입니다. 그 스위치는 지렁이에서 포유류에 이르기까지 모든 동물에서 유사하게 작동합니다. 호메오박스는 '도구 상자'라는 별명처럼 모든 동물이 '세트'로 가지고 있습니다,

다만 개수에 차이가 있고 언제, 어디서 작동하는지가 다른 것입니다. 가령 초파리의 염색체에는 머리, 가슴, 배의 발생을 지시하는 8개의 혹스 유전자가 호메오박스에 들어 있습니다. 인간의 염색체에도 머리, 목, 가슴, 허리, 엉덩이의 순으로 39개의 혹스 유전자가 있습니다. 동물들이 서로 모습이 다른 이유는 단지 혹스 유전자의 개수가 다르고, 그중 일부가 돌연변이로 극히 미세하게 변했기 때문입니다.

호메오박스는 원래 다세포 생물인 식물과 균류 및 동물의 공통 조상 때 적어도 2개를 가지고 있었다고 추정됩니다. 이 유전자는 해파리처럼 방사형 동물에서 좌우대칭 동물인 환형동물, 절지동물, 척삭동물 등으로 동물이 진화할 때마다 숫자가 늘거나 줄었습니다. 똑같은 유전자가 돌연변이로 중복되거나 누락되었던 것입니다. 그 결과 오늘날처럼 복잡하고 다양한 몸체의 동물들이 생겨났습니다.

그림11-6
혹스 유전자
동물들은 배아 발생 때 머리, 가슴, 배, 꼬리 등이 각기 순서대로 만들어지도록 유도해 주는 혹스 유전자들을 가지고 있다. 이 유전자 세트를 호메오박스라 부른다. 혹스 유전자는 초파리에서 인간에 이르기까지 약간의 돌연변이와 개수만 다를 뿐 순서나 기본 구조가 거의 유사하다.

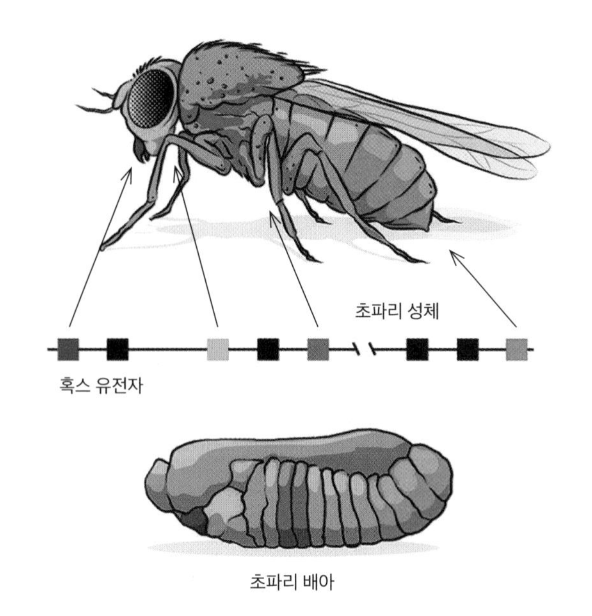

을 조절하는 일종의 스위치 역할을 합니다. 과학자들이 근래에 밝힌 바에 따르면 이처럼 스위치 역할을 하는 유전자가 구조 유전자보다 훨씬 많습니다.

예를 들어보겠습니다. 둥근 얼굴의 아빠와 긴 얼굴의 엄마 사이에서 태어난 형제의 경우, 형은 얼굴이 길고 동생은 둥글 수 있습니다. 아마 배아 발생 과정에서 형에게는 긴 얼굴을 만드는 유전자의 스위치가 켜졌고(on), 둥근 얼굴을 만드는 유전자의 스위치는 꺼졌기(off) 때문에 긴 얼굴이 나왔을 것입니다. 그 반대도 마찬가지입니다.

이런 방식은 같은 종 내에서 뿐만 아니라 서로 다른 종들 사이에도 적용됩니다. 가령 사람과 쥐, 초파리를 보고 둘이 서로 닮았다고 할 사람은 아무도 없습니다. 하지만 자세히 살펴보면 근본은 놀라우리만치 비슷합니다. 모든 동물은 머리, 목, 가슴, 신경계, 각종 감각

기관, 배, 허리, 팔다리까지 매우 비슷한 순서와 방식으로 발달합니다. 그 이유는 약 6억 년 전 동물의 공통 조상에게서 물려받은 동일한 툴킷 유전자로 몸의 기본 형태가 만들어지기 때문입니다.

4. 후성유전

2003년에 '인간 게놈 프로젝트' 결과가 발표되자 많은 사람들이 인간의 유전 현상을 모두 이해할 수 있는 날이 멀지 않았다고 생각했습니다. 한편으로는 인간의 유전자 수가 초파리에 비해 그리 많지 않다는 사실에 실망한 이들도 있었습니다. 그러나 유전자가 생물의 모든 것을 결정한다는 생각이 잘못되었다는 사실이 점차 밝혀지기 시작했습니다.

가령 일란성 쌍둥이는 동일한 유전자를 가졌지만 성장 후에 달라진다는 것은 오래 전부터 알려진 사실입니다. 이는 유전자만으로는 설명할 수 없습니다. 2000년 이후 '후성유전'이라는 현상에 대해 많은 연구가 진행됨에 따라 유전자가 전부가 아니라는 새로운 사실들이 밝혀지기 시작했습니다. 후성유전이란 유전자가 아닌 후천적인 원인에 의해 유전적 특징이 달라지는 현상을 말합니다. 여기서 말하는 후천적 요인이란 배아 발생 이후 일어나는 각종 변화들, 예컨대 주변 환경, 음식, 나이, 습관 등을 말합니다. 내가 잘나고 못난 것은 부모로부터 물려받은 유전자 탓도 일부 있지만 상당 부분은 본인의 생활과 선택에서 비롯된다는 뜻입니다.

생물이 물려받는 DNA나 유전자는 약간의 돌연변이가 발생하지

후성유전의 사례

영화 배우로 유명한 오드리 헵번은 우아하면서 세련된 모습으로 많은 사람의 사랑을 받았습니다. 그녀가 어린 시절이었던 1944년 겨울, 제2차 세계대전의 막바지에서 독일은 점령지 네덜란드에서 일어난 철도 태업에 대한 보복으로 사람과 식량의 이동을 봉쇄했습니다. 겨울 3개월 동안 초근목피로 연명하던 네덜란드인들은 거의 2만 명이 굶어 죽었고, 살아남은 이들도 피골이 상접한 상태가 되었습니다. 그런데 그 시기를 겪은 이들에게서 몇 가지 특이한 현상이 나타났습니다. 당시 저체중의 산모에서 태어난 아기들이 평생을 저체중 상태로 살거나 각종 성인병에 시달린 경우가 많았던 것입니다. 태아기가 아니라 소아기나 청소년기에 고난을 겪은 사람도 마찬가지였습니다. 당시 16세였던 오드리 헵번은 평생 깡마른 몸매를 지녔습니다. 사람들은 날씬하다고 부러워했지만 그녀는 기근 시기의 후유증으로 온갖 질병에 시달렸습니다.

과학자들은 이 극심한 기근이 앞서 언급한 DNA의 포장 상태를 바꾸었다고 설명합니다. 포장 상태가 바뀐 유전자 중 하나가 포도당을 지방으로 바꾸는 일에 관여하는 유전자였던 것입니다. 기근으로 그 유전자에 '사용 금지'라는 영구 꼬리표가 붙음으로써 헵번의 몸에는 평생 지방이 붙지 않았던 것입니다. 후성유전이 바꾸는 화학적 꼬리표는 영구적일 수도 있고, 일시적일 수도 있습니다. 그러나 대기근처럼 장기간 생존 위기에 처했을 때 붙은 꼬리표는 영구적으로 될 가능성이 높습니다. 영화 〈로마의 휴일〉에서 보여준 헵번의 이름다운 모습은 실은 불운했던 어린 시절의 환경에서 비롯된 것이었습니다.

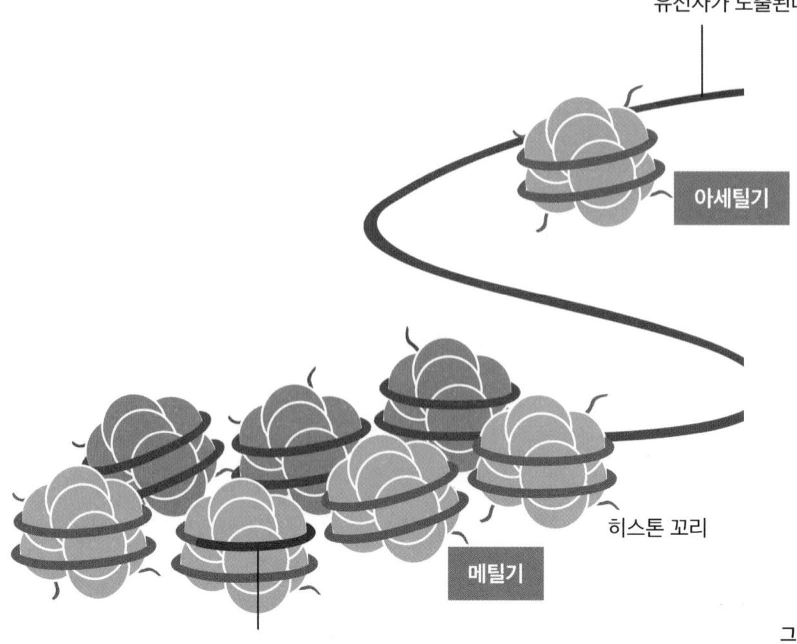

그림11-7
후성유전체의 작동 방식(예)
DNA가 히스톤 단백질에 감겨 있는 복합체인 염색질(혹은 염색체)에 특정한 화학 분자(메틸기, 아세틸기 등)가 붙으면 이들의 포장 상태가 바뀐다. 그 결과 DNA 가닥의 작은 부분인 유전자는 노출되기도 하고 가려지기도 해 유전자가 특정한 시점에 발현된다. 이러한 꼬리표 분자들은 후천적 요인의 영향을 받는데, 동일한 유전자라도 다양한 유전적 특징과 기능을 나타내는 조합을 만들 수 있다.

만 원칙적으로 평생 크게 변하지 않습니다. 그러나 후성유전은 후천적 환경에 따라 얼마든지 변할 수 있습니다. 후성유전이 일어나는 과정은 아직 많은 부분이 밝혀지지 않았습니다. 현재까지 알려진 것은 다음 세 가지입니다.

첫째, DNA 가닥의 작은 구역인 유전자의 염기서열 부분에 특정 화학 분자가 붙었다 떨어졌다 하면서 유전자를 스위치처럼 끄고 켜는 방식입니다.

둘째, DNA가 들어 있는 염색질(염색체)에 특정한 화학 분자(예:

메틸기)가 꼬리처럼 붙어 포장 상태를 열고 닫는 방식입니다. 앞서 보았듯이 진핵 다세포 생물의 핵 속에 있는 DNA는 알몸으로 노출되어 있지 않습니다. 히스톤이라는 단백질에 감겨 있고, 이는 다시 염색사 등의 염색질과 함께 '포장된 상태'로 감싸여 보호되고 있습니다. 그런데 단백질을 합성하기 위해서는 염색질 속에 있는 DNA의 일부 구간인 유전자 부분이 노출되어야 합니다. 바꾸어 말해 DNA를 감싸는 포장의 일부를 벗겨야 합니다. 이 작업은 몇 종의 화학 분자들이 합니다. 이 분자들이 언제, 어디서 포장의 일부를 열고 닫느냐에 따라 똑같은 유전자라도 생물체의 모습과 기능은 크게 달라질 수 있습니다.

셋째, 매우 작은 염기서열 조각 분자도 유전자를 끄거나 켜는 스위치 역할을 한다는 사실이 밝혀졌습니다.

앞서 우리는 인간의 유전자 수가 겨자나 벼보다 작다는 사실을 알았습니다. 그럼에도 불구하고 인간의 모습이나 생체 기능이 벼와는 비교가 안 될 정도로 복잡한 것은 DNA나 염색질의 포장 상태를 바꾸는 화학 분자들 덕분입니다. 이들이 스위치처럼 시간과 부위에 맞춰 유전자를 껐다 켰다 하면서 다양하게 조절하는 것입니다. 가령 우리는 어머니와 아버지에게 받은 두 벌의 염색체를 가지고 있습니다. 포장 상태를 바꾸는 분자들은 이 중 어느 것을 나타나게 할지도 조절한다고 추정됩니다.

이처럼 다양하고 유연하게 유전자를 조절하는 방식은 생물이 변화하는 환경에 빠르게 적응해 생존하는 데 유리했습니다. 유전자는 약간의 돌연변이가 항상 있기는 하지만 전체적으로 매우 안정한 분자여서 쉽게 변하지 않기 때문입니다. 유전자가 하드웨어라면 후성

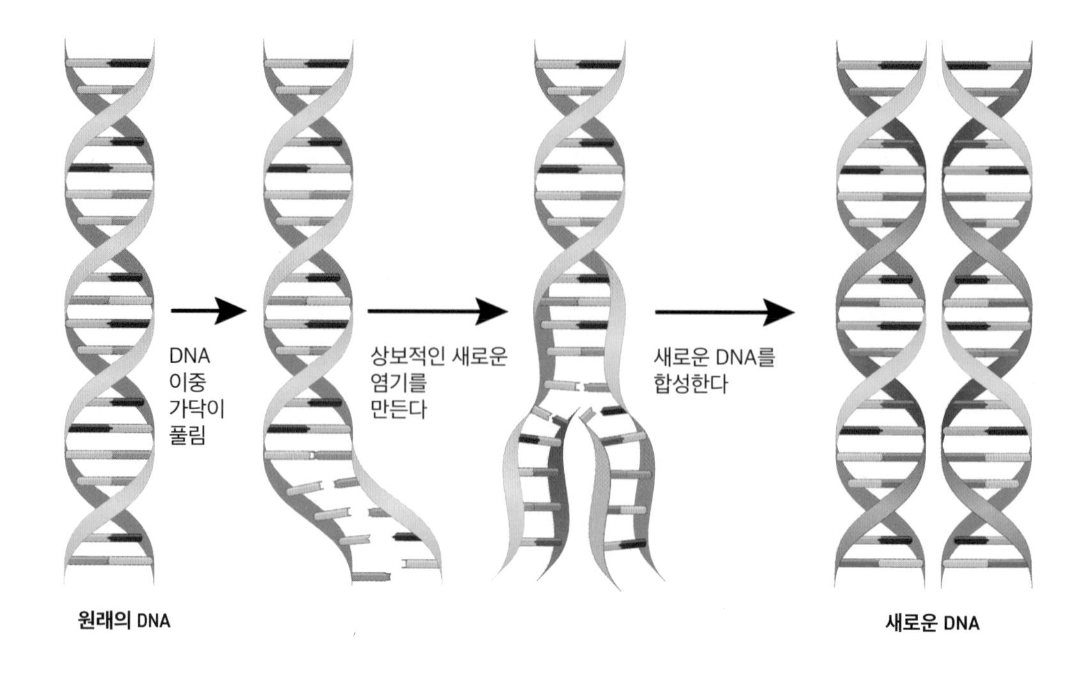

그림11-8
DNA 복제
DNA 정보가 통째로 복사되는 과정이다. 두 가닥의 DNA가 풀어지면 주변에 있던 뉴클레오타이드들이 연달아 들러붙는다. 그 결과 처음의 이중 나선 가닥과 똑같은 새로운 이중 나선 가닥이 복제된다.

유전은 유연하고 다양한 변화를 이끄는 소프트웨어라고 할 수 있습니다. 인간의 유전자가 벼보다 적은데도 훨씬 다양한 유전적 특징을 가지는 것은 후성유전 덕분일 것입니다. 더 중요한 점은 이 같은 후천적 유전이 다음 세대로 전달될 수 있다는 점입니다.

5. 복제와 전사 – 설명서와 작업메모지

생물의 유전 정보는 DNA에 기록되어 있는데, 이들은 어떤 방법으로 사용될까요? DNA의 가장 중요한 임무 중 하나는 유전 정보를 잘 보관하는 것이어서 꼭 필요할 때가 아니면 함부로 생체 반응에 나서지 않습니다. 잘못하면 정보가 훼손되기 때문입니다. 따라서 특별한 방법으로 생체에 유전 정보를 전달합니다. 여기에는 두 가지 방식이 있습니다.

첫 번째는 DNA 가닥을 통째로 '복제'하는 것입니다. 책으로 된 설명서 한 권을 통째로 복사하는 셈입니다. 복제는 세포 분열 때만 일어납니다. 체세포 분열이나 생식 세포 분열(감수분열)이 시작되면 먼저 이중 나선을 이루고 있는 DNA의 두 가닥이 풀어집니다. 특별한 효소가 나와 두 가닥을 잇고 있는 염기라는 접착제를 풀어주는 것입니다. 그러면 가닥의 주변에 미리 만들어져 있던 DNA의 레고들, 즉 뉴클레오타이드들이 노출된 가닥에 들러붙습니다. 그렇게 되면 마치 붕어빵 틀의 밀가루 반죽처럼 가닥이 복제되는데, 이번에도 효소들이 그 작업을 도와줍니다. 작업이 끝나면 갈라진 가닥 면에 새로운 가닥이 복제되어 붙은 모습이 됩니다. 한 쌍의 가닥이 복제를 통해 두 쌍이 되는 것입니다.

그런데 DNA 정보의 복제나 전사 과정에는 오류가 많이 생겨서 염기 배열이 원본과 달라지게 됩니다. 물론 생물은 이를 자가 수정하는 훌륭한 장치가 있어 대부분을 걸러내지만 돌연변이는 피할 수 없습니다. 복제되는 염기 문자의 수가 천문학적이기 때문입니다. 그러나 바로 이렇게 원본과 조금 다른 복제품들이 진화의 원동력이 됩니다. 돌연변이가 다양한 유전적 특징을 낳고 결과적으로 새로운 종을 출현시키는 것입니다. DNA의 유전 정보는 공통 조상 루카 이래 수십억 년 동안 경이롭게 전달되었지만 완벽하지는 않았습니다. 이 같은 불완전성이 역설적으로 오늘의 우리를 만들었습니다.

DNA 정보를 이용하는 두 번째 방법은 가닥의 일부, 즉 유전자

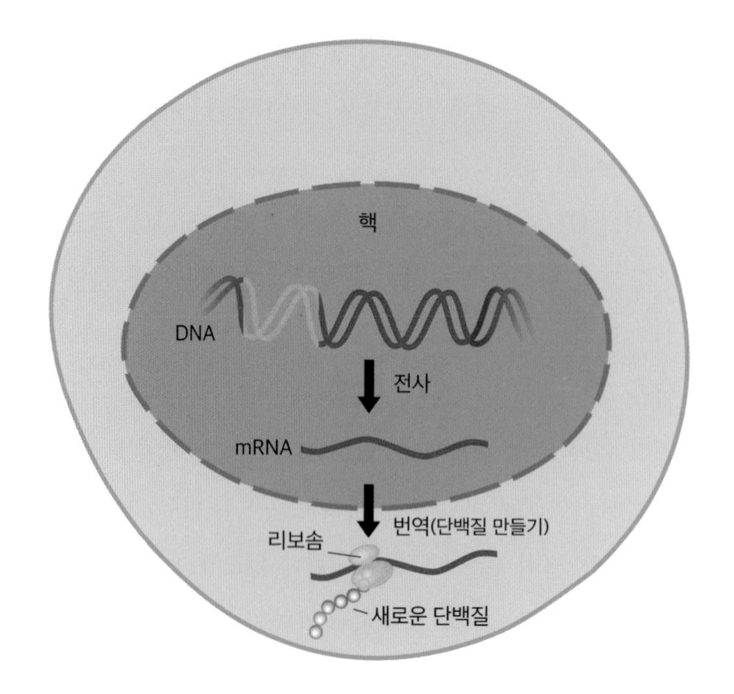

그림11-9
DNA에서 RNA로의 전사
DNA 가닥 중에서 극히 일부인 특정 유전자 정보를 RNA에 옮겨 임시로 복사하는 과정이다. 핵 속에서 RNA(mRNA)에 전사된 정보는 핵막을 나와 단백질을 합성하는 세포소기관인 리보솜에서 '번역'된다. 전사와 번역을 거쳐 목적하는 단백질이 합성된다.

부분만 복사하는 것입니다. 이 작업은 단백질을 합성할 때 일어납니다. 이는 DNA라는 두툼한 책에 쓰인 설명 중에서 당장 작업에 필요한 부분만 적어두었다가 메모지는 버리는 것과 유사합니다. 이를 베껴서 전한다는 의미에서 '전사'라고 부릅니다.

단백질을 합성하기 위해서는 핵 속 DNA 전체가 아니라 해당 유전자의 정보만 복사하면 됩니다. 또 이렇게 복사된 부분은 핵 밖에 있는 리보솜이라는 소기관에 전달해야 합니다. 리보솜은 전달 받은 유전 정보대로 아미노산을 갖다 붙여 단백질을 만드는 세포 속의 소기관입니다. 이런 방식으로 전달되는 유전 정보는 DNA의 작은 구간에 적혀 있습니다. 문제는 어떻게 그것을 수행하느냐는 것입니다. 핵 속에서 베끼는 DNA 구간은 매우 작지만, 이것이 핵막에 나

바이러스의 종류

바이러스는 기생할 생물(숙주 생물)의 세포에 침투해 자신의 유전자를 퍼뜨리며 살아갑니다. 유전 정보는 RNA나 DNA에 있는데, 이 둘을 모두 가지고 있는 생명체와 달리 바이러스는 그중 하나만 가지고 있습니다. 전체적으로 보면 DNA를 가진 바이러스가 훨씬 많습니다. 모양도 여러 가지가 있습니다.

RNA를 가진 바이러스들은 숙주 세포 안에서 유전자를 복제할 때 DNA형 바이러스보다 10만~100만 배 더 많은 오류(돌연변이)에 직면합니다. DNA에 비해 RNA는 훨씬 불안정한 분자이기 때문입니다. 이처럼 쉽게 모습이 바뀌므로 코로나바이러스, 독감, 메르스, 구제역, 에이즈 등을 일으키는 RNA형 바이러스는 백신으로 대항하기가 쉽지 않습니다. 반면 DNA형 바이러스는 숙주 세포 안에서 자신의 DNA를 복제할 때 변이가 훨씬 덜 일어납니다. 예를 들어 천연두 바이러스는 안정적인 이중 가닥의 DNA를 가졌기 때문에 백신으로 잘 예방할 수 있어서 오늘날 지구상에서 거의 사라졌습니다.

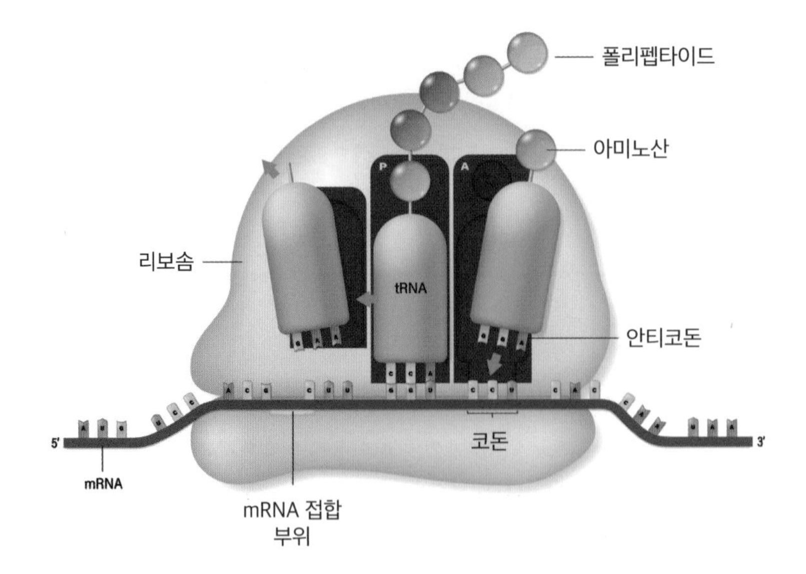

그림11-10
유전 정보가 리보솜에서 번역되는 과정
DNA에 저장된 유전 정보는 mRNA, tRNA, rRNA의 도움을 받아 리보솜에서 단백질을 합성하는 데 이용된다.

있는 좁은 구멍을 통과해서 리보솜에 전달되어야 합니다. 리보솜에서는 전달 받은 합성 정보를 번역해 필요한 아미노산들을 갖다 붙여 단백질로 만들어야 합니다. 더 중요한 것은 이 분주한 임무가 끝나면 관련된 물질들은 분해되어 사라져야 합니다. 핵 속의 DNA는 너무 커서 이 작업을 할 수 없습니다. 생체 전체를 놓고 볼 때 매 순간 합성되는 단백질은 무수히 많은데, 그때마다 전체 DNA가닥이 혹사당할 수는 없습니다. DNA는 잘 보존되어야 할 소중한 분자이기 때문입니다.

그 일을 RNA들이 합니다. RNA도 DNA처럼 핵산입니다. 그 구조도 DNA와 매우 흡사하며 기본 단위인 뉴클레오타이드도 크게 다르지 않습니다. 다만 염기 1개가 다르고 당도 약간 다를 뿐입니다. 따라서 소중한 분자인 DNA가 할 기능을 대신해서 수행하기에 안성맞춤입니다. 문제는 RNA가 DNA에 비해 길이가 훨씬 짧고 외

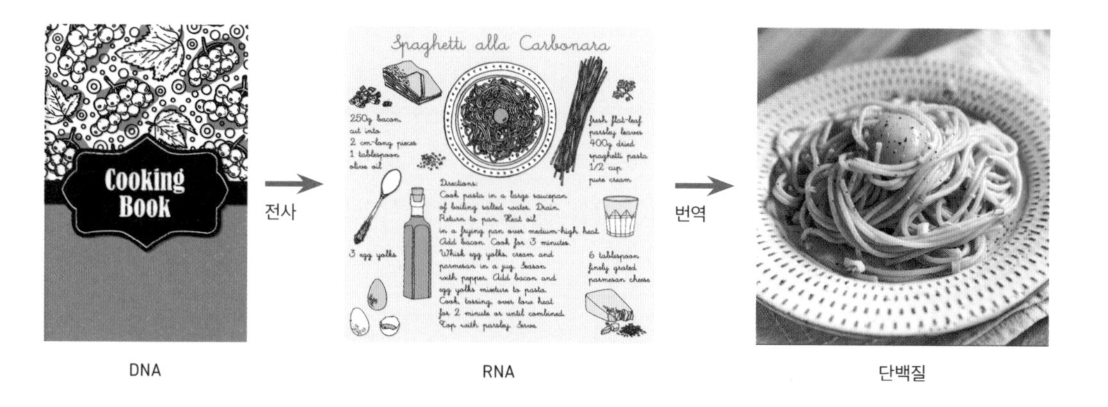

그림11-11
분자생물학의 중심원리
단백질을 합성할 때는 DNA 염기서열의 작은 구간인 유전자 부분을 RNA의 염기서열로 옮겨 적는 전사가 먼저 이루어진다. 전사된 RNA의 염기서열은 아미노산의 배열 순서로 번역되어 목표로 하는 단백질을 만든다. 비유하자면 DNA라는 요리책에서 파스타의 요리법만 메모지에 복사한 다음(전사), 메모에 적힌 대로 원하는 파스타(단백질)를 만드는 과정이라고 볼 수 있다(다만 이는 비유를 위한 것으로 파스타의 주성분은 단백질이 아니라 탄수화물이다).

가닥인 데다가 뉴클레오타이드를 구성하는 당에 욕심꾸러기 산소 원자가 하나 더 붙어 있어 다른 분자와 쉽게 반응합니다. 바꾸어 말해 DNA에 비해 불안정합니다.

그런데 바로 이런 유사점과 차이점이 전사 과정을 수행하는 분자에게는 이상적인 조건이 됩니다. 구조가 비슷하니 염기들을 잘 복사할 수 있고, 짧은 외가닥이라 핵막을 쉽게 통과할 수 있습니다. 게다가 불안정한 물질이어서 임무 수행 후에는 분해되어 깨끗이 사라져 줍니다.

이 모든 과정에 임무가 각기 다른 여러 종류의 RNA들이 동원됩니다. DNA에서 유전 정보를 전사하고 이를 핵 밖으로 전달하는 전령messenger, 합성에 필요한 아미노산을 찾아서 가져오는 운반자transfer, 리보솜ribosome을 만들어 단백질을 합성하는 번역가들이 있습니다. 이들을 각기 mRNA, tRNA, rRNA라고 부릅니다. 이렇게 팔방미인인 RNA 덕분에 DNA의 정보는 단백질로 합성될 수 있습니다.

6. 분자생물학의 중심원리

지금까지 알아본 바를 요약하면, 생물의 유전 정보는 DNA → RNA → 단백질의 순서로 이어집니다. 이를 분자생물학의 '중심원리central dogma'라고 합니다.

이 원리에 따르면, DNA에 기록된 유전 정보대로 세포가 단백질을 합성하는 작업에서 짧은 RNA 분자들이 중간 매개자로서 중요한 역할을 합니다. 그중에서도 전사를 담당하는 mRNA는 목적하는 해당 DNA 유전 정보를 잠시 복사했다가 단백질 합성의 임무를 마치고 사라지는 생명 활동의 핵심 물질입니다. 이처럼 세포의 운명을 결정짓는 mRNA는 염기서열이 짧은 분자이기 때문에 편집이 쉬워서 유용한 목적에 쓸 수 있습니다. 예를 들어 화이자사와 모더나사의 코로나바이러스 백신은 사람의 세포에서 코로나바이러스의 외벽 돌기 단백질이 합성되도록 mRNA를 인위적으로 편집했습니다. 인체 세포는 이 돌기를 기억했다가 코로나바이러스가 들어오면 대항합니다. 이처럼 DNA의 유전 정보는 RNA를 매개로 생명의 물질인 단백질로 합성됩니다.

앞에서 살펴보았듯이 중심원리를 구성하는 세 가지 분자 중에서 DNA만이 복제 과정을 통해 자신과 똑같은 가닥을 통째로 만듭니다. 반면 RNA와 단백질은 그렇지 못합니다. 중심원리는 지구에서 생명이 탄생한 이래 수십억 년 동안 한 번도 중단된 적이 없습니다. 그리고 지금 이 순간에도 일어나고 있습니다.

제임스 왓슨James Watson과 함께 DNA 구조를 발견했던 프랜시스 크릭Francis Crick이 제안한 이 원리는 20세기 후반에 생물학이 진보하는

그림11-12
코로나바이러스의 구조
코로나바이러스는 유전 물질로 DNA 없이 RNA만 가지고 있다.

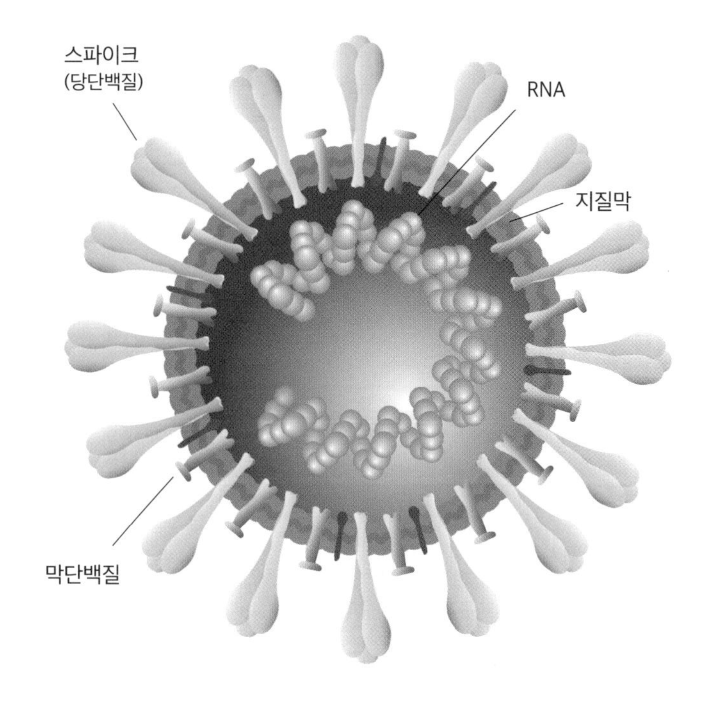

데 큰 기여를 했습니다. 그 전에는 많은 사람들이 유전 현상은 복잡하고 신비로운 과정이라고 생각했습니다. 그러나 중심원리가 전파되면서 기존의 믿음들이 폐기되고, 유전을 생물학적 관점에서 새롭게 이해하게 되었습니다. 다윈의 진화론이나 멘델의 유전 법칙의 발견 이후에도 여전히 남아 있던 인간 중심적인 사고들은 밑바닥부터 무너지기 시작했습니다. 인간과 다른 생물들의 유전자가 매우 다를 것이라는 믿음, 사람의 유전자가 다른 생물들보다 훨씬 많고 우월할 것이라는 예측과 유전자 조절이 신성불가침의 영역이라는 생각이 모두 틀렸음이 밝혀졌습니다. 인간 역시 다른 생물들과 마찬가지로 동일한 생물학적 원리에 따라 생겨나고 살아간다는 사실을 깨닫게 된 것입니다.

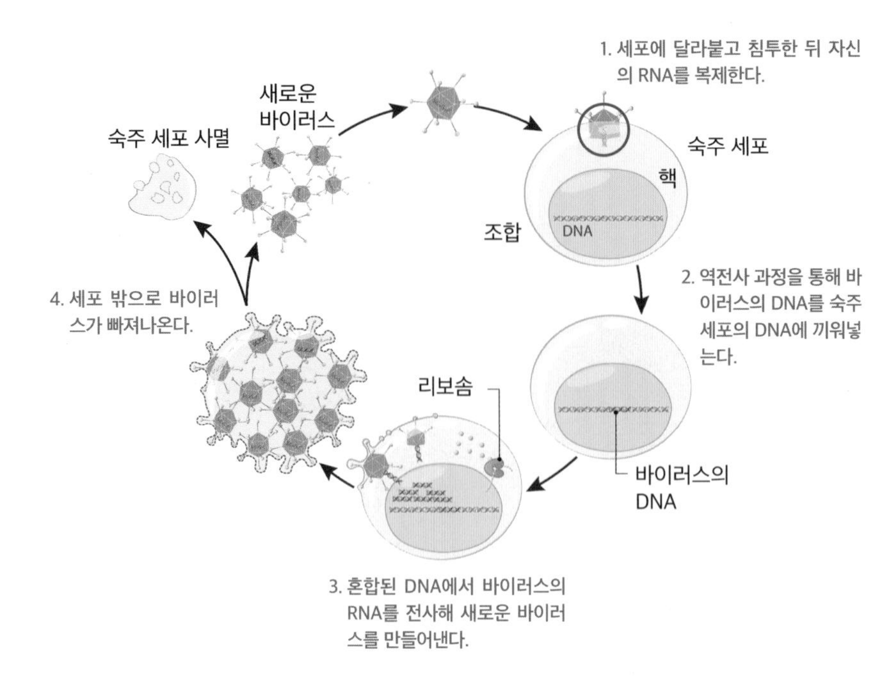

그림11-13
에이즈바이러스의
역전사 및 증식 과정
대표적 레트로바이러스인 에이즈바이러스는 역전사를 통해 자신의 RNA 정보를 인간 세포의 DNA에 끼워 넣는다. 잠복기 후에 이 DNA 정보는 RNA에 전사되어 번역을 거쳐 바이러스의 단백질을 합성하면서 증식한다.

그런데 20세기 말 이후에 분자생물학이 급속히 발전하면서 중심원리를 벗어나는 몇 개의 예외가 발견되었습니다. 주인공들은 일부 바이러스였습니다. 바이러스는 잘 알려졌듯이 생명과 비생명의 중간 지대에 있는 존재입니다. 스스로 살아갈 수 없다는(대사 작용을 하지 않는다는) 점에서는 비생명체이지만 2세를 퍼뜨린다는(유전자를 복제한다는) 점에서는 생명과 유사합니다. 우리는 10장과 11장에서 생명 현상을 재조명해보았습니다. 이제 마지막으로 생명체도 비생명체도 아닌 바이러스들의 모습을 중심원리에 비추어보면서 생명이 무엇인지 생각해보고자 합니다.

바이러스들의 존재 이유는 숙주 생물을 이용해 자신의 유전자를 퍼뜨리는 것입니다. 그들이 목표로 삼는 숙주 생물은 박테리아에서부터 인간에 이르는 모든 지구 생명체입니다. 생물들은 열쇠를 바꾸어가며 침투해오는 바이러스들을 막기 위해 수십억 년 동안 자물쇠를 변경해왔습니다. 바이러스들도 이를 무력화시키기 위해 수시로 변신했지만 전략은 기본적으로 두 가지였습니다.

첫째, 숙주 생물들의 세포에 침투하는 기술을 거의 완벽한 수준으로 발전시켰습니다. 오늘날의 과학자들은 이를 역이용합니다. 원하는 유전자를 인공적으로 세포 안에 넣을 때 바이러스를 운반체(바이러스 벡터)로 사용하는 것입니다. 코로나바이러스 대응을 위해 얀센사와 아스트라제네카사가 개발한 백신이 그런 경우입니다. 침팬지나 사람에게 일반 감기를 일으키는 바이러스를 약하게 만든 후 운반 수단으로 삼아 코로나바이러스에 대응할 면역 물질을 세포 속에 넣는 것입니다.

둘째, 자신의 유전자를 숙주 생물의 DNA 속에 몰래 숨겨 넣는 기술을 발전시켰습니다. 일부 RNA형 바이러스들이 쓰는 수법입니다. 이들은 숙주 세포 안에 침투한 후 자신의 RNA 유전 정보를 숙주 생물의 DNA 사이에 복사하여 슬쩍 끼워 넣습니다. 이렇게 슬쩍 끼워 넣고 잠복기에 들어갔다가 때가 되면 본색을 드러냅니다. 즉 숙주 생물의 세포 속에 있는 전사와 번역 기구를 사용해 자신의 RNA와 단백질을 합성해 증식하는 것입니다.

이런 종류의 바이러스들은 생물과 달리 RNA 정보를 DNA에 전사하므로 분자생물학의 중심원리와 반대로 행동합니다. 그래서 이 과정을 '역전사'라고 부릅니다. DNA에서 RNA로 정보가 전달되는 생물의 세포와 달리 반대 방향으로 전사가 일어나는 것입니다. 이처럼 역전사를 하는 바이러스들을 '레트로바이러스'라고 부릅니다. '레트로retro'란 '거꾸로'라는 뜻입니다.

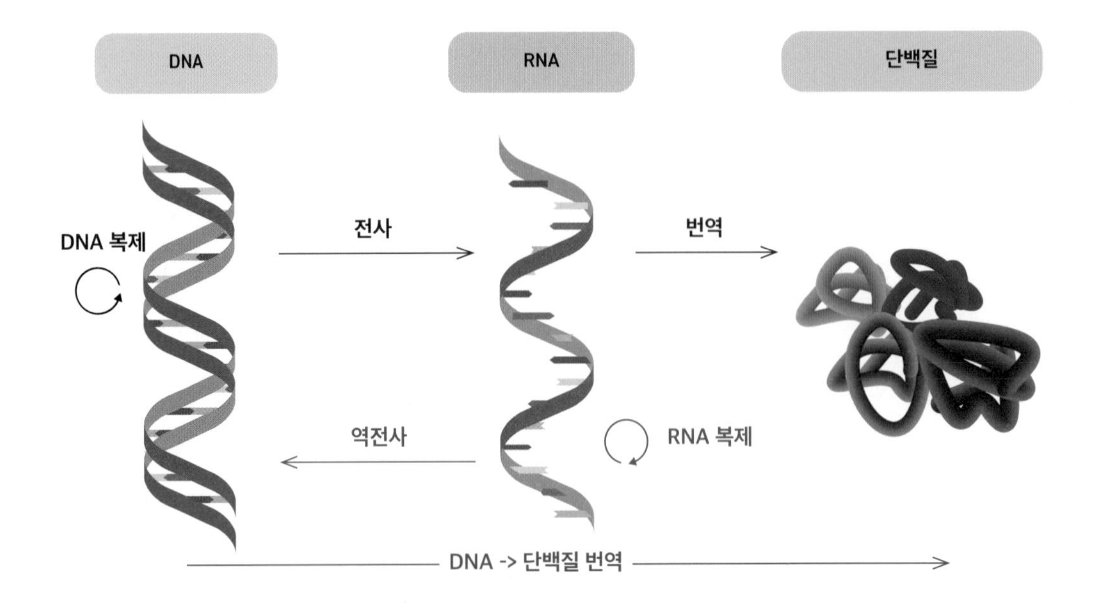

그림11-14
수정된 생명의 중심원리
중심원리가 알려진 이후 여러 연구를 통해 이를 따르지 않는 추가적인 보완 과정들이 있음이 밝혀졌다(붉은색 화살표). 이들은 일부 바이러스에서 일어나는 RNA → DNA로의 역전사, RNA의 자기 복제 그리고 인공적이기는 하지만 DNA로부터 단백질을 직접 번역하는 경우이다.

대표적인 레트로바이러스로는 식물을 감염시키는 바이러스(박테리오파지)와 에이즈바이러스(HIV)가 있습니다. 이들의 RNA 유전 정보는 너무나 교묘하게 DNA 속에 숨어 있으므로 찾아내 치료하기가 쉽지 않습니다. 또 숨겨진 유전 정보가 숙주 생물의 DNA에 끼워져 있기 때문에 숙주 생물이 단백질을 만들거나 번식할 때 그대로 사용됩니다. 즉 대를 이어 숙주 속에 영구히 자리를 잡기도 합니다. 인간의 경우 전체 DNA(게놈)의 8~10퍼센트인 2억 5000만 개 이상의 염기서열이 레트로바이러스에서 유래했다고 추산합니다. 먼 조상들을 감염시켰던 바이러스의 흔적들이 우리 몸에 있다는 사실이 찜찜하지만 대부분은 활동하지 않기 때문에 큰 해가 없다고 추정됩니다. 하지만 상세한 내용은 아직 모르는 것이 많습니다. 역전사 현상은 2021년 기준으로 4번에 걸쳐 8명의 노벨 수상자가 나올 정도로 생명을 새롭게 이해하는 데 중요한 역할을 했습니다.

역전사가 발견된 이후, 대부분의 RNA형 바이러스들이 자신의 RNA를 주형 삼아 RNA를 복제한다는 사실도 밝혀졌습니다. 이것도 생명의 중심원리에 어긋나는 현상입니다. 똑같은 가닥을 만들어내는 복제는 DNA에서만 일어난다고 알고 있었기 때문입니다. 또한 DNA에서 단백질로 직접 유전 정보가 전달되는 사례도 발견되었습니다.

하지만 역전사나 RNA 복제 등은 비생명체인 일부 바이러스들이 존속하기 위한 전략일 뿐, 생명체에서는 일어나지 않습니다. 따라서 중심원리가 잘못되었다고 할 수는 없습니다. 그보다는 DNA, RNA, 단백질이라는 세 가지 생체 핵심 분자의 기능과 작동에 있어서 바이러스가 생명체보다 더 유연한 방식을 취한다고 봐야 할 것입니다.

한편 바이러스의 침투에 맞서는 생물 쪽에서도 순순히 당하고 있지 않고 바이러스에 대비한 각종 전략과 무기들을 끊임없이 발전시켰습니다. 심지어 가장 단순한 생물인 박테리아에서도 그런 모습을 볼 수 있습니다. 박테리아들은 바이러스가 세포 안에 침입하면 특별한 효소 단백질을 이용해 적들의 DNA 조각 일부를 잘라내서 자신의 DNA 속에 저장해둡니다. 그러다가 다음 번에 바이러스가 침입하면 그 정보를 통해 적을 식별해내고 그들의 DNA를 잘라 못쓰게 만듭니다. 이 반응을 이용한 유전자 편집 기술이 최근 언론에 자주 등장하는 '크리스퍼 유전자 가위'입니다. 우리가 세균이라고 부르는 박테리아조차 이처럼 인간과 대등하게 복잡한 면역 반응을 합니다.

생명과 비생명의 중간 존재인 바이러스가 어떻게 지구상에 출현했으며, 생물과의 군비 경쟁이 언제부터 시작되었는지는 아직 밝혀지지 않았습니다. 생물과 바이러스의 관계가 단순히 천적 사이인지, 아니면 공생 관계인지도 논란거리입니다. 일부 과학자들은 지구에서 최초의 생명이 출현하는 과정에서 바이러스가 징검다리 역할을 했다고 생각합니다.

비록 그 정도까지는 아니더라도 바이러스가 생명의 진화에 중요한 촉진제 역할을 했다고 추정하는 과학자들이 늘고 있습니다. 이들의 다양한 추론 중에서 중요한 두 가지를 소개하겠습니다.

첫째, 인간을 비롯한 진핵생물 세포의 DNA 염기서열 중에는 작은 조각들이 매우 높은 비율로 존재하는데, 생물의 진화 역사 중에 이 조각들이 메뚜기처럼 위치를 자주 옮겨 다닌 흔적들이 있습니다. 이를 트랜스포존transposon이라고 합니다. 그중 일부는 자신의 DNA 조각 일부를 RNA로 복사(전사)하고 이를 다시 DNA로 바꿉니다. 이렇게 복사된 조각은 제자리를 벗어나 이리저리 이동해서 다른 곳에 끼어드는데, 바이러스들이 하는 행동과 매우 유사합니다. 아마도 이런 짧은 조각들이 나중에 RNA로 발전해 생명의 출현을 촉진했거나 바이러스들의 선조가 되었을 가능성이 있습니다.

둘째, 바이러스들은 매우 작기 때문에 생물의 종을 넘나들며 감염시킵니다. 가축의 구제역, 조류 바이러스는 물론이고, 홍역, 천연두, 감기, 독감, 에이즈, 에볼라, 사스, 코로나 감염증 등 인간의 전염병 대부분이 동물의 바이러스에서 유래한 것입니다. 심지어 곤충에서 온 것도 있습니다. 이는 인간 이외의 다른 생물도 마찬가지일 것입니다. 이처럼 자연계에서 경계 없이 자유롭게 넘나드는 바이러스의 활동이 생물들의 유전자가 쉽게 섞이고 서로 작용하는 데 큰 역할을 했을 것입니다.

바이러스들이 생물의 세포에 침투해 유전자 사이에 끼어들어 생명이 감염병으로 죽는 일은 재앙입니다. 그러나 유전자를 다양하게 만들고 진화를 촉진시킨다는 점에서 8장에서 알아본 멸종과 유사한 면이 있습니다. 멸종은 당사자인 생물에게는 비극이었지만 진화를 한 단계 발전시키는 촉진제였습니다. 바이러스도 혹시 그런 역할을 하지 않았을까요?

2019년에 발병된 코로나바이러스가 전 세계 사람들을 고통 속으로 몰아넣었습니다. 바이러스가 유구한 지구 역사에서 한때 생물의 동반자였을지도 모른다는 사실은 아이러니입니다.

열한 번째 여행을 마치며

지구에 첫 생명체가 출현한 이래 모든 생물은 DNA와 RNA라는 동일한 유전 물질을 통해 생존과 자손 퍼뜨리기를 이어오고 있습니다. 다세포 고등 생물인 동물의 다양한 형태는 공통의 유전자 설계도에서 비롯되었습니다. 하지만 최근에는 유전자 못지않게 후성유전도 생물이 변화하는 환경에 유연하고 빠르게 적응해서 생존하는 데 중요한 역할을 하고 있음이 밝혀졌습니다. 생물에 있어서의 유전 현상 및 발현은 복제와 전사를 통해 DNA → RNA → 단백질로 이어지는 '중심원리'를 바탕으로 하고 있습니다. 바이러스와 미생물, 인간을 포함한 모든 생물은 같은 생명의 원리를 바탕으로 공진화하며 오늘에 이르렀습니다.

12장

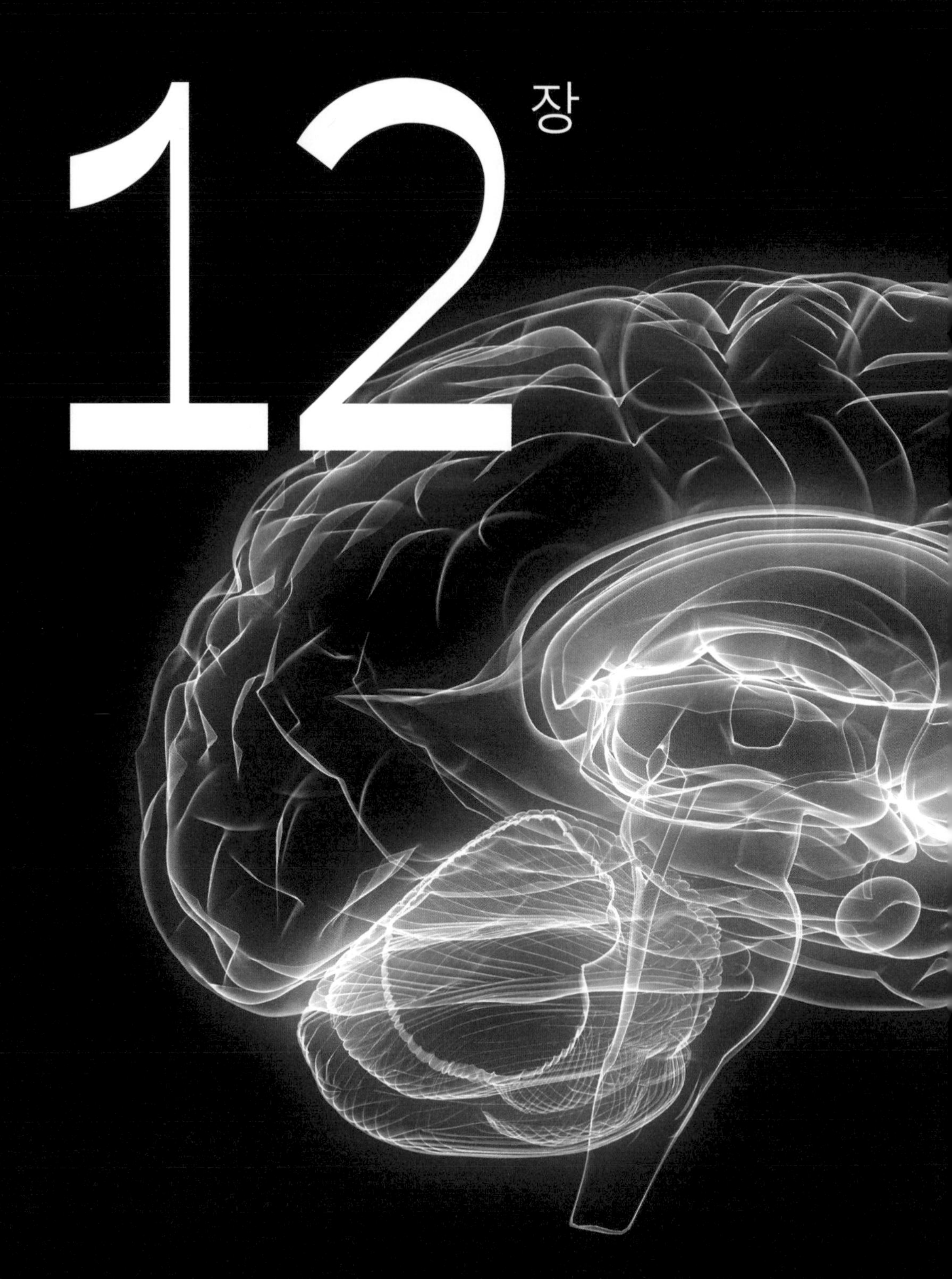

동물과 뇌

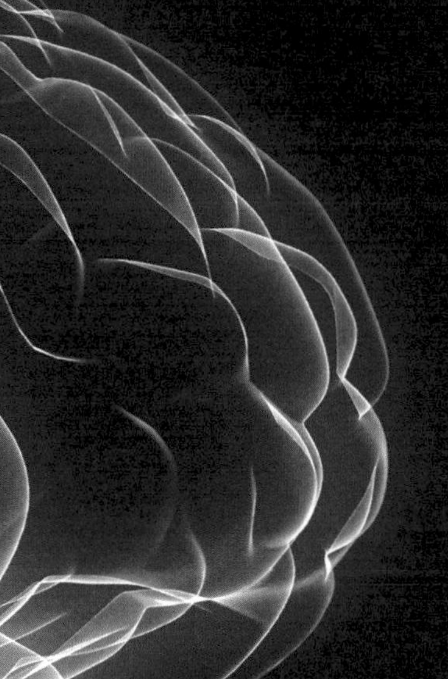

- 뇌의 출현 배경
- 인간 뇌의 주요 부분과 기능
- 감정과 기억
- 신경 세포 신호 전달의 기본 원리
- 네트워크로서의 뇌

12월 15일

›››세포 간 통신 관련 단백질 출현(다세포 진핵생물)

›››분산 신경계 형성(약 6억 년 전)

12월 16일

›››뇌와 원시 척추 출현(5.4억 년 전)

12월 31일

›››호모의 뇌 형성

이제 우리의 시간 여행이 종점에 가까워졌습니다. 인간의 출현이 눈앞에 다가온 것입니다. 그에 앞서 한 가지 짚고 넘어갈 중요한 사항이 있습니다. 많은 사람들이 인간은 다른 동물과 달리 특별한 존재라고 생각합니다. 그 이유 중 하나로 동물에 비해 월등히 높은 지능을 들 것입니다. 그뿐만 아니라 인간은 생존과 전혀 무관한 일들에 많은 노력을 기울이는 특이한 동물입니다. 아무리 똑똑한 침팬지도 옛날이야기를 지어내거나 그림을 그리고 음악을 즐기는 활동에 소중한 에너지를 쓰지 않습니다. 또한 세상의 기원이나 사후 세계에 대해 궁금해하지도 않으며 많은 시간과 노력, 경제력을 쏟아붓는 종교 활동도 하지 않습니다. 다른 동물과 명확히 구분되는 인간의 이런 특이한 행위들이 모두 뇌에서 비롯된 것입니다.

뇌는 대부분의 동물들도 가지고 있습니다. 그렇다면 인간이 특별한 이유는 뇌가 다르기 때문일까요? 이를 알아보기 위해 이번 장에서는 왜 뇌가 동물에게서 나타났는지를 먼저 살펴볼 것입니다. 그다음, 인간의 뇌가 해부학적으로 어떻게 이루어졌으며 어떤 기능이 있는지 알아보겠습니다.

1. 뇌는 왜 출현했을까?

동물의 머나먼 조상은 세포에 1개의 편모가 꼬리처럼 붙은 단세포 박테리아였습니다. 편모란 채찍 모양의 털이라는 뜻입니다. 편모류 박테리아는 오늘날의 정자처럼 편모를 움직여 이동했습니다. 이들 중에서 일부가 편모 둘레에 옷깃(동정) 모양의 구조가 붙은 깃편모충류라는 단세포 생물로 진화했습니다. 단세포였던 깃편모충류들은 무리를 지어 살았는데, 어느 단계에서 한몸을 이루며 다세포 생물로 발전했습니다. 이들이 바로 가장 원시적인 동물인 해면입니다. 해면sponge은 영어 이름에서 알 수 있듯 지중해 연안 사람들이 수세미 대용으로 사용했지만 엄연한 동물입니다. 해면은 세포에 붙어 있는 편모들을 움직여 만든 바닷물의 흐름에서 먹이를 걸러 흡입합

그림12-1
깃편모충류와 해면
해면은 단세포에서 다세포로 가는 경계에 있는 가장 원시적인 동물이다. 군체를 쉽게 이루는 단세포 깃편모충류와 다세포 동물인 해면의 깃세포는 매우 유사하다(아래 오른쪽 그림의 붉은색 네모 박스). 깃편모충류와 깃세포는 단세포 원생생물이 다세포 동물로 가는 진화적 연결을 보여준다.

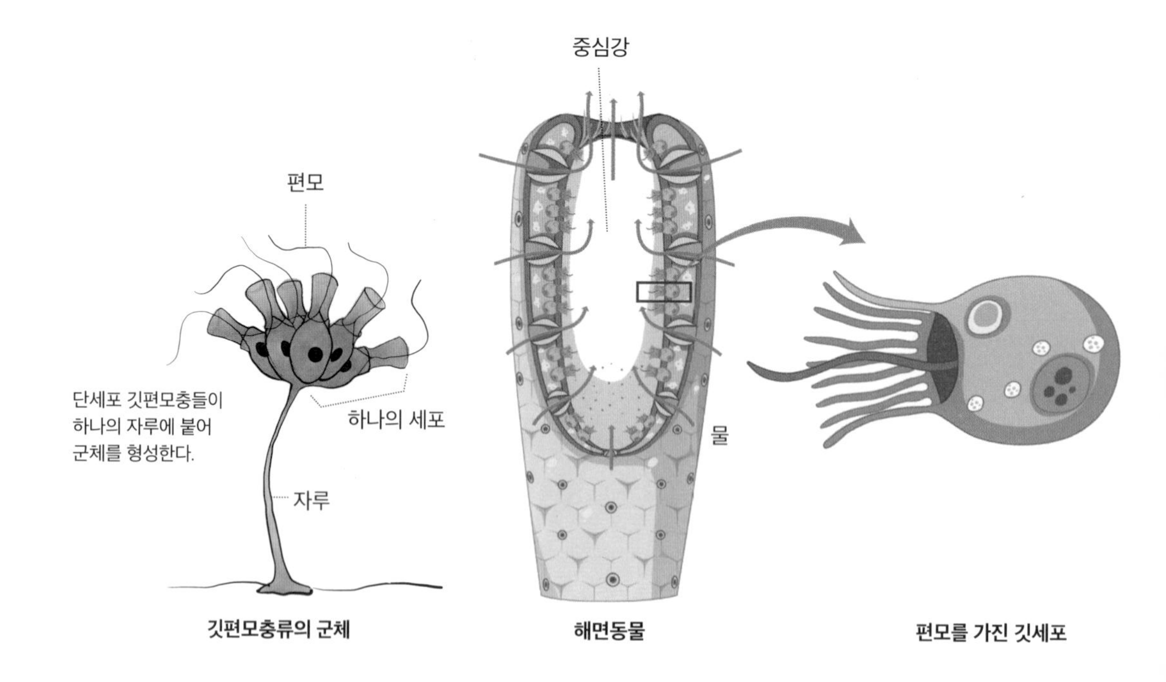

그림12-2
해면동물의 실제 모습

니다. 즉 이처럼 동물이라고는 하지만 이동하지 못하며, 몸의 움직임에 필요한 근육이나 신경계도 없습니다.

신경계가 처음 나타난 동물은 7억~6억 년 전 출현한 히드라와 해파리류(자포동물)였습니다. 해파리는 머리라고 잘못 알려진 갓을 오므렸다 폈다 하며 위아래로 이동하는데, 이 과정에서 걸려드는 먹이를 취합니다. 그런데 오므리고 펴는 동작은 몸의 세포들이 서로 통신해야 가능합니다. 이를 위해 해파리의 몸에는 신경 세포들이 그물망처럼 퍼져 있습니다. 해파리류는 비록 분산된 형태이기는 하지만 신경계가 있는 가장 원시적 동물입니다. 그 덕분에 해면과 달리 움직일 수 있습니다.

해파리류에서 더욱 진화한 동물이 약 6억 년 전에 출현한 좌우대칭동물입니다. 해면과 해파리류를 제외한 현존하는 모든 동물들은

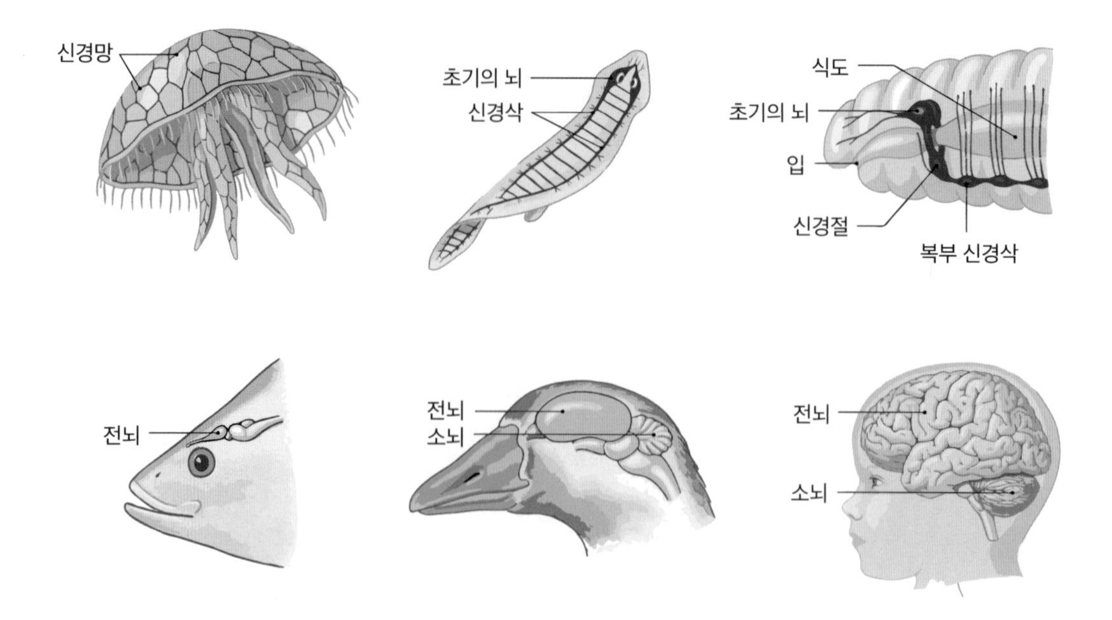

그때 출현한 좌우대칭동물의 후손입니다. 최초의 좌우대칭동물은 납작한 벌레라는 뜻의 편형동물이었습니다. 이들의 출현은 동물의 진화에서 매우 중요한 사건이었습니다. 몸의 앞쪽과 꼬리 부분, 왼쪽과 오른쪽, 등과 배의 구분이 비로소 생겼기 때문입니다. 다시 말해 머리와 비슷한 것이 생기고 앞으로 움직이게 된 것입니다. 이러한 변화는 처리할 정보량이 엄청나게 많아졌음을 뜻합니다. 물에 이리저리 떠다니는 해파리와 달리 어느 방향으로 갈지 결정해야 했기 때문입니다.

방향을 결정하려면 주도적인 기관이 있어야 하는데 해파리처럼 온몸에 분산된 신경계로는 불가능했습니다. 따라서 신경 세포들이 몰려 있는 '신경절'이라는 구조가 동물의 몸에 나타났습니다. 원시적 좌우대칭동물인 편형동물의 신경절은 특히 머리 쪽에 더 부풀어

그림12-3
동물의 신경계 진화
동물이 진화함에 따라 신경계는 분산 신경계(신경망) → 신경삭 → 신경절 → 뇌의 순으로 발전했다. 특히 뇌는 척추동물인 어류, 파충류, 조류, 인간을 포함하는 포유류에서 정교하게 진화했다.

있습니다. 눈은 없지만 빛을 감지하는 안점이 있습니다. 머리와 뇌, 눈의 원시적 형태가 출현한 것입니다. 보잘것없어 보이는 오늘날의 편형동물들(플라나리아를 제외하고는 대부분 기생충)도 신경절 덕분에 한 번 경험한 위험한 곳은 다시 가지 않습니다. 학습을 하는 것입니다.

뒤이어 진화한 동물들은 신경절을 더욱 발전시켜 뇌로 만들었습니다. 한마디로 뇌는 동물이 움직이기 위해 진화한 기관입니다. 간혹 주변에서 식물도 마음이 있다는 주장을 듣습니다. 음악을 틀어주거나 사랑을 쏟으면 잘 자란다고도 합니다. 줄기나 잎이 햇빛을 향하는 향일성이나 뿌리가 물을 감지해 물이 있는 쪽으로 뻗는 현상은 오래전부터 잘 알려져 있었습니다. 어떤 식물은 물 흐르는 소리를 가짜로 들려주어도 그쪽으로 뿌리를 뻗습니다. 해충 등의 천적이 다가오면 이웃에게 화학 분자를 발산해 알리는 식물도 있습니다. 하지만 이는 다세포 생물인 식물이 살아가기 위해 발전시킨 세포 사이의 통신 활동이지 뇌가 만드는 활동이라고 할 수는 없습니다. 식물은 이동할 필요 없이 한곳에서 스스로 생존할 수 있으므로 고도로 집중된 신경계가 필요하지 않기 때문입니다.

이와 달리 동물은 먹이를 찾아 움직여야 살 수 있는 생물입니다. 만약 움직임이 신속하지 못하거나 부적절하면 잡아먹히거나 굶어 죽거나 둘 중의 하나입니다. 움직이기 위해서는 예측이 필요하고 이를 토대로 움직이려면 다양한 생체 반응이 뒤따라야 합니다. 그래서 똑같은 다세포 생물이지만 동물은 식물과는 비교가 안 될 정도로 많은 기관들을 만들었습니다. 외부 환경을 감지하는 정교한 감각 기관, 먹이를 조그만 분자들로 분해하는 소화 기관, 움직임을 실행하

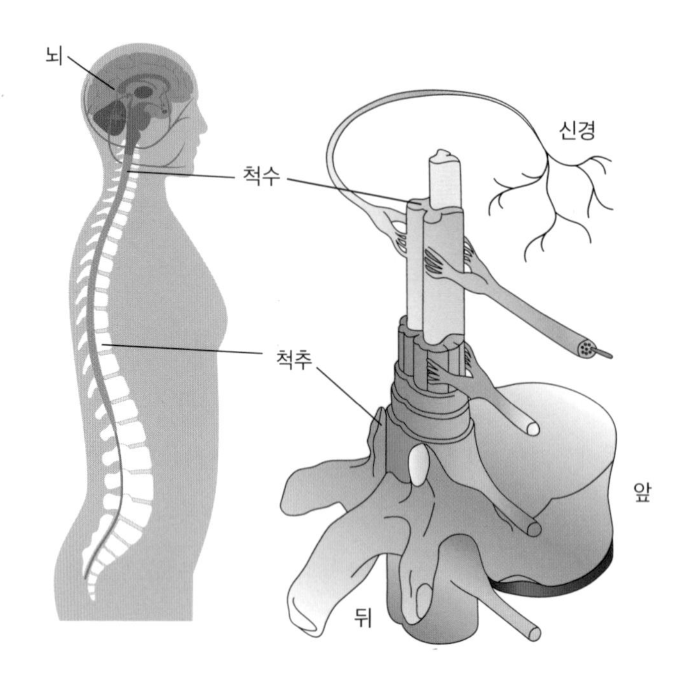

그림12-4
중추 신경계
뇌와 척수로 이루어진 중추 신경계는 신경 세포들을 통합적으로 조절한다.

는 근육, 생화학 반응을 조절하는 내분비 기관 등이 그런 기관들입니다. 인간의 뇌만 보더라도 약 200종류의 각기 다른 세포를 시시각각 움직여야 하고 수많은 호르몬의 분비를 조절해서 균형을 맞추어야 합니다. 그뿐 아니라 호흡과 혈액의 흐름을 조절하고 소화와 배설을 하며 매 순간 뇌 세포를 비롯한 온몸의 세포에 에너지를 분배해야 합니다.

이 모든 일을 통일성 있게 지휘하는 사령탑이 뇌입니다. 한마디로 뇌는 신속한 예측으로 움직임을 만들고 이를 지원하는 다양한 신체를 운영하기 위해 존재합니다. 애초에 생각을 하거나 높은 지능을 위해 생겨난 것이 아닙니다. 생각과 지능은 뇌의 부수적인 결과이지 목적이 아닙니다. 생물이 진화해온 수십억 년의 길고 긴 여정에서 우연히 그런 길이 열린 것입니다.

2. 척추동물의 뇌

통일성 있게 온몸을 통제하고 정확한 움직임을 만들려면 신경계가 밀집된 신경절 같은 조직만으로는 부족합니다. 더욱 발전된 중앙 집권적인 구조가 필요합니다. 이를 '중추 신경계'라고 부릅니다. 중추 신경계는 여러 동물문에서 나타났지만 척추동물에서 가장 뚜렷이 발전했습니다. 뇌와 척수로 이루어진 중추 신경계 덕분에 온몸에서 받은 감각의 정보들은 통합적으로 분석되며 이를 바탕으로 신체의 각 기관에 전달됩니다. 중추 신경계의 역할을 단적으로 표현하면 '감각은 위로 가고 운동은 아래로 간다'일 것입니다.

원래 척추와 뇌는 신경 세포들이 동아줄처럼 뭉쳐 꼬리 부분까지 길게 늘어선 '신경삭(신경 줄기)'에서 진화했습니다. 환형동물(지렁이, 거머리 등)과 절지동물(곤충, 갑각류)은 신경삭이 배 쪽에 나타났습니다. 그래서 새우는 내장이 등 쪽에 있고 신경줄은 배 쪽에 있

그림12-5
창고기의 신경삭과 척삭
신경삭과 척삭은 훗날 뇌와 척추로 진화했다.

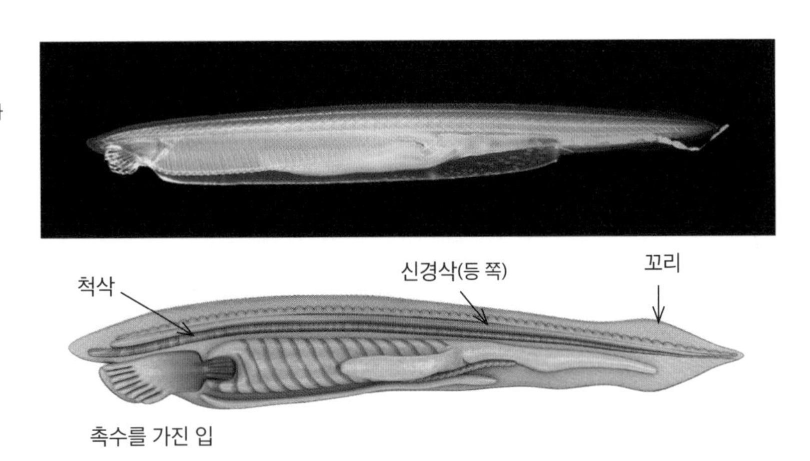

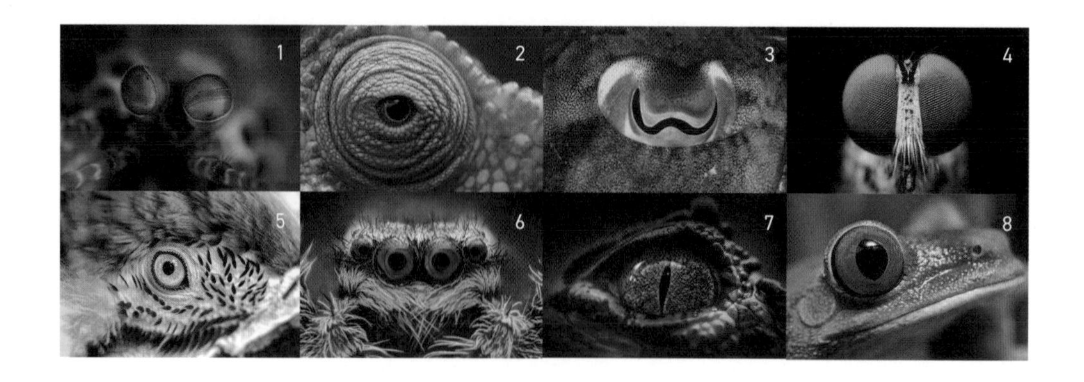

그림12-6
동물의 다양한 눈
1. 새우, 2. 카멜레온, 3. 오징어, 4. 파리, 5. 앵무새, 6. 거미, 7. 악어, 8. 개구리

습니다. 새우를 요리할 때 등 쪽의 긴 줄을 제거하는 것은 이 때문입니다.

이와 달리 척추동물의 조상은 신경삭이 등에 나타났습니다. 신경삭의 머리 부분이 커져 뇌로 발전한 것입니다. 척추의 원시 형태는 척삭입니다. 원래 척삭은 지느러미가 없는 원시 어류가 헤엄을 치기 위해 등 쪽에 발달시킨 조금 단단한 조직이었습니다. 이것이 나중에 칼슘 성분을 받아들여 척추(등뼈)로 발전하고 척수를 보호하는 역할을 맡게 된 것입니다.

제대로 발달한 척삭이 있는 첫 동물, 즉 모든 척추동물의 원조는 약 5억 5000만 년 전 출현한 '창고기류'였습니다. 이들은 지느러미가 없어 마치 물에 떠 있는 나뭇잎과 흡사한 매우 원시적인 작은 어류였습니다. 오늘날 볼 수 있는 창고기만 하더라도 뇌나 심장, 간, 신장 등이 없습니다. 머리 쪽에 부푼 신경삭과 빛을 감지하는 안점 몇 개 그리고 화학 물질을 탐지하는 세포가 있을 뿐입니다. 이들은 흘러드는 양분을 걸러 먹지만 적극적으로 움직이는 먹이 활동은 하지 않습니다. 그저 탄력성 있는 조직인 척삭을 좌우로 흔들어 미약

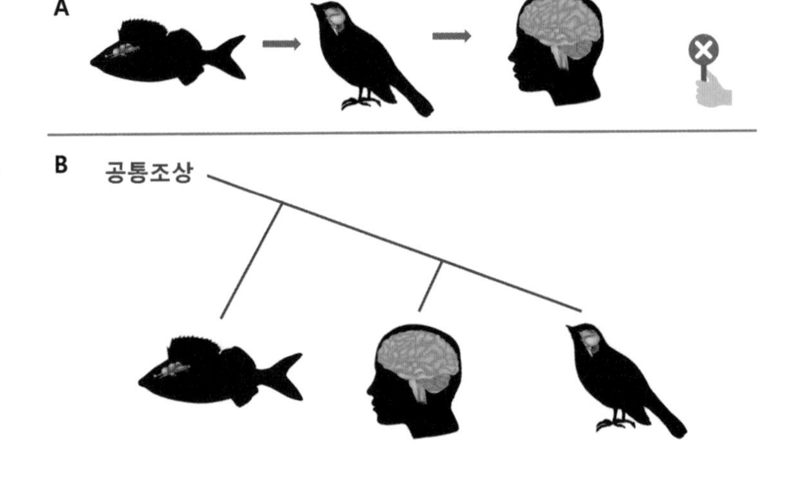

그림12-7
척추동물 뇌의 진화
척추동물의 뇌는 A처럼 인간의 뇌를 향해 직선적으로 진화하지 않았다. B의 방식처럼 하나의 조상에서 가지치기하듯 각자의 기능을 특화하며 진화했다.

하게 이동할 뿐입니다.

척추와 뇌가 처음 나타난 동물은 속칭 '곰장어'로 잘 알려진 먹장어와 그 사촌인 칠성장어류였습니다. 참고로 우리가 흔히 알고 있는 바닷장어나 민물장어, 갯장어, 붕장어는 단단한 등뼈와 가시가 있는 제대로 된 통상적인 모습의 어류, 즉 경골어류입니다. 그들과 달리 턱이 없는 동그란 입을 가진 먹장어류는 눈이 있는지 없는지 모를 정도로 작고 원시적이어서 빛만 겨우 감지합니다. 뇌도 변변치 않아서 존재 여부가 오랫동안 논란거리였습니다. 하지만 유전자 분석 결과 배아 단계에서 뇌의 일부 조직이 생기지만 성체가 되면 사라진다는 사실이 2016년에 밝혀졌습니다. 이로써 먹장어류가 뇌와 눈이 생긴 최초의 동물임이 확인되었습니다.

여기서 우리는 뇌와 함께 눈의 중요성도 알 수 있습니다. 먹잇감을 사냥하거나 포식자로부터 피하려면 먼저 상대를 눈으로 봐야 합니다. 그래서 뇌는 없고 눈만 있는 동물은 없습니다. 실제로 동물의

95퍼센트가 눈이 있습니다. 사람의 경우도 뇌에서 처리되는 감각 정보의 80~90퍼센트가 시각입니다. 동물이 왜 뇌와 눈을 가졌는지는 해면이나 해파리, 창고기와 달리 힘차게 움직이는 먹장어를 보면 쉽게 짐작할 수 있습니다. 어찌 보면 뇌는 동물이 진화 과정에서 운동을 더 잘하려고 애쓰다가 부풀어진 신경 뭉치라고 할 수 있습니다.

척추동물은 어류, 양서류, 파충류, 조류 그리고 포유류로 분화하며 진화했습니다. 그들의 사는 방식과 겉모습은 서로 매우 다릅니다. 하지만 배아 발생 초기의 모습을 보면 모두 같은 조상에서 비롯되었다는 사실을 쉽게 알 수 있습니다. 즉 배아 때는 사람이나 물고기, 악어, 닭, 돼지 등이 구별하기 어려울 정도로 서로 비슷합니다. 발생 초기의 모습을 나타낸 그림11-5를 보면 마치 한 번에 척추동물의 진화 과정을 요약해놓은 듯합니다.

뇌도 예외는 아닙니다. 모든 척추동물은 발생 초기에 기본적으로 동일한 뇌 구조를 가집니다. 이는 물고기와 인간을 비롯해 등뼈를 가진 모든 동물이 같은 조상에서 비롯된 공통의 유전자 설계도를 가지고 있음을 말해줍니다. 오늘날 척추동물의 모습이 서로 크게 다른 이유는 각자의 생활 환경에 적응하며 필요에 맞게 다른 길을 갔기 때문입니다.

실제로 코넬 대학교의 뇌과학자 바버라 핀레이는 어류를 비롯해 턱이 있는 18종의 척추동물이 모두 동일한 뇌의 유전자 설계도를 가지고 있음을 수학적 모델로 밝혔습니다. 도마뱀과 쥐, 인간의 뇌가 서로 다르게 발달한 원인은 발생 과정에서 뇌의 각 부분이 형성되는 기간이 달랐기 때문입니다. 가령 전뇌(나중에 대뇌가 되는 부분)

그림12-8
인간의 뇌
두 손 안에 들어오는 1400세제곱밀리미터(1400cc)의 두부 덩어리 같은 인간의 뇌.

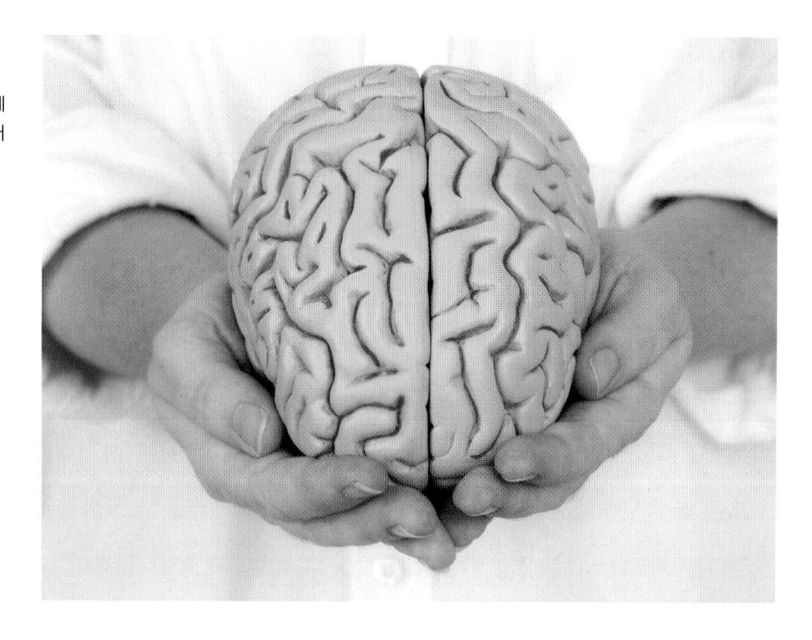

가 형성되는 시간은 도마뱀 → 일반 포유류 → 인간의 순으로 길었습니다. 동물의 뇌는 동일 조상에서 분화되면서 직선 방향으로 서열적 진화를 한 것이 아니라 가지가 갈라져 나오듯이 자신의 환경에 맞는 구조와 기능을 각자 발달시키며 분화했습니다.

3. 복잡하고 고성능인 인간의 뇌

척추동물 중에서도 인간은 가장 복잡한 뇌를 가졌습니다. 20세기 중반 미국의 폴 맥린Paul MacLean이라는 뇌신경학자는 인간의 뇌가 삼중으로 구성되어 있다는 소위 '삼위일체의 뇌' 설을 주장했습니다. 인간의 뇌는 '파충류의 뇌' → '포유류의 뇌' → '영장류의 뇌'의 순서로 덧씌워져 진화했다는 그의 해석은 많은 지지를 받았습니다. 그러나 '삼중의 뇌'는 명칭이나 개념이 잘못되었다는 사실이 2000년대 이후 밝혀졌습니다. 인간의 뇌는 '파충류의 뇌' → '포유류의 뇌' → '영장류의 뇌'의 순서로 진화하지 않았습니다. 앞서 보았듯이 뇌도 공통 조상에게 물려받은 유전자로부터 각 동물군의 환경에 맞게 진화했을 뿐입니다. 하지만 '삼중의 뇌'가 뇌의 기능을 머릿속 깊이에 따라 세 부분으로 나누어 설명한 점은 뇌의 구조를 큰 틀에서 이해하는 데 도움이 됩니다. 여기서도 인간의 뇌를 깊이에 따라 세 부분으로 나누어 살펴보겠습니다.

먼저, 사람의 뇌의 가장 아래쪽 깊숙한 곳에는 '뇌간'이라 불리는 부위가 있습니다. 뇌간은 대뇌 아래에서 척수 위까지(중뇌, 교뇌, 연수)를 가리키는 이름인데, 생명 유지에 필수적인 기능들을 조정해 줍니다. 우리가 의식하지 않아도 숨을 쉬고 혈압이 조절되며 심장이 뛰는 것은 모두 뇌간 덕분입니다. 그래서 고차원적 생각을 맡고 있는 뇌의 위쪽 부위들은 손상을 입어도 일부 기능만 상실될 뿐 살아갈 수는 있지만 뇌간이 다치면 목숨을 잃습니다. 의식을 잃은 식물인간으로 몇 년을 살 수는 있어도 코를 막고 호흡을 멈추면 2분을 넘기기가 어려운 이유도 이 때문입니다. 이처럼 뇌의 가장 깊숙한 곳은 생명 유지에 필수적인 가능을 맡고 있습니다.

뇌간 바로 위에는 아몬드처럼 생긴 '편도체'라는 뇌 조직이 있습니다. 편도체는 감정을 조절하고 공포나 쾌락에 대한 기억과 학습에 중요한 역할을 합니다. 물론 감정의 조절은 편도체뿐만 아니라 그 주변을 둘러싸고 있는 다른 부위들도 관련되어 있습니다. 이들을 통틀어서 '변연계(둘레계통)'라고 부릅니다. 한마디로 편도체와 변연

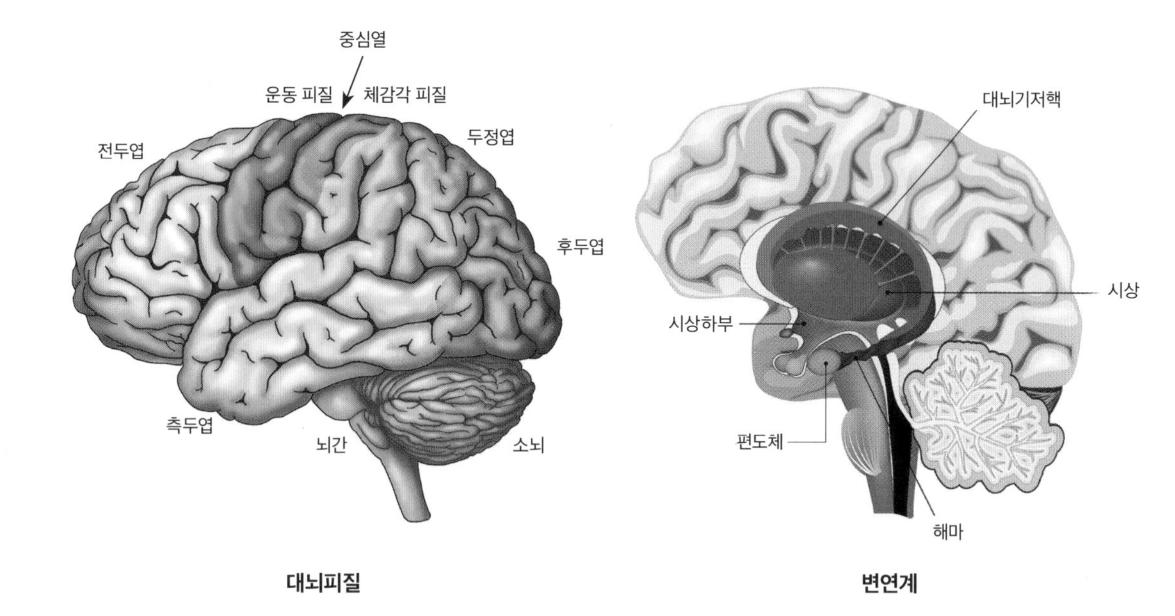

그림12-9
인간 뇌의 구조
대뇌피질(좌)은 전두엽, 측두엽, 후두엽, 두정엽으로 나뉜다. 중심열을 사이로 감각피질과 운동 피질이 자리잡고 있으며, 대뇌 아래에 앞뒤로 뇌간과 소뇌가 있다. 대뇌의 중심부에는 시상, 시상하부, 편도체, 해마, 대뇌기저핵이 변연계(둘레계통)를 이루고 있다(우).

계는 기분이나 감정, 공격성, 공포, 걱정 등 정서적인 반응을 조절합니다. 또한 모성애처럼 2세를 보호하는 본능이나 종족 보존에 필요한 무리 내의 사회성과 관련된 행동도 관장하고 있습니다.

마지막으로 변연계를 덮고 있는 대뇌피질(겉질)이 있습니다. 대뇌피질은 영장류에게 잘 발달된 부위인데 특히 인간에게 가장 잘 발달되어 있습니다. 대뇌피질은 고도의 정신 활동이나 지능과 관련이 있습니다. 논리적이고 이성적인 사고와 언어와 같은 고차원적인 생각은 이곳에서 주로 처리됩니다. 한편 뇌 전체 용적의 10퍼센트 정도밖에 안 되지만 전체 1000억 개의 뉴런 중 80퍼센트를 차지하는 소뇌도 중요합니다. 소뇌는 자세 유지와 머리, 눈, 팔 운동을 조정하고 운동을 학습하는 것과 관련된 기관입니다.

이처럼 뇌의 부위는 위치와 기능에 따라 나뉠 수 있지만 이 구분이 절대적인 것은 아닙니다. 일반적으로 뇌의 각 부위는 네트워크의

새들의 놀라운 지능

영장류를 비롯한 포유류는 대뇌피질이 발달되어 있고 이 때문에 지능이 높다는 것이 최근까지의 통념이었습니다. 그런데 대뇌피질이 없는 조류들도 지능이 높다는 사실이 지난 10여 년 사이 밝혀졌습니다. 새들은 포유류처럼 주름 잡힌 대뇌피질이 없습니다. 대신 포유류의 대뇌피질에 해당하는 '뇌 외투(pallium)' 라는 부위가 있습니다. 조류의 해부학적 뇌 구조는 새로운 발견에 맞추어 2002년 다시 명명되었습니다.

새들의 놀라운 지능은 근래에 본격적으로 알려졌습니다. 머리가 나쁘다고 알려진 닭도 속임수나 숫자 개념, 의사소통 능력의 일부가 4세 어린이 수준임이 밝혀졌습니다. 일부 새들은 언어를 단순히 모방만 하는 것이 아니라 문장으로 의사를 표현할 만큼 똑똑합니다. 모방은 지능의 중요한 요소입니다. '알렉스'라는 이름의 회색앵무는 150여 개의 영어 단어를 조합해서 말하고 사물의 모양, 재료 등을 범주화시켜 구분했습니다. 또한 1부터 8까지의 숫자를 셀 뿐 아니라 거짓말, 꾀부리기, 심지어는 떼쓰기 등의 높은 사고 능력을 보여주기도 했습니다. 뉴칼레도니아까마귀는 부리로 철사를 구부려 도구로 사용하고 처음 보는 물건들을 이용해 8단계로 이루어진 문제를 순서대로 풀어내며 깊숙이 박힌 먹이를 꺼내 먹는 능력도 보여줍니다.

하늘에서 내려다 보면 지상에서 보는 세상과는 비교가 안 될 만큼 많은 정보들이 널려 있습니다. 새들은 이런 환경에서 고속으로 날아다니며 신속하게 판단을 내려야 했기 때문에 지상의 포유류에 뒤지지 않는 뇌를 고도로 발전시킨 것입니다.

개는 거울을 보고도 자신을 인지하지 못합니다. 하지만 조류 중에서 까치, 까마귀, 앵무새, 심지어 지능이 높지 않다고 여겨진 비둘기도 특정 조건에서 거울 테스트를 통과했습니다. 까치는 턱 밑에 빨간색과 노란색 스티커를 붙여주면 거울을 보고 스티

까치의 거울 테스트

커를 긁습니다. 하지만 자신의 깃털 색과 같아 튀지 않는 검은색의 스티커를 붙여주면 거울을 들여다보고 긁지 않습니다. 거울 테스트에서 보여주는 이런 행동은 까치가 거울 속의 자신을 인식한다는 증거입니다. 거울 테스트는 유인원과 일부 조류, 돌고래, 코끼리 등 지능이 높은 동물만 통과합니다. 일부 조류는 '날아다니는 영장류'라고 불릴 만큼 침팬지에 못지않은 지능을 가졌습니다. 호두만 한 크기의 뇌에서 이런 지능이 나온다는 사실이 놀랍습니다.

일부로 다른 부위와 긴밀히 소통하며 유기적으로 임무를 수행합니다. 가령 시각만 해도 그렇습니다. 망막을 통해 들어온 시각 정보는 감각 정보의 정거장이라 할 수 있는 변연계의 시상이라는 곳을 거쳐 머리 뒤쪽에서 1차로 처리됩니다. 거기서 다시 대뇌피질의 여러 곳으로 보내져 시각을 만듭니다. 이렇게 네트워크로 작동하다 보니 뇌간을 제외한 부위들은 조금 손상되어도 다른 부위가 대체 역할을 수행할 수 있습니다.

끊임없이 변하면서 조절되는 네트워크를 유지하려면 많은 에너지가 필요합니다. 에너지 측면에서 볼 때 뇌는 물 먹는 하마입니다. 사람의 뇌는 체중의 겨우 2퍼센트를 차지하지만 인체가 쓰는 에너지의 무려 20퍼센트에 이릅니다. 게다가 뇌에 흐르는 혈류량도 1분에 750밀리리터나 됩니다. 뇌는 1000억 개 이상의 신경 세포(뉴런)와 그 연결점인 시냅스가 수백조에서 1000조 개쯤 있어서 '또 하나의 우주'라고 부를 만합니다. 특히 인간의 대뇌피질은 면적이 다른 영장류에 비해 매우 넓어서 심하게 주름이 잡혀 있습니다. 이를 가늠할 수 있는 척도가 피질 1세제곱밀리미터(1cc)당 뉴런 수인 뉴런 충전 밀도neural packing density, NPD입니다. 인간의 대뇌피질 NPD는 2만 5000~3만입니다. 다른 유인원보다 약 3배나 높은 수치입니다. 큰 뇌를 가진 코끼리도 겨우 6000 정도입니다. 인간은 뉴런 밀도가 높을 뿐만 아니라 뇌의 면적도 넓고 무게도 많이 나갑니다. 특히 대뇌피질이 뇌 전체에서 차지하는 비율이 약 70퍼센트나 됩니다.

대뇌피질은 이마(전두), 정수리(두정), 머리 옆 양쪽 관자(측두) 그리고 뒤통수(후두) 중의 어느 곳에 있느냐에 따라 각기 이름을 달리하며 주관하고 있는 정신 활동도 조금씩 다릅니다. 그중에서도 특히

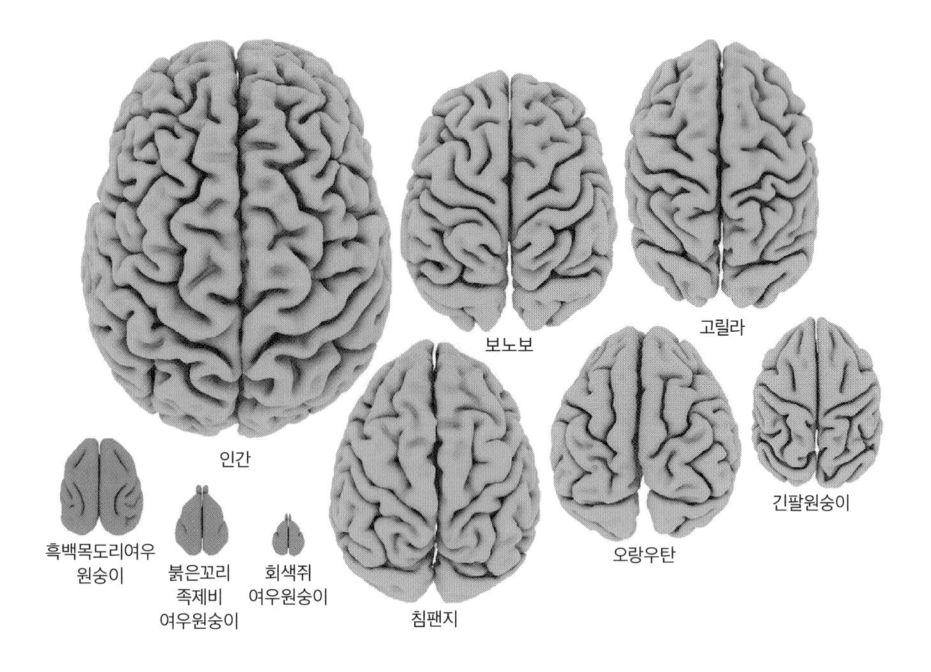

그림12-10
인간과 영장류의 대뇌피질 비교
인간의 대뇌피질은 다른 종과 비교해 많이 접혀 있어 전체 면적뿐 아니라 단위 부피당 뉴런의 밀도도 높다.

이마 앞쪽에 있는 '전두엽'이라는 피질 영역은 판단과 문제 해결, 추리력 등의 높은 인지 능력을 맡고 있습니다. 인간의 경우 전두엽이 뇌에서 차지하는 비율이 30퍼센트가 넘는데 침팬지는 10퍼센트에 불과합니다. 개는 약 7퍼센트, 고양이는 3퍼센트이며 파충류는 거의 없습니다.

4. 감정과 기억

몸의 움직임을 위해 진화한 동물의 뇌는 주어진 상황에서 생존을 위해 '투쟁할 것인가? 도피할 것인가?'를 신속히 결정해야 했습니다. 이를 매번 복잡한 연산 작업을 통해 판단하는 것은 현명한 방

그림12-11
기억 능력을 가진 군소
신경과학자 에릭 캔델은 신경세포(뉴런)의 수가 많지 않아 조사하기에 이상적인 군소를 대상으로 기억의 메커니즘을 연구해 많은 사실들을 밝힐 수 있었다.

법이 아닙니다. 동물의 뇌는 과거의 수많은 경험 중에서 비슷한 상황의 기억을 끄집어내어 참조하는 방식으로 신속한 결정을 내릴 수 있게 진화했습니다. 따라서 기억은 뇌의 기능 중에서 매우 중요한 요소입니다.

기억이 어떻게 생성되는지는 노벨 생리의학상 수상자인 에릭 캔델Eric Kandel이 군소라고도 불리는 바다달팽이에 대한 연구로 기초적인 내용을 밝혔습니다. 군소는 뉴런의 수가 포유류의 수백만 분의 일밖에 안 되는 매우 원시적 동물이지만 침으로 몸을 찌르면 자극에 대한 기억을 생성합니다. 단기기억은 외부 자극을 받은 동물이 신경 세포 사이에서 화학 물질(신경 전달 물질)을 방출해 전기적으로 흥분하는 현상입니다. 하지만 이 물질들은 신경 세포 내에 오래 존속되지 않습니다. 이와 달리 장기기억에서는 방출된 물질이 세포핵

안까지 들어가 여러 유전자를 변화시킵니다. 그런데 이렇게 변형된 유전자가 만드는 단백질은 뇌 세포의 회로를 변화시킵니다.

장기기억과 관련된 단백질들은 자극 후 바로 생성되지 않고 시간 간격을 두고 반복될 때 만들어집니다. 벼락치기 공부가 무용지물인 이유가 여기에 있습니다. 오랫동안 잘 기억하려면 한 번에 너무 길지 않은 시간 동안 학습하고 중간에 휴식을 취하면서 다음 공부 시간까지 기억 단백질이 생성되도록 충분한 시간 간격을 두고 반복해야 합니다. 특히 수면 중에는 장기기억의 저장이 활발히 이루어지므로 잠을 줄여가면서 학습을 하는 것은 어리석은 일입니다. 무엇보다도 단백질은 그리 안정적인 분자가 아닙니다. 옛 기억이 정확하지 않은 이유는 기억을 담당하는 단백질들이 안정적이지 못해 조금씩 변하기 때문입니다. 그러나 자주 불러내는 기억, 특히 감정과 함께 엮인 기억은 오래 유지됩니다.

잘 알려졌듯이 뇌 속의 해마는 기억을 잠시 보관하는 부위입니다. 그러나 그야말로 잠시뿐입니다. 사건을 경험한 후 뇌에 입력된 정보는 해마와 대뇌피질 사이를 약 열흘 동안 오가는 상호작용의 과정에서 굳어집니다. 생성된 기억 정보는 대뇌피질의 곳곳에 저장되는데, 정확히 어떤 형태로 어디에 저장되는지는 아직 모릅니다.

대뇌피질 곳곳에 저장된 장기기억은 컴퓨터에 저장되는 정보와는 다릅니다. 가령 뇌에는 '사과'라는 기억을 보관하는 뉴런이 어디에도 없습니다. 과거에 경험했던 수많은 사과에 대한 기억 요소들이 여기저기 저장되어 있습니다. 따라서 '사과'라는 기억을 끄집어내기 위해 호출된 사과의 기억 요소들은 뇌 속에서 분주히 활동하는 여러 화학 물질의 작용으로 매번 다르게 조합됩니다. 기억을 전적으로

그림12-12
동물의 감정
감정과 생각은 인간만의 전유물일까?

신뢰하기 어려운 이유가 여기에 있습니다. 이처럼 뇌의 기억 작용은 부정확하지만 그 대신 유연하고 탄력적이어서 뇌를 경이롭게 만듭니다.

먹이를 사냥하거나 포식자로부터 도피하는 움직임을 만들어내기 위한 뇌의 활동 중에서 기억 못지않게 중요한 또 다른 기능은 감정입니다. 왜냐하면 생존을 위한 먹이 활동이나 번식 활동은 상대에 대한 포식 욕구, 애욕, 공격성, 공포, 걱정, 불안 등의 감정이 있어야 가능합니다. 쾌락이나 보상에 대한 감정이나 욕구가 없다면 동물은 먹으려 하지도 않고 번식도 하지 않을 것입니다. 쾌락이나 밝은 감정은 물론 공포와 불안감 등 어두운 감정도 모두 동물이 생존을 위해 뇌에서 진화시킨 중요한 기능입니다.

우리는 흔히 사람만이 이성으로 감정을 조절할 수 있다고 말하는데, 이는 지나치게 인간 중심적인 생각입니다. 모든 동물은 뇌에서 내리는 결정과 실제 행동 사이에서 어느 쪽이 유리한지 선택을 놓고 무의식적으로 갈등합니다. 보상이 기대되는 환경에서 당장의 탐욕적인 행동을 자제하는 것은 모든 동물의 뇌가 보여주는 가장 원초적인 기능의 하나입니다. 하지만 감정을 나타내는 방식은 동물 간에 차이가 있습니다. 파충류도 감정이 고조되면 체온이 높아지며 어류도 감정과 비슷한 것을 느낀다는 사실이 최근 밝혀졌습니다.

특히 지능이 높고 감정이 풍부한 조류와 포유류는 어류, 양서류, 파충류에 없는 공통적인 특징이 있습니다. 첫째, 새끼를 양육합니다. 어류나 파충류는 알을 보호하지만 양육하지는 않습니다. 둘째, 조류나 포유류는 새끼는 물론 무리의 다른 개체들과 신체적으로 스킨십을 합니다. 셋째, 놀이를 즐깁니다. 동료와 서로 신체적 접촉을 하며 장난을 치는 물고기나 도마뱀은 보지 못했습니다. 넷째, 포유류나 새는 소리를 냅니다. 이를 통해 감정을 표출하거나 서로 소통합니다. 포유류와 조류의 이런 공통점은 모두 사회성과 관련된 행동들입니다. 이를 통해 포유류와 조류의 높은 지능은 무리 안에서 사회성을 강화하는 과정에서 진화했다고 유추해볼 수 있습니다.

두말할 나위도 없이 이런 특징이 가장 두드러지게 나타난 동물이 인간입니다. 양육을 넘어 2세를 교육하고 스포츠와 같은 신체적 접촉과 놀이를 즐기며 소리를 넘어 언어로 소통합니다. 또한 인간은 감정 또한 풍부해 얼굴 표정에도 나타납니다. 이러한 인간의 뇌가 어떤 결과를 낳았는지는 이어지는 13, 14장에서 살펴보겠습니다.

5. 뇌는 어떻게 정보를 전달하는가?

단세포에서 다세포 생물이 진화할 수 있었던 중요한 열쇠는 세포들 사이의 긴밀한 통신이었습니다. 이를 위해 다세포 생물은 세포들이 전기 신호를 서로 주고받는 독특한 '신경 전달' 방법을 발달시켰습니다. 화학 반응을 이용한 전기 신호 전달이었습니다.

세포들이 이용한 물질은 주변에 흔하게 널려 있는 이온들이었습니다. 이온이란 원자나 분자가 전자를 몇 개(통상적으로 3개 이내) 잃거나 얻은 상태를 말합니다. 즉 전하(전기적 성질)를 띤 물질이 이온입니다. 물이나 생물의 체액에 녹은 물질은 쉽게 이온이 됩니다. 가령 소금(NaCl)은 전기적으로 중성이지만 물에 녹으면 양이온(Na^+)과 음이온(Cl^-)으로 갈라집니다. 그런데 세포 안팎에는 소금이 분해된 나트륨과 염소 이온 외에도 칼슘, 칼륨, 유기 분자 등 다양한 이온들이 있습니다. 이들 대부분은 바닷물에 흔하게 있으면서 이온이 되려는 경향이 강한 원소들입니다. 중요한 점은 세포의 안과 밖의 이온 농도가 서로 다르다는 사실입니다.

따라서 세포 주변에 있는 이온들은 농도를 맞추려고 세포막을 사이에 두고 이동합니다. 이처럼 전하를 띤 이온들이 이동하면 막 양쪽의 전위차(전압)가 생겨서 전위가 높은 곳에서 낮은 곳으로 전류가 흐르게 됩니다. 물이 높은 곳에서 아래쪽으로 흐르는 것과 같은 이치입니다. 세포들은 이때 발생하는 전기의 흐름을 신호로 이용합니다. 이것이 가능한 이유는 양쪽 이온들 사이에 있는 세포막이 반투막이기 때문입니다. 세포막이 분자들을 선별적으로 통과시키는 것입니다. 더 자세히 보면 세포막에는 각 이온들을 선별적으로 통과

그림12-13
일반 세포와 신경 세포(뉴런)의 신호 전달

가까운 거리에 있는 다른 세포와 화학 물질의 분비를 통해 소통하는 일반 세포와 달리 뉴런은 전기 신호를 이용해 화학 물질을 분비함으로써 멀리 있는 세포와도 소통이 가능하다.

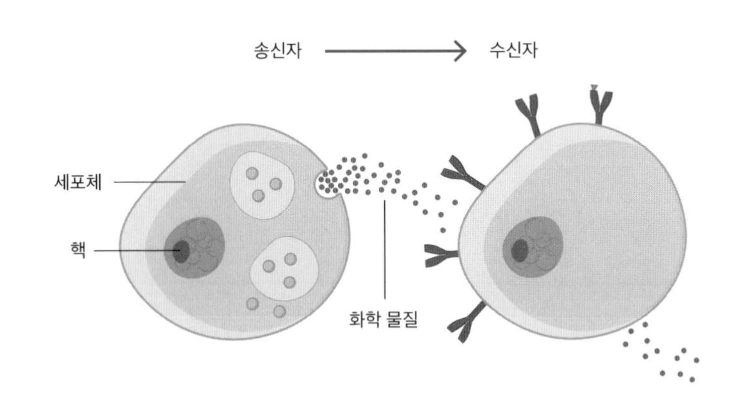

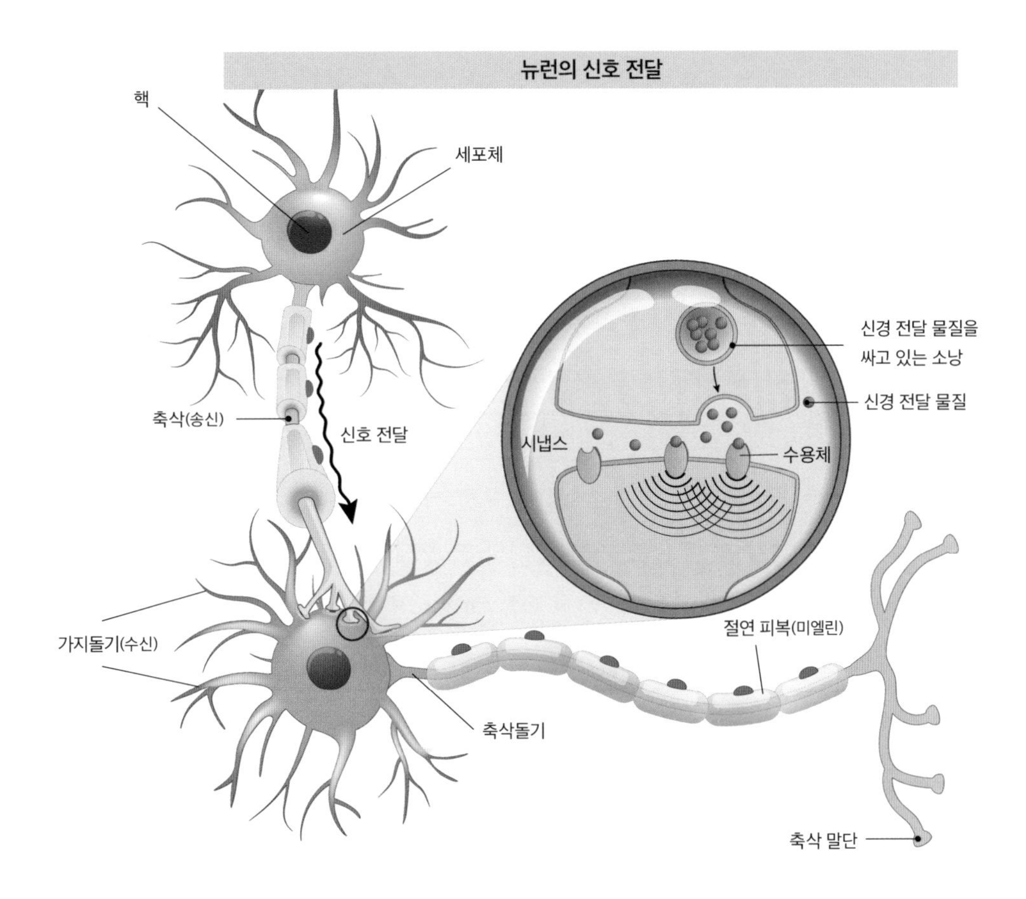

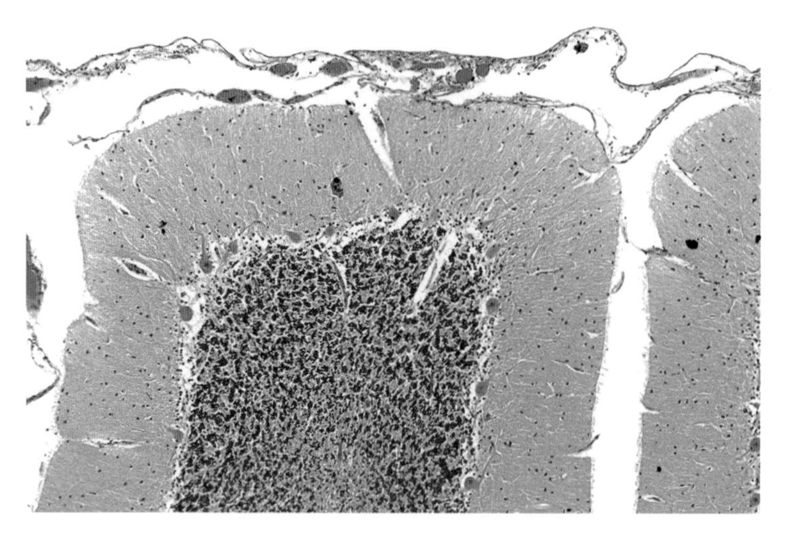

그림12-14
뉴런들의 집합체인 뇌
소뇌피질을 확대한 사진으로 까만 점들은 모두 뉴런의 핵이 있는 세포체들이다. 백색질 공간(분홍색)에서는 뉴런의 축삭들이 엉켜서 신호를 주고 받는다.

시키는 단백질로 이루어진 작은 틈새들이 박혀 있습니다. 이들 통로(이온 채널) 덕분에 전기 신호가 전달되는 것입니다.

뇌에 있는 신경 세포들도 같은 방법으로 전기 신호를 전달합니다. '뉴런'이라는 별칭으로도 불리는 신경 세포들은 몸 안의 일반 세포들과는 모양이 약간 다릅니다. 신경 세포 둘레에는 이웃 세포와 효과적으로 통신하기 위해 둘레에 전선처럼 길게 돌출된 부분들이 여러 개 있습니다. 돌출부는 전기 신호를 받는 수신선(가지 돌기)과 보내는 송신선(축삭)의 두 종류가 있습니다. 일종의 전기선 역할을 하는 셈인데, 축삭에는 전선처럼 절연 피복(미엘린)도 있습니다.

뉴런의 신호 전달은 전선이나 컴퓨터의 반도체 회로 연결과는 근본적으로 다른 점이 있습니다. 무엇보다도 뉴런과 뉴런 사이의 연결부가 맞닿아 있지 않습니다. 즉 정보를 보내는 신경 세포(뉴런)의 끝과 이를 받는 상대 뉴런의 끝이 직접 연결되어 있지 않고 그 대신 수백 분의 1밀리미터의 작은 틈새가 있는데 이 부위를 '시냅스'라고 부릅니다. 그런데도 전기 신호가 전달될 수 있는 것은 앞서 말했듯이 이온들이 시냅스의 막들을 통과하기 때문입니다. 이 이온들은 뉴런 사이 체액 물질 혹은 뉴런에서 방출된 화학 분자들에서 나온 것들입니다. 바꾸어 말해 화학 신호가 전기 신호로 바뀌는 셈입니다. 이렇게 발생한 전기 신호는 연이어 이웃 뉴런들에게 전달됩니다.

전기 신호를 전달 받은 이웃 뉴런의 수용체에 신경 전달 물질이 붙으면 이온 채널이 열립니다. 그렇게 들어간 칼슘과 같은 이온들로 인해서 화학적 연쇄 반응이 폭주하고 전기 펄스가 생깁니다. 이 모든 과정은 불과 수십에서 수백 밀리초 사이에 일어납니다.

이처럼 화학 물질을 이용해 시냅스 틈새로 뉴런의 신호를 전달하는 방식을 '전기화학적 시냅스'라고 합니다. 고등 동물이 뉴런 신호를 전달하는 방법입니다. 참고로 시냅스가 서로 떨어져 있지 않고 물리적으로 연결되어 신호를 전달하는 '전기적 시냅스'도 있습니다. 고등 동물이 긴급히 세포 간 통신을 할 때나(예: 반사 반응) 일부 하등 동물이 제한적으로 사용하는 방식입니다.

뉴런의 전기화학적 시냅스가 경이로운 것은 신호가 다양하다는 것입니다. 전선이나 반도체 회로에서는 전기가 흐르거나 차단되거나 둘 중의 하나입니다. 이와 달리 화학적 시냅스에서는 뉴런에서 방출되는 화학 물질들이 일정량이 되어야만 전기 신호가 흐릅니다. 게다가 어떤 이온 통로가 열리느냐에 따라 플러스(흥분성) 혹은 마이너스(억제성) 전위가 발생합니다. 따라서 화학 물질들의 양이나 종류, 들어오는 전류의 총량과 시차별 양 등에 따라 전달되는 신호

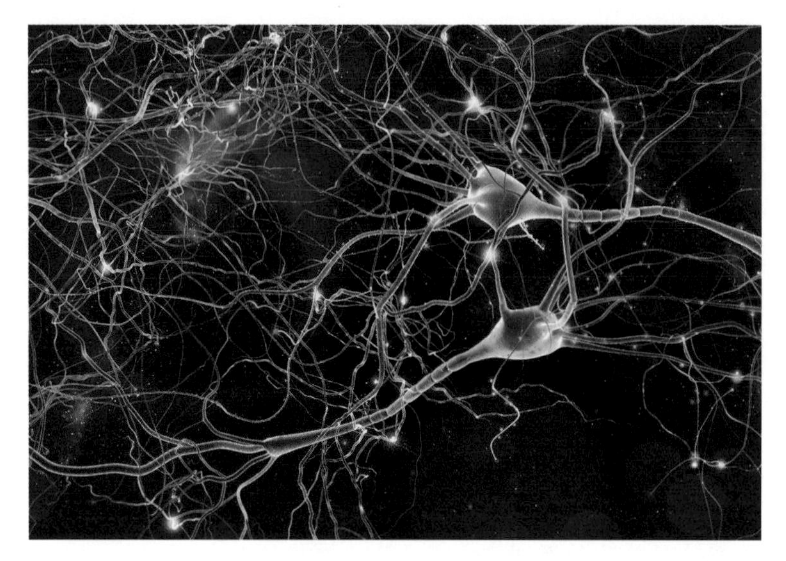

그림12-15
시냅스와 신호
뉴런들은 활동 전위라는 전기 신호로 뉴런 말단까지 화학 물질을 이동시킨다. 시냅스에서 분비된 화학 물질은 정보를 수신하는 이웃 뉴런에서 다시 전기 신호로 바뀌는 방식으로 통신한다.

의 성격과 강도가 매우 다양하게 나타납니다. 경우에 따라서는 신호의 강도를 줄이다 못해 없애기도 합니다. 이뿐만 아니라 뉴런의 전기선(축삭 돌기)에 있는 피복물(미엘린)은 빠르게 신호를 전달할 수 있도록 도와주지만, 벗겨졌거나 없는 부분에서는 누전도 됩니다. 그야말로 다양한 조합의 전기 신호가 가능한 것입니다. 전기 회로나 컴퓨터 회로에서는 볼 수 없는 특징입니다.

한편 시냅스에서 방출되는 신경 전달 물질도 전기의 흐름을 도와주거나(흥분성) 혹은 억제해주는(억제성) 두 종류가 있습니다. 예를 들어 화학 조미료로 우리에게 익숙한 글루탐산은 뇌 안에서 흥분성 신호를 전달합니다. 반면 가바GABA라는 분자는 대표적인 억제성 신경 전달 물질입니다. 또한 여러분들이 잘 아는 도파민은 쾌락을 매개로 우리에게 욕망과 동기를 부여하고 학습과 기억을 도와줍니다. 항우울제로도 쓰이는 세로토닌은 안정감을 갖게 해주는데 이

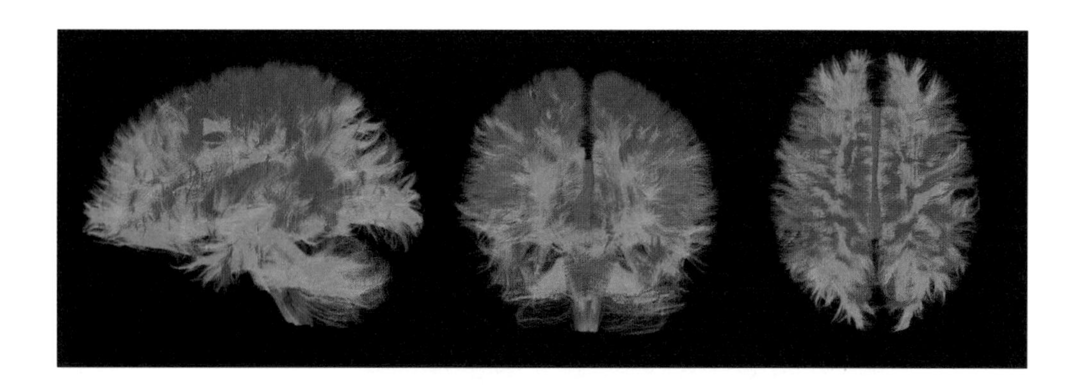

그림12-16
뉴런 다발들의 신호 연결
뉴런들의 신호 연결을 영상화한 사진으로 왼쪽부터 뇌의 옆면, 뒷면, 위에서 본 모습이다. 뇌 중간부의 짙은 빨간색 선은 좌뇌와 우뇌를 연결하는 축삭 다발인 뇌량이다.

것이 부족하면 우울과 불안감을 유발합니다. 한마디로 수많은 신경 전달 분자들이 뇌와 세포들 사이의 통신을 다채롭게 만드는 것입니다.

6. 네트워크로서의 뇌 – 미세 조정과 가지치기

그런데 시냅스에서 이루어지는 이런 개별적인 뉴런 간의 전기 신호 전달만으로는 뇌가 어떻게 작동하고 어떻게 마음을 만드는지 전혀 설명할 수 없습니다. 중요한 것은 이들 사이의 연결입니다. 뇌에는 1000억 개 이상의 뉴런이 있으며 각각의 뉴런마다 수천에서 만 개의 시냅스 연결이 있습니다. 따라서 뇌에 있는 뉴런들의 연결점인 시냅스는 최소 수백조 개에 이르고 이 수많은 시냅스들이 네트워크를 이룹니다. 다시 말해 뇌는 뇌 세포, 즉 뉴런들이 복잡한 그물망처럼 얽힌 네트워크라고 볼 수 있습니다.

뇌의 네트워크는 시간적으로나 공간적으로 놀랄 만큼 역동적입

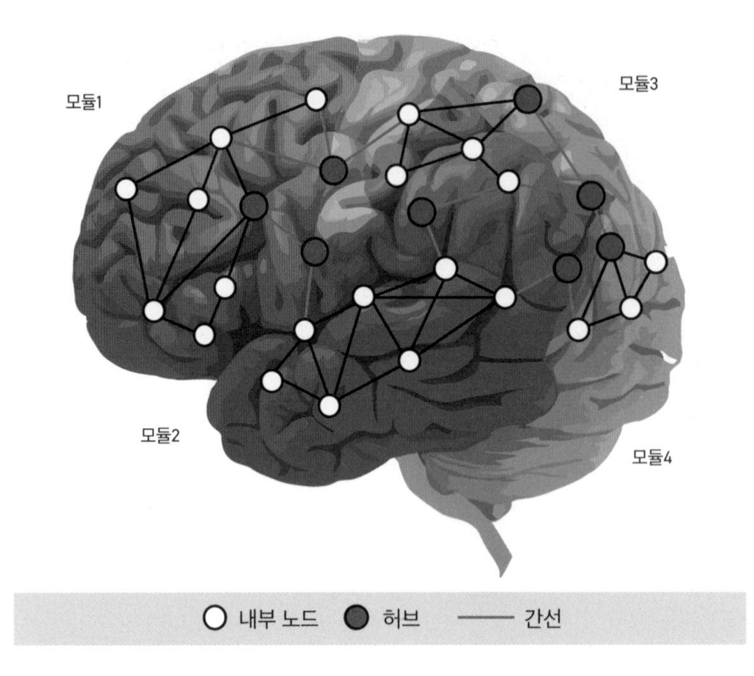

그림12-17
뉴런과 네트워크
뇌에 있어서 뉴런은 노드, 시냅스는 연결선에 해당한다. 인간의 뇌는 매우 복잡해서 뉴런들이 국부적인 네트워크를 이루고, 이들이 다시 모듈로 모여 더 큰 네트워크를 이룬다. 복잡도가 더욱 높아지면 국부적인 네트워크의 중심인 허브가 생긴다. 붉은 원으로 표시한 허브는 각 모듈을 연결하는 역할을 한다.

니다. 생존 기간 중 단 1초도 꺼져 있지 않으며 공간적으로도 쉬고 있는 부위가 한 곳도 없습니다. 인간의 뇌는 20퍼센트의 신체 에너지를 쓰지만 의식이 일어나는 경우처럼 뉴런의 활동이 큰 경우에도 사용되는 에너지는 20퍼센트 중에서 5퍼센트에 불과합니다. 나머지는 눈에 보이지 않는 네트워크의 긴밀한 연결과 활동에 사용되고 있습니다. 한마디로 뇌는 쉬지 않고 작동하는 네트워크입니다.

과학자들이 복잡계 또는 네트워크라는 현상을 이해하고 중요성을 깨달은 것은 20세기 후반입니다. 이 현상은 몇몇 선구자적 과학자들이 예견했지만 인터넷의 발달이 그 중요성을 일깨워준 측면이 있습니다. 왜냐하면 월드와이드웹World Wide Web, WWW, W3 자체가 네트워크이기 때문입니다. 네트워크는 연결점인 노드와 연결선들로 구성되어 있습니다. 노드는 인터넷의 경우 각 PC에 해당되며, 뇌에서는 각 뉴런들입니다. 그리고 연결선은 서로 통신하는 회로를 말합니다. 그렇게 본다면 뇌에는 1000억 개 이상의 노드가 있고 연결선은 수백조 개가 됩니다.

특히 인간 뇌의 뉴런 네트워크는 다른 동물에 비해 매우 복잡해서 모듈이라 부르는 여러 개의 그룹으로 구성되어 있습니다. 이 모듈 속에는 다시 수많은 노드들이 있습니다. 한마디로 인간의 뇌는 네트워크의 네트워크로 이루어졌다고 볼 수 있습니다. 이들의 연결은 시시각각 변하며 이합집산합니다.

뇌를 포함한 대부분의 네트워크는 특별한 방식으로 작동합니다. 즉 연결 신호가 단순하게 한 방향으로 전해지는 것이 아니라 '되먹임(피드백)'이라 불리는 상호작용을 합니다. 주고받는 것은 에너지일 수도 있고 전기 신호일 수도 있으며 사람과 사람 사이라면 감정이나 느낌일 수 있습니다. 가령 뉴런 A가 뉴런 B에게 신호를 전달하면 B는 이에 영향을 받아 변하게 되고, 이는 A에게 전달됩니다. A도 그 변한 신호를 받아 조금 변하게 되는데 이는 B에게 또다시 전달됩니다. 이렇게 서로 영향을 주고받는 것이 되먹임입니다. 과학자들은 매우 많은 노드로 이루어진 네트워크에서 이런 과정이 일어나면 전혀 새로운 현상이 나타난다는 사실을 깨닫기 시작했습니다. 뇌의 경우 '마음'이나 '생각'이라는 현상이 생기는 것입니다.

네트워크에서 또 하나 중요한 것은 허브입니다. 허브는 네트워크에서 연결선이 특별히 많은 노드를 말합니다. 가령 지방의 소규모 공항과 달리 인천 국제공항에는 거미줄처럼 얽힌 항공 노선을 운행하기 위해 하루에도 수많은 비행기들이 오갑니다. 인천 공항을 허브

갓 태어난 오리의 각인 행동

오스트리아의 동물학자 콘라트 로렌츠(Konrad Lorenz)는 동물 행동에서 갓 태어난 직후의 환경이 중요한 역할을 한다는 사실을 밝혀낸 공로로 1973년 노벨 생리의학상을 수상했습니다.

그가 연구했던 거위와 오리 등의 조류는 태어나서 처음 본 움직이는 물체를 어미로 인식하는데, 이를 '각인'이라고도 합니다. 각인은 '결정적 시기'라고 불리는 특정한 때에 대부분 이루어집니다. 가령 거위나 오리는 갓 태어나서 처음 본 사람은 물론 심지어 장화와 같은 물건도 제 어미라 생각하고 평생 따라다닙니다. 이는 뇌의 뉴런 회로 배선이 아직 완성되지 않는 시기에 경험한 사건이 얼마나 중요한지 보여주는 좋은 예입니다.

갓 태어나서 처음 본 대상을 어미처럼 따르는 오리들

공항이라고 부르는 이유도 바로 이 때문입니다. 네트워크에서는 이 같은 허브가 연결을 원활하게 만드는 중요한 역할을 합니다. 뇌의 뉴런 회로도 마찬가지입니다. 이렇게 복잡한 네트워크 속에서 신경 전달 물질은 안내자 역할을 합니다.

뇌를 포함한 복잡한 네트워크에서 일반적으로 나타나는 중요한 첫 번째 특징은 매우 유연하다는 것입니다. 수시로 연결이 변하는 것이지요. 물 잔을 한 번 잡는 행동에도 뉴런들의 조합이 매번 조금씩 다릅니다. 마음이나 생각도 이처럼 순간적으로 생겼다가 사라집니다. 바꾸어 말하면 뇌에는 주인이 없습니다. 굳이 말하자면 시시각각으로 변하는 뉴런의 연결 상태 그 자체가 주인일 것입니다. 그리고 이 뉴런들은 소용돌이치는 뇌 속의 화학 물질을 사용해 매번 다르게 조합합니다.

이러한 유연성 덕분에 뇌는 수시로 네트워크 회로를 '미세 조정' 하고 '가지치기'를 합니다. 이런 과정은 뇌의 회로를 복잡하게 구성하고 유지하는 데 매우 중요한 역할을 합니다. 사람의 뇌 속에 있는 수백조 개의 시냅스 연결이 만드는 천문학적인 배선을 유전자가 모두 감당하기에는 턱없이 부족합니다. 따라서 태어날 때 인간의 뇌는 극히 기본적이고 무작위적인 배선만 있는 상태입니다. 하지만 태어난 직후 '결정적 시기'라고 부르는 기간에 경험을 바탕으로 미세 조정과 가지치기를 거치며 뇌의 신경회로를 집중적으로 배선합니다. 오리는 몇 시간, 개나 고양이는 몇 주, 인간은 대략 사춘기 무렵까지입니다.*

결정적 시기 중에서도 특히 더 중요한 기간이 있습니다. 연구에 의하면 인간은 출생 후 2년 사이 뉴런이 1분에 2만 5000개, 시냅스 연결은 1초에 3만 개라는 천문학적 숫자로 늘어납니다. 그 후에도 25살이 될 때까지 미세 조정과 가지치기로 뉴런 회로가 더 정밀하게 완성됩니다. 선천적 유전자 못지않게 환경과 습관, 사회적 관계, 생각이나 행동하는 자세, 교육이 중요한 이유가 여기에 있습니다.

뇌 네트워크의 두 번째 특징은 회로의 조정 과정에서 자주 사용하는 회로는 강화되고 안 쓰는 곁가지 회로는 제거된다는 점입니다. 가용한 에너지를 절약하기 위한 뇌의 전략입니다. 이를 어려운 용어로 뉴런 회로의 '가소성plasticity'이라고 합니다. 많이 쓰는 뉴런들 사이에는 더 많은 가지가 생겨나고 또 뉴런의 송수신 선에 있는 절연 피복 물질도 신호가 더 잘 전달될 수 있도록 굵고 강해집니다. 이러한 가지치기와 미세 조정은 약간의 예외가 있지만 나이와 관계 없습니다. 좋은 습관이나 행동, 학습이 중요한 이유는 그런 행동이 뇌의 회로를 더 탄탄하게 강화시켜 주기 때문입니다.

열두 번째 여행을 마치며

수십억 년 전 생존을 위해 단세포 박테리아에 있었던 주변 환경 감지 센서 분자와 운동 관련 분자들이 오랜 진화 끝에 동물에게서 뇌로 나타났습니다. 그 분자들의 원형은 우리의 조상은 물론 오늘날의 지렁이, 파리, 달팽이, 악어, 개, 침팬지의 세포 속에서도 발견됩니다. 동물들은 서로 다른 모습을 하고 있지만 우리가 사용하는 것

* 〈더 알아볼까요?—갓 태어난 오리의 각인 행동〉 참고

과 똑같은 분자들을 써서 자신들의 환경 속에서 행동을 조직하고 있습니다. 뇌가 존재하는 이유는 생각이나 높은 지능을 위해서가 아닙니다. 동물은 스스로 에너지와 물질을 만들 수 없는 다세포 생물이기 때문에 생존을 위해 주변 환경을 예측하고 이에 맞추어 몸의 움직임을 만들어야 했습니다. 이를 위해서는 각기 다른 수많은 세포들과 신체 기관을 통합적으로 관리할 필요가 있었는데 이것이 바로 뇌가 탄생한 이유입니다.

그중에서도 인간의 뇌는 다른 동물에 비해 매우 크고 복잡하기 때문에 이를 유지하기 위해 많은 에너지를 사용합니다. 우리가 고매하다고 생각하는 의식, 정신이나 영혼 같은 것은 뇌의 복잡성이 만든 결과지만 결국 신체 유지와 움직임에 바탕을 두고 있습니다. 인간을 지구상에 유례없는 독특한 동물이 되도록 만들어준 것은 신체 운용을 위한 뇌의 활동이 만든 부수적 결과였던 셈입니다. 하지만 뇌는 하드웨어입니다. 이것만으로는 인간의 특별함을 모두 설명하기에는 부족합니다. 이어지는 마지막 두 장에서는 인간이 크고 복잡한 뇌를 가지게 된 배경을 살펴봄으로써 어떤 추가적인 요인들이 오늘날의 우리를 만들었는지 생각해보겠습니다.

13장

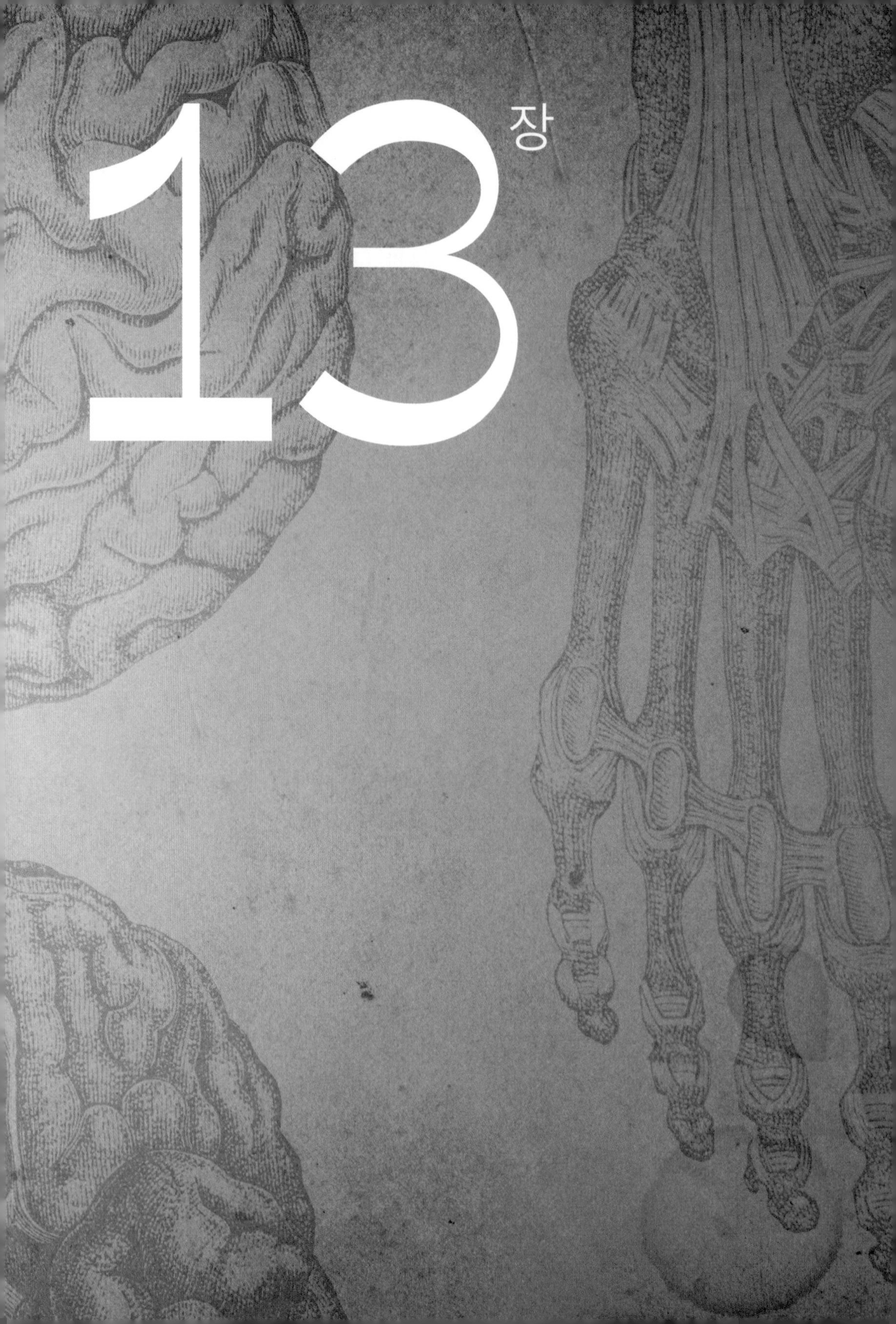

호모 사피엔스의 출현

- 인류의 요람, 동아프리카
- 호모의 탄생 과정
- 호모의 외형적 특징
- 호모의 행동적 특징 - 협력과 사회성
- 현생 인류의 전파 과정

12월 31일

플라이스토세(빙하기: 258만~1.2만 년 전)

››› 인간과 침팬지 조상 분기(700만~600만 년 전)

››› 호모 출현(200만 년 전)

››› 현생 인류 출현(30만~20만 년 전)

››› 인류의 전 대륙 확산(7만 년 전)

››› 농경 시작(1만 년 전)

앞에서 우리는 뇌가 동물에게서 진화한 이유와 과정을 살펴보았습니다. 그리고 그중 가장 복잡한 인간 뇌의 대략적인 구조와 특징에 대해서도 알아보았습니다. 뇌 덕분에 인간은 자신이 왜 이 세상에 있는지를 생각하는 유일한 동물이 되었습니다. 물론 고차원의 생각을 하기 위해 진화한 것은 아니었지만 그처럼 복잡한 뇌가 출현하기까지 지구에서는 기나긴 생명의 역사가 이어져 왔습니다. 우리의 먼 조상들이 유인원과 뚜렷이 달라지며 그런대로 인간의 모습을 갖춘 것은 '호모속'이 출현한 약 200만 년 전이었습니다. 빅뱅 후 우주의 역사를 1년으로 축약할 때 12월 31일 밤 23시 50분쯤에 해당하는 시점입니다. 지질학적 시간으로는 '방금 전'이라고 불러도 되겠죠.

호모는 유인원이 살기 어려운 동아프리카의 척박한 환경에서 굶어 죽지 않으려는 사투의 결과로 탄생했습니다. 따라서 초기의 호모들은 다른 동물을 지배할만한 위치에 있지 못했습니다. 오히려 개체수가 다른 포유류에 크게 못 미치고 신체적으로도 취약한 멸종 위기 종에 불과했습니다. 그러나 이후 약 200만 년 동안 몇 차례의 위기를 이겨낸 끝에 30만~20만 년 전 현재의 우리와 해부학적으로 동일한 현생 인류, 즉 '호모 사피엔스'가 출현했습니다. 하지만 호모 사피엔스도 이전의 호모들이 오랫동안 그랬듯이 처음에는 별로 눈에 띄지 않는 아프리카의 평범한 영장류 중 하나였습니다. 복잡한 뇌가 선사한 높은 지능이 서서히 효과를 드러냈기 때문입니다. 그러던 중 환경에 능동적으로 대응하기 시작한 극소수의 호모 사피엔스가 7만 년 전 아프리카를 떠났습니다. 이들은 남극을 제외한 지구의 모든 지역으로 퍼져나갔습니다.

이번 장에서는 우리의 조상이 유인원과 분지한 이후 현생 인류가 되기까지의 험난한 과정과 아프리카를 벗어나 전 세계로 퍼지기까지의 발자취를 살펴보겠습니다. 이 기간 중에 우리 조상들의 신체와 정신 활동에는 많은 변화들이 일어났습니다. 변화는 점진적이고 서서히 이루어졌습니다. 그러나 이는 다음 단계의 극적인 도약을 위한 준비기라고 할 수 있습니다.

1. 인류의 요람, 동아프리카

9장에서 살펴보았듯이 지능이 높고 꼬리가 없는 원숭이인 유인원은 마이오세 초기에 출현해 중기에는 아프리카와 옛 테티스해 주변에서 크게 번성했습니다. 이들은 마이오세 후반에 이르러 지구의 기후가 불안정해지자 거의 멸종했습니다. 그 결과 오늘날의 남유럽과 중동지역인 테티스해 주변에는 극소수 무리만 살아남았습니다. 최근의 여러 연구에 의하면 현존하는 유인원은 모두 이들의 후손으로 추정됩니다. 이들 중 긴팔원숭이계가 가장 먼저, 그다음 오랑우

탕계가 테티스해 주변을 떠나 동남아시아에 정착해 오늘날 후손을 남겼습니다. 나머지 유인원들인 고릴라, 침팬지 그리고 인간의 공통 조상은 아프리카로 건너갔는데 어떤 경로를 거쳤는지는 확실치 않습니다. 이 공통 조상으로부터 고릴라의 조상은 약 800만 년 전, 그리고 이어서 침팬지의 조상과 인간의 조상도 700만~600만 년 전에 갈라져 나갔습니다.

원래 유인원은 따뜻한 아열대나 열대의 우림에서 무화과 등 과일을 주식으로 먹던 영장류였습니다. 먼저 동남아시아로 옮겨간 긴팔원숭이와 오랑우탄의 조상들은 추위 걱정도 없고 연중 과일 나무도 무성한 곳에 자리를 잘 잡았습니다. 또한 고릴라와 침팬지의 조상들도 열대 우림이 우거진 오늘날의 콩고 분지와 아프리카 서해안 지역에 자리를 잡았습니다. 이 지역은 전 지구적으로 한랭·건조기와 온난기가 반복되었던 신생대 말기 내내 큰 변화 없이 오늘날과 같은 열대림이 잘 유지된 곳이었습니다. 아프리카의 대형 유인원인 침팬지와 고릴라가 수백만 년 동안 크게 진화하지 않은 이유는 안정된 환경 탓일 겁니다. 먹이가 넉넉하고 편안한 환경에서 살아온 이들에게 진화의 선택압은 그리 크지 않았던 것 같습니다.

반면 인간의 조상이 자리 잡았던 오늘날의 케냐, 탄자니아, 에티오피아에 해당하는 아프리카 동부 지역은 대륙의 서부와는 환경이 너무 다릅니다. 이 지역을 인공위성 사진으로 살펴보면 남북으로 길게 발달한 독특한 지형이 한눈에 들어옵니다. 홍해 입구의 아덴만에서 시작해 남쪽으로 에티오피아를 거쳐 우간다와 탄자니아 그리고 케냐에 둘러싸인 빅토리아 호수에서 둘로 갈라져 더 남쪽으로 내려가는 거대한 계곡 지대입니다. 이 거대 계곡은 총연장이 5000킬로

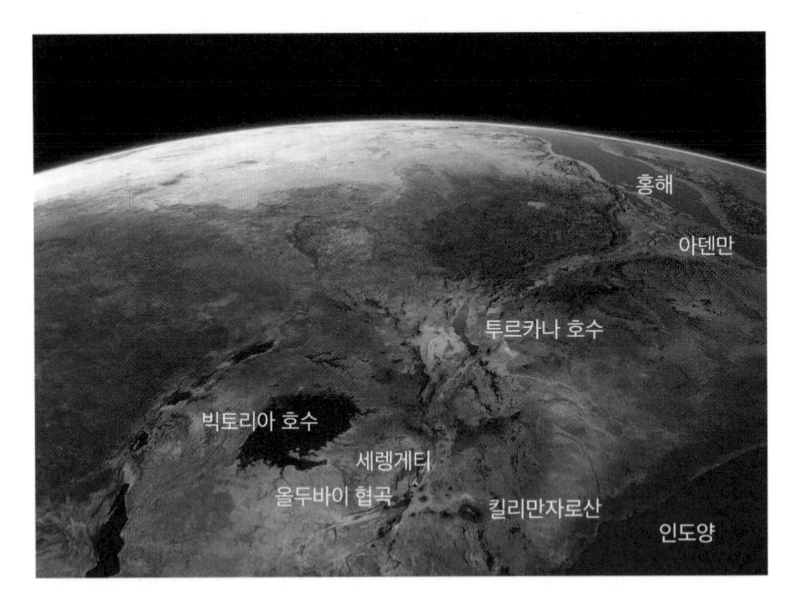

그림13-1
동아프리카 지구대
동아프리카 지구대는 인류의 기원과 진화의 주무대로 대규모 맨틀 대류 현상이 지각판들을 이동시키면서 형성되었다.

미터가 넘으며, 폭은 50킬로미터 내외입니다. 계곡 양쪽으로는 고원이나 산들이 늘어서 있습니다. 그 중간 지대가 단층 운동으로 가라앉으면서 계곡을 이루고 있는데, 이런 지형을 지구대 혹은 갈라진 계곡이라는 뜻에서 열곡대라고 부릅니다. 지구대에서는 대규모 단층 활동이 이뤄지기 때문에 주변에는 당연히 화산 활동도 활발합니다. '동아프리카 지구대'도 예외는 아니어서 많은 화산들이 있습니다. 특히 케냐와 탄자니아 경계에 있는 유명한 킬리만자로산도 화산의 활동으로 형성되었는데, 꼭대기에 만년설이 있을 만큼 높습니다.

특히 지구대의 남북 중간쯤에 있는 투르카나 호수 근처 계곡에는 화산재의 퇴적층 두께가 8000미터에 이르는 곳도 있으며, 사면의 높이가 어떤 곳에서는 거의 2000미터에 육박하기도 합니다. 과학자들의 계산에 따르면 동아프리카 지구대가 약 10킬로미터가량 수직으로 이동하기까지는 약 1000만 년의 시간이 소요된다고 합니다.

그러나 높이를 시간으로 나누어 보면 1년에 고작 약 1밀리미터 융기(솟아오름)했다는 계산이 됩니다. 앞으로 계속 지구대의 단층 활동이 진행된다면 언젠가는 아프리카 대륙의 동쪽은 따로 떨어져 나가게 될 것이라는 일부 학자들의 예측도 있습니다.

프랑스의 인류학자 이브 코팡Yves Coppens은 인류가 동아프리카에서 기원한 이유를 '이스트 사이드 스토리'라는 이름으로 제안한 바 있습니다. 뮤지컬 영화의 고전 〈웨스트 사이드 스토리〉에 빗대어 붙인 이름입니다. 앞서 살펴본 대로 고릴라나 침팬지의 조상이 정착한 아프리카의 중서부, 즉 대륙의 서부 해안이나 콩고 분지는 열대 우림이 우거진 고온다습한 곳이었습니다. 반면에 인간의 조상이 자리를 잡은 곳은 건조한 초원 지대가 주를 이루는 사바나 지역이었습니다. 코팡은 바로 이런 지리적 환경의 차이가 인간을 유인원과 다르게 진화하도록 이끈 중요한 요인이 되었다고 본 것입니다.

인간의 조상이 왜 그런 척박한 환경에 정착했는지는 아직 명확히 밝혀지지 않았습니다. 아마도 처음에는 쾌적한 곳이었는데 나중에 점차적으로 변했을 것입니다. 실제로 지층을 조사한 결과 동아프리카 지구대의 기후는 800만~500만 년 전부터 서서히 불안정해지기 시작했으며, 특히 약 300만 년 전에는 숲들이 광범위하게 초원으로 변하며 사바나성 동식물들로 서식 환경이 급격히 바뀐 증거들이 있습니다.

사바나는 풀이 길게 자라고 나무는 듬성듬성 있는 초원입니다. 긴 풀이 풍부한 초원은 우제류 초식 동물에게는 좋은 조건이지만 인간의 조상에게는 나무에서 땅으로 내려오도록 내모는 환경일 뿐이었습니다. 우리와 가장 가까운 아프리카의 유인원인 침팬지와 고릴라도 원숭이처럼 활발하게 나무 사이를 옮겨 다니는 영장류는 아닙니다. 그러나 주식인 과일을 먹을 때는 나무 위로 올라갑니다. 빽빽했던 나무가 드물어지며 점차 사바나로 변하자 우리의 조상들은 다음 나무를 찾으려고 땅에 내려와 전보다 먼 거리를 이동해야 했을 것입니다. 이와 같은 변화가 처음에는 적응하기 힘든 고난의 길이었으나 오늘의 우리 모습이 되도록 진화의 선택압을 높이는 계기가 되었다는 점에서 오히려 전화위복이라고도 할 수 있습니다.

그러면 어떤 이유에서 서쪽에는 열대 우림이 유지되고 동쪽에는 사바나가 형성되었는지 살펴볼 필요가 있습니다. 우선 지구적 기후 변화를 들지 않을 수 없습니다. 인류의 조상이 동아프리카에서 진화하던 신생대 말기는 지구의 기후가 점차 한랭해지던 시기였습니다. 이미 신생대 중반 이후 남극 대륙의 빙하가 크게 늘어난 상태에서 북반구에서도 지형의 변화로 빙하 면적이 넓어졌기 때문입니다. 즉 파나마해협이 폐쇄되자 태평양으로 흐르던 멕시코 난류가 북쪽으로 올라가 영국 등 북유럽이 따뜻해지는 반면 그린란드에는 많은 눈이 내려 빙하가 늘어난 것입니다. 또한 태평양 쪽에서도 멕시코 난류가 유입되지 않자 베링해, 알래스카, 북극해의 빙하가 커졌습니다. 이처럼 남극과 북극 지역에 빙하가 확대되자 기온이 내려가고 전 지구적으로 강우량이 줄어들었습니다.

이렇게 되자 동아프리카의 기후도 영향을 받게 되었습니다. 여름철에는 인도양의 남쪽에서 올라오는 습한 기류가 지구대의 높은 지형을 가로지르지 않고 그냥 바다 위로 비켜 지나갔습니다. 게다가 남대서양의 습한 공기도 지형에 막혀 차단되었습니다. 대지구대는 건조해졌지만, 고지대에는 산맥에 막힌 습한 공기가 비를 뿌려 곳곳

그림13-2
빅토리아 호수
아프리카 최대 호수로 비교적 최근인 수십만 년 전에 형성되었지만 동아프리카 지구대에 분포된 수많은 호수를 대표한다.

에 생긴 호수들이 인류의 생존을 도와주었습니다. 한편 겨울철에는 인도판과 아시아판이 충돌해 만든 히말라야 북쪽의 메마른 고원지대에서 강력한 고기압이 발생해 인도양으로 확장되었습니다. 북쪽에서 내려오는 이 건조한 고기압의 기류가 인도양으로 남진하므로 동아프리카는 이래저래 강우량이 부족하게 되었습니다.

반면 아프리카 서쪽은 전혀 다른 상황을 맞았습니다. 남대서양의 적도에서 불어오는 습한 공기가 대륙을 횡단하지 못하고 동쪽의 대지구대에 막히자 아프리카 서부와 중부에 많은 비를 뿌리게 되었습니다. 그 덕분에 침팬지와 고릴라의 조상이 정착한 지구대의 서쪽, 즉 콩고 지역은 열대 우림이 유지되었던 것입니다.

오늘날에도 약 30여 개 이상의 호수가 동아프리카 대지구대를 따라 널려 있습니다. 그중 가장 큰 호수는 비교적 최근인 40만 년 전

그림13-3
올두바이 협곡
주변 화산에서 분출되어 나온 화산재 퇴적층 속에서 초기 호모종들을 비롯한 많은 고인류 화석이 발굴되었다

형성된 빅토리아 호수로서 크기는 한반도 면적의 3분의 1에 이릅니다. 그 동쪽에 있는 세렝게티 초원은 아프리카 최대의 야생 동물의 서식지입니다. 남동쪽으로 더 내려가면 인류의 화석이 많이 발굴되어 유명해진 올두바이 협곡이 있습니다. 이 협곡은 올도완 석기라고 부르는 대규모 석기 제작 유적이 발견된 곳이기도 합니다.

협곡 일대는 크고 작은 화산 활동의 결과로 형성된 퇴적암류가 층층이 쌓여 있습니다. 따라서 화석의 보존이 용이하고, 지층 속에 있는 화산암류의 연대 측정이 가능해서 옛 인류의 생존 시기를 알아낼 수 있었습니다. 이런 이상적인 조건 덕분에 올두바이 협곡 일대는 지난 세기 이래 호모종의 연결 고리를 밝혀주는 자연사 박물관과 같은 역할을 하고 있습니다.

특히 유명한 고인류학자 루이스 리키Louis Leakey 부부의 가족은 3대에 걸쳐 이 지역에서 활동하면서 인류 진화의 연결 고리를 찾아내는 데에 크게 공헌하였습니다. 한편 올두바이 협곡 북쪽의 투르카나

그림13-4
올도완 석기

오스트랄로피테쿠스와 초기 호모속이 큰 돌로 때려 만든 찍개돌이다. 300만 년 전 이전에 만들어진 것으로 추정되는 돌도 있다.

호수 일대도 인류의 진화 과정을 알려주는 중요한 화석들이 대거 발굴된 보석과 같은 지역입니다. 특히 160만 년 전의 '투르카나 소년'이라는 별칭의 유명한 호모 화석은 거의 완벽한 형태로 발견되었습니다. 이 소년은 나이가 7~11살이었는데도 키가 160센티미터나 되어 성인까지 살았다면 185센티미터의 장신이었을 것으로 추정됩니다.

이상 알아본 바와 같이 동아프리카 지구대는 독특한 지형적 조건으로 인해 건조한 사바나가 주를 이루는 지대입니다. 고릴라와 침팬지 계열과 갈라졌던 우리의 옛 조상들은 영리했기 때문에 일부러 이런 지역을 정착지로 선택하지는 않았을 것입니다. 하지만 이 지역에 자리 잡게 되어 영리해진 측면도 있습니다. 동아프리카는 약 800

만 년 전부터 서서히 기후가 불안정해지며 한랭·건조기가 주기적으로 반복했습니다. 그런 가운데도 기후가 안온한 때가 있었으므로 동아프리카 지구대가 인류 진화의 요람이 될 수 있었을 것입니다.

문제는 한랭기에 접어들었을 때였습니다. 지구가 추워지면 수증기나 물이 얼게 되므로 강우량이 줄어듭니다. 우리의 조상들은 동아프리카에서 한랭·건조기 때마다 굶어 죽었습니다. 인류의 출현은 이처럼 반복적으로 찾아오는 척박한 환경에서 살아남으려고 사투를 벌였던 투쟁 과정에서 진화했습니다. 이러한 고난이 우리를 다른 유인원과 다르게 만들었습니다. 미국 스미소니언 자연사 박물관의 목록에 따르면 최근 600만 년 동안 최소 21종의 고인류가 출현했다가 사라졌습니다. 그들 중 상당수는 같은 시대에 공존했습니다. 사라진 고인류는 우리의 직계가 아닌 곁가지 방계들이었습니다. 여기서는 이들을 일일이 열거하지 않고 중요한 고인류만 살펴보겠습니다.

2. 호모의 탄생 과정

화석으로 볼 때 침팬지와의 공통 조상에서 갈라진 이후 인류 계열은 몇 종으로 다시 분화한 것으로 추정됩니다. 그들의 정확한 계보는 아직 분명치 않으나 현재까지 알려진 가장 오래된 우리의 직계 추정 화석은 에티오피아에서 발굴된 약 440만 년 전의 것입니다. 아르디피테쿠스가 그 화석인데 이 화석의 주인공은 두 발로 걷기 시작하는 초기 진화 단계에 있었습니다. 하지만 뇌의 크기는 현생 인류의 평균 뇌 용적인 1400세제곱밀리미터의 3분의 1에도 못 미치는 300~350세제곱밀리미터였는데, 이는 침팬지 수준입니다. 이들 중 일부가 약 420만 년 전 무렵 '오스트랄로피테쿠스'라는 종으로 진화했습니다. 오스트랄로피테쿠스는 '남쪽의 유인원'이라는 뜻입니다. 이름에서 알 수 있듯이 이들은 아직 사람의 단계에 이르지 못하고 유인원에 더 가까웠습니다. 오스트랄로피테쿠스는 390만~290만 년 전 동아프리카에 살았는데, 뇌 부피가 이전보다 약간 컸지만 여전히 침팬지 수준이었습니다. '루시'라는 이름으로 알려진 가장 유명한 화석의 주인공은 여성이었고 오스트랄로피테쿠스 중에서 '아파렌시스'였습니다. 이들이 중요한 이유는 확실하게 곧은 자세로 직립보행을 한 우리의 직계이기 때문입니다. 그동안 일부에서는 화석의 일부 뼈를 근거로 나무 위 생활도 병행했다고 보았으나, 현재는 최초로 직립보행한 고인류라는 쪽으로 기울고 있습니다.

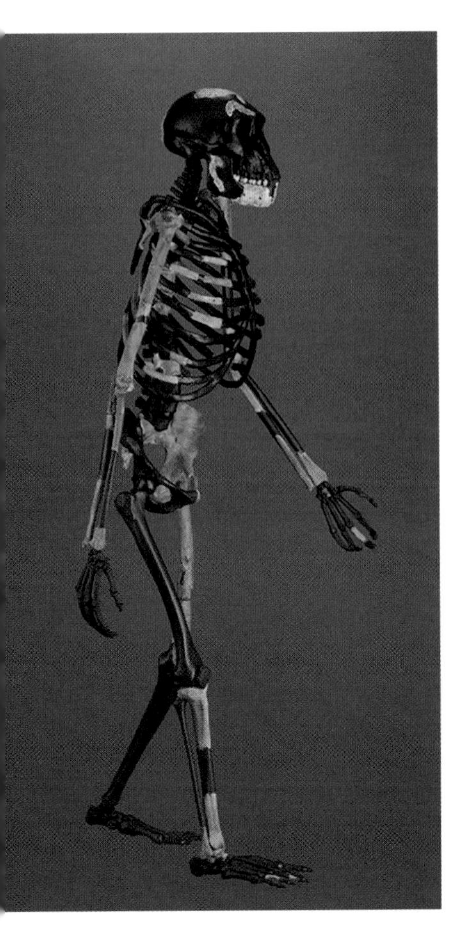

그림13-5 오스트랄로피테쿠스 아파렌시스

1974년 발견된 오스트랄로피테쿠스 아파렌시스의 대표적인 뼈 화석이다. 화석의 주인공은 '루시(Lucy)'라고 이름 붙여진 여성이었다. 사진은 스미소니언 박물관에서 뼈 화석을 복원한 모습으로 두 다리로 직립보행을 할 수 있는 골반 구조와 곧은 정강이 뼈, 가지런한 엄지발가락을 가졌다.

오스트랄로피테쿠스가 사라진 약 290만 년 전부터 70만~80만 년 동안은 동아프리카에서 살았던 고인류의 화석이 극히 드물게 발견되는 시기입니다. 오죽하면 이 시대 동아프리카 고인류의 화석 조각을 다 모아도 구두 상자 1개를 채우지 못한다는 자조 섞인 말이 있을 정도입니다. 이는 당시 동아프리카에 살았던 우리 조상들이 혹독한 환경 속에서 근근이 살았던 멸종 위기 종이었음을 말해줍니다. 당시 동아프리카에는 매우 한랭하고 건조한 기후가 오래 지속되었다는 것이 여러 증거로 밝혀졌습니다. 이 시기는 대략 빙하기로 불리는 신생대 말기의 플라이스토세*가 시작되었던 때였습니다. 한랭한 기후가 본격적으로 찾아왔던 것입니다.

그런데 멸종 단계에 몰렸던 고난의 행군 시기를 극복하고 오스트랄로피테쿠스의 후손 중에서 두 종이 극적으로 살아남았습니다. 그 중 하나는 파란트로푸스라는 종이었습니다. 그들은 호두를 깰 정도의 강한 턱과 인간보다 네 배나 큰 어금니를 가진 고인류였습니다. 숲과 과일이 사라진 사바나에서 거친 풀과 뿌리를 먹으며 살아남은 것입니다. 파란트로푸스는 후손이 무려 150만 년 이상 생존했으니 성공적인 고인류라고 할 수 있습니다. 하지만 식단을 탄력적으로 바꾼 우리의 직계 조상과의 경쟁에 밀려 결국은 멸종했습니다.

사바나가 확대된 동아프리카의 척박한 환경에서 살아남은 또 다른 한 종은 호모였습니다. 호모가 살아남은 비결은 식물성 식단만 고집하지 않고 유연하게 육식을 시작했기 때문입니다. 물론 이들은 살기 위해 마지못해 식단에 육식을 추가했습니다. 문제는 호모들은 이빨이나 발톱이 강하지 않았고 달리기 능력도 변변치 않았다는 점입니다. 따라서 처음에는 맹수들이 먹다 남은 것을 처리하는 청소동물로 육식을 시작했습니다. 하지만 점차 적극적으로 육식을 늘리며 협동을 통해 사냥을 생계 수단으로 삼게 되었습니다. 사냥은 200만 년 동안 인류에게 가장 중요한 생존 활동이었습니다. 그 결과 나중에는 채식보다 육식을 더 즐기게 되었습니다. 네안데르탈인은 100퍼센트, 그리고 100년 전의 이누이트(에스키모인)나 시베리아인들

그림13-6
인류 기원 계통도
아르디피테쿠스(440만 년 전)와 오스트랄로피테쿠스(420만 년 전)는 침팬지 정도의 뇌 용량을 가지고 있었다. 200만 년 전부터 호모로 진화한 인류는 호모 하빌리스, 호모 에렉투스, 네안데르탈인 등 여러 종이 공존하였다. 하지만 현재는 호모 사피엔스 한 종만이 남아 있다.

* 258만~1만 2000만 년 전

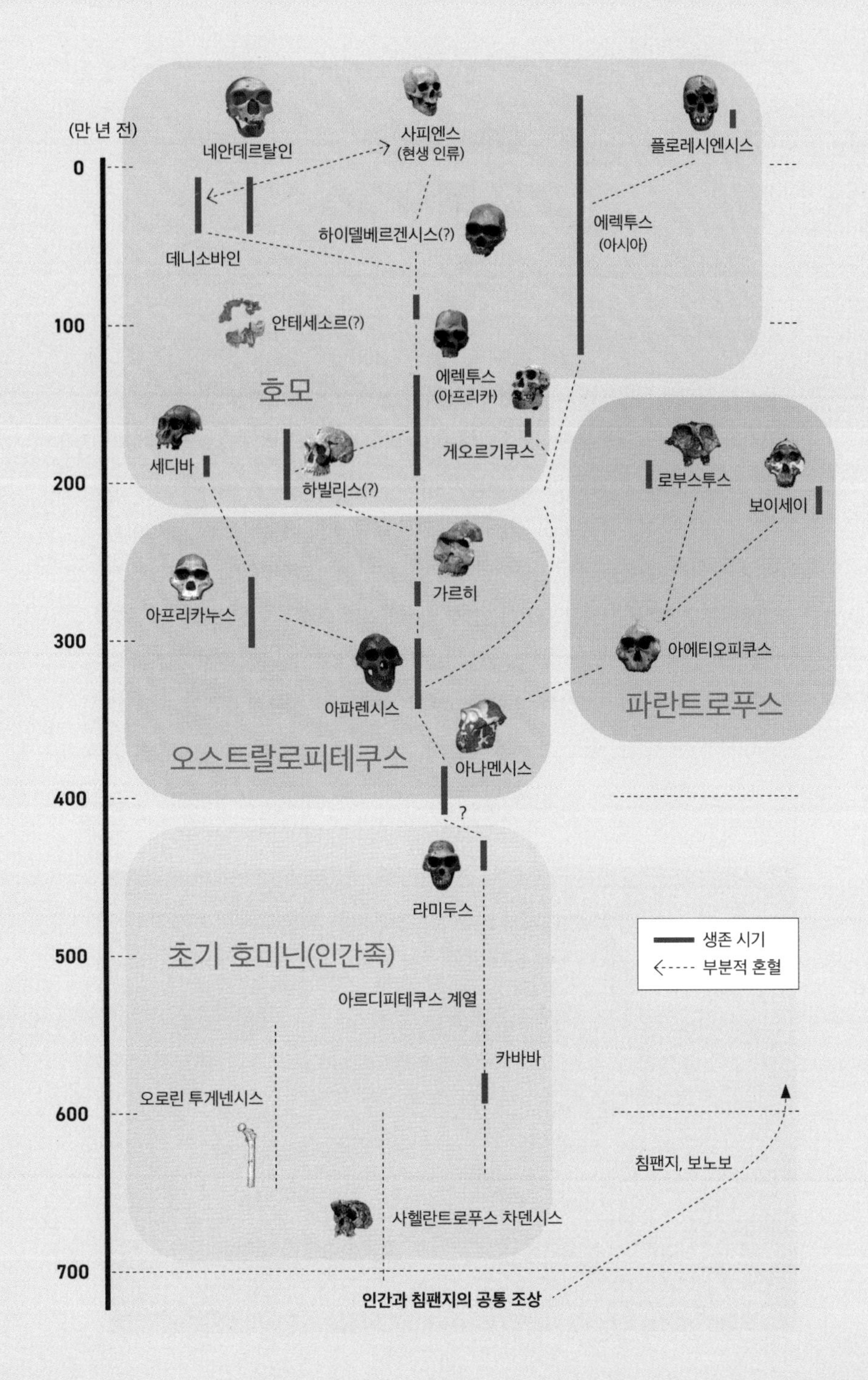

(만 년 전)
0
100
200
300
400
500
600
700
네안데르탈인
사피엔스
(현생 인류)
플로레시엔시스
데니소바인
하이델베르겐시스(?)
에렉투스
(아시아)
안테세소르(?)
호모
에렉투스
(아프리카)
게오르기쿠스
세디바
하빌리스(?)
로부스투스
보이세이
가르히
아프리카누스
아파렌시스
아에티오피쿠스
파란트로푸스
오스트랄로피테쿠스
아나멘시스
?
라미두스
초기 호미닌(인간족)
아르디피테쿠스 계열
카바바
오로린 투게넨시스
사헬란트로푸스 차덴시스
침팬지, 보노보
인간과 침팬지의 공통 조상
생존 시기
부분적 혼혈

아시아의 호모 에렉투스

늘씬한 다리로 직립보행하여 장거리 이동이 가능해진 호모 에렉투스의 일부는 아프리카를 나와 전 세계로 퍼져나갔습니다. 이를 '아웃 오브 아프리카 I'이라고 부르기도 합니다(이는 훨씬 후인 7만 년 전에 호모 사피엔스가 아프리카를 나온 사건 '아웃 오브 아프리카 II'와 대비하여 부른 명칭입니다). 아프리카를 나온 호모 에렉투스들은 동남아시아와 중국까지 진출했습니다. '자바원인', '베이징원인' 등이 그들입니다. 우리나라 전곡리에서 주먹도끼를 사용한 구석기인들도 아시아의 호모 에렉투스일 것입니다. 동남아시아로 간 호모 에렉투스의 일부인 '호모 플로레시엔시스'는 약 5만 년 전까지 생존했습니다. 키가 100~120센티미터에 불과했고 뇌 용적도 침팬지 수준인 400세제곱밀리미터였던 이들은 영화 〈반지의 제왕〉에 나오는 난쟁이 '호빗'이라는 별명을 얻

인도네시아 플로레스 섬에 있는 리앙 부아 동굴의 호빗 유적지

었습니다. 이처럼 작았던 것은 인도네시아의 플로레스섬에 오랫동안 고립된 결과였습니다. 그들은 불을 사용하고 정교한 석기로 사냥할 만큼 지적 능력을 가진 호모였습니다. 아시아의 호모 에렉투스들은 여러 형태로 진화하며 약 200만 년 가까이 생존한 매우 성공적인 고인류였지만 수만 년 전 모두 멸종했습니다.

따라서 수십만 년 전 중국이나 한반도에 살았던 베이징원인이나 전곡리의 구석기인들도 멸종한 아시아의 호모 에렉투스이므로 우리의 조상일 가능성이 거의 없습니다. 전곡리 석기들은 연대에 논란이 많지만 최소 30만~10만 년 전의 것으로 추정됩니다. 현생 인류는 아프리카에 남았던 호모 에렉투스의 후손이므로 아시아의 고인류는 200만 년 전에 갈라진 우리의 먼 친척일 뿐입니다.

도 거의 육식에 의존했습니다. 전 세계 어린이들이 채소를 싫어하고 고기나 햄버거를 좋아하는 것은 초기 호모 시절의 본능 때문일 것입니다. 오늘날에도 세계 대부분의 문화에서 고기는 소중한 음식이어서 제사 제물로 사용하거나 공동체 행사에서 나누어 먹습니다.

호모는 육식을 즐기는 유일한 영장류입니다. 다른 영장류의 경우 곤충을 잡아먹기는 하지만 척추동물의 고기는 먹지 않습니다. 예외적으로 수컷 침팬지들이 콜로부스 원숭이를 잡아먹는 일이 있지만 이는 수컷들이 무리의 연대를 다지는 일종의 의식으로 생존과는 무관한 행위로 알려져 있습니다.

식단을 바꾼 동아프리카의 오스트랄로피테쿠스 일부는 수십만 년 동안 지속된 고난의 행군을 끝내고 약 200만~180만 년 전에 호모로 진화했습니다. 당시 동아프리카에는 '도구를 사용하는 사람'이라는 뜻의 '호모 하빌리스'를 비롯해 몇 종의 호모가 공존했습니다. 이들이 모두 우리의 직계선상에 포함되는지는 다소 논란이 있지만 확실한 것은 호모 에렉투스입니다. '직립하는 사람'이라는 이름대로 호모 에렉투스는 이전처럼 작은 키에 구부정한 자세가 아니라 오늘의 우리처럼 허리를 곧게 펴고 제대로 된 모습을 갖춘 최초의 고인류입니다. 현생 인류와 얼굴은 조금 달랐지만 목 아래부분은 거의 차이가 없었습니다. 뇌 용량도 유인원보다 확연히 커진 1000세제곱밀리미터 정도였습니다. 비로소 사람이라고 부를 수 있는 고인류가 처음으로 지구상에 출현한 것입니다.*

* 〈더 알아볼까요?—아시아의 호모 에렉투스〉 참고

3. 호모의 외형적 특징들

호모가 유인원과 차별화되는 특징을 가지게 된 데는 여러 복합적인 원인들이 있습니다. 따라서 몇 마디로 단언하기에는 무리가 있지만 앞서 알아보았듯이 숲이 사라진 동아프리카의 사바나에서 살기 위해 선택했던 사냥과 육식이 매우 중요한 원인이라는 점에 많은 인류학자들이 동의하고 있습니다. 여기서는 호모의 외모나 행동적 특징에 초점을 맞추어 살펴보겠습니다.

사람들이 흔히 꼽는 인간의 외형적 특징을 나열해보면 다음과 같습니다. 직립보행, 큰 뇌의 용량, 체모(털)의 상실, 도구의 사용, 불의 사용, 부부 중심의 가족 생활, 사회성과 협동 등입니다. 그런데 실제로 이 모두는 사냥 및 육식과 밀접한 관련이 있습니다.

우선 직립보행을 살펴보면 두 다리로 서거나 걷는 일은 균형을 잡기도 힘들고 척추에 부담을 주는 등 문제가 많은 동작입니다. 200만 년이 지났지만 서 있는 것은 아직도 불편한 자세여서 사람들은 가능하면 앉으려고 합니다. 네 다리 보행은 육상 척추동물의 등장 이래 효과가 입증된 이동 방법입니다. 그럼에도 불구하고 호모가 어렵게 두 다리로 걸었던 데는 그 나름대로 이유가 있었을 것입니다.

호모가 직립보행을 하게 된 이유는 빠르지는 않지만 지구력 있게 장거리를 가는 데 유리하기 때문이라는 주장이 설득력이 있습니다. 사자나 영양은 매우 빠르지만 오래 뛰지 못합니다. 말도 15분 동안 뛰면 속도가 반으로 줄어듭니다. 인간처럼 하루에 수십 킬로미터를 쉬지 않고 갈 수 있는 네발 동물은 없습니다. 일반적으로 소나 말, 개 등 네발 포유동물은 짧은 거리는 인간보다 훨씬 빠르고 잘 달

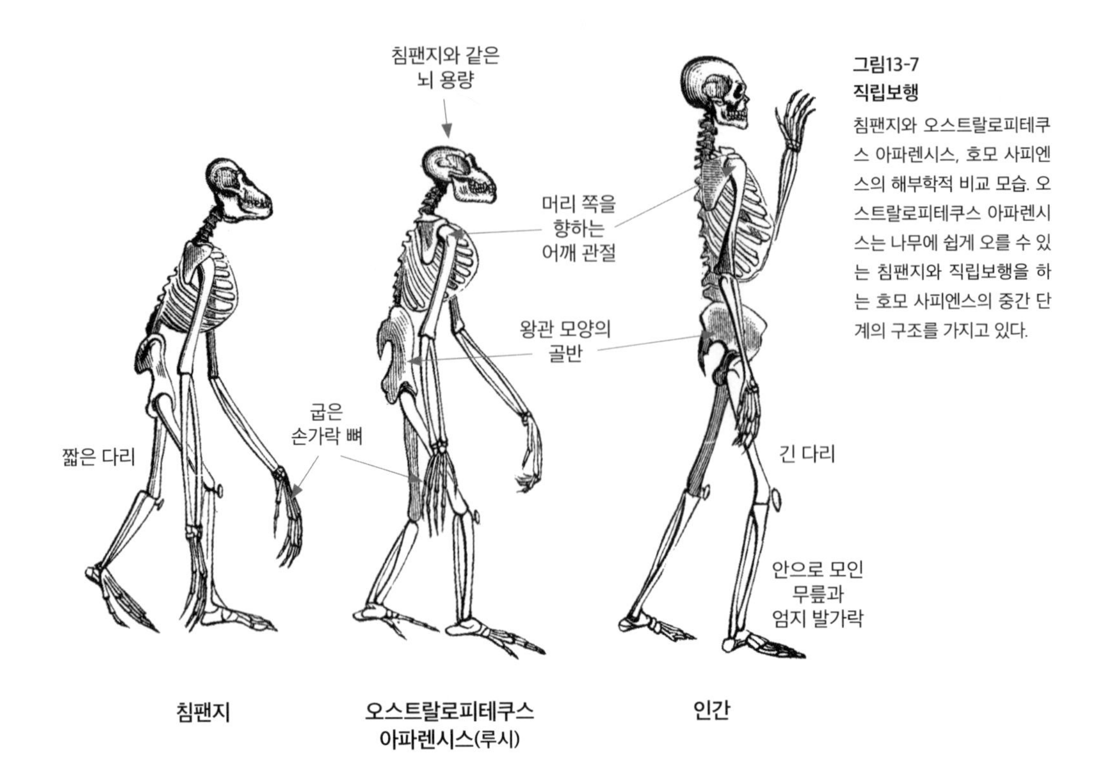

그림13-7
직립보행
침팬지와 오스트랄로피테쿠스 아파렌시스, 호모 사피엔스의 해부학적 비교 모습. 오스트랄로피테쿠스 아파렌시스는 나무에 쉽게 오를 수 있는 침팬지와 직립보행을 하는 호모 사피엔스의 중간 단계의 구조를 가지고 있다.

릴 수 있지만 먼 거리를 일부러 가는 경우는 거의 없습니다. 빨리 뛰는 능력이 부족했던 호모는 그 대신 사냥 동물이 지칠 때까지 추적하는 전략을 주로 썼습니다. 오늘날도 사바나에 사는 부시맨Bushman은 사냥 동물을 30킬로미터나 추적합니다. 또한 열매가 풍부한 숲과 달리 먹을 것이 풀과 뿌리밖에 없는 사바나에서는 마땅한 먹거리를 찾아 하루 종일 먼 거리를 헤맸을 것입니다.

그런데 직립보행을 하게 되자 앞다리, 즉 팔이 자유로워졌습니다. 무엇보다도 팔이 자유로워지면 사지동물보다 가능한 동작들이 많아집니다. 첫째, 자유로운 팔은 도구의 제작과 사용으로 이어졌습니다. 특히 도구 중에서도 석기는 호모가 육식을 하는 데 매우 중요했습니다. 통상적으로 사바나에서는 사자 등의 고양잇과 동물이 사냥해 먹고, 그다음에는 하이에나 등 갯과 동물이 청소하고, 마지막에 독수리 등이 처리합니다. 신체 조건이 빈약했던 초기 호모가 먹을 수 있었던 것은 마지막으로 남은 뼈와 거기에 붙은 작은 살점이 전부였을 것입니다. 고고학적 증거에 의하면 초기 호모들은 주로 뼛속의 척수를 돌로 깨어 빼먹었습니다. 석기는 뼈를 깨거나 작은 살점을 발라내는 데 필수적이었을 것입니다.

둘째, 자유로워진 팔과 유연한 어깨 덕분에 돌이나 창을 정확히 던질 수 있게 되었습니다. 유인원도 물건을 던질 수는 있습니다. 하지만 유연한 어깨와 팔을 가진 사람처럼 정확히 목표에 맞추지는 못합니다. 돌이나 창을 정확히 던지는 능력은 신체적으로 마땅한 공격 수단이 없는 호모가 먼 거리에서 맹수를 물리치거나 동물을 사냥하는 데 큰 도움이 되었습니다.

셋째, 자유로운 팔 덕분에 호모는 물건을 멀리 운반할 수 있게 되었습니다. 일부 동물들이 입으로 물건을 나르지만 짧은 거리에 그칩니다. 인간은 물건을 먼 거리에 옮길 수 있는 유일한 동물입니다. 사람이 부리는 코끼리, 소, 말도 물건을 운반할 수 있지만 스스로 하는 행동이 아닙니다. 물건을 멀리 운반하는 능력은 훗날 문화 전파와 장거리 교역에 중요한 역할을 했습니다.

불의 사용도 자유로운 손이 없었다면 불가능했습니다. 여기에는 보너스가 뒤따랐습니다. 음식을 불에 익히면 소화 흡수율이 날것에 비해 비교가 안 될 정도로 높아집니다. 익힌 음식에 육식이 더해지자 칼로리에 날개를 달았습니다. 식물을 먹는 유인원이나 초식 동물들은 칼로리를 채우기 위해 하루 종일 씹어야 합니다. 반면 인간은

그림13-8
초기 호모들의 사냥과 먹이 활동의 상상도

하루에 몇십 분만 음식을 먹는 데 할애합니다. 익힌 고기 덕분에 호모는 높은 칼로리를 소모하는 뇌를 대폭 커지게 할 수 있었습니다. 호모는 인체 에너지의 무려 20퍼센트를 큰 뇌를 유지하는 데 소비하지만 유인원은 8~10퍼센트, 일반 포유류는 3~5퍼센트에 불과합니다.

인간의 높은 지능을 가능케 한 큰 뇌는 육식과 익힌 음식의 조합이 없었다면 불가능했습니다. 과일 등 채식만 했던 오스트랄로피테쿠스는 뇌 용적이 유인원 수준인 350~500세제곱밀리미터에 불과했습니다. 육식을 시작한 호모 에렉투스는 약 1000세제곱밀리미터로 뇌를 키웠고 현생 인류에 이르러서는 1400세제곱밀리미터의 큰 뇌를 가지게 되었습니다. 물론 뇌가 크다고 반드시 지능이 높은 것은 아니지만 필요조건인 점은 분명합니다. 호모는 커진 뇌의 상당 부분을 지능에 중요한 대뇌피질로 채웠습니다. 현생 인류에 와서는 뇌의 가장 바깥 부분에 있는 대뇌피질이 큰 두개골로도 감당 못 할 만큼 넓어서 심하게 주름이 잡혀 있습니다. 여기에 더해 피질에 분포한 뉴런의 개수, 즉 뉴런 충전 밀도도 다른 유인원에 비해 약 세 배나 많습니다. 특히 대뇌피질 중에서도 계획, 추리, 사고력 등 고등 지능과 관련 있는 이마 앞부분의 전두엽이 차지하는 비율이 침팬지보다 세 배나 큽니다. 이 모두는 호모가 육식을 시작하고 불에 익힌 음식을 먹음으로써 가능했습니다.

호모는 불의 사용 덕분에 털도 벗어던지게 되었습니다. 사바나는 밤에 추운 곳입니다. 야영지나 동굴 안에 피운 따뜻한 모닥불 덕분에 사람은 해충이 들끓는 털을 벗어던질 수 있었습니다. 그런데 털이 없어지자 영장류의 공통적 특징인 털 고르기도 못하게 되었습니다. 그 대신에 무리 간의 유대를 강화할 다른 방법이 필요했습니다.

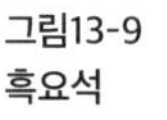

그림13-9
흑요석
화산 유리인 흑요석은 깨진 단면이 강철 칼보다 날카롭다. 따라서 인간의 조상들이 사냥을 하고, 동물을 해체해 식량을 얻고, 모피와 가죽으로 신생대 추위를 이겨내는 데 결정적인 도움을 주었다. 깨뜨렸을 때 만들어지는 날카롭고 단단한 성질 때문에 화살촉이나 창날로도 사용되었다.

손 대신 입을 통해 언어로 하는 털 고르기였습니다. 불 앞에 오손도손 모여 앉아 그날의 사냥 이야기를 하는 것은 무리의 협동과 사회성을 높이는 데 크게 기여했을 것입니다. 오늘날도 사람들은 캠프파이어, 분위기 조성을 위한 촛불 켜기, 불장난을 좋아하고 불꽃놀이에 환호합니다.

털이 없어진 호모는 피부에서 배출되는 땀을 통해 덥고 건조한 사바나에서 몸을 식힐 수 있었고 이는 먼 거리 이동이나 직립보행 등에 유용했습니다. 반면 대부분의 포유류들은 피부로 열을 냉각하지 못하기 때문에 여름철의 개처럼 혀를 할딱거리며 힘겹게 몸을 식힙니다. 맹수들이 단거리에는 강하지만 사냥감을 멀리 추적하지 못하는 것은 과열이 큰 원인 중 하나입니다. 호모는 그럴 염려가 훨씬 적어서 먼 거리 이동이나 장거리 추적을 할 수 있었습니다.

4. 호모의 행동적 특징 - 협동과 사회성

먹지 않던 음식을 먹기 시작한 변화는 호모에게 중요한 부수적 효과를 불러왔습니다. 강화된 협동 본능과 사회성이 그 대표적 예입니다. 호모는 육식 동물에게 적합한 신체적 강점이 없었지만 도구와 협동을 바탕으로 한 공동 사냥으로 생존할 수 있었습니다. 협동은 사냥을 통해 생존할 수 있도록 도와주었을 뿐 아니라 초보적 형태의 문화 전파도 가능하게 해주었습니다. 이는 훗날 고도의 집단 지능을 가지는 토대가 되었습니다. 무엇이 호모가 이런 행동을 강화하도록 이끌었는지 살펴보겠습니다.

그림13-10
대형 동물의 사냥
대형 동물 사냥을 위해서는 석기와 창을 사용하고 무리와의 협동이 필요했을 것이다.

무엇보다도 직립보행과 호모의 커진 뇌는 서로 충돌했습니다. 두 다리로 서서 걷기 위해서는 골반이 좁아져야 합니다. 따라서 산도* 가 좁아진 호모 여성이 큰 뇌를 가진 아이를 출산하는 것은 큰 위험이었습니다. 의학이 발전한 20세기 이전만 해도 산모의 약 10퍼센트가 출산 중 사망했습니다. 이에 호모는 '미완성된 작은 아기'를 낳는 전략을 썼습니다. 영양 같은 초식 동물은 태어난 지 몇분 만에 뛰

* 아이를 출산할 때 태아가 지나는 통로

지만 인간은 미숙아를 낳아 몇 년 동안 보살펴야 스스로 생명 유지가 가능합니다. 인간이 침팬지 새끼 수준의 뇌를 가지고 태어나려면 21개월의 임신 기간이 필요하다는 추산이 있습니다. 문제는 여성도 먹이를 구해야 하므로 육아에만 전념할 수 없었다는 데 있었습니다. 더구나 모유를 만들려면 하루 600칼로리를 추가로 섭취해야 합니다.

좋은 해결책은 배우자가 먹이를 구해주고 양육도 도와주는 부부 중심의 가족이었습니다. 짚신도 짝이 있다는 말이 있습니다. 호모는 아무리 약하고 볼품없는 수컷에게도 부부 중심의 가족을 꾸릴 수 있는 기회가 주어지는 독특한 영장류가 되었습니다. 그렇게 되자 암컷을 차지하려고 싸우던 수컷들의 경쟁이 크게 줄어들었습니다. 유인원 수컷들이 경쟁에 사용했던 송곳니는 오스트랄로피테쿠스 시절부터 퇴화하다가 호모에 이르러서는 흔적만 남게 되었습니다.

그 결과 호모는 생존의 2대 필수 욕구인 먹이와 성을 놓고 다투지 않는 특이한 동물이 되었습니다. 부족하더라도 음식을 가운데 놓고 둘러앉아 공평하게 나누어 먹는 동물은 인간이 유일합니다. 음식과 성을 놓고 다투지 않게 된 호모는 무리 사이의 협력을 더욱 강화할 수 있었습니다. 그리고 수컷들의 경쟁은 협동으로 바뀌어 더욱 효과적으로 사냥할 수 있게 되었습니다. 호모 여성은 일반 포유류 암컷과 다르게 배란기를 숨기도록 진화해 수컷들의 불필요한 경쟁을 최소화했고 배우자를 울타리 안에 묶어두는 역할도 했습니다.

부부 공동 양육의 결과 호모의 아기들은 미숙한 뇌를 가지고 태어나는 대신 다른 동물이나 유인원보다 훨씬 긴 아동기를 가지게 되었습니다. 이에 따라 아이들은 사춘기까지 적어도 12~13여 년을

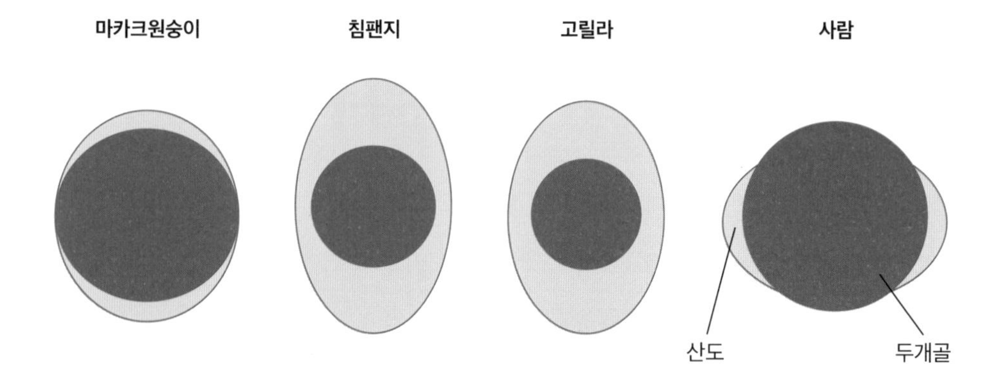

그림13-11
영장류의 두개골 크기와 산도의 넓이
인간은 직립하면서 골반이 좁아진 반면 아기의 두개골이 커졌기 때문에 출산의 고통이 심하다. 게다가 태아의 목이 꺾이는 것과 같은 출산의 위험을 줄이기 위해서는 주변의 도움이 필요했다. 원숭이와 다른 유인원은 태아의 두개골이 작아 비교적 안전하게 출산할 수 있다.

어른에게 배울 기회를 얻었습니다. 뉴런 회로의 가지치기와 미세 조정이 덜 된 상태로 태어난 미숙한 뇌를 부모의 교육으로 충당할 수 있게 된 것입니다. 이것이 12장에서 살펴보았던 '결정적 시기'입니다. 우리와 가장 가까운 침팬지는 한두 마리의 수컷이 암컷들을 독점합니다. 보노보는 자유분방한 성생활로 수컷 사이의 경쟁은 줄었지만 혈연 관계가 불확실합니다. 반면 호모의 남성들은 누가 자신의 아이인지 가족 관계가 분명했습니다. 아이들은 자연스럽게 자신을 보호해주는 아버지의 주변을 오랜 기간 맴돌며 어머니에게서 얻을 수 없는 사냥 등 생존 기술을 모방을 통해 배웠습니다.

짝 결속으로 줄어든 수컷들의 경쟁은 암컷들을 포함한 호모 전체의 협력 본능을 강화시켰습니다. 그 결과 다른 암컷의 새끼를 돌봐주는 일도 흔했습니다. 자신의 아기를 남이 만지거나 돌보도록 허용하는 것은 다른 유인원에서 볼 수 없는 호모만의 특징입니다. 아이들에게는 돌봐주는 손과 모방의 대상이 더 많아진 것입니다.

이처럼 수컷의 경쟁을 줄여주는 일부일처제의 짝 결속, 여성의 배란기 감추기, 육식을 위한 공동 사냥과 공평한 음식 분배 등은 호모의 협력 본능을 더욱 강하게 만들었습니다. 실제로 과학자들은 700만~600만 년 전 인간이 침팬지의 조상과 갈라진 후 인간의 뇌에서 어떤 부분이 특별히 더 많이 진화했는지를 조사했습니다. 그 결과 유인원 이래 인간의 지능에서 가장 많이 진화한 부분이 서로 소통하고 협력하는 사회성과 관련이 있음을 알게 되었습니다. 이와 관련된 여러 유전자들도 발견되었습니다.

예를 들어 독일 막스플랑크 연구소의 라이프치히 영장류 연구센터 연구진은 두 살 반 된 아기와 침팬지의 인지 능력을 비교하여 연구했습니다. 연구 결과 공간과 시간에 대한 인식, 원인과 결과의 관계에 대한 이해 등 여러 정신적 능력에서 인간의 아기가 유인원보다 더 낫다고 할 수 없었습니다. 유일하게 탁월했던 면은 다른 사람을 모방하고 학습하며 소통하는 사회적 지능이었습니다. 특히 다른 사람의 마음을 읽는 능력이 탁월했습니다. 개도 주인의 마음을 읽지만 사람은 몇 단계를 넘겨짚는 사고 능력이 있습니다. '철수의 의도를 영희가 알고 있다는 것을 모두가 다 안다고 복동이는 생각한다'

그림13-12
모방과 사회성
인간은 어떤 유인원보다 모방을 통한 학습과 다수의 관계를 맺는 사회성에 있어서 탁월하다.

라는 식의 유추 능력입니다.

인간의 협력 본능은 유아에게서도 엿볼 수 있습니다. 아기들은 규칙을 어기는 것에 대해 본능적으로 반발합니다. 두세 종류의 장난감을 배열하는 순서처럼 별것도 아닌 규칙을 정해주면 이를 어긴 사람에게 '아니야'라고 강하게 반박하는 모습을 흔히 봅니다. 인간은 사회성과 협력 본능이 너무 강해서 수치나 불명예 때문에 가장 소중한 자신의 목숨조차 스스로 끊기도 합니다. 다른 동물에게서는 상상할 수 없는 행동입니다.

하지만 오스트랄로피테쿠스에서 호모로 진화하면서 강화된 이런 강력한 협력 본능과 사회성은 수십만 년 동안 동족 규모 이상으로 확대되지는 못했습니다. 하지만 장차 소규모 집단을 뛰어넘어 폭발적으로 확산할 수 있는 토대가 다져졌습니다.

5. 모든 인류가 가까운 친척인 이유

약 200만 년 전에 출현한 호모 에렉투스들은 아시아로 동족들을 떠나보낸 후 아프리카에 남아 계속 진화했습니다. 그러던 약 100만~80만 년 전 기후 변화의 패턴이 크게 바뀌었습니다. 최근의 연구에 의하면 그 전에는 평균 약 4만 년 주기로 닥쳐오던 한랭·건조기가 이때부터 10만 년으로 늘어났습니다. 이에 따라 뇌 용량이 점차 커진 아프리카 호모 에렉투스들은 동아프리카에만 머물지 않았습니다. 변화하는 환경에 적극적으로 대처하며 사방으로 퍼지기 시작했습니다. 그중 약 80만~70만 년 전 호모 에렉투스의 일부에서 진화한 종을 '호모 하이델베르겐시스'라고 부릅니다(분류와 명칭에 대해 최근 반론도 있다). 이들은 아프리카 전역은 물론 유럽과 중동, 심지어 오늘날의 중국 서쪽 변방까지 멀리 진출했습니다. 하지만 서로 멀리 떨어져 수십만 년을 지내다 보니 아프리카와 유라시아의 호모 하이델베르겐시스는 각기 다른 진화의 길을 가게 되었습니다.

유라시아로 간 호모 하이델베르겐시스에서 약 40만 년 전 호모 네안데르탈렌시스(네안데르탈인)가 분화해 출현했습니다. 곧이어 2008년 시베리아에서 처음 화석이 발견된 데니소바인도 분화했습니다. 네안데르탈인과 데니소바인의 공통 조상이 현생 인류의 조상 계열과 갈라진 시기는 70만~40만 년 전으로 추정됩니다. 이들은 우리와 가까운 친척종으로 유라시아 중북부의 추운 기후에 잘 적응해 수십만 년 동안 버텨낸 고인류입니다. 그 이전의 유인원이나 고인류 종들 대부분이 추위로 멸종했다는 점에 비추어 본다면 혹독한 기후

그림13-13
네안데르탈인
영국 자연사 박물관에 전시 중인 성인 남성 네안데르탈인 복원 모형. 현생 인류는 우리와 같은 호모 사피엔스의 아종인 네안데르탈인 및 데니소바인과 수만 년 전 극히 일부이지만 유전적으로 섞였음이 밝혀졌다.

를 잘 이겨낼 정도로 이들의 지능은 높았습니다. 네안데르탈인이 병약자나 연장자를 돌보고 죽은 자를 매장했는데, 초보적인 종교 의식을 행했던 흔적도 남아 있습니다. 또한 두뇌 용량이 현생 인류보다 컸으며 정교한 도구를 제작할 정도로 지적 능력도 우수했습니다. 이들은 불과 4만~3만 년 전에 멸종했습니다. 수만 년 전만 해도 우리와 매우 유사한 인류종들이 지구상에 공존했던 것입니다.

한편 아프리카에 남은 호모 하이델베르겐시스로부터 약 30만~20만 년 전에 우리의 직계인 호모 사피엔스가 출현했습니다. 우리와 똑같은 얼굴 모습과 신체 골격을 가진 현생 인류가 탄생한 것입니다. 이들이 첫 출현 한 곳은 이제 동아프리카에 국한되지 않고 남부나 북부 아프리카일 수도 있습니다. 호모 에렉투스나 호모 하이델베르겐시스 모두 장거리 보행의 달인이었으므로 악화된 환경에 순응하지 않고 적극적으로 이동했을 것이기 때문입니다. 그런데 이들이 출현한 지 얼마 안 된 약 20만~12만 년 전 아프리카에 혹독한 한랭기가 또다시 찾아왔습니다. 멸종 위기에 몰린 호모 사피엔스들은 아프리카 내 여러 곳에 작은 무리로 흩어져 수만 년을 서로 고립된 채 살았습니다. 이런 사실은 유전자 분석 기술이 발전한 2000년 이후의 연구와 고고학 발굴로 뒷받침되었습니다. 일부 유전자 추적 연구는 당시 지구상에 살았던 호모 사피엔스의 총인구를 수백에서 수천 명으로까지 보고 있습니다.

'인구 병목' 현상으로 개체 수가 줄어든 종이 서로 짝을 짓게 되면 유전적으로 매우 가깝게 됩니다. 우리 조상의 인구 병목 현상은 그 이전에도 몇 번 더 있었다는 것이 유전자 분석으로 밝혀졌습니다. 인간은 여러 차례 멸종 위기 종이었던 것입니다. 인구 병목 현상으로 모든 인류는 매우 가까운 친척이 되었습니다. 이 같은 유전적 근친성은 침팬지 등의 유인원에서는 볼 수 없고 다른 포유류에도 극히 드문 현상입니다. 오늘날 지구 각지 사람들의 피부색과 얼굴 모양이 매우 다르게 보이지만 이는 매우 사소한 유전적 차이에서 비롯된 착시효과입니다.

인구 병목 현상이 끝나고 기후가 온화해지자 호모 사피엔스들은 아프리카 내에서 다시 이동하며 섞였습니다. 그중에서 오늘날의 에티오피아 지역으로 올라갔던 극히 작은 무리가 약 7만 년 전 아프리카를 나와 유라시아로 진출했습니다. 아프리카 밖으로의 진출은 그 이전에도 10만 년 전 전후로 몇 차례 있었지만 그 후손들은 거의 사멸했다고 추정됩니다. 현재 지구상에 사는 비아프리카인들은 약 7만 년 전 아프리카를 나온 극소수 무리의 후손임이 밝혀졌습니다. 물론 이들이 앞서 아프리카를 나온 고인류들과 매우 제한적으로 섞인 일부 유전적 증거도 있기 때문에 '다지역 기원설'도 전혀 근거 없다고 할 수는 없을 것입니다.

6. 호모 사피엔스의 전 대륙 확산

이상의 사실은 화석에만 근거한 것이 아니라 DNA로 뒷받침되는 강력한 증거들이 있습니다. 앞서 5장에서 버섯, 식물, 동물 등 진핵생물의 세포 속에 있는 미토콘드리아는 독자적인 DNA를 가지고 있다고 했습니다. 그런데 난자가 정자를 만나 수정란이 만들어지면 정자는 헤엄치는 데 필요했던 꼬리와 그 안의 에너지 공장인 미토

그림13-14
미토콘드리아 DNA로 추적한 '아웃 오브 아프리카' 경로
약 20만 년 전 아프리카에 살았던 여성인 미토콘드리아 이브(L)의 후손들은 여러 개의 L 하부 그룹으로 분파되었으며, 그중 동북 아프리카의 L3의 일부가 약 7만 년 전(9만~5.5만 년 전 오차 범위) 아프리카 밖으로 이주했다. 이들은 아라비아반도와 아프리카 사이 좁은 해협인 아덴만을 거쳐 아라비아반도로 건너갔으며, 이후 페르시아만의 호르무즈해협을 통해 유라시아로 이주했을 가능성이 높다. 유라시아에 도착한 L3 무리의 후손들은 아시아와 유럽으로 퍼져 각기 M과 N으로 불리는 미토콘드리아 DNA 하플로그룹으로 발전한 후 세분화되었다.

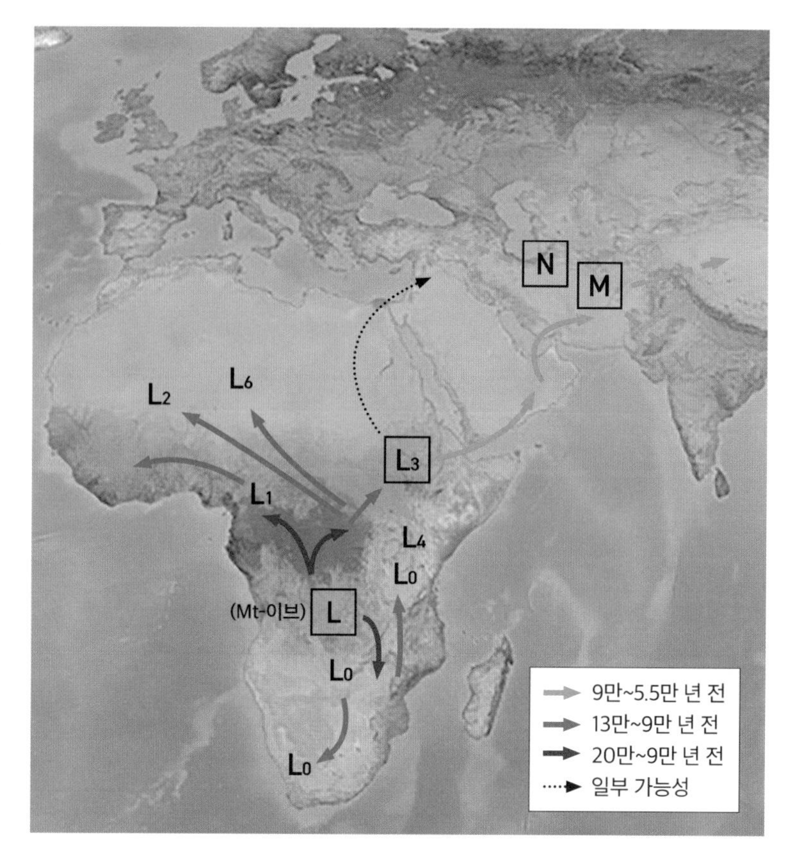

콘드리아는 폐기 처분됩니다. 그 결과 수정란 세포에는 난자의 미토콘드리아만 있고 정자의 것은 없습니다. 이런 이유로 미토콘드리아는 남녀의 세포 속에 모두 있지만 모계로만 전달됩니다. 이 때문에 미토콘드리아 DNA를 추적하면 모계 조상을 알 수 있습니다. 반면 성염색체인 Y염색체는 부계로만 전달됩니다.

따라서 세계 각지 사람들의 미토콘드리아와 Y염색체의 DNA를 분석하면 모계 및 부계 족보를 추적할 수 있습니다. 과학자들은 각지 사람들의 모계 및 부계 DNA를 분류해 이름을 붙이고 우리의 조상들이 이동한 경로를 추적했습니다. 그 결과 오늘날 지구상에 사는 모든 인류는 약 20만 년 전 아프리카 동부 혹은 남아프리카에 살았던 호모 사피엔스의 후손이라는 사실이 밝혀졌습니다.

호모 사피엔스들이 아라비아반도로 건너갔을 경우 세계 확산 시나리오는 훨씬 단순합니다. 반도의 양쪽 해안을 따라 북쪽으로 가면 지중해와 유럽입니다. 반도의 남쪽 해안을 따라 계속 올라가면 좁은 호르무즈해협을 만나고 이곳을 다시 건너면 이란, 즉 아시아 대륙이 됩니다. 그곳에는 고대의 고속도로가 펼쳐져 있었습니다. 즉 해안을 따라가면 인도와 동남아시아에 쉽게 이를 수 있습니다. 무리의 일부는 인도네시아의 섬들을 통해 바다를 건너 호주 대륙으로 건너갔습니다. 그런데 호주에 이르는 해로에는 아무리 빙하기라 해도 깊고 넓은 바다가 가로지르고 있었습니다. 일부 학자들은 호주 원주민의 조상이 당시 이 큰 바다를 건넌 사건을 아폴로 우주선을 타고 달에 첫발을 내딛은 업적과 함께 인류의 중요한 정복 중 하나로 꼽기도 합니다.

한편 아프리카를 나와 내륙으로 간 무리는 유럽과 아시아 전역으로 퍼졌습니다. 일부는 얼어붙은 베링해를 거쳐 알래스카와 북아메리카 대륙으로 들어갔으며 짧은 시간에 남아메리카까지 전파되었습니다. 아메리카 원주민은 각기 다른 시기 최소 세 차례 이상 이주한 것으로 보이며 출발지는 동아시아, 시베리아뿐만 아니라 북유럽에 가까운 곳도 지목되고 있습니다.

가장 최근까지 있었던 호모 사피엔스의 정복은 대만을 거쳐 남하한 동남아인과 그 친척들인 오스트로네시아인입니다. 그들은 뛰어난 항해술로 아프리카 동쪽의 마다가스카르에서 하와이, 이스터섬

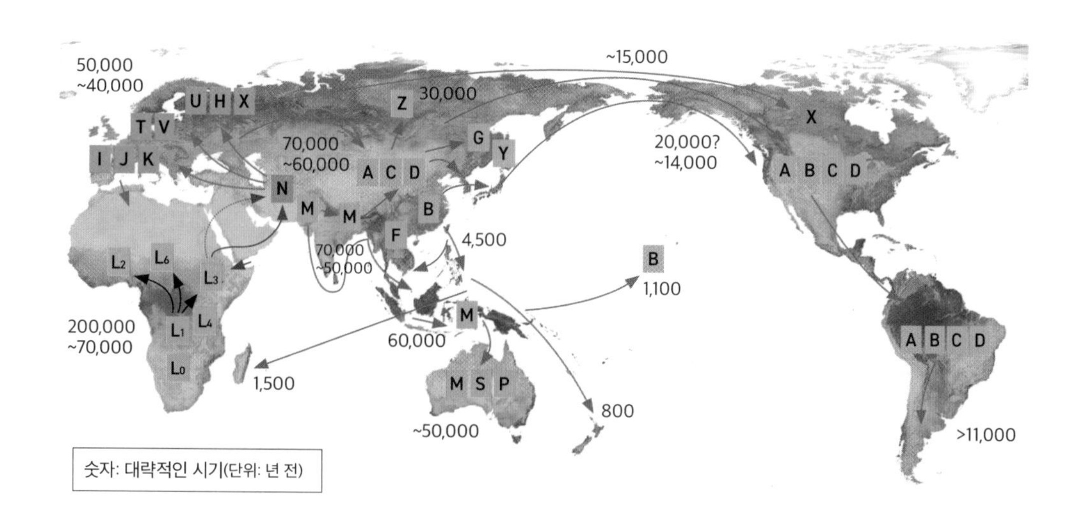

그림13-15
약 7만 년 전 아프리카를 벗어난 현생 인류의 대략적인 이동 시기와 경로
7만 년 전보다 훨씬 이전에도 중동 지역 등으로 일부 호모 사피엔스가 이주했으나 후손이 모두 사멸한 것으로 추정되며, 7만 년 전 이후 아프리카를 나왔던 무리의 후손이 오늘날의 모든 비아프리카인의 조상으로 추정된다(사하라 이북 일부 주민 제외). 실제 이동 경로는 훨씬 복잡했으며, 표기된 이주 시기도 추정에 따라 다소의 변동이 있을 수 있다.

에 이르는 수천 킬로미터의 망망대해에 떠 있는 섬들을 점령했습니다. 마지막 정복지는 800년 전에 도착한 뉴질랜드였습니다.

호모 사피엔스의 아프리카 밖 진출은 두 가지 결과로 이어졌습니다. 첫째, 비아프리카인인 아시아, 유럽, 호주, 아메리카 사람들은 또다시 인구 병목 현상을 겪으며 유전적으로 더욱 가까워지게 되었습니다. 여기에는 훨씬 이후에 유럽에서 북아프리카로 역이주한 사하라사막 북쪽 사람들도 포함됩니다. 둘째, 당시 아프리카를 나온 인구는 극소수(아마도 수백에서 수천 명 정도)였으나 오늘날 그들의 후손은 약 70억 명으로 세계 인구의 8분의 7이나 차지하게 되었습니다. 수백만 년 동안 인류의 요람이었던 아프리카는 독점적 자리를 내어주고 호모의 활동 무대가 전 세계로 확산된 것입니다.

아프리카를 나온 호모 사피엔스들은 이전의 수백만 년 동안 호모들이 그랬듯이 처음 수만 년 동안은 생태계를 변화시킬 만큼 눈에 띄는 활동을 하지 않았습니다. 다만 한 가지 공통적인 현상이 전 세계적으로 일어났습니다. 호모 사피엔스가 정착했던 곳마다 대형 포유류들이 멸종한 것입니다. 호주의 대형 캥거루, 시베리아의 매머드(맘모스), 몸길이가 6미터나 되었던 아메리카의 마스토돈, 유라시아 초원의 거대 와피티사슴(엘크)이나 털코뿔소 등이 대표적 예입니다. 물론 그들 중 일부는 기후와 같은 원인으로 멸종했을 수도 있지만 앞서 알아본 대로 육식에 특화된 유일한 영장류 호모가 그들을 가만두지 않았을 것 입니다.

이렇게 자신보다 월등하게 큰 동물들을 사냥하려면 두 가지가 필수적이었습니다. 첫째, 창이나 발전된 석기 등 특수 무기가 필요했습니다. 이는 높은 지능을 가진 호모 사피엔스였기 때문에 가능했습니다. 둘째, 여러 사람의 협력이 절대 필요했습니다. 하지만 그 협력은 제한적이어서 혈연 관계에 있는 가까운 무리의 규모를 벗어나지 못했습니다. 그보다 큰 규모의 협력과 한층 발전된 집단 지능을 위해서는 조금 더 기다려야 했습니다.

열세 번째 여행을 마치며

지구상에는 지난 수백만 년 이래 수십 종의 고인류들이 살았습니다. 그들 대부분은 사라지고 오늘날에는 현생 인류만 남았습니다. 그렇다고 현생 인류가 외롭게 남은 것은 아니었습니다. 전 세계에 많은 인구가 퍼져 있었기 때문입니다. 인간의 조상은 유인원과 갈라진 이후 수백만 년의 세월 동안 동아프리카의 가혹한 환경에서 생존하느라 독특한 특성들을 진화시켰습니다. 직립보행, 도구와 불의 사용, 체모의 퇴화, 사냥과 육식, 부부 중심의 가족 구성, 성과 음식의 공평한 분배에 바탕을 둔 협력이 그것입니다. 이런 여러 요인들이 상호작용하여 인간의 뇌는 다른 어떤 동물보다도 많은 에너지를 사용하며 높은 지능을 가지도록 진화했습니다. 그 결과 수백만 년 동안 평범한 동물이었던 호모 사피엔스는 남극을 제외한 전 대륙으로 확산되었습니다. 이처럼 모든 땅을 서식지로 삼은 육상 포유류는 유례가 없었습니다. 개와 일부 애완동물도 전 세계에 퍼졌는데, 이는 사람 덕분입니다. 하지만 호모 사피엔스의 전 세계 확산에도 불구하고 수만 년 동안 지구의 생태계는 크게 변하지 않은 채 남아 있었습니다.

14장

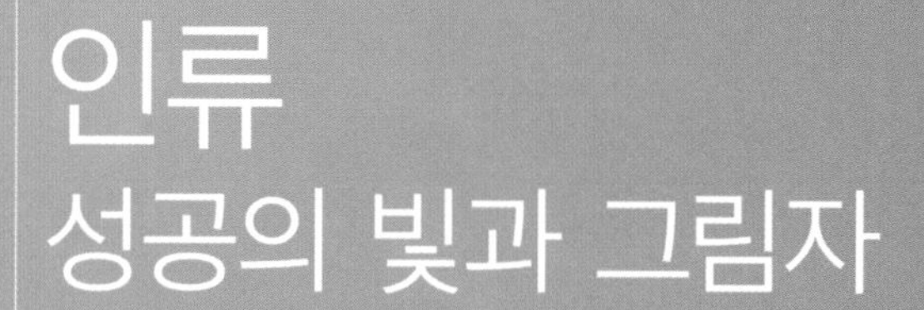

- 집단 지능의 힘
- 추상적 생각과 상징, 문장 언어 구사 능력
- 인구의 대형화와 밀집화
- 호모 사피엔스 성공의 빛과 그림자
- 인류의 미래

12월 31일 밤

⟫ 추상적 생각, 상징, 문장 언어의 출현(30만?~5만 년 전?)

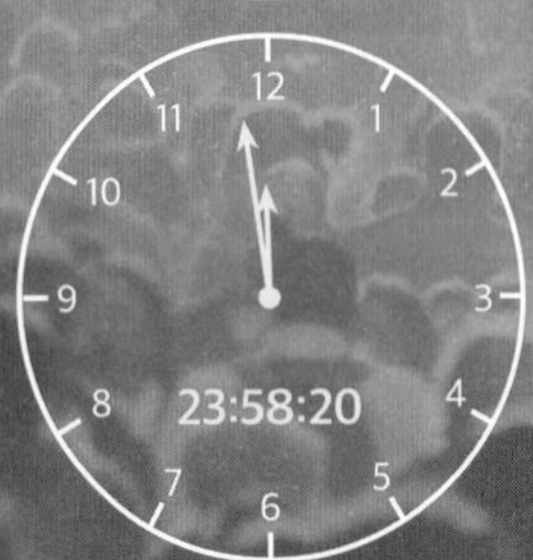

⟫ 농경 시작 (1.2만~1만 년 전)

⟫ 간빙기

현재

138억 년 전 우주의 빅뱅에서 시작한 우리의 시간 여행은 이제 마지막 순간이라 할 수 있는 수만 년 전에 도달했습니다. 빅뱅 직후 형성된 가장 간단한 원소로부터 무겁고 복잡한 원소들과 별이 만들어졌습니다. 46억 년 전 태양계와 작은 행성인 지구가 모습을 드러냈습니다. 생명체는 지하 맨틀 층의 활동, 천체 충돌, 바다, 육지, 대기의 상호작용이 만든 복잡한 화학 반응의 결과로 지구가 생성된 지 얼마 후에 나타났습니다. 그러나 생명의 역사 대부분은 박테리아의 세상이었으며 동물과 식물처럼 눈에 보이는 생물은 40억 년이 지난 다음에야 등장했습니다. 그리고 다시 6억 년간의 역동적인 진화 끝에 영장류 중 지능이 가장 높은 호모 사피엔스가 30만~20만 년 전에 탄생했습니다.

우수한 지능에도 불구하고 호모 사피엔스들은 이전의 호모종들이 그랬듯이 대부분의 기간을 평범한 유인원으로 남아 있었습니다. 그러나 그들 중 극히 일부가 7만 년 전 아프리카를 나와 전 세계에 퍼지면서 모든 것이 변하기 시작했습니다. 특히 1만 년 전부터 생활 방식이 달라지고 인구가 급증하면서 지구 생태계를 완전히 바꾸어 놓았습니다. 1만 년 전은 138억 년의 우주 나이를 1년이라 가정한다면 12월 31일 자정 직전 20초쯤으로 거의 현재나 마찬가지인 시점입니다.

과거에도 삼엽충, 암모나이트, 공룡 등이 생태계에서 중요한 위치를 차지한 적은 있었습니다. 이들은 수억 년을 생존했던 성공적인 동물이었지만 눈 깜짝할 사이에 폭발한 호모 사피엔스에 비할 바가 아니었습니다. 생물의 존재 이유가 생존과 번식이라고 한다면 호모 사피엔스는 유례없는 대성공을 거두었습니다.

13장에서 우리는 호모 사피엔스가 그 같은 성공을 이루게 된 외형적 배경에 대해 알아보았습니다. 즉 호모종의 진화 과정과 그 부산물인 크고 복잡한 뇌를 비롯한 여러 외형적 특징이 어떻게 출현했는지 살펴보았습니다. 이 요소들이 하드웨어라면 이번 장의 주제는 소프트웨어에 해당됩니다. 이 장에서는 성공의 직접적인 원인이 된 1만 년 이래 인구의 고밀도화와 집단 지능에 대해 알아보고 이어서 집단 지능으로 이끈 인간의 독특한 인지 능력인 추상적 사고와 상징, 문장 언어의 사용에 대해 살펴볼 것입니다. 마지막으로 인류의 성공이 불러온 빛과 그림자를 분석해보고 이를 통해 우리가 어떤 교훈을 얻을 수 있는지 생각해보며 138억 년의 시간 여행을 마무리하겠습니다.

1. 집단 지능

동물의 세계에서는 개체의 지능뿐 아니라 집단 지능도 매우 중요하다는 사실을 우리는 개미나 벌 같은 초사회적 곤충의 사례를 통

그림14-1
개미의 놀라운 집단 지능
흰개미들은 매우 복잡하고 냉방이 되는 놀라운 구조물도 만든다. 이를 모방한 건축물이 세계 여러 곳에 있다.

해 익히 알고 있습니다. 바늘구멍만 한 작은 뇌에 25만 개의 뉴런을 가진 개미는 (인간은 1000억 개 이상) 개체로 볼 때는 미물이지만 집단 차원에서는 그렇지 않습니다. 가령 개미들은 몸을 서로 연결해서 다리나 뗏목을 만들거나 땅속에서 정교하게 집을 짓기도 하는데, 이는 높은 지능이 없이는 불가능한 행위입니다. 동물이 주어진 환경에 효과적으로 적응하며 대처하는 능력을 지능이라고 한다면 개미의 지능은 개체가 아닌 집단에서 나온 것이라고 할 수 있습니다. 집단의 기억을 공유함으로써 변화하는 환경에 현명하게 대처하며 1억 5000만 년 동안 생존하고 있는 성공적인 종이 된 것입니다. 오늘날 지구상에 사는 개미의 수는 무려 1경 마리 이상, 즉 1조의 1만 배가 넘는 것으로 추산하고 있습니다.

인간의 경우도 유사합니다. 우리가 자랑하는 높은 지능이라는 것의 상당 부분은 집단 지능이 만든 지식과 노하우 그리고 문화의 결

태즈메이니아 원주민의 비극

태즈메이니아는 호주 대륙에서 남쪽으로 240킬로미터 떨어진 곳에 있는 큰 섬입니다. 이곳에 살던 원주민들은 원래 호주 본토인이었습니다. 그런데 약 1만 년 전 빙하기가 끝나면서 해수면이 높아지자 소수의 사람들이 바다를 사이에 두고 본토로부터 고립되었습니다. 세월이 흐르자 그들은 바다 건너 고향에서 사용하던 수백 가지의 도구와 망토, 골기, 부메랑, 바늘 등의 문화를 상실했습니다. 18세기 프랑스 탐험가가 상륙했을 때 태즈메이니아 원주민들은 겨우 24가지의 원시적인 도구만 사용했습니다. 또한 본토인들이 즐기는 생선이 지천에 널렸으나 먹지 않는 등 대부분의 본토 문화를 잃어버린 상태였습니다. 그들이 사용하던 석기는 호모 사피엔스 출현 이전인 약 50만 년 전의 기술로 만든 조잡한 것들이었습니다.

원래 6만~5만 년 전 인도네시아 남쪽의 망망대해를 건너간 호주 원주민의 조상들은 동시대 인류 중에서 항해술과 석기 문화가 가장 앞서 있었지만 고립된 대륙에 살

태즈메이니아섬의 원주민들은 원래 호주 대륙에 살았지만 섬이 바다로 분리되면서 고립되었다. 이들을 묘사한 화가 로버트 다울링의 1859년의 작품 〈태즈메이니아 원주민(Group of Natives of Tasmania)〉.

았기 때문에 그 문화를 크게 발전시키지 못했습니다. 그들에게서 또다시 분리된 태즈메이니아 원주민들은 시곗바늘을 수십만 년 전의 호모 하이델베르겐시스 시절로 되돌린 것 같았습니다. 19세기에 이 섬을 정복한 영국인들은 너무나 원시적인 그들을 인간과 동물의 중간 단계로 간주하고 사냥하거나 동물원의 우리에 잡아넣기도 했습니다. 마지막 생존자였던 원주민 여성은 치욕스러운 이 세상에 흔적을 남기고 싶지 않다면서 화장해달라고 유언했습니다. 그녀의 유해는 1976년까지 태즈메이니아 박물관에 보관되었다가 사망 100주년이 되어서야 유언대로 화장되었습니다.

그림14-2
석기 기술의 발전 과정
왼쪽부터 올도완 뗀석기, 아슐리안 손도끼, 무스테리안 돌촉, 중기 구석기 시대의 양날 돌촉, 후기 구석기 시대의 돌날.

과입니다. 만약 호모 사피엔스가 오랑우탄처럼 홀로 생활했거나 침팬지처럼 소수로 무리를 지어 살았다면 인간은 오늘날과 같은 큰 성공은 이루지 못했을 것입니다.

크고 복잡한 뇌 덕분에 높은 지능을 가진 호모종이 출현한 것은 200만 년 전입니다. 하지만 문화와 기술의 발전은 불과 수만 년 전까지도 매우 더뎠습니다. 그것을 짐작할 수 있는 단서가 석기 기술입니다. 석기는 찍개석기 → 주먹도끼 → 뗀(타제)석기 → 간(마제)석기 등의 순서로 발전했으나 기술 수준은 지역에 따라 수십만 년 이상의 편차를 보였습니다. 어떤 경우에는 같은 지역에서도 기술이 후퇴한 경우도 많았습니다. 하버드 대학교의 인류 문화학자 조지프 헨릭Joseph Henrich은 자신의 책《호모 사피엔스, 그 성공의 비밀》에서 우리의 조상은 수백만 년 동안 두뇌의 크기가 커졌음에도 '2보 전진과 2보 후퇴'를 거듭했다고 분석했습니다. 물론 육식과 협동 사냥(200만~180만 년 전), 불 사용(150만~80만 년 전), 돌촉 달린 창 사용(46만 년 전) 등 몇 차례의 도약이 있었지만 전체적으로 발전은 매우 느렸습니다. 높은 개인 지능뿐 아니라 사회성과 협력 등의 여러 요건을 갖추었음에도 기술과 문화는 매우 서서히 향상되었던 것입니다.

현생 인류인 호모 사피엔스도 출현한 지 수십만 년이 지나도록 네안데르탈인이 쓰던 것과 크게 다르지 않은 석기를 사용했습니다. 이는 호모 사피엔스의 인구가 불과 몇만 년 전까지도 많지 않았던 데다가 그나마 분산되어 살았기 때문입니다. 문화가 확산되기 위해서는 일정 규모 이상의 집단 크기와 무리 사이의 원활한 교류가 필수적이었던 것입니다. 무엇보다도 인구 밀도가 충분히 높아야 했습니다. 인구가 많아야 아이디어도 많아지고 기술이나 문화의 전달이 단절되는 일도 줄어들기 때문입니다. 호모의 문화와 기술은 아무리 높은 수준에 이르렀다고 해도 가혹한 환경이나 기타 요인으로 인구가 줄어들고 분산될 때마다 후퇴했을 것입니다. 이를 보여주는 대표적인 사례가 1만 년 동안 호주 본토와 고립되어 소수의 무리로 살아온 태즈메이니아 원주민입니다.

2. 추상과 상징, 그리고 문장 언어

이처럼 극히 더디게 발전하던 호모 사피엔스는 지구상에 존재했던 다른 어떤 동물도 밟지 않았던 새로운 길을 갔습니다. 차원이 다른 집단 지능의 길이었습니다. 직접적인 계기는 약 1만 년 전부터 중동에서 시작된 신석기 혁명이었습니다. 농업 혁명이라고도 불리는 신석기 혁명은 호모들이 수백만 년 동안 의존했던 수렵·채집 대신 생산 경제로 생활 방식을 바꾼 대혁신이었습니다. 굶어 죽지 않

그림14-3
기하하적 상징물의 등장
붉은 황토 덩어리에 기하학적 패턴이 새겨진 상징물로 약 7만 5000년 전의 것으로 추정된다. 남아프리카 공화국 블롬보스 동굴에서 발견되었다.

기 위한 투쟁 과정에서 진화한 인류는 최초로 자신의 먹거리를 자연에 맡기지 않고 스스로 생산하게 되었습니다. 농경·정착 생활로 식량이 안정적으로 확보되자 인구가 급증했고 이에 따라 인류의 집단 지능이 본격적으로 가동했습니다.

그것은 우연히 이루어진 결과가 아니었습니다. 신석기 혁명 이후에 볼 수 있는 현생 인류의 대규모 집단화는 높은 지능이나 공동 사냥과 같은 단순한 협력만으로는 불가능했습니다. 집단화가 만개하기까지 어스름한 여명이 조용히 우리 조상의 정신 활동을 비추어왔던 것입니다. 대표적인 것이 추상적 생각과 상징 그리고 높은 언어 능력이었습니다. 우리와 유전적으로 근친 관계에 있는 유인원인 침팬지나 고릴라, 오랑우탄이 인간처럼 대규모 집단화의 길을 가지 못한 것은 이 같은 요소들이 준비되지 않았기 때문입니다.

수만 년 전부터 인류의 문화적 진화는 유전자를 바탕으로 한 생물학적 진화를 압도하게 되었습니다. 유전적 지능이라는 하드웨어보다 집단 지능에 바탕을 둔 문화라는 소프트웨어가 이전과는 확연하게 다른 새로운 세상의 문을 연 것입니다. 이제 인류가 선택한 새로운 길은 거슬러 되돌아갈 수 없습니다.

대규모 집단화에는 추상적 사고와 언어 능력이 중요한 역할을 했는데 호모 사피엔스가 언제 이러한 능력을 높은 수준으로 발전시켰는지는 논란거리입니다. 문화는 소프트웨어적인 특성을 가지므로 두개골 화석이나 해부학적 증거로 남지 않기 때문입니다.《총, 균, 쇠》의 저자로 유명한 재러드 다이아몬드Jared Diamond는《제3의 침팬지》에서 약 5만~4만 년 전 우리의 조상에게서 상징과 언어 발달 등의 특징이 두드러지게 나타났으며 이를 '대약진'이라 불렀습니다. 이때를 기점으로 뼈로 만든 바늘, 낚시, 활과 같은 사냥 무기, 피리 등의 악기, 사람이나 동물의 그림이나 조각품, 동굴 벽화, 종교 의식과 관련이 있는 장식 등 고고학적 유물과 유적이 크게 증가한 것을 그 근거로 들었습니다. 세계적 베스트셀러《사피엔스》의 저자 유발 하라리Yuval Harari는 이를 '인지 혁명'이라는 다른 용어로 불렀습니다. 새로운 사고방식과 소통 능력을 가능케 한 큰 변화가 7만~3만 년 전 호모 사피엔스들 사이에서 일어났다고 본 것입니다.

이에 동의하지 않는 쪽에서는 추상적 사고와 상징 그리고 언어는 호모에게서 점진적으로 진화했으며 약 5만 년 전부터 관련 유물이 많아지는 것은 인구 증가에 따른 효과 때문이라고 반박합니다. 실제로 훨씬 이전인 16만 5000년 전의 남아프리카 해안 동굴에서는 당시 인류의 추상적이고 상징적 사고 능력을 가늠할 수 있는 치장품이나 종교 의식용 염료가 발견되기도 했습니다. 심지어 6만 7000년 전 스페인과 프랑스 국경 지역에서 살았던 네안데르탈인도 손자국으로 찍어 그린 동굴 벽화를 남겼습니다. 그들도 죽은 자를 꽃과 함

그림14-4
쇼베 동굴 벽화
프랑스 남부에 있는 쇼베 동굴에 그려진 그림으로 약 3만 년 전에 그려진 것으로 추정된다. 사자의 동작을 파노라마로 구성해서 역동적으로 표현했다.

께 매장할 만큼 보이지 않는 내세에 대한 개념이 있었습니다. 그뿐만 아니라 어눌하지만 간단한 문장 언어도 구사했을 것이라고 보고 있습니다.

최근에는 양측의 주장을 절충한 견해가 설득력을 얻고 있습니다. 즉 추상적 사고나 상징, 언어는 옛 호모 때부터 어느 정도 있었지만 사피엔스에 이르러 두 차례 크게 도약했다고 보는 것입니다. 첫 번째는 작은 도약으로, 인류의 조상이 아프리카를 나와 전 세계로 퍼진 7만~3만 년 전에 일어났는데 이때 인지 능력이 어느 정도 향상되었다고 추정합니다. 세계 각지에 퍼진 인류가 새로이 맞닥뜨린 다양한 환경에 적응하는 과정에서 정신 능력이 한 단계 발전되었다는 것입니다. 두 번째는 신석기 혁명으로 인구가 급증하자 일어난 큰 규모의 도약입니다.

이처럼 집단 지능으로 인류의 모습을 완전히 바꾸는 데 기여한 추상적 사고와 인간의 언어 능력에 대해 조금 더 자세히 알아보겠습니다.

추상적 사고는 실제로 존재하지 않는 대상이나 개념, 아이디어 등에 대해 생각할 수 있는 정신 활동을 말합니다. 또는 어떤 사물이나 현상에서 유사성을 짚어내는 능력이기도 합니다. 예를 들어 사과, 피, 저녁 노을, 장미꽃은 각기 다른 사물의 색깔이지만 인간은 이들에게서 공통되는 '붉음'이라는 추상적 개념을 떠올립니다. 이처럼 서로 다른 것에서 유사점을 찾아내는 능력은 많은 정보를 바탕으로 신속한 판단을 내리는 데 큰 도움이 될 뿐만 아니라 원리를 도출하는 데도 유용합니다. 예를 들어 사람이나 개, 닭, 바퀴벌레 등이 죽는 것을 여러 번 보고나면 '생물은 죽는다'라는 사실을 깨닫게 되고 이를 바탕으로 미래를 예측할 수도 있습니다. '죽음'이라는 추상적 개념을 이해함으로써 눈앞에 보이는 양계장의 닭이 앞으로 어떻게 될지 알 수 있는 것입니다.

스위스의 심리학자이자 생물학자인 장 피아제Jean Piaget는 추상적 사고를 유아나 어린이의 성장 단계에서 가장 늦게 발달하는 인지 능력으로 보았습니다. 그에 따르면 유아들은 감각적으로 체험할 수 있는 구체적인 일들 위주로 사물과 현상을 이해합니다. 하지만 11세에 이르러서는 자신이 경험하는 범위 밖에도 세상의 원리가 적용될 수 있다는 사실을 점차 이해하면서 추상적 사고력을 높여간다고 했습니다. 비슷한 방식으로 호모도 진화의 가장 마지막 단계에서 추상적 생각을 하는 능력을 얻었을 것입니다. 보이지 않고 경험할 수 없는 것까지 생각하게 됨으로써 인간은 상상력과 창의력을 가지게 되었습니다. 그 덕분에 인류는 큰 혁신을 이루었으며 또 많은 문제를 해결할 수 있었습니다. 과학의 발전도 추상적 생각이 없었다면 불가능했을 것입니다.

호모에게서 추상적 생각은 왜 마지막 단계에 나타났을까요? 추상은 크고 복잡해진 뇌가 만든 부산물입니다. 인간 대뇌피질의 면적은 머리의 부피가 감당하지 못할 만큼 커져 심하게 주름이 잡혀 있습니다. 뉴런의 밀도 또한 물리적 한계치에 도달했습니다. 지금보다 뉴런 충전 밀도가 더 높으면 전기 신호의 잡음을 피할 수 없게 됩니다. 그런데 뇌는 외부 환경에 대한 정보를 감각 기관을 통해 받아들입니다. 문제는 이처럼 복잡해진 뇌가 처리해야 하는 정보의 양이 너무 많아서 짧은 시간에 신속하게 판단해서 예측하기가 어렵다는 데 있습니다. 따라서 뇌는 폭주하는 정보를 엄청나게 거르고 축약합니다. 그 대신 축약에 따른 공백을 메우기 위해 과거의 수많은 경험을 참고하여 정보를 대충 넘겨짚거나 꾸며냅니다. 이 과정에서 끄집어내는 정보들은 대부분 과거의 경험 중에서 유사한 내용이 그룹화된 것들입니다.

이런 일은 다른 동물에게도 일어나지만 복잡한 뉴런의 배선을 가진 인간의 뇌에서는 과도하게 발생하는데 그 결과가 다름 아닌 추상적 생각입니다. 방대한 양의 외부 정보 중에서 일부만 선별해 단순화시키는 방식은 부정확하지만 매우 효율적입니다. 많고 복잡한 정보를 단순하게 요약하고 정리하기 때문입니다. 그 덕분에 빠른 판단을 할 수 있지만 여기에는 대가가 따릅니다. 뇌가 상당 부분을 현실과 다르게 보는 것입니다. 그러나 그것은 진화상에서 큰 문제는 아니었습니다.

뇌가 눈에 보이는 것에서 유사점을 찾건, 물리적으로 존재하지 않는 대상에 대한 추상적 생각을 하건, 이 과정은 불완전할 수밖에 없고 따라서 실수가 따르게 마련입니다. 사람의 은유 능력도 여기서 비롯됩니다. 은유란 A에서 B를 연상하는 능력입니다. 가령 '달콤한 꽃내음'이라는 표현에는 미각과 후각이 섞여 있습니다. '기회를 주겠다'라는 말에서는 눈에 보이지 않는 추상적인 개념이 물건처럼 취급됩니다. 저명한 신경과학자 라마찬드란Ramachandran은 은유란 서로 다른 정보를 처리하는 인접한 뉴런 회로들이 일으키는 혼선 현상이라고 설명했습니다. 인간의 대뇌피질에 있는 뉴런의 밀도는 이미 포화 상태에 이르렀기 때문에 정보 처리 과정에서 정보의 혼선과 섞임이 자주 일어난다는 것입니다.

대표적인 예가 종류가 다른 감각들이 섞이는 공감각입니다. 저명한 인상주의 화가 빈센트 반 고흐는 다른 사람의 그림에서 각기 다른 악기 소리를 느낀다고 호소했습니다. 오늘날에도 그림에서 소리 등 다른 감각을 느끼는 화가들이 있다고 알려져 있습니다. 인구의 몇 퍼센트 사람들은 특정한 숫자에서 색깔을 느끼는 공감각을 가지고 있습니다. 공감각은 정도와 종류의 차이일 뿐 대부분의 사람이 가지고 있습니다. 은유 능력도 유사한 경우로, 이를 잘 이용하는 사람들이 시인입니다. '내 마음은 호수'와 같은 은유 덕분에 인간은 시나 미술, 음악 같은 예술 활동이나 유연한 사고를 할 수 있었습니다.

한편 호모 사피엔스는 추상적 생각이나 은유의 대상을 상당 부분 상징으로 나타냅니다. 머릿속의 대상을 기호나 그림, 형상 등으로 표현합니다. 상징 속에는 특별한 의미나 뜻이 포함되어 있습니다. 이를 매개로 인간은 지식에 대한 개념이나 우리가 살고 있는 복잡한 외부 세계를 보다 쉽게 이해할 수 있었습니다. 문자, 기호, 수

그림14-5
문자와 추상적 사고
고대 메소포타미아 문명권과 인근 문명권에서 사용했던 쐐기 문자. 지금까지 발견된 가장 오래된 문자는 약 3300년 전의 수메르 쐐기 문자다. 만약 이와 같은 상징이 없었다면 지금의 문명이 가능했을까?

학식 등은 모두 그런 목적으로 사용되어 왔습니다. 상징이 없었다면 새로운 정보를 통합하고 지식의 영역을 확장하기가 어려웠을 것입니다. 역으로 신화나 전설에 등장하는 영웅, 천사, 마귀와 같은 상징은 인간의 심리에 큰 영향을 미쳤습니다.

그런데 호모 사피엔스를 독특하게 만든 추상적 생각이나 은유, 상징은 대부분 문장으로 구성된 언어를 매개로 마음속에서 만들어집니다. 언어는 생각을 다듬는 중요한 틀이기 때문입니다. 또한 의미나 상징을 다른 사람에게 전달하려면 여러 단어로 된 구문과 문법적 규칙도 필요합니다. 만약 문장 언어가 없었다면 대규모 집단화를 가능케 한 추상적 생각이나 상징의 확산은 불가능했을 것입니다.

문장으로 된 언어가 진화의 어느 단계에서 어떻게 생겨났는지에 대해 여러 다른 설명들이 있습니다. 첫 번째 설명은 인간의 언어가 유전자에 입력된 본능적인 문법에 바탕을 두고 있다는 것입니다. 실제로 FOXP2*처럼 언어와 관련된 유전자가 있습니다. 그런데 이런 유전자들은 유인원 같은 동물도 초보적 형태로 가지고 있습니다. 따라서 유전자는 인간의 언어 구사에 필요조건은 되어도 충분조건은 아닌 듯합니다. 두 번째는 어머니의 자장가처럼 의미 없는 흥얼거림이나 음악적 발성이 언어로 발전했다는 설명입니다. 세 번째는 손동작이 언어로 발전했다는 설명입니다. 예를 들어 손으로 어떤 작업에 몰두할 때 입술을 깨무는 경우가 있습니다. 그런데 손이나 팔은 유인원들이 서로 소통하는 신체 부위입니다. 즉 손동작을 처리하던 뇌의 부위가 인근에 있는 입과 관련된 뉴런 회로와 혼선을 일으켜 말로 소통하게 되었다는 설명입니다. 실제로 유인원들은 청각 장애인들의 수화처럼 손으로 의사를 전달하는 경우가 많으며, 언어보다는 손동작으로 보다 쉽게 학습시킬 수 있습니다.

에모리 대학교의 고인류신경학자 디트리히 스타우트Dietrich Stout는 최근의 여러 연구를 통해 석기를 손으로 다듬는 정교한 행동이 언어의 출현과 밀접한 연관이 있다는 뇌과학적 증거들을 내놓은 바 있습니다. 석기 기술을 익히려면 먼저 남을 모방해야 합니다. 실제로 인간의 뇌에 있는 언어 관련 회로가 모방이나 마음 읽기와 관련된 유인원의 '거울 뉴런'과 기원이 같다는 사실도 여러 연구로 밝혀졌습니다. 이상의 내용을 종합해보면 흥얼거림, 입의 움직임, 모방 행동, 손동작 등이 어느 단계에서 한데 묶이면서 언어로 발전했을 가능성이 큽니다. 화석 증거에 의하면 석기가 출현할 무렵 등장한 호모의 대부분은 오른손잡이였습니다. 그런데 오른쪽 신체의 활동은 좌뇌와 관련이 깊고 좌뇌는 언어의 구사에 중요한 역할을 합니다. 이 추론이 옳다면 생존을 위해 도구를 제작하던 행동이 언어라

* Forkhead box protein P2

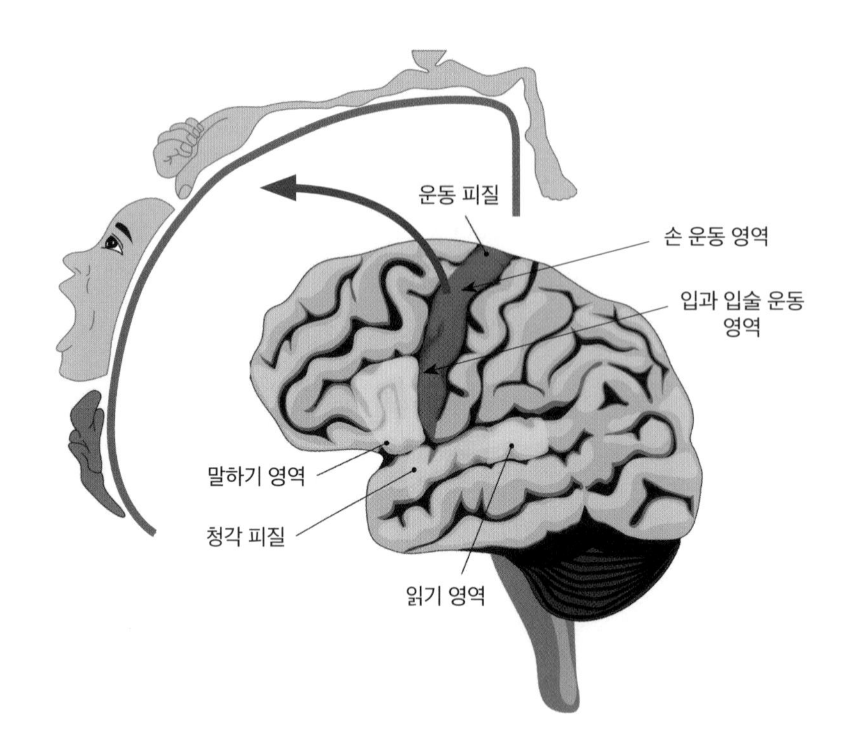

그림14-6
운동 피질과 언어의 관계
언어는 입과 손, 모방 행동과 연관이 있는 것으로 보인다. 대뇌에 있는 운동 피질의 비율에 따라 사람을 묘사해보면 얼굴과 입 그리고 손이 무척 큰 모습이 된다. 깊은 생각을 하는 행위는 언어의 창구인 입과 연관이 있을지 모른다. 대뇌의 운동 피질이 담당하는 신체 부위를 나타낸 그림으로 많이 쓸수록 크게 그렸다(뇌 속에 작은 사람이 있는 것에 비유해 호문쿨루스라고 부른다).

는 놀라운 선물을 인류에게 남긴 셈입니다.

그렇다면 석기를 본격적으로 사용했던 200만 년 전의 호모 에렉투스 시절에 이미 발성을 위한 후두(소리 상자) 등의 해부학적 변화가 시작되었음을 짐작할 수 있습니다. 비교적 근래의 호모인 네안데르탈인도 초보적인 문장 언어를 말했다는 것이 정설입니다. 당연히 그보다 뒤에 출현한 호모 사피엔스는 훨씬 나은 언어 구사 능력을 가졌을 것입니다. 하지만 이들의 언어는 낮은 수준이었음이 분명합니다. 왜냐하면 오늘날의 인간의 언어가 특별한 것은 높은 수준의 추상적 사고와 상징이 내포되어 있기 때문입니다. 그런 점에서 인간다운 언어는 최소한 5만 년 전의 1차 대도약 이후에 모습을 드러냈을 것입니다. 하지만 이때에도 지금보다 훨씬 불완전한 언어였을 것입니다. 당시 호모 사피엔스의 추상적 생각이나 상징 표현력이 동굴의 벽화나 기호 수준에 머물렀기 때문입니다. 뒤에서 살펴보겠지만 구문과 문법을 갖춘 언어는 농경·정착 생활로 대규모 집단화가 이루어진 후 한 차례 도약했으며 문자가 출현한 이후에 또 한번 업그레이드했을 가능성이 높습니다.

3. 집단의 대형화, 고밀도화

추상적 생각, 상징, 언어라는 고성능 소프트웨어를 장착한 호모 사피엔스에게 이제 남은 것은 다른 어떤 동물에게도 없었던 새로운 차원의 대규모 집단화로 향하는 일이었습니다. 지금으로부터 약 1만 2000년 전 오랜 빙하기가 끝나고 온난한 간빙기가 시작되었습니다. 당시는 호모가 출현한 지 200만 년이 지난 때였지만 인류는 여전히 사냥과 채집에 의존하며 가까운 친족 수십 명이 무리지어 살았습니다. 그런데 해빙 후의 온난한 기후 덕분에 많은 식물들이 번성하자 호모 사피엔스들은 그중 일부를 재배하고 야생 동물을 사육하기 시작했습니다. 호모의 역사 내내 굶주림과 싸우던 인류는 농경·정착 생활을 시작함으로써 처음으로 식량 자원을 안정적으로 확보할 수 있었습니다. 이 때문에 신석기 혁명을 제1차 산업 혁명이라고 부르기도 합니다. 신석기 혁명 이전인 1만 2000년 전에 지구상에 살았던 호모 사피엔스의 인구는 약 200만~300만 명, 최대 500만 명이었다고 추산됩니다. 이 숫자는 신석기 혁명이 마무리되고 농경이 정착된 서기 1세기 무렵에 2억~3억으로 폭증했습니다. 폭발적으

그림14-7
차탈회위크
기원전 9000년경 튀르키예 아나톨리아 지역의 차탈회위크 유적지. 차탈회위크는 하수도 시설까지 갖춘 인구 1만 명의 고대 도시의 초기 형태를 보여준 취락이었다.

로 늘어난 인구의 대부분은 정착 생활을 했던 사람들이었으므로 부족, 부족 국가, 국가 등 집단의 크기가 본격적으로 커지기 시작한 것입니다. 집단이 커지자 그 안에서도 인구 밀도가 특히 더 높은 도시가 출현했습니다.

인구가 폭증하고 고밀도화가 진행되자 집단 지능이 본격적으로 힘을 발휘했습니다. 구성원이 늘어나자 새로운 아이디어도 많아져 문화가 다양해지고 기술이 향상되었습니다. 무리들 사이에는 동맹 맺기와 먼 거리 교역이 증가했고 때로는 전쟁도 일어났습니다. 평화적이건 폭력적이건 이런 활동들은 기술과 문화를 널리 전파하는 데 크게 기여했습니다. 한 곳의 문화는 먼 곳까지 빠르게 전파되었습니다. 농경·정착 생활은 급격한 인구 증가 외에도 몇 가지 부수적 효과를 낳으며 문화의 확산을 가속시켰습니다.

첫째, 식량이 안정적으로 확보되자 굶주림이나 거친 야생에서 사고로 죽는 일이 줄어들어 인류의 평균 수명이 늘었습니다. 대부분의 동물은 생식 기능이 끝나는 나이쯤에 죽습니다. 그러나 인간의 경우 여성은 폐경기가 끝난 후에도 수십 년을 더 살며 남성은 생식 기능이 나이에 따라 점차 퇴화할 뿐입니다. 자손 번식 능력이 사라진 후에도 오래 산다는 것은 손자, 손녀를 돌볼 기간이 늘어났음을 의미합니다. 갓난아기를 돌봐주고, 성장한 아이에게는 풍부한 경험을 전수할 기회가 많아진 것입니다. 그렇게 되자 손자들의 생존 능력은 더욱 높아지고, 이것이 누적되면서 수명은 더욱 길어졌을 것입니다.

둘째, 정착 생활을 하자 이웃 무리나 부족의 정체가 확실해졌습니다. 수백만 년의 수렵·채집 생활 동안 호모들에게 이웃 무리란 정체가 분명치 않고 수시로 변하는 대상이었습니다. 떠돌아다녔기 때문입니다. 정착 생활에서는 이웃이 정해져 있습니다. 게다가 인간은 근친상간을 피하는 본능이 강해서 배우자, 특히 여자를 이웃 마을이나 인근 부족에서 데려오기 시작했습니다. 이는 오늘날에도 전 세계 여러 문화권의 전통 사회에서 공통적으로 볼 수 있는 현상입니다. 그렇게 되자 이웃 무리의 구성원은 친척이 되었습니다. 물론 이웃 부족과 전쟁이나 다툼도 있었지만 싸울 상대가 외할아버지, 외삼촌, 외사촌들이 되자 부족 간에 협력하고 평화롭게 공존할 여지가 더 커졌습니다. 떠돌아다니며 수렵 채집을 하던 시기에는 이런 관계가 이루어지기 어려웠습니다. 침팬지는 이웃 무리와 원수지간이어서 절대 소통하지 않습니다. 떠돌이 생활을 하던 시절의 호모도 크게 다르지 않았을 것입니다. 정착 생활은 인간이 전혀 모르는 타인 또는 집단과 자발적으로 협력하는 유일한 동물이 되도록 했습니다.

이처럼 이웃 부족과의 소통과 교류가 원활해지자 이를 발판으로 집단의 규모가 점점 더 커졌습니다. 친족 관계가 아닌 모르는 개인이나 집단과 동맹을 맺고 협력하는 일은 다반사가 되었습니다. 이를 바탕으로 부족 연맹, 도시 국가, 이질적인 주민들로 이루어진 국가와 제국이 출현했습니다.

4. 가속되는 집단화

집단의 규모가 일정 수준에 이르러 국가와 같은 통일된 조직이 형성되자 또 다른 획기적 변화가 일어났습니다. 통치를 위해서는 법 체계가 필요합니다. 그런데 언어는 여러 사람을 거치다 보면 내용과 해석이 달라집니다. 대형화된 집단에서 많은 사람에게 동일한 내용을 전하려면 언어만으로 부족했습니다. 문자가 등장한 것입니다. 5000년 전 메소포타미아의 수메르인은 점토판 위에 쐐기 모양의 글자를 찍었고 이집트인들도 돌이나 나무에 상형 문자를 새겼습니다. 중국에서도 3000년 전 거북의 등 껍데기에 갑골 문자를 새겼으며 고대 중앙아메리카와 남아메리카 사람들은 줄의 매듭을 이용하는 문자를 창안했습니다. 최초의 문자들은 주민들을 종교적으로 결속시키는 신화나 전설 혹은 대규모로 커진 집단을 통치하는 수단으로 법을 기록하는 데 사용되었습니다. 점차 문자의 효용성이 입증되자

그림14-8
잉카인의 문자
고대 중남미의 잉카인들이 밧줄을 꼬아 표기한 문자.

농사법, 역사, 문학, 철학 등 다양한 분야로 범위를 넓혔습니다.

문자의 등장은 언어로 생각을 전하던 이전과는 비교가 안 될 정도로 집단 지능을 발달시켰습니다. 문자 하나하나는 상징적 기호에 불과했지만 이것이 문법 체계를 갖춘 문장 언어로 기록되자 놀라운 힘을 발휘했습니다. 추상적 사고와 새로운 아이디어, 기술과 문화를 기록해 많은 사람이 공유하게 된 것입니다. 그뿐만 아니라 확산의 규모와 속도도 대폭 증가했습니다. 기껏해야 수백에서 수만 명에 이르던 부족이나 부족 연맹이 수십만에서 수천만의 국가나 제국으로 커지자 문화와 지식을 공유하는 사람들의 숫자가 대폭 늘어났습니다. 공유된 정보들은 축적되고 다시 유통되면서 주변의 많은 지역으로 확산되었습니다. 이러한 정보의 생산, 축적, 전파, 교류의 순환 속도는 점점 빨라지고 범위도 넓어졌습니다.

문자 사용이 촉발한 문화의 가속적 진화는 인간의 언어마저 바꾸기에 이르렀습니다. 근래의 연구에 의하면 현대의 언어들은 과거에 비해 뜻을 보다 분명하고 정확하게 전달할 수 있게 진화했습니다. 가령, 현대의 언어들은 수천 년 전의 수메르어, 그리스어, 히브리어, 중국어에 비해 문장들을 연결해주는 종속 접속사가 크게 발달했습니다. 옛 기록에서 유사한 문장들이 지루하게 반복되는 이유는 종속 접속사를 활용하지 못했기 때문입니다. 특히 종교 경전이나 설화 등의 문학 작품에서 이런 사례들을 쉽게 찾아볼 수 있습니다. 문자를 통해 인류의 인지 능력이 진화한 좋은 사례라고 할 수 있습니다. 발전한 순서로 요약하자면 인류는 발성음이나 몸짓 손짓 → 말로 된 언어 → 벽화 그림이나 기호, 상징물 → 문법 체계를 제대로 갖춘 문장 언어 → 문자 → 보다 정교한 문장 기록의 단계를 거쳤습니다. 최근에는 인터넷으로 자신의 추상적 생각을 표현하고 전달하면서 문화적 지능이 더욱 높아지고 있습니다.

한편 인간의 고등 인지 능력을 보여주는 또 다른 지표인 상징 또한 차원을 달리하며 모습을 바꾸었습니다. 문자의 등장 이전에는 무리 내 구성원이나 작은 집단 사이에서 공유하던 동굴 벽화나 기호, 장식품 등 구체적인 사물이 상징의 대부분이었습니다. 그러나 문자

그림14-9
고대 법률의 기록
세계 최초의 성문법을 점토판에 기록한 기원전 2112~2095년의 우르-남무 법전(좌). 우르-남무 법전보다 300년 뒤에 돌 기둥에 새긴 함무라비 법전(우).

가 발명되자 물건이나 기호를 뛰어넘어 추상적인 개념이 상징의 주류로 부각되었습니다. 《사피엔스》의 저자 유발 하라리는 대규모 집단화가 만든 대표적인 상징으로 국가와 법체계, 종교, 이념, 화폐의 가치 등을 꼽았습니다. 곰곰이 생각해보면 이런 것들은 물리적으로 존재하지 않는 머릿속의 허구인 '상징'입니다.

예들 들어 국가와 민족이라는 개념은 수백만 년의 인류 역사에서 극히 최근인 수백 년, 길어야 1000~2000년의 기간에 특정 지역에 머무른 사람들이 임의로 만든 상징일 뿐입니다. 그 국경선과 구성원은 끊임없이 변해왔으므로 사실은 물리적 실체가 없습니다. 미국과 같은 나라가 대표적인 예이지만 역사가 깊은 나라들도 기간이 조금 더 길 뿐 사정은 마찬가지입니다. 당장 우리나라만 해도 수십만에서 수백만 명의 다문화 가정 사람들이 있습니다. 그들에게 '모국'은 혼란스러운 개념입니다.

그뿐만 아니라 신의 존재나 어떤 종교의 교리도 사람들의 머릿속에 있는 상징적 개념이지 증명 가능한 사실과는 거리가 먼 신념일 뿐입니다. 화폐의 가치도 사람들이 정해놓은 규칙일 뿐 실체가 전혀 없습니다. 만약 우리 조상들이 별 쓸모가 없는 종잇조각과 고기를 맞바꾸거나, 눈에 보이지 않는 전자기 암호가 내장된 플라스틱 신용카드를 보여주고 고급 상품을 들고 오는 것을 본다면 황당하게 생각할 것입니다. 정치 이념, 지역 감정, 프로 스포츠 서포터즈 등도 물리적 실체가 없는 허구적 상징이기는 마찬가지입니다.

사람들은 그런 상징들이 진짜로 있다고 집단적으로 믿기 때문에 인간 사회가 유지됩니다. 그러한 상징들이 없었다면 오늘날의 인간 사회는 존재하지 못했을 것입니다. 다음 절에서 알아보겠지만 상징을 만들고 믿는 인간의 특성은 선과 악의 양면성이 있습니다.

집단의 대형화와 그로 인한 문화의 가속화는 18세기 말 유럽에서 시작된 산업 혁명으로 날개를 달았습니다. 인구의 폭증 때문이었습니다. 이는 마치 인간 두뇌의 대뇌피질이 포화 상태에 이르자 추상적 사고와 상징이라는 새로운 특성이 나타난 것과 유사합니다. 농경이 시작된 이후 18세기 중반까지는 인구가 일정하게 증가했습니다. 그러나 산업 혁명이 불러온 인구 폭증은 집단화를 가속시켰습니다. 점진적으로 증가하던 인구는 산업 혁명이 진행 중이던 1800년에 10억을 돌파했으며, 130년 만에 두 배로 증가하여 1930년에는 20억으로 불어났습니다. 특히 20세기 초의 화학(질소)비료의 발명이 이끈 녹색 혁명으로 척박한 땅에서도 작물을 키울 수 있게 되어 인류가 기아에서 해방되었습니다. 또한 의학의 발달에 힘입은 질병과 전염병의 감소, 유아 사망률의 급감과 영양 상태의 개선은 평균 수명을 늘리며 인구를 급팽창시켰습니다. 그 결과 1930년 이후 40년마다 두 배로 늘어 1974년에 40억, 2022년에는 80억으로 팽창했습니다.

산업 혁명은 또한 교통과 통신 수단을 발전시켜 지구에 사는 모든 호모 사피엔스를 하나로 묶었습니다. 이에 따라 새로운 지식과 문화가 세계 구석구석으로 확산되었습니다. 이러한 인구의 급팽창에 따른 문화와 기술의 가속화는 20세기 말부터 현재까지 진행되고 있는 정보화 혁명으로 다시 도약하고 있습니다. 오늘날 80억 명의 인류는 하나의 거대한 네트워크 속에서 소통하고 있습니다. 이런 일은 지구상에 나타났던 어떤 동물계에서도 유례가 없습니다. 신석기 혁명으로 촉발된 모르는 사람들과의 협력은 문화와 기술의 교류와 확산을 기하급수적으로 증대시켰고 지식은 눈덩이 불어나듯 축적되었습니다. 이제 문화의 전파와 지식의 확산에서 장소의 장애는 거의 사라지게 되었습니다. 인터넷과 머지않은 미래에는 인공 지능이라는 새로운 도구의 등장으로 인류의 집단 지능은 더욱 강력하게 힘을 발휘하게 되었습니다.

5. 문화의 유전자

신석기 혁명, 산업 혁명 그리고 최근의 정보화 혁명을 거치는 과정에서 인류는 이전에 없었던 새로운 능력을 얻게 되었습니다. 자연에 순응하지 않고 스스로 사회적, 물리적, 정신적으로 새로운 모델과 체계를 세울 수 있는 능력이 생기기 시작한 것입니다. 이러한 능력 덕분에 인류는 개인의 차원을 뛰어넘어 집단의 추상적 생각이나 상징도 서로 공유할 수 있게 되었습니다. 그리고 공유를 통한 인간 정신의 확장은 문화 전달의 중요한 요소가 되었습니다.

20세기 후반 리처드 도킨스Richard Dawkins는 자신의 책《이기적 유전자》에서 문화도 유전자처럼 전달된다고 제안했습니다. 그는 이를 '밈meme'이라고 불렀습니다. 밈은 생각이나 믿음, 유행 등의 문화가 개인 사이 혹은 집단으로 전파되는 최소 단위를 말합니다. 가령 특정한 패션, 머리 모양, 노래, 라면을 독특하게 끓이는 방법, 아치형 다리를 만드는 기술, 아이디어, 특정한 상징이나 로고, 관습 등이 밈이 될 수 있습니다. 도킨스는 이런 작은 요소들이 마치 생물이 유전자를 통해 2세를 번식하듯이 모방을 통해 확산되면서 문화가 전달된다고 봅니다. 문화의 단위인 밈은 유전자처럼 끊임없이 복사해 퍼뜨리려는 경향이 있으며 이 과정에서 경쟁을 통해 자연선택 된다고 했습니다. 세계 각지의 문화는 끊임없이 접촉하면서 섞입니다. 어떤 요소를 강제적으로 없애고 경쟁에서 살아남으면 유전자처럼 후대에 전달됩니다. 마치 순종 반려견이 질병에 취약한 데 반해 잡종개는 강한 것처럼 문화도 서로 교류하고 섞여 잡탕이 되면 강해지는 법입니다. '순수한 우리 것'을 강조하는 순종주의 문화는 자연도태될 가능성이 높습니다.

실제로 호모 사피엔스도 신석기 혁명 이후 번식(생식)을 통하지 않고 문자, 언어, 몸짓, 종교 의식, 관습 등의 문화적 요소인 밈을 후대에 전달해 왔습니다. 이 같은 문화의 전달을 통해 인류는 새로운 지식과 경험을 누적했으며 그 덕분에 오늘날 강력한 힘을 발휘하게

그림14-10
인터넷 밈으로 유명한 폴란드 볼
폴란드를 풍자하기 위해 국기의 색깔과 공을 합성해 만든 이 그림은 2009년 독일의 온라인에서 떠돌기 시작한 이래 많은 나라에서 만화 등으로 확산되었다. 나중에는 모양을 바꾸어 다른 나라를 패러디하는 데도 사용되었다.

되었습니다. 인간이 오늘날 다른 동물을 압도하게 된 것은 높은 생물학적 지능의 바탕 위에 집단화에 힘입은 문화의 진화와 전달 덕분입니다.

그런데 도킨스는 이러한 문화의 전달이 유전자와 유사한 밈이라고 제안하면서도 구체적으로 어떻게 그것이 가능한지 설명하지 못했습니다. 추상적인 개념인 밈이 어떻게 후대에 전달되는지 당시에는 설명할 수 없었을 것입니다.

11장에서 우리는 21세기 들어 제대로 밝혀진 후성유전 현상에 대해 알아보았습니다. 후성유전이라는 것은 부모로부터 물려받은 '선천적' 유전자보다 후천적인 요인에 의해 유전적 특징이 변하는 현상을 가리킵니다. 유전자가 하드웨어라면 후성유전은 다양한 가능성을 품은 소프트웨어인 것입니다. 말하자면, 인적·물리적 환경과 음식, 생활 습관 등 후천적 조건이 DNA를 감싸고 있는 염색체를 선택적으로 발현시킴으로써 유전 형질의 변화를 일으키고 또 이를 다음 세대에도 전달하는 현상이었습니다.

그렇다면 도킨스가 말한 문화 유전자인 밈도 이와 비슷한 방식으로 후대에 전달된다고 볼 수 있습니다. 즉 신석기 혁명 이후 집단지능의 결과로 인류가 창안한 관습과 제도, 사회 체제, 추상적 사고방식 등의 문화가 개개인의 후천적 환경의 일부로 얼마든지 후대에 전달될 수 있었을 것입니다. 다시 말해 오늘날 인류의 독특한 문화는 유전자가 결정짓는 인간의 선천적으로 높은 지능보다는 후천적인 요소들이 후대로 복제된 결과로 볼 수 있습니다. 즉 12장에서 본 바와 같이 어린 시절의 결정적 시기에 어른들에게 배운 교육, 사회적 관습, 태어난 곳의 문화적 배경 등의 소프트웨어적인 요소들이 마치 염색체의 후성유전 현상처럼 대를 이어 전해졌을 것입니다. 이는 문화가 단순히 추상적이고 관념적인 것이 아니라 어느 단계에서 유전자처럼 실제로 존재하는 전달자로서 인류를 변화시켜 왔다고 볼 수 있습니다.

6. 성공의 빛과 그림자

7만 년 전 아프리카를 나온 호모 사피엔스 무리는 수백에서 수천 명에 불과했습니다. 하지만 세계 각지로 퍼져나간 그 후손들은 농경 정착 생활이 촉발한 대규모 집단화 이후 폭발적으로 늘어나 오늘날 수십억 명이 되었습니다. 이는 지질학적으로 매우 짧은 1만 년이라는 기간에 일어난 개체 수의 급격한 팽창으로 지구의 생물 역사에서 유례를 찾아볼 수 없는 사건이었습니다. 인구만 팽창한 것이 아닙니다. 농경 생활 이후 짧은 기간 동안 인간의 활동이 지구의 생태계도 급변시켰습니다.

1만 년 전에는 모든 식물이 야생에서 서식했습니다. 오늘날 지구상에는 약 50만 종의 식물이 있습니다. 그중에서 인간이 이용하는 식물은 고작 3000여 종이며 그나마 경작되는 것은 30~100종에 불과합니다. 그중에서도 벼와 밀, 옥수수를 포함하는 극소수의 식물종이 지구 육지 면적의 11퍼센트를 차지하며 이는 경작지의 40퍼센트에 이릅니다.

동물 생태계 또한 급변했습니다. 1만 년 전 야생에서 살던 지상 척추동물의 비율은 거의 99.9퍼센트였는데, 오늘날은 4퍼센트로 줄

그림14-11
공장형 축산
자연 상태에서 평균 수명이 10~12년인 닭은 A4 용지 면적에 움직임이 제한된 채 하루 18~23시간 불이 켜진 닭장에서 먹이만 먹다가 4~7주 만에 도살된다. 돼지는 호기심이 많고 세 살 아이 정도의 지능을 갖는 동물이다. 그런데 우리에 갇힌 암퇘지는 평생에 걸쳐 임신과 출산 그리고 수유를 반복하다 도살당하며 새끼 돼지 또한 마취도 없이 꼬리와 송곳니를 절단당하고 어미와 격리된 후 3, 4개월이면 도살된다.

었습니다. 나머지 60퍼센트는 사육 동물이며 36퍼센트가 인간입니다. 개, 양 그리고 돼지는 각각 10억 마리, 소는 15억 마리나 됩니다. 하늘을 나는 척추동물인 조류도 30퍼센트만 야생에서 살고 나머지는 닭이나 오리처럼 사육되고 있습니다. 특히 닭은 200억 마리 이상으로 인간보다 많은 육상 척추동물이 되었습니다.

하지만 개체 수의 증가가 성공을 의미하지는 않았습니다. 대부분의 사육 동물은 죄수처럼 좁은 공간에 평생을 갇혀 삽니다. 게다가 개나 고양이를 제외하고는 야생에 있을 때 수명의 10분의 1에서 200분의 1 정도의 기간만 살다가 인간의 먹거리가 되므로 도저히 성공이라고 부를 수 없습니다.

개체 수도 급증하고 생존 환경도 나아져 생물학적으로 대성공을 거둔 거의 유일한 종은 호모 사피엔스였습니다. 지구 생물의 역사에서 전무후무한 짧은 기간에 이루어진 성과였습니다. 1만 년 전 500만 명에도 못 미쳤던 세계 인구는 2022년에 1000~2000배 늘어나 80억을 돌파했습니다. 수백만 년 동안 멸종 위기 종으로 근근이

그림14-12
사라지는 아마존의 숲
지구 산소의 20퍼센트를 생산하고 지구 생물종의 3분의 1이 서식하는 아마존의 숲은 경작과 벌목으로 심각하게 훼손되고 있다.

생존을 이어왔던 인류는 이제 완전히 다른 모습으로 변모했습니다. 늘어난 인구도 놀랍지만 집단 지능을 통해 엄청난 지식을 축적하고 높은 수준의 문화를 꽃피웠습니다. 게다가 인공지능이나 유전자 조작 기술로 복제 생물을 만들고 생명 연장, 기억력 증대 등의 기술 개발을 시도하고 있습니다. 이제 인간은 지구 위 모든 생물들의 생사를 마음대로 처분하는 위치에 섰습니다. 우주의 차원은 아니지만 적어도 지구적 차원에서는 인간의 활동이 신神의 영역을 넘보기에 이르렀습니다. 유발 하라리는 이를 '호모 데우스Homo Deus'라고 이름 붙였습니다. 라틴어로 호모는 사람, 데우스는 신이라는 뜻입니다. 실로 대단한 성공이 아닐 수 없습니다.

하지만 이러한 집단화에 의한 성공의 이면에는 그림자도 있습니다. 폐해의 사례를 몇 가지만 열거해보겠습니다.

가령 농경·정착 생활은 굶주림의 위험에서는 벗어나게 했지만 편중된 식단으로 인간의 건강은 더 나빠지게 되었습니다. 수렵·채집 생활 시절의 호모 사피엔스들은 넉넉하지는 않았지만 계절에 따라 다양한 먹거리를 섭취했습니다. 그러나 농경 이후 밀, 쌀, 옥수수 등 특정한 곡식 위주의 탄수화물 식단에 지나치게 의존하자 영양 상태가 나빠져 인류의 키는 전보다 평균 10센티미터나 줄었습니다. 호모 사피엔스의 평균 신장은 산업화와 녹색 혁명(인공 질소비료의 생산)에 힘입은 20세기에 들어서야 겨우 수렵·채집 생활 시절 수준으로 회복되었음이 밝혀졌습니다.

한편 농경 생활과 가축 사육은 인류를 전염병과 질병에 시달리게 만들었습니다. 대부분의 전염병은 소, 양, 염소, 닭, 돼지 등의 가축에서 비롯되었습니다. 소규모 집단으로 흩어져 이동하던 시절에는 전파되기 어려웠던 천연두, 홍역, 장티푸스, 콜레라 그리고 최근의 코로나바이러스와 같은 바이러스성 전염병 등은 모두 농경 이후 인구 과밀화가 빚은 결과입니다.

집단화는 인류의 생활 방식에도 많은 부작용들을 수반했습니다. 수렵·채집사회에서 농경사회로 바뀌면서 호모 사피엔스는 굶어 죽을 위험에서 크게 벗어났지만 그 대신 과도한 노동에 시달리게 되었습니다. 자유분방하게 돌아다니던 시절과 달리 한곳에 묶여 단순 노동만 반복하게 되었으며, 유순하고 순종적인 성격만 선호되었습니다. 지식과 문화를 전수하는 방식 또한 달라지면서 그 전에는 없었던 문제가 발생했습니다. 우리의 조상들이 나무에서 내려와 수렵·채집 생활을 했던 200만 년 동안 경험 많은 연장자는 기술과 문화의 전달자로서 존경받아왔습니다. 하지만 국가가 출현해 농업 기술을 포함한 여러 지식들이 문자로 기록되자 연장자의 조언보다 책에서 더 많은 지식을 얻게 되었으며, 이로 인해 세대 차이의 문제들이 싹트

그림14-13
세대 간의 갈등
지식과 문화의 전달 방향이 달라지면서 세대 간 갈등이 커지고 있다.

기 시작했습니다. 책보다 인터넷에서 더 많이 지식을 얻는 21세기는 이런 경향이 더욱 심해졌습니다. 이제 지식의 전달 방향은 부분적으로 역전되어 연장자가 어린 세대에게 전자 기기나 인터넷으로 다양한 정보를 습득하는 방법을 배워야 하는 세상이 되었습니다.

농업 생활의 집단화가 낳은 또 다른 폐해는 사회 계급의 출현과 대규모 분쟁입니다. 자유롭게 떠돌아다니던 시절과 달리 농경·정착 생활은 왕, 귀족, 평민, 노예 등의 계급을 만들었으며 불공평한 부의 독점 현상도 뒤따랐습니다. 이런 현상은 특히 집단화의 규모가 커진 산업 혁명 이후 더욱 심해져 과잉 생산과 자원에 대한 독점 경쟁은 식민지 쟁탈과 두 차례의 세계 전쟁으로 이어졌습니다.

그러나 무엇보다도 인간의 대규모 집단화가 불러온 어두운 그림자 중에서 가장 큰 폐해는 지구 환경의 파괴일 것입니다. 즉 무분별한 자원의 낭비와 왜곡, 그리고 환경 오염이 피할 수 없는 문제로 떠

오르게 되었습니다. 숲과 초원 지대였던 지구 곳곳에 도시와 콘크리트 구조물들이 들어서고 지형 지물이 크게 바뀌고 있습니다. 오늘날 호모 사피엔스는 몸집이 비슷한 다른 동물보다 무려 100배 이상의 생물 자원을 사용하고 있습니다. 무생물 자원 또한 마찬가지입니다. 산업 혁명 이후 기술 문명을 가능하게 만들어준 광물 자원은 무한정으로 있는 것이 아닙니다. 아껴 쓴다고 해도 머지않은 미래에 고갈될 것입니다.

특히 얼마 전부터는 화석 연료의 과도한 사용으로 수십억 년 이어온 지구의 탄소 순환 시스템마저 흔들리고 있습니다. 우리가 현재 살고 있는 시대는 지질학적으로 신생대 말의 빙하기이며, 그사이에 잠시 기후가 풀린 간빙기에 속해 있습니다. 그런데 이산화탄소를 비롯한 온실가스의 과도한 배출이 지구를 달구며 이상 기온의 주요 원인이 되고 있습니다. 물론 기후 변화는 지구 역사상 끊임없이 이어졌던 일로 적도 지역까지 얼음으로 뒤덮였던 '눈덩이 지구' 시절도 있었고 극지방에 악어가 살 정도로 온난했을 때도 있었습니다. 하지만 이는 수억 년 혹은 수천만 년의 오랜 세월에 걸쳐 일어나는 지구 순환계의 조절 과정의 일부였지 지금처럼 한 종의 생물에 의한 급격한 활동의 결과는 아니었습니다.

7. 인류와 미래

빅뱅 이래 오늘의 인류가 있기까지 138억 년 동안의 역사는 끊임없는 확장의 연속이었다고 볼 수 있습니다. 가장 간단한 수소에서 시작되어 별을 이루는 무거운 원소들이 만들어졌습니다. 이 원자들이 모여 분자들을 이루고 이를 바탕으로 지구에서 첫 단세포 생물이 탄생했습니다. 단세포 생물들은 다시 각기 두세 종이 결합해 동물과 식물의 조상인 단세포 진핵생물이 되었습니다. 그리고 단세포 진핵생물들이 연합해 다세포 생물로 확장되었습니다. 다세포 생물인 동물은 많은 종들이 개체를 뛰어넘어 무리를 이루었으며, 일부는 집단 지능을 발휘했습니다. 그들 중에서 집단 지능을 새로운 차원으로 발전시켜 전 지구상의 80억을 하나로 연결한 특별한 종이 출현했습니다. 자신을 낳은 지구와 우주가 어디서 비롯되었는지를 생각할 수 있는 생물이 출현한 것은 진화 역사에서 새로운 단계로의 도약이었습니다. 인간은 그렇게 탄생했습니다.

이제 인류는 과학 기술을 이용하여 뇌와 몸뿐만이 아니라 자신을 둘러싼 환경으로까지 확장할 수 있다고 믿게 되었습니다. 우리는 인지 능력을 확장하기 위해 인공지능과 같은 기술을 이용하며, 수십억 광년의 우주로 시야를 넓히기 위해 망원경과 같은 기기도 사용합니다. 과학과 기술이 우리의 일부가 되어 인간의 한계를 더욱 넓힐 수 있다고 생각하기에 이르렀습니다. 아마도 인간은 앞으로 인공지능과 합쳐져 먼 훗날 더 크게 확장될 수도 있을 것입니다. 그렇다면 인간의 확장은 어디까지 계속될까요?

인류는 호모의 출현 이래 지금에 이르기까지 한 번도 미래와 환경에 대해 진지하게 생각해본 적이 없습니다. 눈앞에 당장 닥쳐올 일은 생각했지만 후대의 먼 미래까지 바라보지는 못했습니다. 생물의 본성대로 자신의 확장과 생존만을 생각한 것입니다. 생태계를 최대한 독점하여 확장하려는 것은 생물의 본성입니다. 그래서 모든 생

그림14-14
인구 증가
호모 사피엔스 단 한 종의 개체 수가 80억에 이르렀다.

물은 이기적입니다. 진화의 역사에서 한 생물의 과도한 확장을 막아 준 것은 생태계 자체의 자정自淨 능력이었습니다. 과도하면 멸종했습니다. 이제 높은 지능으로 자신의 근원인 지구와 환경을 생각할 수 있게 된 인류는 새로운 행동에 나설 때가 되었습니다. 우주의 일부분인 지구의 환경은 이미 돌이킬 수 없을 만큼 급박하게 왜곡되고 있습니다. 생물이 가지는 고유의 확장 본능을 절제하면서 환경과 슬기롭게 조화시켜야 한다는 생각은 20세기 말 이래 21세기에 들면서 싹튼 인류의 자각입니다. 생물의 역사에서 이런 자각은 일찍이 없었습니다. 인류의 미래에 대해서도 진지하게 생각해야 할 시점에 와 있습니다.

인류가 먼 훗날 어떤 모습으로 진화할지는 아무도 모릅니다. 호모 사피엔스가 출현한 시기는 기껏해야 30만 년 전입니다. 46억 년 지구의 역사를 1년이라 가정하면 불과 6초 전의 일입니다. 그때부터 인류는 현재의 해부학적 모습과 지금과 비슷한 수준의 높은 지능을 비로소 가지게 되었습니다. 그러니 100만 년 후의 인류도 모습이나 두뇌 활동이 지금과는 매우 다를 것입니다. 더구나 농경 생활 이후 인구의 증가와 과밀화, 섞임으로 돌연변이가 빈발하여 인류의 진화는 가속되고 있는 중입니다. 아주 먼 미래는 아예 예측이 불가능합니다. 앞으로 대략 지구의 나이만큼 시간이 흐르면 태양은 수소 연료를 모두 태우고 적색거성으로 부풀어 올라 지구를 삼켜버리고 창백한 백색 왜성이 될 것입니다. 지구와 그 위의 생명은 살아남을 수 없을 것입니다. 인류의 먼 후손이 지구를 떠나 외계로 나간다 해도 그것은 수백만 년에서 수억 년의 피난일뿐이며, 그에 비하면 우주의 시간은 장대합니다. 그처럼 호기심을 자극하는 상상이나 예상은 우리의 관심 범위 밖에 있습니다.

우리가 지금부터 행동에 옮겨야 할 과제는 그처럼 먼 미래의 이야기가 아닙니다. 당장 우리와 우리의 가까운 후손인 몇 세대 앞, 또는 향후 수백, 수천 년에 대한 배려와 대비입니다. 지난 1만 년 동안 인류의 집단화와 과밀화가 낳은 환경 파괴와 오염, 자원 고갈의 문제들은 이미 심각하고 급박한 현안이 되고 있습니다.

2015년 10월 유엔 회원국들은 '지속가능한 미래를 위한 목표UN Sustainable Development Goals, UNSDGs'를 정했습니다. '지속가능성sustainability'이란 인류와 지구의 생태계가 미래에도 건강하게 작동하고 기능을 발휘할 수 있도록 생물의 다양성을 온전히 유지시키는 능력을 말합니다. 이 약속들은 먼 미래가 아니라 2016년부터 2030년 사이에 세계 각국이 노력해야 할 17개의 목표와 169개의 세부 목표, 이를 점검할 수 있는 231개의 지표로 되어 있습니다. 여기에는 기후 변화에 대한 대응, 육상 및 해양 생태계 보존을 위한 지침들이 있습니다.

이 목표들은 쉬운 일처럼 보이지만 이기적 본성을 가진 인간에게는 힘든 선택입니다. 환경과 생태계를 보호하자는 구호는 거창하지만 그 누구도, 어떤 나라도 먼저 나서려고 하지 않으려는 경향이 있기 때문입니다. 그러기 위해서는 현재 누리고 있는 안락한 생활과 경제 발전을 위해 시행하고 있는 많은 권리들을 절제할 수밖에 없습니다.

미래의 과학 기술이 지속가능성에 도움을 줄 수 있다면 더할 나위 없이 좋은 일입니다. 국가나 국제 사회가 적극 나서준다면 더욱 바람직합니다. 지난 40억 년 동안 지구와 생명, 인간은 서로 상호작용하면서 공진화해 오늘에 이르렀습니다. 우리들 개개인의 작지만 자발적인 행동이 중요한 이유입니다. 에너지 소비를 줄여 온난화 물질을 줄이고 희소 자원의 낭비를 막으며, 무분별한 생태계 파괴 활동을 가능한 최소한으로 줄이려는 노력이 필요합니다. 쉬운 것 같으면서도 어려운 과제가 우리 앞에 놓여 있습니다.

나가며

이제 우리는 138억 년에 걸친 긴 시간 여행을 마쳤습니다. 빅뱅에서 시작해 오늘날 지구라는 천체 위에 인간이 존재하게 된 과정을 시계열상의 한줄기로 추적해 살펴보았습니다. 여러분 중에는 이야기 중간에 다소 어렵고 전문적인 내용이 섞여 있어 어려운 부분도 있었을 것입니다. 하지만 세부적 사실의 파악보다 중요한 것은 인간의 존재에 대한 이 근원적 역사 이야기가 던져주는 핵심 메시지일 것입니다.

빅뱅에서 시작된 기나긴 우주의 진화 과정에서 자신의 뿌리에 대해 생각하는 영특한 생물이 출현했습니다. 이 생물, 즉 인간은 고도로 발달한 정신 능력을 보유했으므로 우주에서 특별하고 우월한 존재라는 것이 불과 얼마 전까지의 일반적인 믿음이었습니다. 하지만 현대 과학은 인간에게만 독특한 정신 활동이라고 생각하는 여러 기능들이 어떤 목적에 따라 초자연적으로 만들어진 것이 아님을 말해주고 있습니다. 다른 모든 생명체의 특성들이 그렇듯이 인간의 정신 활동도 변화하는 지구 환경에 적응하며 생존하는 과정에서 만들어진 진화의 산물인 것입니다.

인간이 지구상의 생물 중에서 특이한 위치를 차지하고 있는 것은 사실입니다. 만약 먼 은하에 사는 외계인이 지구를 방문한다면 지구상에 살고 있는 수많은 생물 중에서 인간은 단연코 눈에 띄는 존재일 것입니다. 인간은 지구의 모든 대륙을 점령해서 식물은 농작물로, 동물은 가축으로 기르며 먹이사슬의 정점에 올라서 있습니다. 더구나 최근 몇백 년 동안 과학과 기술, 예술, 사회, 정치 체제 등에서 이룩한 급속한 발전의 결과로 다른 동물들과 전혀 다른 생활 방식으로 살아가고 있습니다. 장구한 진화의 흐름에 비추어볼 때 눈 깜짝할 사이에 폭발적으로 번성하고 있습니다. 그 급변의 중심에는 고도로 복잡하게 진화한 인간의 두뇌가 있습니다. 비약적 진화의 결과로 등장한 두뇌의 차원 높은 활동은 생존과 직접 관련이 없는 주제에 대해서도 사색합니다. 우주에 대해서 생각하기도 하고 지금 이 책을 읽고 있는 것처럼 말입니다.

칼 세이건은 《코스모스》에서 말했습니다. "인류는 한없이 작은 존재에서 스스로 깨닫고 기원을 찾아갈 줄 아는 존재가 되었다. 하지만 우리의 생존은 우리가 이룩한 것이 아니다. 우리가 여기 있게 된 것은 우주 때문이다. 오늘을 사는 우리는 인류를 여기에 있게 해준 코스모스에 감사해야 한다."

미생물에서부터 인간에 이르기까지의 진화 과정이나 생명의 기본 단위인 DNA, 유전자, 세포 그리고 가장 복잡한 인간 두뇌에 이르기까지 모든 생명 현상의 기본 원리를 살펴볼 때, 다른 생물과 우리 인간 사이에는 단절되지 않은 연결 고리가 있음을 부정할 수 없습니다. 우리는 오늘날 지구상에 존재하는 모든 세균, 식물, 동물이 수십억 년간의 오랜 진화의 산물임을 과학을 통해 깨닫게 되었습니다. 그러나 과학이 먼저 개화된 유럽에서도 중세 암흑시대까지는 신이 인간을 포함한 모든 존재하는 것의 창조자로서 이 세계와는 차원이 다른 초월적 세계에 있다고 믿었습니다. 소위 '신본주의神本主義'가 지배적 세계관이었습니다. 당시에는 신-천사-인간-동물-식물 등으로 서열이 정해져 있다고 믿었던 겁니다. 그런 위계질서를 '존재의 대사슬'이라고 불렀습니다.

그러나 중세 이후 문예부흥 시대를 거치면서 이러한 생각은 설 자리를 잃었습니다. 그 대신 인간의 존재와 행복을 현실적인 삶의 중심에 놓는 '인본주의'(휴머니즘)가 등장해 지난 4~5세기 동안 우리의 사고를 지배해왔습니다. 인본주의는 인간의 정신사에 등장한 새로운 세계관이었습니다. 하지만 지난 수십 년 이래 여기에도 미흡함이나 결함이 있다는 자각이 싹트기 시작했습니다. 인본주의가 인간의 마음대로 동물과 식물을 처리해도 된다는 편향된 인간 중심주의로 기울어져서는 안 된다는 인식이 점차 확산되었습니다.

21세기의 발전된 과학의 관점에서 '사피엔스의 깊은 역사'를 살펴본 우리는 이제 그와 같은 세계관이 시대착오임을 깨닫게 되었습니다. 인간은 존엄합니다. 그렇다고 인간만이 존엄한 것은 결코 아닙니다. 우리와 마찬가지로 동물도 식물도 똑같이 소중합니다. 그들도 우리 인간처럼 자연이 허용한 '목숨대로' 살 권리가 있습니다.

생물의 멸종 여부는 자연선택에 맡겨야 합니다. 끊임없이 이어지는 지구 환경의 변화에 잘 적응하는 생명은 계속 살아나갈 것이고, 적응에 실패하는 생명은 사라질 것입니다. 지구의 환경은 자연의 원리에 따라 지구적 시간의 흐름 속에서 서서히 변화해왔습니다.

인간에 의해 교란되는 지구의 환경은 회복되는 데에 매우 긴 세월이 걸리며 엄청난 대가를 치러야 합니다. 이제 우리는 우리의 이웃인 지구상의 모든 생명들과 공존하며, 그들을 품고 있는 너그러운 어머니인 지구를 잘 보존해야 합니다. 그것만이 오늘날 우리를 존재하게 해준 경이로운 우주와 지구에 보답하는 길일 것입니다.

각 장의 요약

1장 빅뱅의 수소와 생명의 원료들

138억 년 전 빅뱅이라는 사건을 통해 이 우주가 시작되었다. 그 이전에 무엇이 있었고 왜 그런 팽창이 일어났는지는 앞으로 과학자들이 더 밝혀야 할 과제이다. 확실한 것은 빅뱅 직후 수소가 만들어졌다는 사실이다. 밤하늘의 은하와 별, 바다와 산, 그리고 인간을 포함한 생명체를 이루는 모든 물질의 원자들은 이 수소 원자로부터 만들어졌다. 수소 원자가 모여 원시별들이 생성되었으며, 이들이 폭발하면서 무거운 원소들도 만들어졌다. 원소들이 다양해지자 이들이 뭉치고 흩어지는 화학의 원리가 본격적으로 작동하여 눈에 보이는 물질이 생성되기 시작했다.

2장 지구 생명의 요람

약 46억 년 전쯤 우리 은하계 한 곳의 성간 물질들이 뭉쳐 태양계가 생성되었으며, 곧이어 지구도 만들어졌다. 초기 지구는 소행성과 혜성이 빈번히 충돌하고 땅덩어리는 용암으로 뒤덮여 있었다. 다행히 지구는 태양으로부터의 거리가 적당해 너무 뜨겁지도, 너무 차갑지도 않았고 크기(중력)도 적당했다. 또한 원시 행성 충돌의 결과로 적당히 기울어진 자전축과 달의 조력이 만드는 각종 효과들, 우주 방사선을 막아주는 자기장이라는 외부 보호막 등, 생명이 출현할 좋은 조건을 갖추게 되었다.

3장 육지의 탄생

지구는 생성되고 얼마 후부터 수증기와 질소가 많은 대기가 형성되고 바다도 생성되었다.

특히 지구 내부 두꺼운 맨틀 층에 있는 물질들이 열 교환으로 대류하는 현상 덕분에 육지의 형성이나 지각판의 이동과 같은 지질 현상이 일어나게 되었다. 이러한 지질 활동은 훗날 탄생한 생명체와 긴밀히 상호작용을 하며 진화에 중요한 역할을 해왔다.

4장 생명의 탄생

이산화탄소와 수소, 질소 등 초기 지구의 대기와 바닷속에 흔히 있었던 무기 물질들이 복잡한 화학 반응을 일으켜 약 40억~35억 년 전 첫 생명체가 탄생했다. 유전적 증거에 의하면 현재 지구상에 사는 모든 생물은 루카라고 이름 붙여진 생명체의 후손이다. 최초의 생명체는 단세포의 박테리아였다. 이들은 고온이나 유독 가스가 있는 극한 환경에서도 살았다. 지구 생성 후 적어도 약 30억 년은 이들 미생물만의 세상이었다. 당시의 지구는 나무도, 풀도, 이끼도 없는 황량한 모습이었다.

5장 지구 환경과 생태계의 리모델링

초기 지구의 약 20억 년 동안 대기 중에 거의 존재하지 않았던 산소를 시아노박테리아라는 미생물이 만들기 시작했다. 그들이 활동한 결과 약 24억~22억 년 전 대기 중에 산소가 급증했으며, 금속의 산화물인 오늘날의 대부분 광물도 이때 형성되었다. 이 많아진 산소를 이용하기 위해 공생하던 어떤 고세균과 박테리아가 한 몸이 되어 세포핵을 가진 진핵생물이 탄생했다. 한편 지하에서는 맨틀의 물질들이 크게 한 바퀴 도는 열 대류가 본격적으로 시작되어 대륙들이 움직이고 지구의 외형이 본격적으로 모습을 갖추기 시작했다. 대규모 화산 활동에서 분출된 가스로 인해 지구 전체가 빙하로 뒤덮인 '눈덩이 지구'도 몇 차례 있었다. 하지만 해빙 후 육지에서 침식되어 내려온 광물들이 바다에 양분을 공급했으며, 그 결과 약 7억~6억 년 전 진핵 단세포 생물들이 연합한 다세포 생물이 등장했다. 모든 균류(버섯, 곰팡이)와 식물 그리고 동물의 시조들이었다.

6장 생물의 모양 갖추기 고생대

초기의 다세포 동물들은 물렁물렁한 몸체를 가지고 있었으나, 약 5억 4000만 년 전 이들이 갑자기 사라지고 현존하는 대부분 동물문의 조상들이 출현한 '캄브리아기 생명 대폭발'이 일어났다. 동물들은 그때부터 본격적으로 사냥을 시작했다. 그에 따라 운동 능력이 매우 중요하게 되었으며, 뼈와 외피, 이빨, 강한 턱 등 동물들의 군비 경쟁이 시작되었다. 무엇보다도 이때 눈과 뇌가 생겼다. 이로써 형태와 크기를 제대로 갖춘 본격적인 생물의 시대, 즉 고생대, 중생대, 신생대를 포함하는 현생누대가 시작되었다.

7장 단련되는 동물들 중생대

고생대는 동물과 식물이 다양해지고 육지에 상륙한 때이지만 오늘날과는 많이 달랐다. 이어진 중생대는 공룡의 시대로 흔히 알려졌지만, 포유류의 조상이 출현하고 그들의 먹이인 속씨식물이 등장하며 생물들이 현대적 모습의 원형을 갖추어가던 단련기였다.

8장 멸종과 진화

지금까지 지구상에 살았던 생물종, 특히 동물종은 99퍼센트 이상이 최소 10여 회 일어난 멸종 사건으로 사라졌다. 고생대 말기의 페름기 대멸종, 공룡을 사라지게 한 백악기 대멸종 등이 그 예이다. 멸종의 원인은 격렬한 화산 활동으로 인한 대기의 변화, 소행성 충돌, 대규모 빙하기의 도래, 산소 부족 등 다양하다. 대멸종 사건은 사라진 생물에게는 안타까운 일이었지만 극소수 살아남은 생물에게는 큰 기회였다. 환경이 회복되면 경쟁자가 없는 이상적 여건 속에서 크게 번창할 기회가 주어졌기 때문이다. 생물의 진화에는 자연선택이 중요한 역할을 했지만, 멸종 사건도 진화가 한 단계씩 도약하는 데 큰 기여를 했다.

9장 포유류의 번성과 영장류의 출현

공룡의 멸종으로 막을 내린 중생대를 이은 신생대는 포유류와 속씨식물이 육상 생태계를 차지한 시기였다. 오늘날의 5대양 7대주는 이 시기 동안에 형성되었으며, 이러한 지질학적 변화는 신생대 생물의 진화에 큰 영향을 미쳤다. 특히 포유류 중에서 속씨식물의 나무 위에서 살던 영장류의 일부가 지능이 높은 유인원으로 진화했으며, 이들은 훗날 인류로 발전했다.

10장, 11장 생명의 본질

생물은 두 가지 중요한 기능(특징)이 있다. 에너지와 물질을 주변 환경과 교환하는 대사 작용을 통해 삶을 유지하는 '생존 기능'과 2세를 낳아 죽은 후에도 자신의 복제본으로 하여금 '대신 살게 하는 기능'이다. 이런 기능을 가능하게 만드는 것은 DNA 속에 있는 유전자이다. DNA의 유전 정보는 모든 생물의 조상 루카 이래 비교적 잘 보존되어왔다. 그것을 구성하는 기본 분자나 작동하는 원리는 박테리아나 곰팡이, 식물이나 동물, 인간이 다르지 않다. 동물의 경우, 공통의 유전 설계도를 가졌음에도 불구하고 모습과 기능이 서로 다른 이유는 작은 돌연변이들이 중첩되고 누적된 결과이다. 현대의 분자생물학은 모든 생명이 하나의 뿌리에서 나왔으며 같은 원리로 작동되고 있음을 말해주고 있다.

12장 동물과 뇌

동물은 뇌를 가졌다는 점에서 다른 생물과 대비된다. 스스로 에너지와 생체 물질을 만들어 자급자족하는 식물과 달리 동물은 다른 생물을 먹어야 살 수 있다. 뇌는 동물이 먹이 활동을 위해 움직이는 과정에서 출현했다. 즉 생각이나 지능을 위해서가 아니라 먹이를 찾거나 포식자를 피하는 움직임을 위해 생겨났다. 뇌는 예측하고, 행동을 만들며, 이를 위해 각각의 기관을 유지하고 관리하는 사령탑이다. 생각이나 정신, 지능은 뇌의 부차적 결과일 뿐이다. 뇌는 수십억 년 전 생존을 위해 단세포 박테리아에 있었던 감지 센서 및 운동 관련 분자들에서 시작되었고, 그 흔적을 인간은 물론 지렁이, 파리, 달팽이, 악어, 개, 침팬지에서도 발견할 수 있다.

13장 호모 사피엔스의 출현

약 2000만 년 전 나무 위에서 살던 포유류인 영장류 중에서 높은 지능의 유인원이 진화했다. 그 후손 중 고온다습한 아프리카 숲을 서식지로 선택한 고릴라, 침팬지와 달리 기후 변화가 심한 동아프리카를 보금자리로 삼았던 무리는 척박한 환경과 싸우느라 멸종 위기를 거듭하며 다양한 모습으로 진화했다. 그러던 약 200만 년 전 나무 위의 생활을 완전히 접고 땅으로 내려온 호모가 출현했다. 그 후손 중에서 30만~20만 년 전 호모 사피엔스, 즉 현생 인류가 탄생했다. 수백만 년 동안 멸종 위기종이었던 호모의 일파인 이들 호모 사피엔스의 매우 작은 무리가 수만 년 전 아프리카를 벗어나 남극 대륙을 제외한 전 지역에 퍼졌다. 호모 사피엔스는 여러 차례의 멸종 위기와 아프리카 밖 소수의 이주 결과, 극심한 인구 병목 현상을 겪었다. 그로 인해 인류에서는 다른 동물이나 유인원에서 볼 수 없는 매우 가까운 유전적 근친 관계가 나타난다.

14장 인류 성공의 빛과 그림자

아프리카를 나온 호모 사피엔스는 전 대륙에 퍼지며 크게 번성했다. 여기에는 고도의 지능과 관계된 유전자라는 하드웨어뿐만 아니라 언어와 상징, 추상적 생각 등에 바탕을 둔 집단 지능이라는 소프트웨어도 결정적 역할을 했다. 특히 1만 년 전의 신석기 농업 혁명은 인구 집단화와 고밀도화를 가속시켜 인류를 새로운 차원의 생물로 탈바꿈하게 만들었다. 인간은 지구의 동식물 생태계와 환경을 지구 역사상 유례가 없었던 방식으로 장악했다. 이러한 생태적 성공은 빛나는 것이었지만 어두운 그림자도 뒤따랐다. 지난 20~30년 이래 급속히 발전한 과학이 밝혀준 21세기의 지식은 이 그림자뿐만 아니라 우주 내 우리의 위치에 대해서 다시 진지하게 생각해볼 것을 요구하고 있다.

참고 문헌

일독을 권하는 각 장의 핵심 추천 도서는 볼드를 이용해 표시했다.

1장 빅뱅의 수소와 생명의 원료들

- **닐 디그래스 타이슨 외 지음, 이강환 옮김, 2019.《웰컴 투 더 유니버스》. 바다출판사. (청소년 추천)**
- 브라이언 그린 지음, 박병철 옮김, 2005.《우주의 구조》. 승산.
- 사이먼 싱 지음, 곽영직 옮김, 2006.《빅뱅: 우주의 기원》. 영림카디널.
- **샘 킨 지음, 이충호 옮김, 2022.《청소년을 위한 사라진 스푼》. 해나무. (청소년 추천)**
- 요시다 타카요시 지음, 박현미 옮김, 2017.《주기율표로 세상을 읽다》. 해나무.
- 이강환 지음, 2017.《빅뱅의 메아리》. 마음산책.
- 조지 스무트, 키 데이비슨 지음, 과학 세대 옮김, 1994.《우주의 역사》. 까치.
- 짐 배것 지음, 박병철 옮김, 2017.《기원의 탐구 ORIGINS》. 반니.
- **칼 세이건 지음, 홍승수 옮김, 2006.《코스모스》. 사이언스북스.**
- 프랭크 윌첵 지음, 김희봉 옮김, 2022.《이토록 풍부하고 단순한 세계》. 김영사.

2장 지구 생명의 요람

- 존 그로트징어, 토머스 조던 지음, 이의형 외 옮김, 2018.《지구의 이해》. 시그마프레스.
- **로버트 M. 헤이즌 지음, 김미선 옮김, 2014.《지구 이야기》. 뿌리와이파리.**
- **최덕근 지음, 2018.《지구의 일생》. 휴머니스트. (청소년 추천)**

3장 육지의 탄생

- 가와하타 호다까 지음, 현상민, 김성렬 옮김, 2012.《지구표층환경의 진화》. CIR.
- 도널드 R. 프로세로 지음, 김정은 옮김, 2021.《지구 격동의 이력서, 암석 25》. 뿌리와이파리.
- **리처드 포티 지음, 이한음 옮김, 2018.《살아있는 지구의 역사》. 까치.**
- **문희수 지음, 2012.《돌 속에 숨겨진 진실》. 연세대학교출판부. (청소년 추천)**
- 木村 学, 大木 勇人 지음, 2013.《プレート テクトニス 入門 (플레이트 텍토니스 입문)》. BLUE BACKS.

4장 생명의 탄생

- 강석기 지음, 2016.《생명과학의 기원을 찾아서》. MID
- 김동희 지음, 2011.《화석이 말을 한다면》. 사이언스북스. (청소년 추천)
- 닉 레인 지음, 김정은 옮김, 2009.《미토콘드리아》. 뿌리와이파리.
- 다지카 에이이치 지음, 김규태 옮김, 2011.《46억년의 생존》. 글항아리.
- 데이비드 콰멘 지음, 이미경, 김태완 옮김, 2020.《진화를 묻다》. 프리렉.
- 로버트 M. 헤이즌 지음, 고문주 옮김, 2008.《제너시스》. 한승.
- 자크 모노 지음, 조현수 옮김, 2022.《우연과 필연》. 궁리.
- **크리스토퍼 윌스, 제프리 배더 지음, 고문주 옮김, 2013.《생명의 불꽃: 다윈과 윈시 수프》. 아카넷.**
- **후쿠오카 신이치 지음, 김소연 옮김, 2008.《생물과 무생물 사이》. 은행나무.**

5장 지구 환경과 생태계의 리모델링

- **닉 레인 지음, 양은주 옮김, 2016.《산소》. 뿌리와이파리.**
- 로버트 M. 헤이즌 지음, 김미선 옮김, 2014.《지구 이야기》. 뿌리와이파리.
- 린 마굴리스, 도리언 세이건 지음, 홍욱희 옮김, 2011.《마이크로코스모스》. 김영사.
- 스티븐 제이 굴드 지음, 이명희 옮김, 2002.《풀하우스》. 사이언스북스.
- **유규철, 이용일 지음, 2019.《극지 과학자가 들려주는 눈덩이 지구 이야기》. 지식노마**

드. (청소년 추천)
- 존 그리빈, 메리 그리빈 지음, 권루시안 옮김, 2021.《진화의 오리진》. 진선북스.
- 최재천 지음, 2012.《다윈 지능》. 사이언스북스.
- 피터 워드 지음, 김미선 옮김, 2012.《진화의 키, 산소 농도》. 뿌리와이파리.

6장 생물의 모양 갖추기 고생대

- **닐 슈빈 지음, 김명남 옮김, 2009.《내 안의 물고기》. 김영사.**
- 마틴 브레이저 지음, 노승영 옮김, 2014.《다윈의 잃어버린 세계》. 반니. (청소년 추천)
- 스티븐 제이 굴드 지음, 김동광 옮김, 2004.《생명, 그 경이로움에 대하여》. 경문사.
- **앤드루 파커 지음, 오숙은 옮김, 2007.《눈의 탄생》. 뿌리와이파리.**
- 장순근 지음, 2022.《실러캔스의 비밀》. 지성사. (청소년 추천)

7장 단련되는 동물들 중생대

- **로버트 M. 헤이즌 지음, 김홍표 옮김, 2022.《탄소 교향곡》. 뿌리와이파리.**
- 스콧 샘슨 지음, 김명주 옮김, 2011.《공룡 오디세이》. 뿌리와이파리.
- 제리 코인 지음, 김명남 옮김, 2011.《지울 수 없는 흔적》. 을유문화사.
- NHK 공룡 프로젝트팀 지음, 이근아 옮김, 2007.《공룡, 인간을 디자인하다》. 북멘토. (청소년 추천)

8장 멸종과 진화

- 더글러스 푸투이마 지음, 김상태 외 옮김, 2008.《진화학》. 라이프사이언스.
- 앤드루 H. 놀 지음, 김명주 옮김, 2007.《생명 최초의 30억 년》. 뿌리와이파리.
- **월터 앨버레즈 지음, 이강환, 이정은 옮김, 2018.《이 모든 것을 만든 기막힌 우연들》. arte. (청소년 추천)**
- 찰스 다윈 지음, 이종호 옮김, 2019.《인간의 유래와 성선택》. 지만지.
- 찰스 다윈 지음, 장대익 옮김, 2019.《종의 기원》. 사이언스북스.

- **찰스 다윈 지음, 장순근 옮김, 2021.《찰스 다윈의 비글호 항해기》. 리잼.**
- 피터 브래넌 지음, 김미선 옮김, 2019.《대멸종 연대기》. 흐름출판.

9장 포유류 번성과 영장류의 출현

- **도널드 R. 프로세로 지음, 김정은 옮김, 2013.《공룡이후》. 뿌리와이파리.**
- **리처드 도킨스 지음, 이한음 옮김, 2005.《조상 이야기》. 까치.**
- 문희수 지음, 2008.《살아있는 행성 지구》. 자유아카데미. (청소년 추천)
- 윌리엄 C. 버거 지음, 채수문 옮김, 2010.《꽃은 어떻게 세상을 바꾸었을까?》. 바이북스.
- J. G. M 한스 테비슨 지음, 김미선 옮김, 2016.《걷는 고래》. 뿌리와이파리.
- 木村 学, 大木 勇人 지음, 2013.《プレート テクトニス 入門 (플레이트 텍토니스 입문)》. BLUE BACKS.

10장 생명의 본질 (I)

- 브라이언 클레그 지음, 김옥진 옮김, 2013.《과학을 안다는 것》. 엑스오북스.
- **레이븐 외 지음, 방재욱 외 옮김, 2013.《생명과학의 이해》. 녹문당.**
- 로버트 F. 위버 지음, 최준호 외 옮김, 2021.《Weaver 분자 생물학》. 교문사.
- 리사 A. 어리 외 지음, 전상학 옮김, 2022.《캠벨 생명과학(12판)》. 바이오사이언스.
- **에른스트 마이어 지음, 최재천 외 옮김, 2016.《이것이 생물학이다》. 바다출판사. (청소년 추천)**
- 요아힘 바우어 지음, 이미옥 옮김, 2010.《협력하는 유전자》. 생각의나무.
- 이일하 지음, 2014.《이일하 교수의 생물학 산책》. 궁리. (청소년 추천)

11장 생명의 본질 (II)

- 네사 캐리 지음, 이충호 옮김, 2015.《유전자는 네가 한 일을 알고 있다》. 해나무.
- **리처드 도킨스 지음, 홍영남, 이상임 옮김, 2018.《이기적 유전자》. 을유문화사.**
- 션 B.캐럴 지음, 김명남 옮김, 2007.《이보디보》. 지호.

- 전방욱 지음, 2021. 《mRNA 혁명, 세계를 구한 백신》. 이상북스. (청소년 추천)
- 제니퍼 다우드나 외 지음, 김보은 옮김, 2018. 《크리스퍼가 온다》. 프시케의 숲.
- **제임스 D. 왓슨 지음, 최돈찬 옮김, 2019. 《이중나선》. 궁리.**
- 프랜시스 크릭 지음, 김동광 옮김, 2015. 《놀라운 가설》. 궁리.

12장 동물과 뇌

- 게르하르트 로트 지음, 김미선 옮김, 2015. 《뇌와 마음의 오랜 진화》. 시그마프레스.
- 데이비드 이글먼 지음, 전대호 옮김, 2017. 《더 브레인》. 해나무. (청소년 추천)
- **리사 펠드먼 배럿 지음, 변지영 옮김, 2021. 《이토록 뜻밖의 뇌과학》. 더퀘스트.**
- 마크 베코프 지음, 김미옥 옮김, 2008. 《동물의 감정》. 시그마북스.
- 매튜 D. 리버먼 지음, 최호영 옮김, 2015. 《사회적 뇌》. 시공사.
- 아닐 세스 지음, 장혜인 옮김, 2022. 《내가 된다는 것》. 흐름출판.
- **빌라야누르 라마찬드란 지음, 이충 옮김, 2006. 《뇌는 세상을 어떻게 보는가》. 바다출판사.**
- 에릭 캔델 지음, 전대호 옮김, 2014. 《기억을 찾아서》. 알에이치코리아.
- 제럴드 에델만, 줄리오 토노니 지음, 장현우 옮김, 2020. 《뇌의식의 우주》. 한언출판사.
- 샌드라 블레이크슬리, 제프 호킨스 지음, 이한음 옮김, 2010. 《생각하는 뇌, 생각하는 기계》. 멘토르.
- **캐서린 러브데이 지음, 김성훈 옮김, 2016. 《나는 뇌입니다》. 행성비. (청소년 추천)**
- 크리스 프리스 지음, 장호연 옮김, 2009. 《인문학에게 뇌과학을 말하다》. 동녘사이언스. (청소년 추천)

13장 호모 사피엔스의 출현

- **그레고리 코크란, 헨리 하펜딩 지음, 김명주 옮김, 2010. 《1만 년의 폭발》. 글항아리.**
- 루이스 다트넬 지음, 이충호 옮김, 2020. 《오리진》. 흐름출판.
- 스반테 페보 지음, 김명주 옮김, 2015. 《잃어버린 게놈을 찾아서》. 어크로스. (청소년 추천)
- **이상희, 윤신영 지음, 2015. 《인류의 기원》. 사이언스북스.**

- 재러드 다이아몬드 지음, 김정흠 옮김, 2015. 《제3의 침팬지》. 문학사상사.
- 진주현 지음, 2008. 《뼈가 들려준 이야기》. 푸른숲.
- 진주현 지음, 2015. 《제인 구달 & 루이스 리키 인간과 유인원, 경계에서 만나다》. 김영사. (청소년 추천)
- 필립 리버만 지음, 김형엽 옮김, 2013. 《언어의 탄생》. 글로벌콘텐츠.

14장 인류 성공의 빛과 그림자

- **김용준 지음, 2005. 《과학과 종교 사이에서》. 돌베개.**
- 유발 하라리 지음, 김명주 옮김, 2017. 《호모 데우스》. 김영사.
- **유발 하라리 지음, 조현욱 옮김, 2015. 《사피엔스》. 김영사. (청소년 추천)**
- 이다 요시아키 지음, 이용택 옮김, 2017. 《지구와 인류의 미래》. 문학사상.
- **재러드 다이아몬드 지음, 김진준 옮김, 2005. 《총, 균, 쇠》. 문학사상.**
- 조지프 헨릭 지음, 주명진, 이병권 옮김, 2019. 《호모 사피엔스, 그 성공의 비밀》. 뿌리와이파리.

도판 출처

(쪽 번호 기준) 위쪽 그림=**위**, 아래쪽 그림=**아래**, 왼쪽 그림=**왼**, 오른쪽 그림=**오**, 중간 그림=**중**

ESA(European Space Agency): 26(오)

ESO(European Southern Observatory): 24

Gettyimages: 82(아래)

Google Earth: 77, 90

Illustration: 28, 29, 32, 33, 37, 38, 39, 46, 47, 50, 55, 58, 59, 61, 73, 86, 103, 106, 108, 114, 132, 133, 150, 151, 171, 176, 186, 209, 247, 248, 249, 254, 257, 262

NASA(National Aeronautics and Space Administration): 20, 27(왼, 중)

Pixoto: 408

Prior, H., Schwarz, A. and Güntürkün, O., 2008. Mirror-induced behavior in the magpie (Pica pica): evidence of self-recognition.PLoS biology,6(8), p.e202: 317

Rushelle Kucala: 232, 233

Shutterstock: 22, 74, 82(위), 85, 90, 101, 122, 123, 124, 130, 136, 155, 169, 173, 183(왼), 185, 199, 201, 202, 203, 211, 212, 222, 223, 224, 225, 231, 234, 240, 251, 253, 260, 261, 271, 273, 274, 279, 284, 286, 288, 290, 291, 293, 294, 296, 304(중, 오), 305, 306, 308, 309(아래), 310, 311, 313, 315, 319, 320, 322, 325, 328, 330, 332, 342, 346, 356, 359, 364, 366, 379, 381, 390, 392, 394, 405, 406

Smithsonian: 349

Tax, C.M., Chamberland, M., van Stralen, M., Viergever, M.A., Whittingstall, K., Fortin, D., Descoteaux, M. and Leemans, A., 2015. Seeing more by showing less: Orientation-dependent transparency rendering for fiber tractography visualization.PloS one,10(10), p.e0139434: 329

Unknown: 84, 380, 411

Wikimedia Commons: 35, 45, 57, 64, 80, 88, 89, 92, 93, 111, 127(오), 147, 149, 154, 159, 161, 162, 179, 180, 182, 183(오), 195, 204, 206, 214, 227, 238, 252, 281, 309(위), 326, 345, 347, 352, 358, 361, 382, 384, 386, 394, 397, 399, 402

찾아보기

ㄱ

ㄴ

ㄷ

ㄹ

ㅁ

ㅂ

ㅅ

ㅇ

ㅈ

ㅊ

ㅋ

ㅌ

ㅍ

ㅎ

사피엔스의 깊은 역사

초판 1쇄 발행 2022년 9월 29일
초판 7쇄 발행 2024년 7월 17일

지은이 송만호 안중호
책임편집 김은수 김정하
교정교열 이기홍 권오현
디자인 studio forb
일러스트 태균일러스트

펴낸곳 (주)바다출판사
주소 서울시 마포구 성지1길 30 3층
전화 02-322-3885(편집), 02-322-3575(마케팅)
팩스 02-322-3858
e-mail badabooks@daum.net
홈페이지 www.badabooks.co.kr

ISBN 979-11-6689-115-1 03400